高等学校教材

建筑工程制图

莫章金　主编
毛家华　副主编
郑海兰　肖庆年　蔡　樱 编
熊安新　黄声武　吴书霞

中国建筑工业出版社

图书在版编目（CIP）数据

建筑工程制图/莫章金主编.—北京：中国建筑工业出版社，2004（2022.1重印）
高等学校教材
ISBN 978-7-112-06659-9

Ⅰ.建... Ⅱ.莫... Ⅲ.建筑工程—建筑制图—高等学校—教材 Ⅳ.TU204

中国版本图书馆 CIP 数据核字（2004）第 063456 号

高 等 学 校 教 材

建 筑 工 程 制 图

莫章金　主编
毛家华　副主编

郑海兰　肖庆年　蔡　樱
熊安新　黄声武　吴书霞　编

*

中国建筑工业出版社出版、发行（北京西郊百万庄）
各地新华书店、建筑书店经销
北京建筑工业印刷厂印刷

*

开本：787×1092 毫米　1/16　印张：27¼　字数：662 千字
2004 年 8 月第一版　2022 年 1 月第十五次印刷
定价：**68.00** 元
ISBN 978-7-112-06659-9
（38251）

版权所有　翻印必究
如有印装质量问题，可寄本社退换
（邮政编码　100037）

本书共18章，主要内容有：制图基础（含制图标准、绘图工具、平面图形的绘制等）、投影基础（含投影基本知识、投影图的形成、点线面的投影等）、平面立体、曲面立体（含曲线、曲面）、轴测投影图、组合体的投影图、建筑形体的表达方法、房屋建筑施工图、房屋结构施工图、透视投影、室内装饰工程图、建筑给水排水工程图、电气工程图、展开图、标高投影、道路桥隧与涵洞工程图、计算机绘图 AutoCAD 基础、天正建筑软件绘图简介等。

另外，本书有配套使用的《建筑工程制图习题集》。

本书可作为高等学校本科土建类各专业的教材，亦可供其他类型学校，如高等职业技术学院、成教学院、职工大学、函授大学、电视大学等相关专业的本、专科学生选用，还可供有关工程技术人员参考使用。

* * *

责任编辑：齐庆梅　吉万旺

责任设计：孙　梅

责任校对：黄　燕

前　言

在现代工程建设中,无论是建造房屋还是修建道路、桥梁、水利工程、电站等,都离不开工程图样。工程图样是表达和交流技术思想的重要工具,是工程技术部门的一项重要技术文件。它可以用手工绘制,也可由计算机生成。工程图学是研究绘制和阅读工程图样以及解决空间几何问题的理论和方法,该课程是高等学校工科本科各专业必修的技术基础课。

本课程理论严谨,逻辑性强,有丰富直接的工程背景,对培养学生掌握科学思维方法、增强工程意识和锻炼独立能力有十分重要的作用。

本课程的任务是:

1. 培养使用投影的方法用二维平面图形表达三维空间形状的能力。
2. 培养使用绘图软件绘制工程图样及进行三维造型设计的能力。
3. 培养对空间形体的形象思维能力。
4. 培养仪器绘制、徒手绘画和阅读专业图样的能力。
5. 培养贯彻、执行国家标准的意识。

本书是根据新的《本科工程图学课程教学基本要求》,为适应土建类本科各专业的教学需要而编写的。内容分为三大部分:(1)工程图学基础;(2)专业图样绘制与阅读;(3)计算机绘图。

本书的主要特点是:

1. 结构优化:适当精简画法几何内容,增强专业图和计算机绘图内容,编排顺序符合教学规律,方便教学。
2. 版本新:介绍新标准、新规范、新内容和高版本的通用绘图软件与专业绘图软件。
3. 实用性强:专业例图联系工程实际,并在习题集后附一套典型实例施工图(即多层办公楼施工图),便于理论联系实际教学,有利于提高学生识读和绘制成套施工图的能力。
4. 严谨规范:严格执行国家标准,插图丰富清晰,文字简洁准确,叙述通俗易懂。

本书由重庆大学莫章金主编、毛家华副主编。参加编写的人员及分工是:郑海兰编写第1、7章,肖庆年编写第2、15章,蔡樱编写第3、4章,莫章金编写第5、8、14、17、18章,毛家华编写第6、9、10章,熊安新编写第11章,黄声武编写第12、13章,吴书霞编写第16章。

由于编者水平有限,不足和错误在所难免,恳请广大读者批评指正。

目 录

第1章 制图基础 (1)
- 1.1 制图基本规定 (1)
- 1.2 绘图工具、仪器及用品 (9)
- 1.3 几何作图 (13)
- 1.4 平面图形尺寸分析 (16)
- 1.5 绘图的一般步骤 (17)

第2章 投影基础 (19)
- 2.1 投影概念 (19)
- 2.2 正投影特性 (21)
- 2.3 三面正投影图 (22)
- 2.4 点的投影 (25)
- 2.5 直线的投影 (28)
- 2.6 平面的投影 (38)

第3章 平面立体 (46)
- 3.1 概述 (46)
- 3.2 平面立体的投影 (46)
- 3.3 平面与平面立体相交 (51)
- 3.4 直线与平面立体相交 (53)
- 3.5 平面立体与平面立体相交 (55)

第4章 曲面立体 (60)
- 4.1 曲线和曲面 (60)
- 4.2 曲面立体的投影 (64)
- 4.3 平面与曲面立体相交 (71)
- 4.4 直线与曲面立体相交 (79)
- 4.5 平面立体与曲面立体相交 (82)
- 4.6 两曲面体相交 (85)

第5章 轴测投影图 (90)
- 5.1 轴测投影图的基本知识 (90)
- 5.2 正等轴测图 (92)
- 5.3 斜轴测图 (94)
- 5.4 曲面体的轴测图 (98)
- 5.5 轴测图的选择 (102)

第6章 组合体的投影图 (105)

  6.1 概述 ……………………………………………………………………… (105)
  6.2 组合体投影图的画法 …………………………………………………… (107)
  6.3 组合体投影图的尺寸标注 ……………………………………………… (112)
  6.4 组合体投影图的阅读 …………………………………………………… (115)
  6.5 徒手画图 ………………………………………………………………… (120)
第 7 章 建筑形体的表达方法 ……………………………………………………… (122)
  7.1 投影法与视图配置 ……………………………………………………… (122)
  7.2 剖面图 …………………………………………………………………… (123)
  7.3 断面图 …………………………………………………………………… (127)
  7.4 简化画法 ………………………………………………………………… (129)
第 8 章 房屋建筑施工图 …………………………………………………………… (130)
  8.1 概述 ……………………………………………………………………… (130)
  8.2 总平面图 ………………………………………………………………… (135)
  8.3 建筑平面图 ……………………………………………………………… (139)
  8.4 建筑立面图 ……………………………………………………………… (148)
  8.5 建筑剖面图 ……………………………………………………………… (152)
  8.6 建筑详图 ………………………………………………………………… (156)
第 9 章 房屋结构施工图 …………………………………………………………… (169)
  9.1 概述 ……………………………………………………………………… (169)
  9.2 基础图 …………………………………………………………………… (171)
  9.3 结构布置平面图 ………………………………………………………… (176)
  9.4 钢筋混凝土构件详图 …………………………………………………… (180)
  9.5 平法施工图 ……………………………………………………………… (188)
第 10 章 透视投影 …………………………………………………………………… (198)
  10.1 透视投影的基本知识 ………………………………………………… (198)
  10.2 点和直线的透视 ……………………………………………………… (199)
  10.3 透视图的分类及透视参数的确定 …………………………………… (205)
  10.4 作透视图的常用方法 ………………………………………………… (208)
  10.5 圆及曲面体的透视图 ………………………………………………… (221)
  10.6 透视图中的阴影与虚像 ……………………………………………… (226)
第 11 章 室内装饰工程图 …………………………………………………………… (234)
  11.1 概述 …………………………………………………………………… (234)
  11.2 室内平面图 …………………………………………………………… (234)
  11.3 室内地面铺装图 ……………………………………………………… (237)
  11.4 室内顶棚平面图 ……………………………………………………… (238)
  11.5 室内立面图 …………………………………………………………… (239)
  11.6 室内剖面图与室内剖立面图 ………………………………………… (242)
  11.7 室内装饰详图 ………………………………………………………… (243)
第 12 章 建筑给水排水工程图 …………………………………………………… (246)

12.1　概述 ……………………………………………………………………（246）
　　12.2　室内给水排水工程图 ………………………………………………（252）
　　12.3　建筑小区给水排水工程图 …………………………………………（259）
第13章　电气工程图 ……………………………………………………………（267）
　　13.1　电气制图基础 …………………………………………………………（267）
　　13.2　建筑电气工程图 ………………………………………………………（275）
第14章　展开图 …………………………………………………………………（288）
　　14.1　平面立体的表面展开图 ………………………………………………（288）
　　14.2　可展曲面的展开图 ……………………………………………………（290）
　　14.3　几种典型管件的展开图 ………………………………………………（294）
第15章　标高投影 ………………………………………………………………（297）
　　15.1　点和直线的标高投影 …………………………………………………（297）
　　15.2　平面的标高投影 ………………………………………………………（300）
　　15.3　曲面的标高投影 ………………………………………………………（303）
　　15.4　平面、曲面与地形面的交线 …………………………………………（306）
第16章　道路、桥隧与涵洞工程图 ……………………………………………（309）
　　16.1　概述 ……………………………………………………………………（309）
　　16.2　道路工程图 ……………………………………………………………（310）
　　16.3　桥梁工程图 ……………………………………………………………（316）
　　16.4　隧道工程图 ……………………………………………………………（320）
　　16.5　涵洞工程图 ……………………………………………………………（323）
第17章　AutoCAD基础 …………………………………………………………（325）
　　17.1　概述 ……………………………………………………………………（325）
　　17.2　AutoCAD 2002的工作界面及基本操作 ……………………………（325）
　　17.3　基本绘图命令 …………………………………………………………（331）
　　17.4　辅助绘图命令 …………………………………………………………（337）
　　17.5　二维图形编辑 …………………………………………………………（344）
　　17.6　图层、线型、颜色与特性 ……………………………………………（355）
　　17.7　文字标注与编辑 ………………………………………………………（361）
　　17.8　尺寸标注与编辑 ………………………………………………………（367）
　　17.9　图块与图案填充 ………………………………………………………（381）
　　17.10　综合应用实例 …………………………………………………………（391）
第18章　天正建筑软件绘图简介 ………………………………………………（395）
　　18.1　TArch5.0基础 …………………………………………………………（395）
　　18.2　绘制建筑平面图 ………………………………………………………（400）
　　18.3　绘制建筑立面图 ………………………………………………………（418）
　　18.4　绘制建筑剖面图 ………………………………………………………（421）
　　18.5　建筑三维图形 …………………………………………………………（425）
参考文献 ……………………………………………………………………………（428）

第1章 制 图 基 础

1.1 制图基本规定

为了便于生产和交流技术,使绘图和读图都有共同的规则,原国家计划委员会于1987年发布了有关建筑制图国家标准,近年来国家质量技术监督局根据ISO标准重新制定、发布了部分《技术制图》的国家标准。为了使建筑制图标准与发布实施的《技术制图》中相关的国家标准(包括ISO TC/10的相关标准)在技术内容上协调一致,并充分考虑手工制图与计算机制图的各自特点,兼顾二者的要求,建设部会同有关部门对《房屋建筑制图统一标准》等六项标准进行修订。《房屋建筑制图统一标准》(GB/T 50001—2001)由国家质量监督检验检疫总局、建设部于2001年11月1日发布,2002年3月1日正式实行。本节将对标准中图纸幅面、图线、字体、比例、尺寸标注等基本规定给予介绍。

1.1.1 幅面

幅面即图纸幅面的简称。图纸幅面是指图纸宽度与长度组成的图面。为了便于图样的绘制、使用和保管,图样均应画在具有一定幅面和格式的图纸上。

(1)幅面尺寸

幅面用代号表示,见图1-1中粗实线所示。尺寸应符合表1-1的规定。表中代号含义见图1-1、图1-2中所示。

幅面及图框尺寸(mm)　　　　　　　　　　　表1-1

图幅代号 尺寸代号	A0	A1	A2	A3	A4
$b \times l$	841×1189	594×841	420×594	297×420	210×297
c	10			5	
a	25				

从表1-1中看出,各号基本幅面的尺寸关系是:沿上一号幅面的长边对裁,即为次一号幅面的大小。

必要时可选用加长幅面,加长幅面尺寸是由基本幅面的短边成整数倍增加后得出的,见图1-1中虚线所示。

(2)图框格式及图纸形式

图纸上限定绘图区域的线框称为图框。图框线用粗实线绘制,图框格式见图1-2、图1-3。加长幅面的图框尺寸,按所选的基本幅面大一号的图框尺寸确定。

图纸以短边作为垂直边称为横式,如图1-2所示;以短边作为水平边称为立式,如图1-3所示。一般A0~A3图纸宜横式使用,必要时也可立式使用;A4图纸宜立式使用。

一个工程设计中,每个专业所使用的图纸,一般不宜多于两种幅面(不含目录、表格所采用的 A4 幅面)。

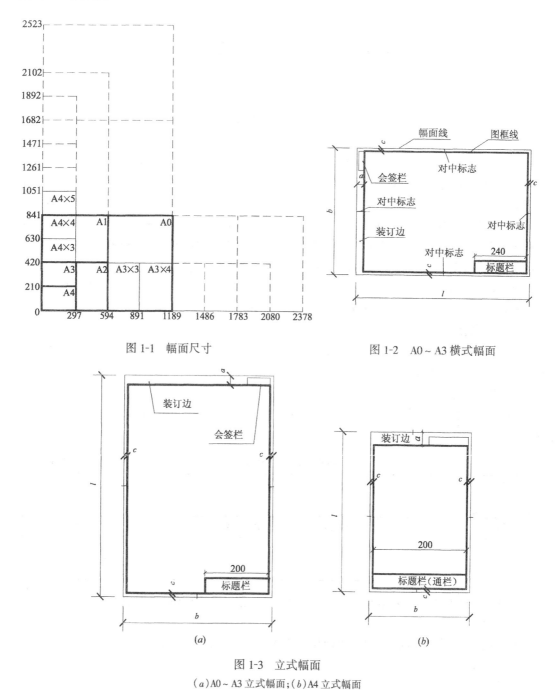

图 1-1　幅面尺寸

图 1-2　A0～A3 横式幅面

图 1-3　立式幅面
(a)A0～A3 立式幅面;(b)A4 立式幅面

(3)标题栏、会签栏

由名称区及图号区、签字区和其他区组成的栏目称为图纸标题栏,外框用粗实线绘制。需要会签的图纸,在图框线外还应有会签栏。标题栏和会签栏的位置如图 1-2、图 1-3 所示。标题栏和会签栏的格式和尺寸应按《房屋建筑制图统一标准》(GB/T 50001—2001)中有关规定绘制和填写。学生制图作业用标题栏可按图1-4的格式绘制。学生制图作业不用画会签栏。

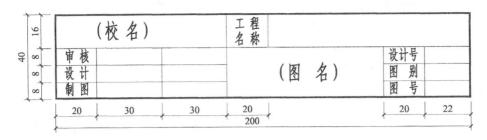

图1-4 标题栏

1.1.2 字体

图纸上所需写的文字、数字或符号等均应笔画清晰、字体端正、间隔均匀、排列整齐;标点、符号应清楚正确。

字体的基本比例

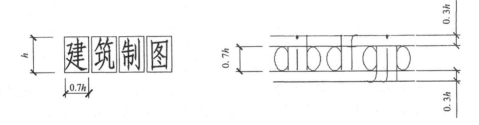

长仿宋字汉字示例

10号字

笔画清晰 字体端正 间隔均匀 排列整齐

7号字

横平竖直 起落有锋 布局均匀 填满方格

5号字

阿拉伯数字拉丁字母罗马数字和汉字并列书写时它们的字高比汉字高小

3.5号字

大学院系专业班级绘制描图审核校对序号名称材料件数比例重共第张工程图种类设计负责人平立剖

图1-5 汉字示例

字体的号数即字体的高度(用 h 表示,单位为"mm"),常用的有 3.5、5、7、10、14、20 等六种字号。如需要书写更大的字,其字体高度应按$\sqrt{2}$的比值递增。

汉字宜写成长仿宋体字,并应采用国家正式推行的简化字。书写长仿宋体字的要领可归纳为:横平竖直、起落有锋、布局均匀、填满方格。汉字示例见图 1-5。

拉丁字母、阿拉伯数字、罗马字母等应写成等线字体,有一般字体和窄体两种,其书写规则应符合表 1-2 的规定。

拉丁字母、阿拉伯数字、罗马数字书写规则　　　表 1-2

书　写　格　式		一　般　字　体	窄　体　字
字母高	大写字母	h	h
	小写字母(上下均无延伸)	$7/10h$	$10/14h$
小写字母向上或向下延伸		$3/10h$	$4/14h$
笔画宽度		$1/10h$	$1/14h$
间　隔	字母间隔	$2/10h$	$2/14h$
	上、下行基准线最小间隔	$14/10h$	$20/14h$
	词间隔	$6/14h$	$6/14h$

拉丁字母、阿拉伯数字、罗马数字的字高,应不小于 2.5mm。书写时可写成直体或斜体。如需写成斜体,其斜度应是从字的底线逆时针向上倾斜 75°。字母、数字示例见图 1-6。

图 1-6　字母、数字示例

1.1.3 图线

图样上的图形是由各种图线构成,建筑制图标准规定的部分图线的名称、形式、线宽、用途如表 1-3 所示。表中的点、间隔、线段的长度按表 1-4 的要求绘制。

线　型　　　　　　　　　　　　　表 1-3

名称		线型	线宽	用途
实线	粗	 ———————	b	1. 主要轮廓线 2. 平、剖面图中被剖切的主要建筑构、配件的轮廓线 3. 建筑立面图或室内立面图的外轮廓线 4. 建筑构造详图中被剖切的主要部分的轮廓线 5. 建筑构配件详图中构配件的外轮廓线 6. 平、立、剖面图的剖切符号
	中	 ———————	$0.5b$	1. 平、剖面图中被剖切的次要建筑构、配件的轮廓线 2. 建筑平、立、剖面图中一般建筑构配件的轮廓线 3. 建筑构造详图及建筑配件详图中一般轮廓线 4. 总平面图中新建花坛等可见轮廓线,道路、桥涵、围墙等的可见轮廓线和区域分界线 5. 尺寸起止线
	细	 ———————	$0.25b$	1. 总平面图中新建人行道、排水沟、草地、花坛等可见轮廓线,原建筑物、铁路、道路、桥涵、围墙的可见轮廓线 2. 图例线、索引符号、尺寸线、尺寸界线、引出线、标高符号
虚线	粗	 – – – – – –	b	1. 新建建筑物的不可见轮廓线 2. 结构图上不可见钢筋线
	中	 – – – – – –	$0.5b$	1. 一般不可见轮廓线 2. 建筑构、配件不可见轮廓线 3. 总平面图中计划扩建的建筑物、铁路、道路、桥涵、围墙等的不可见轮廓线 4. 平面图中吊车轮廓线
	细	 - - - - - -	$0.25b$	1. 总平面图上原有的建筑物、铁路、道路、桥涵、围墙等的不可见轮廓线 2. 图例线
单点长画线	粗	 —·—·—·—	b	1. 吊车轨道线 2. 结构图的支撑线
	中	—·—·—·—	$0.5b$	土方填挖区的零点线
	细	 —·—·—·—	$0.25b$	中心线、对称线、定位轴线
双点长画线	粗	 —··—··—	b	预应力钢筋线
	中	 —··—··—	$0.5b$	假想轮廓线、成型前原始轮廓线
	细	 —··—··—	$0.25b$	原有结构轮廓线
折断线		 ～⌒～	$0.25b$	断开界线
波浪线		 ～～～	$0.25b$	断开界线

线 型	线 素 长 度
虚 线	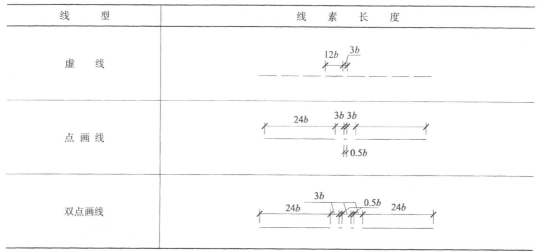
点画线	
双点画线	

表 1-4 线素长度

注：线素是指不连续线的独立部分。

图线的宽度（b）宜根据图形大小和复杂程度的不同，从下列线宽系列中选取：
2.0、1.4、1.0、0.7、0.5、0.35 mm

粗线、中粗线和细线的宽度比率一般为 4:2:1。每个图样应根据复杂程度与比例的大小，先选定基本线宽 b 作为粗实线的宽度，按宽度比率确定其他线型的宽度。同一张图纸内，相同比例的各图样，线型宽度应一致。图纸的图框线和标题栏线，可采用表 1-5 的线宽。

图框线、标题栏线的宽度（mm） 表 1-5

幅面代号	图框线	标题栏外框线	标题栏分格、会签栏线
A0、A1	0.7	0.7	0.35
A2、A3、A4	1.0	0.7	0.35

绘制图线应注意以下几点：
1）相互平行的图线，其间隙不宜小于其中粗线宽度，且不宜小于 0.7mm。
2）虚线、单点长画线或双点长画线的线素长度，宜各自相等。
3）绘制相交图线时的注意事项见表 1-6。

1.1.4 比例

图中图形与其实物相对应的线性尺寸之比称为比例。比例符号以":"表示，比例的表示方法如 1:1、1:2、1:100 等。比例的大小，是指比值的大小，如 1:50 大于 1:100。书写时比例字高应比图名的字高小一号或二号，字的基准线应取水平，写在图名的右侧（见图 1-7）。绘制图样所用比例，应根据图样的用途与被绘对象的复杂程度从表 1-7 中选用，并应优先选用表中的常用比例。

图 1-7 比例的书写示例

绘制图线时的注意事项　　　　　　表 1-6

注意事项	图例	
	正确	错误
点画线相交时,应以长线相交;点画线的起始与终了不应为点	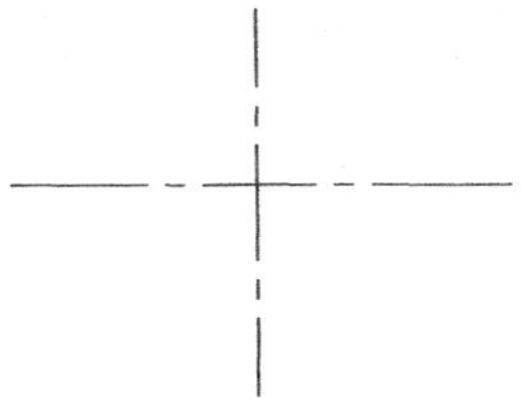	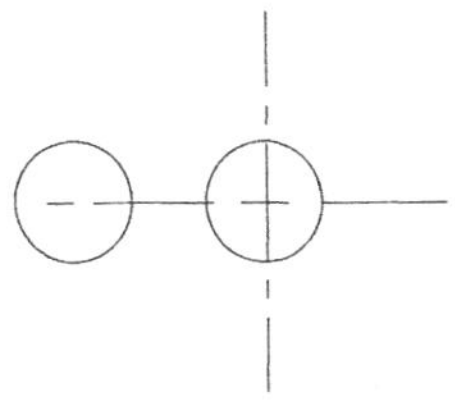
虚线与虚线或与其他线垂直相交时,在垂足处不应留有空隙	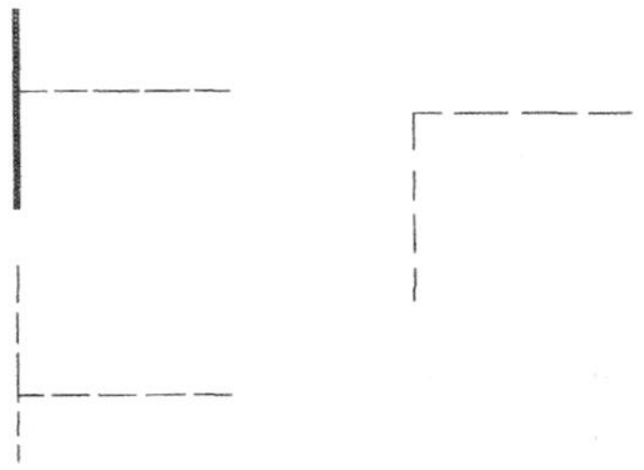	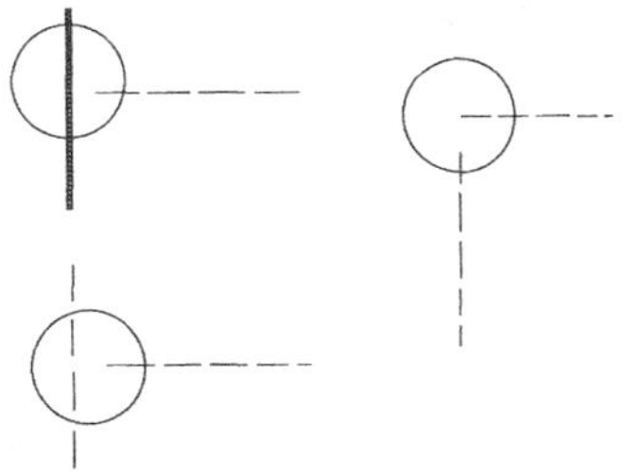
虚线为粗实线的延长线时,不得以短划相接,应留有空隙,以表示两种图线的分界	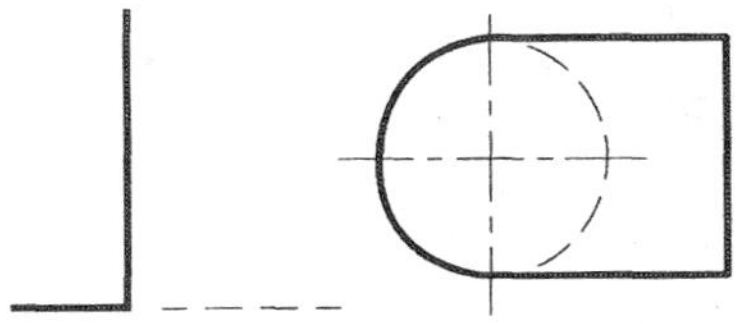	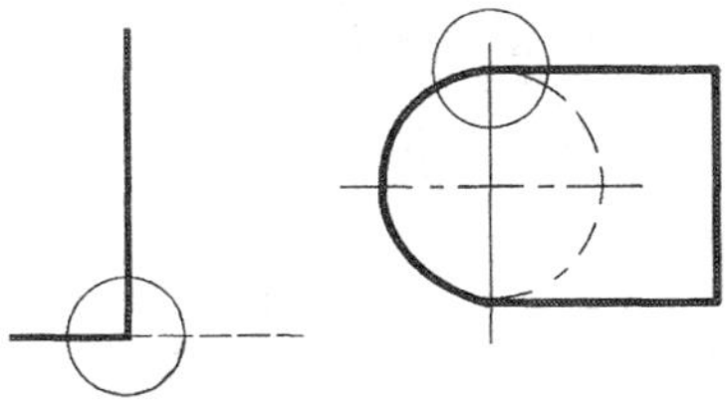

绘图所用的比例　　　　　　表 1-7

常用比例	1:1、1:2、1:5、1:10、1:20、1:50、1:100、1:150、1:200、1:500、1:1000、1:2000、1:5000、1:10000、1:20000、1:50000、1:100000、1:200000
可用比例	1:3、1:4、1:6、1:15、1:30、1:40、1:60、1:80、1:250、1:300、1:400、1:600

一般情况下,一个图样应选用一种比例。根据专业制图的需要,同一图样也可选用两种比例。

1.1.5　平面尺寸标注

图样除了画出物体的形状外,还必须完整地标注尺寸,作为施工的依据。《房屋建筑制图统一标准》(GB/T 50001—2001)规定了尺寸标注的基本规则和方法,在绘图和识图时必须遵守。表 1-8 中列出了标注尺寸的基本规则,并适当地作了说明。

尺寸标注的基本规则　　　　　　　　　表 1-8

	说　明	图　例
总则	1. 完整的尺寸，由下列内容组成： （1）尺寸线（细实线） （2）尺寸界线（细实线） （3）尺寸数字 （4）尺寸起止符号（中实线） 2. 实物的真实大小，应以图上所注尺寸数据为依据，与图形的比例无关 3. 除标高及总平面图以米为单位外，尺寸单位都是毫米，不需要注明	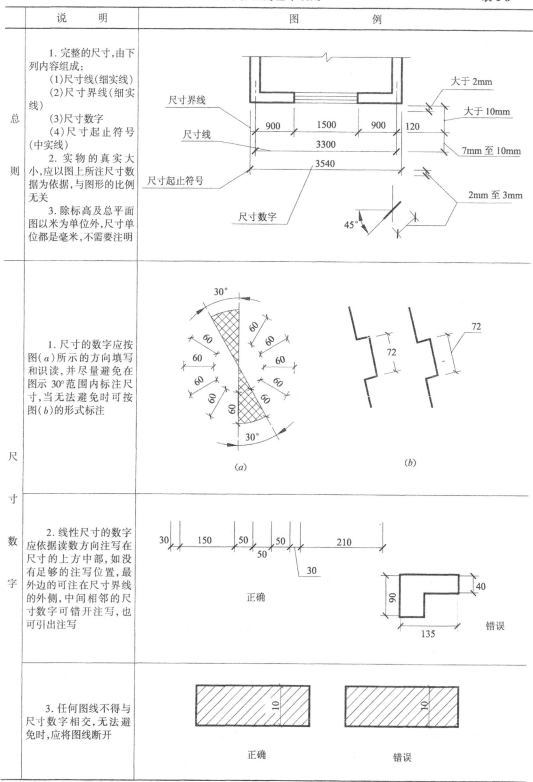
尺寸数字	1. 尺寸的数字应按图（a）所示的方向填写和识读，并尽量避免在图示30°范围内标注尺寸，当无法避免时可按图（b）的形式标注	
	2. 线性尺寸的数字应依据读数方向注写在尺寸的上方中部，如没有足够的注写位置，最外边的可注在尺寸界线的外侧，中间相邻的尺寸数字可错开注写，也可引出注写	
	3. 任何图线不得与尺寸数字相交，无法避免时，应将图线断开	

续表

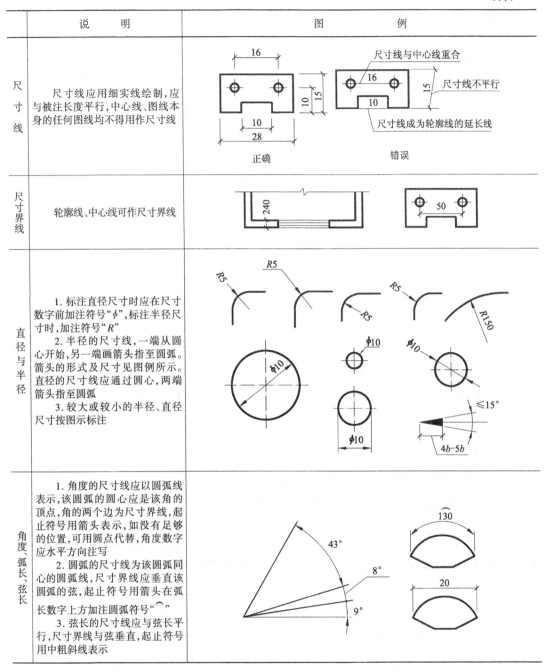

1.2 绘图工具、仪器及用品

绘图可分为计算机绘图和手工绘图两种。计算机绘图是由硬件和软件组成的计算机辅助设计系统完成的。常用的硬件有计算机、显示器、键盘、鼠标、绘图仪或打印机等,这些设备、仪器以及软件的应用将在以后的有关章节中介绍。本节主要介绍常用的手工绘图工具及仪器等的使用知识。

1.2.1 制图工具

(1)图板

图板是用来铺放和固定图纸的。图板一般用胶合板制成,板面必须平整(图1-8)。图板短边为工作边(也叫导边),要求光滑平直。图板有几种规格,其尺寸比同号图纸大小略大,可根据需要选用。

图板切不可受潮或受高温,以防板面翘曲或开裂。

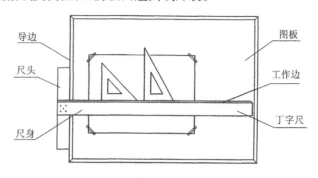

图1-8 主要绘图工具

(2)丁字尺

丁字尺一般用有机玻璃等制成。尺头与尺身相互垂直构成丁字形(见图1-8)。尺头与尺身牢固连接。尺头的内边缘为丁字尺导边,尺身上边缘为工作边,都要求平直光滑。丁字尺用完后应挂起来,防止尺身变形。

丁字尺可用来画水平方向平行线。使用丁字尺时(见图1-9),须用左手握住尺头,使它始终紧靠图板的左边,上下推动到要画水平线的位置后,将左手移到画线部位将尺身压住,再从左向右画水平线。画一组水平线时,要从上到下逐条画出。

切勿把丁字尺头靠图板的右边、下边或上边画线,也不得用丁字尺的下边缘画线。

(3)三角板

一副三角板有45°和30°、60°的各一块。一般用有机玻璃制成,要求板平边直,角度准确。三角板的规格以45°三角板斜边或30°、60°三角板长垂边的长度确定。

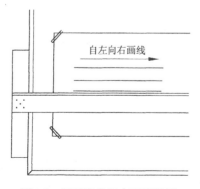

图1-9 用丁字尺画水平平行线

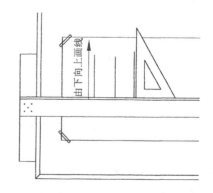

图1-10 用三角板与丁字尺配合画铅垂平行线

用两块三角板与丁字尺配合可画铅垂线、与水平线成 15°及倍数的斜线,见图 1-10、图 1-11。

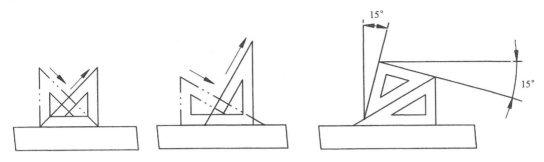

图 1-11　用丁字尺与两个三角板配合画 15°及倍数的斜线

(4)比例尺

比例尺供绘图时量取不同比例的尺寸用(图 1-12)。其形状常为三棱柱,故又称三棱尺。它的三个面刻有六种不同的比例刻度,供绘图时选用。

比例尺上刻度一般是以米为单位的。当我们使用比例尺上某一刻度时,可以不用计算,直接按照尺面所刻的数值,用分规截取长度。

(5)曲线板

曲线板用来描画非圆弧曲线。使用时(见图 1-13),可先徒手将所求曲线上各点轻轻地依次连成圆滑的细线,然后从曲率大的地方着手,在曲线板上选择曲率变化与该段曲线基本相同的一段进行描画。一般每描一段最少应有四个点与曲线板的曲线重合。为保证连接圆滑,每当描一段曲线时,应有一小段与前一段所描的线段重迭,后面再留一小段待下次描画。

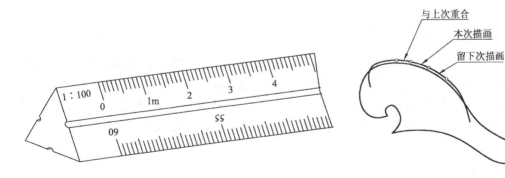

图 1-12　比例尺　　　　　　图 1-13　用曲线板描画非圆曲线

(6)绘图铅笔

绘图铅笔用标号表示铅芯的软硬程度。标号中 H 表示硬,B 表示软。H 或 B 前面的数字越大表示越硬或越软,HB 表示不硬不软。

绘图时常用 H 或 2H 的铅笔打底稿,用 HB 的铅笔写字和徒手画图,用 B 或 2B 铅笔加深描粗图线。

削铅笔时,应保留有标号一端,以便于识别。如图 1-14 所示,铅笔可削成锥状,用于画底稿、加深细线及写字；也可削成四棱状，用于加深粗线。

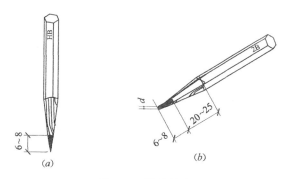

图 1-14　铅笔削法
(a)锥状铅笔头；(b)四棱状铅笔头

1.2.2　绘图仪器

(1)分规

分规是用来量取尺寸和等分线段的仪器。分规两脚合拢时针尖应合于一点。

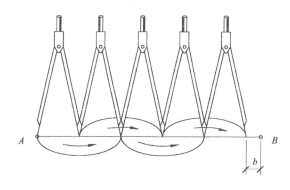 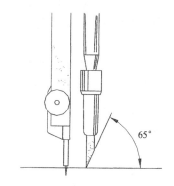

图 1-15　用分规等分线段图　　　图 1-16　圆规钢针的肩台与铅芯尖平齐

用分规将已知线段等分成 n 等分时，可采用试分法。如图 1-15 所示，要将 AB 线段五等分，先用目测估计，使分规两针尖间距离大约为 1/5AB，然后从 A 点开始在 AB 上试分。试分时两针尖交替画圆弧在线段上取试分点。如果最后针尖不落在 B 上，可用超过或剩余长度的五分之一调整分规两针尖距离后，再从 A 点开始试分，直到能完全等分为止。

(2)圆规

圆规是用来画圆或圆弧的仪器。附件有钢针插脚、铅芯插脚、鸭嘴插脚和延伸插脚等。

画圆时，圆规的钢针应使用有肩台的一端，针尖插入图板后，肩台与铅芯或鸭嘴笔尖平齐(见图 1-16)。画圆时圆规应略向线前进方向倾斜。画大圆时在圆规插脚上接延伸插脚，画时圆规两脚皆应垂直纸面(图 1-17)。圆规上铅芯型号应比画同类直线所用铅芯软一号。打底稿时铅芯应磨成 65°斜面(图 1-16)，加深时铅芯可磨成与线宽一致的扁状。

(3)墨线笔

墨线笔又称鸭嘴笔或直线笔(图 1-18)，用来画墨线。使用时，用吸管或小钢笔将墨水注入两叶钢片中间,钢片外侧不许沾上墨汁,笔内含墨高度以 6mm 左右为宜。

画线时,应使两叶钢片同时接触图纸,笔杆略向画线前进方向倾斜,画线速度必须均匀。

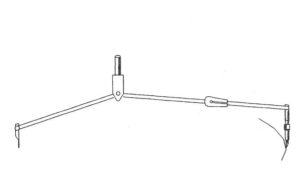

图 1-17 画较大圆时应使圆规两脚与纸面垂直

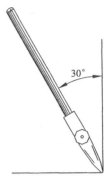

图 1-18 墨线笔

(4)绘图墨水笔

绘图墨水笔又称针管笔。它具有普通自来水笔的特点,不需要经常加墨水,笔尖的口径有多种,规格可根据画线宽度选用。使用时应保持笔尖清洁。

1.2.3 常用绘图用品

常用绘图用品有橡皮、小刀、擦图片、胶带纸、砂纸等,绘图时应必备。

1.3 几 何 作 图

建筑物的形状虽然多种多样,但其投影轮廓却是由一些直线、圆弧或其他曲线组成的几何图形。因此,我们应当掌握常用几何图形的作图原理、作图方法以及图形与尺寸间相互依存的关系。

1.3.1 作平行线

过已知点作一直线平行于已知直线的作图如图 1-19 所示。

1.3.2 作垂线

过已知点作一直线垂直于已知直线的作图如图 1-20 所示。

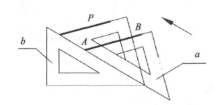

(1)使三角板 a 的一直角边先靠贴 AB,其斜边靠上另一三角板 b
(2)按住三角板 b 不动,推动三角板 a 至点 P
(3)过 P 点画一直线即为所求

图 1-19 作平行线

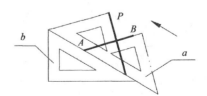

(1)使三角板 a 的一边靠贴 AB,另一个三角板 b 靠贴三角板 a 一边
(2)按住三角板 b 不动,推动三角板 a 至 P 点
(3)过 P 点画直线即为所求

图 1-20 作垂线

1.3.3 等分线段(图1-21)

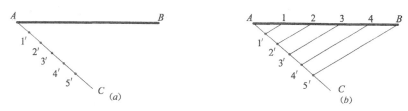

图1-21 等分线段

(a)过A点作任意直线AC,并以适当的长度截取五等分,得1'、2'、3'、4'、5';
(b)连接5'B,并过AC线上任一等分点作5'B的平行线,分别交AB于1、2、3、4,即为所求的等分点

1.3.4 等分圆周

三等分、四等分以及 n 等分圆周的作图从略,这里只分析六等分、五等分作图。

(1)六等分

1)用圆规作图(图1-22)。

2)用丁字尺、三角板作图(图1-23)。

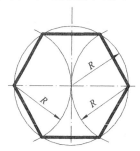

图1-22 用圆规六等分圆周

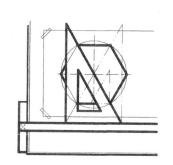

图1-23 用丁字尺、三角板六等分圆周

(2)五等分(图1-24)

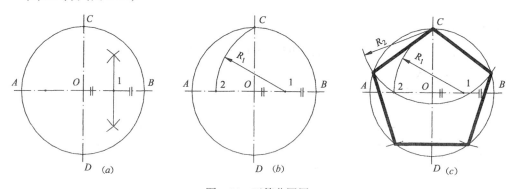

图1-24 五等分圆周

(a)二等分半径 OB,得点1;(b)以点1为圆心,1C为半径,
画圆弧交 O1 于2点;(c)以 2C 为半径,分圆周为五等分

1.3.5 圆弧连接

用一段圆弧光滑地连接相邻两线段的作图方法称为圆弧连接。各种连接的作图步骤见表1-9和表1-10。

直线间的圆弧连接 表1-9

类别	用圆弧连接锐角或钝角的两边	用圆弧连接直角的两边
图例		
作图步骤	1. 作与已知角两边分别相距为 R 的平行线,交点 O 即为连接弧的圆心 2. 自 O 点分别向已知角的两边作垂线,垂足 M、N 即为切点 3. 以 O 为圆心,R 为半径在切点 M、N 之间画连接圆弧即为所求	1. 以角顶为圆心,R 为半径,交直线两边于 M、N 2. 以 M、N 为圆心,R 为半径画弧相交得连接圆心 O 3. 以 O 为圆心,R 为半径在 M、N 间画连接圆弧即为所求

直线与圆弧以及圆弧之间的圆弧连接 表1-10

名称		已知条件和作图要求	作 图 步 骤		
圆弧连接直线与圆弧		已知连接圆弧的半径为 R,将此圆弧外切于圆心为 O_1,半径为 R_1 的圆弧和直线 l	1. 作直线 l' 平行于直线 l(其间距为 R),再作已知圆弧的同心圆(半径 $R_1 + R$)与直线 l' 相交于 O	2. 过 O 点作直线 l 的垂线交于1,连接 OO_1 交已知圆弧于2,1、2 即为切点	3. 以 O 为圆心,R 为半径画圆弧,连接直线 l 和圆弧 O_1 于1、2 即为所求
圆弧连接圆弧与圆弧	外连接	已知连接圆弧的半径为 R,将此圆弧同时外切于圆心为 O_1、O_2,半径为 R_1、R_1 的圆弧	1. 分别以 $(R+R_1)$ 和 $(R+R_2)$ 为半径,以 O_1、O_2 为圆心,画圆弧相交于 O	2. 连接 O、O_1 交已知圆弧于1,连接 O、O_2 交已知圆弧于2,1、2 即为切点	3. 以 O 为圆心,R 为半径,连接已知圆弧于1、2 即为所求

续表

名称		已知条件和作图要求	作图步骤		
圆弧连接圆弧与圆弧	内连接	已知连接圆弧的半径为R,将此圆弧同时内切于圆心为O_1、O_2,半径为R_1、R_1的圆弧	1. 分别以$(R-R_1)$和$(R-R_2)$为半径,以O_1、O_2为圆心,画圆弧相交于O	2. 连接O、O_1并延长交已知圆弧于1,连接O、O_2并延长交已知圆弧于2,1、2即为切点	3. 以O为圆心,R为半径,连接已知圆弧于1、2即为所求
	混合连接	已知连接圆弧的半径为R,将此圆弧外切于圆心为O_1,半径为R_1,同时又内切于圆心为O_2半径为R_2的圆弧	1. 分别以$(R+R_1)$和(R_2-R)为半径,以O_1、O_2为圆心,画圆弧相交于O	2. 连接O、O_1并延长交已知圆弧于1,连接O、O_2并延长交已知圆弧于2,1、2即为切点	3. 以O为圆心,R为半径,连接已知圆弧于1、2即为所求

1.4 平面图形尺寸分析

平面图形是由许多线段连接而成,这些线段之间的相对位置和连接关系,是由给定的尺寸来确定的。画图时,只有通过分析尺寸和线段间的关系,才能明确该平面图形应从何处下手以及按什么顺序作图。

1.4.1 尺寸分析

平面图形中的尺寸,按其作用可分成以下两类:

(1)定形尺寸

用于确定平面图形各组成部分的形状和大小的尺寸称为定形尺寸,如图1-25中的$\phi 5$、15、$R10$、$R15$等。

(2)定位尺寸

用于确定平面图形中各组成部分的相对位置的尺寸称为定位尺寸。如图1-25中尺寸8、75、45分别是确定$\phi 5$、$R10$、$R50$的圆心位置的定位尺寸。

定位尺寸通常以平面图形的对称线、圆的中心线以及其他线段或点作为尺寸标注的起点,这个起点叫做尺寸基准。一个平面图形应

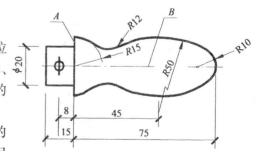

图1-25 手柄平面图

有两个方向的尺寸基准,如图 1-25 中的 A 为水平方向的基准,B 为竖直方向的基准。

有时某个尺寸既是定形尺寸,也是定位尺寸,具有双重作用。

1.4.2 线段分析

平面图形中的线段,根据所给的尺寸是否完整,可把线段分为三种:

(1)已知线段

根据给出的尺寸和尺寸基准线的位置直接画出的线段称为已知线段。例如图 1-25 中根据尺寸 $\phi20$、15、$R10$、$R15$ 画出的圆、直线和圆弧。

(2)中间线段

线段的尺寸不全,但只要一端相邻线段先作出后,就可由已知尺寸和几何条件作出的线段称为中间线段。例如图 1-25 中尺寸为 $R50$ 的圆弧。

(3)连接线段

线段的尺寸不全,需要依靠与相邻线段相切或相接的几何条件才能画出的线段称为连接线段。例如图 1-25 中尺寸为 $R12$ 的圆弧。

在画平面图形时,先要进行线段分析,以便决定画图步骤和选用连接方法。一般应先画已知线段,再画中间线段,最后画连接线段。

1.5 绘图的一般步骤

1.5.1 绘图前的准备工作

(1)准备工具、仪器以及用品

用干净布将图板、丁字尺以及三角板等擦拭干净,削好铅笔,准备好绘图所用的仪器和用品,放在合适的地方。在整个作图过程中经常进行清洁工作,保持图面和手的清洁。

(2)阅读图样

认真阅读需绘制的图样,分析图形的尺寸以及线段的连接关系,拟定具体的作图顺序。

根据图形大小和复杂程度,确定绘图比例,选用合适的图纸,用胶带纸粘贴在图板上,贴图纸时应用丁字尺校正其位置。

1.5.2 绘图的一般步骤

1.5.2.1 绘制底稿

1)底稿线一般用 H 或 2H 铅笔绘制。底稿中的线型可不必区分粗细。铅笔底稿线应细而轻淡,以便修改和擦净不需要的图线。底稿作图必须准确。

2)画底稿的步骤一般先要考虑布局,即图形在图纸上的位置,然后画出轴线、基准线、中心线等以确定图形的位置,再逐步画出图形。

3)画尺寸界线和尺寸线。底稿上的尺寸起止线和数字暂不画和书写,留待加深时统一画、统一书写。

1.5.2.2 加深底稿

1)加深前应先对底稿检查一遍,改正图中的错误,补齐遗漏的线条,并把画错的线改正、擦去不需要的线。

2)加深图线一般用 2B 或 B 铅笔,图中的线型应以粗细不同来区别,但黑度应一致。

3)加深图线的一般步骤如下:

① 加深点画线（先水平点画线，后铅垂点画线）。
② 加深粗实线的圆、圆弧和曲线。
③ 加深水平方向的粗实线（自上而下）和铅垂方向的粗实线（从左往右）。
④ 加深倾斜的粗实线。
⑤ 加深虚线、细实线等。
⑥ 画尺寸起止符号或箭头，注写尺寸数字、文字说明、填写图标。
⑦ 加深图框线、图标线。

用墨线加深的步骤与用铅笔加深的步骤相同。

上墨线工作必须耐心细致，切忌急躁和粗枝大叶。图板要放平，以免粗线上未干的墨水往下流。墨水瓶不可放在图板上，以免倾倒玷污图纸。若画错了线或有墨污之处，须待干后再修改。修改时将三角板垫在图纸下，用刀片轻轻地将画错处或墨污刮去，注意不要刮破图纸，再用橡皮擦去余下污迹，用笔头或指甲将纸面磨平后再重新上线。

第 2 章 投 影 基 础

2.1 投 影 概 念

2.1.1 投影的形成

我们知道,一切工程建设都离不开图样,图样是工程施工的重要依据,而图样是用投影原理绘制出来的,投影原理是工程制图与识图的理论基础。

在日常生活中,我们发现当光线照射在物体上时,会在墙面或地面上产生影子,随着光线照射的方向或距离的改变,影子的形状、大小和位置也会发生变化。从上述自然现象中,人们通过长期的探索总结出了物体的投影规律。事实上物体的影子仅仅是物体边缘的轮廓,影子不能完整的反映出物体的空间形状。在影子的形成过程中,假设光线能够透过物体而将物体上所有的轮廓线都反映在落影平面上,这样形成的影子能够全面反映出物体原有的空间形状,把这种图形称为投影图,如图 2-1 所示。在投影理论中我们把光源 S 称为投射中心,把光线称为投射线,把落影平面称为投影面,把产生的影子称为投影图,把空间的点、线、面称为几何元素,把空间物体称为形体。

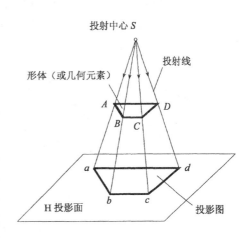

图 2-1 投影的形成

在投影图的形成过程中,投射线、形体(或几何元素)、投影面三者缺一不可,因此把它们称为投影三要素。

2.1.2 投影的分类

投影可以分为两大类,中心投影和平行投影。它是依据投射中心和投射线与投影面相对位置的不同来划分的。

(1)中心投影

当投射中心 S 距离投影面为有限远时,所有的投射线交汇于投射中心,这种投影方法称为中心投影法,这样得到的投影图称为中心投影图,如图 2-2(a)所示。

(2)平行投影

当投射中心 S 距离投影面为无限远时,所有的投射线变成了平行线,这种投影方法称为平行投影法,这样得到的投影图称为平行投影图,如图 2-2(b)、(c)所示。

根据投射线与投影面夹角的不同,平行投影还可以分为平行斜投影和平行正投影。投射线倾斜于投影面所作出的平行投影称为平行斜投影,简称斜投影,如图 2-2(b)所示。投射线垂直于投影面所作出的平行投影称为平行正投影,简称正投影,如图 2-2(c)所示。

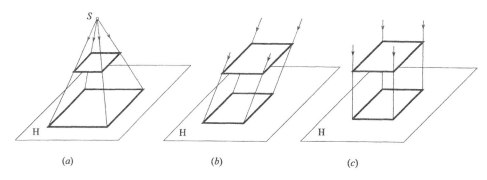

图 2-2 投影的分类
(a)中心投影;(b)平行斜投影;(c)平行正投影

2.1.3 工程中常用的投影方法和投影图

工程制图是投影理论在工程实践中的应用,工程实践中常用的投影方法和投影图有以下四种(如图 2-3 所示):

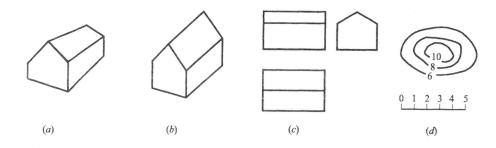

图 2-3 各种投影法在工程中的应用
(a)透视投影图;(b)轴测投影图;(c)正投影图;(d)标高投影图

(1)透视投影图

它是用中心投影法绘制而成,俗称效果图。透视投影图有很强的立体感,它和人眼观看物体得到的图像非常接近。透视投影图作图方法复杂,度量性差,一般作为工程图的辅助图样。

(2)轴测投影图

它是一种单面平行投影。轴测投影图也有较强的立体感,作图方法同样较复杂,度量性差,只能作为工程图的辅助图样。

(3)正投影图

它是用正投影法绘制而成。一般采用三个或三个以上的投影面,称为多面正投影图。正投影图为平面图样,没有立体感,直观性差,但其作图方法非常简便,正投影图能够很好的反映空间形体的形状、大小且度量性好。用正投影法绘制正投影图是工程图的主要图示方法。

(4)标高投影图

它是用正投影法绘制的水平投影图。它是在形体的水平投影图上,以数字标注出各处的高度来表达形体形状的一种图示方法。标高投影图可以很好地表达地面的形状,常用来画地形图。

通过以上分析我们知道,正投影法是工程图的主要图示方法,学习投影理论主要应该掌握正投影法。在以后章节的叙述中如果没有特别指明,所讲投影均为正投影。

2.2 正投影特性

正投影法是我们要学习的重点,学习正投影法应该了解并掌握点、直线、平面正投影的特性。点、直线、平面的正投影图有如下特性:

2.2.1 类似性

点的正投影仍然是点,直线的正投影一般仍然是直线,平面的正投影仍然反映原来的空间几何形状,这种性质称为正投影的类似性。

在图 2-4(a)中,过空间点 A 向投影面 H(H 表示投影面是水平面)作一条铅垂线,铅垂线与投影面 H 相交于点 a,点 a 称为空间点 A 在 H 面上的正投影,点的正投影仍然是一个点。

在图 2-4(b)中,直线 AB 与投影面 H 倾斜,AB 在 H 面上的正投影为 ab,ab 仍然是直线,但投影长度会缩短。

在图 2-4(c)中,四边形平面 ABCD 与投影面 H 倾斜,平面在 H 面上的正投影为 abcd,平面的正投影仍然是四边形平面,但投影图形的面积会缩小。

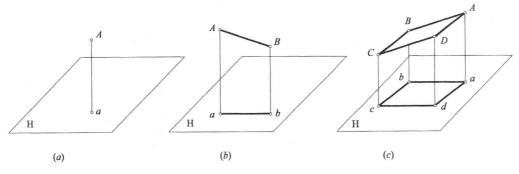

图 2-4 正投影的类似性

2.2.2 全等性

当空间直线和平面平行于投影面时,直线和平面的正投影分别会反映实长和实形,这种性质称为正投影的全等性。

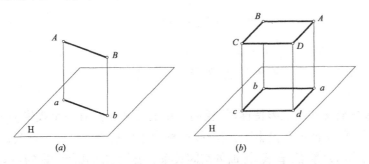

图 2-5 正投影的全等性

在图 2-5(a)中,直线 AB 平行 H 面,直线 AB 的正投影为 ab,ab 的长度等于直线的原长 AB,称为直线的投影反映实长。在图 2-5(b)中,平面 ABCD 平行于 H 面,其正投影为 abcd,abcd 与平面 ABCD 相比形状和大小都没有改变,称为平面的投影反映实形。

2.2.3 积聚性

当空间直线和平面垂直于投影面时,正投影分别变成了一个点和一条直线,这种性质称为正投影的积聚性。

在图 2-6 中,直线 AB 垂直 H 面,AB 在 H 面上的正投影积聚成为一个点。平面 ABCD 垂直 H 面,ABCD 在 H 面上的正投影积聚成为一条直线。

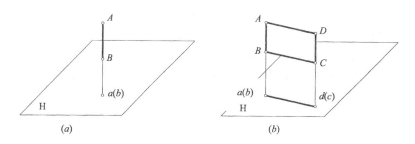

图 2-6 正投影的积聚性

2.2.4 重合性

两个或者两个以上的点、直线、平面具有相同的正投影图称为投影重合即重影,这种性质称为正投影的重合性。

在图 2-7 中,点 A、B、C 的正投影重合,直线 AB、CD 的正投影重合,平面 P、Q 的正投影重合。

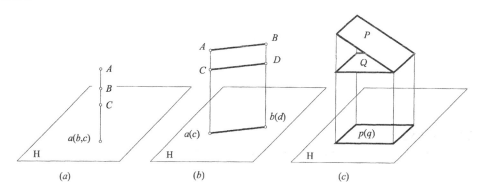

图 2-7 正投影的重合性

2.3 三面正投影图

前面在讨论投影概念和正投影特性时,我们采用的投影面只有一个投影面 H,在 H 面上我们作出了点、直线、平面的正投影图,这种投影称为单面投影。显然单面投影不能准确全面地反映出空间几何元素点、直线、平面的空间关系。要把空间几何元素的空间关系表达清楚,至少需要两个投影面,并作出其二面正投影图才行,这种投影称为二面投影。由于空间形体存在于三维空间中,它具有长度、宽度和高度,显然单面投影不能确定形体的空间形状,二面投影一般也不能确定其空间形状。一般来说,需要建立一个由互相垂直的三个投影面组成的投影面体系,并作出形体在该投影面体系中的三个正投影图,才能充分反映出这个形体原有的空间形状。

2.3.1 三面正投影图的形成

要作出空间形体的三个正投影图,需要建立一个三投影面体系。在图 2-8 中,H、V、W 三个投影面互相垂直。H 面是水平方向,称为水平投影面;V 面是正立方向,称为正立投影面;W 面是侧立方向,称为侧立投影面。H、V、W 三个投影面相交,其交线称为投影轴,分别是 OX、OY、OZ 投影轴。三条投影轴相交于点 O,点 O 称为原点。

把形体放在三投影面体系中,用三组平行投射线分别向 H、V、W 面进行投射,可以作出形体在三个投影面上的三个正投影图,这三个正投影图称为三面正投影图(简称三面投影)。投射方向从上到下得到的在 H 面上的正投影图称为水平投影图(简称 H 投影);投射方向从前到后得到的在 V 面上的正投影图称为正面投影图(简称 V 投影);投射方向从左到右得到的在 W 面上的正投影图称为侧面投影图(简称 W 投影),如图 2-8(a)所示。

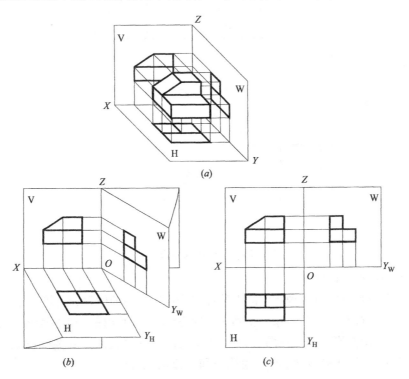

图 2-8 三面正投影图的形成

2.3.2 三个投影面的展开

为了作图更方便一些,我们需要将互相垂直的三个投影面展开在一平面上,这样就可以在一个平面上画出形体的三面正投影图,如图 2-8(b)、(c)所示。让 V 面保持不动,H 面绕 OX 轴向下转动 90°,W 面绕 OZ 轴向右方转动 90°。此时,OY 轴分成了两条,位于 H 面上的 Y 轴称为 OY_H,位于 W 面上的 Y 轴称为 OY_W。

2.3.3 三面正投影图的投影规律

(1)"三等"关系

对同一个形体而言,三面正投影图中各个投影图之间互相是有联系的。在图2-8中我们发现,正面投影图和水平投影图左右对正、长度相等;侧面投影图和正面投影图上下对齐、高度相等;水平投影图与侧面投影图前后对应、宽度相等。这一投影规律称为"三等"关系,即"长对正,高平齐,宽相等"。

(2)三面正投影图中方位的确定

形体在空间有左右、前后、上下六个方位,在三面正投影图中,每个投影图只能反映六个方位中的四个方位。水平投影图可以反映左右、前后关系,不能反映上下关系;正面正投影图可以反映左右、上下关系,不能反映前后关系;侧面投影图只能反映前后、上下关系,不能反映左右关系,如图2-9所示。

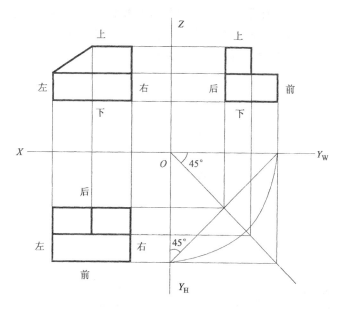

图2-9 三面正投影图画法

(3)三面正投影图画法

绘制三面正投影图,首先要把空间形体在三个投影面中的位置弄清楚,仔细分析形体表面的正投影特性,按照"三等"关系和正确的投射方向,依次画出三个正投影图。投影图之间用细实线相连表示投影关系。在图2-9中,为了反映出水平投影图和侧面投影图宽度相等的关系,分别采用了45°斜线法、45°分角线法和圆弧法三种画法,作图时可选用其中的任一种方法。

【例2-1】 画出所给形体的三面正投影图。

【解】 按照图2-10(a)中所指明的V投影的投射方向,我们可以知道,形体的正面平行于V面,形体的顶面平行于H面,形体的侧面平行于W面。通过对形体表面正投影特性的分析,按照"三等"关系作出其三面正投影图。在投影图中可见轮廓线画成粗实线,不可见线画成中粗虚线,投影轴和投影连线用细实线表示,见图2-10(b)所示。

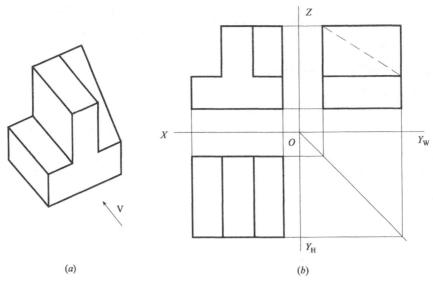

图 2-10 画形体的三面正投影图

2.4 点 的 投 影

2.4.1 点的二面投影及投影规律

要作出点的二面正投影图应先建立一个二面投影体系。如图 2-11(a)所示，V 面和 H 面互相垂直，两个投影面相交于 OX 轴。过空间点 A 分别向 H 面、V 面引垂直线与投影面相交得到 a、a'。a 就是 A 点在 H 面上的正投影图，即水平投影图，a' 就是 A 点在 V 面上的正投影图，即正面投影图。为了得到展开后的二面投影，让 V 面不动，让 H 面绕 OX 轴向下转动 $90°$，可得到展开后点的二面投影，如图 2-11(b)所示。在投影图中，点要用小圆圈表示并注明投影符号。

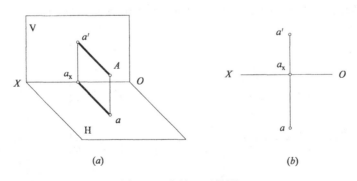

图 2-11 点的二面投影

如图 2-11(a)所示，Aa、Aa'分别是向 H 面、V 面所引的投射线，Aa 和 Aa'可组成一个平面，该平面与 OX 轴相交于 a_X。可以证明，平面 Aaa_Xa' 与 H 面、V 面是垂直关系，因此 $OX \perp a'a_X$，$OX \perp aa_X$，$a'a_X \perp aa_X$。当 V 面、H 面展开在一个平面上时，a、a'、a_X 三点应该位于同一条铅垂线上，换句话说 $aa' \perp OX$。还可以证明平面 Aaa_Xa' 为一矩形，因此 $Aa = a'a_X$，$Aa' = aa_X$。

综上所述,可得到点的二面投影的投影规律:投影连线垂直于投影轴,即 $aa' \perp OX$;空间点到 V 面的距离等于水平投影到 OX 轴的距离,即 $Aa' = aa_X$,空间点到 H 面的距离等于正面投影到 OX 轴的距离,即 $Aa = a'a_X$。

2.4.2 点的三面投影及投影规律

(1) 点的三面投影

如图 2-12(a)所示,H 面、V 面、W 面组成了一个三投影面体系。在该投影体系中作出点 A 的三面正投影图 a、a'、a'',其中 a 称为水平投影图,a' 称为正面投影图,a'' 称为侧面投影图。如图 2-12(b)所示,将三个投影面展开在一个平面上,图中投影面边框线未画,且不必画出,45°斜线是作图辅助线,用来保证 H 投影和 W 投影的对应关系。显然空间点 A 和三面投影 a、a'、a'' 有一一对应关系。

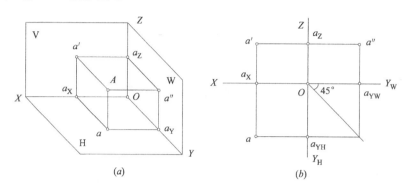

图 2-12 点的三面投影

(2) 点的三面投影的投影规律

由点的二面投影的投影规律可得出点的三面投影的投影规律:

1) 投影连线垂直于投影轴,即 $aa' \perp OX$,$a'a'' \perp OZ$。

2) 空间点到投影面的距离,可由点的投影到相应投影轴的距离来确定,即 $Aa' = aa_X = a''a_Z$,$Aa = a'a_X = a''a_{YW}$,$Aa'' = a'a_Z = aa_{YH}$。

【例 2-2】 如图 2-13(a)所示,A、B、C、D 四点分别位于投影面和投影轴上,求作各点的三面投影图。

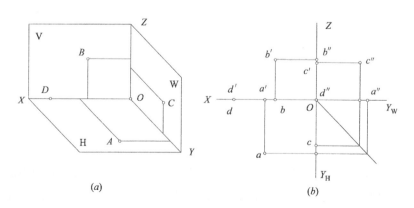

图 2-13 特殊位置点的投影

【解】 从直观图上可看出,点 A 在 H 面上,其水平投影 a 与点 A 重合,正面投影 a' 和

侧面投影 a'' 分别在 OX 轴和 OY 轴上；点 B 在 V 面上，其正面投影 b' 与点 B 重合，水平投影 b 和侧面投影 b'' 分别在 OX 轴和 OZ 轴上；点 C 在 W 面上，其侧面投影 c'' 与点 C 重合，正面投影 c' 和水平投影 c 分别位于 OZ 轴和 OY 轴上；点 D 在 OX 轴上，其正面投影 d' 与水平投影 d 和点 D 重合在 OX 轴上，侧面投影 d'' 在原点 O 上。作图见图 2-13(b)。

【例 2-3】 已知 A、B 两点的两面投影求作其第三投影。

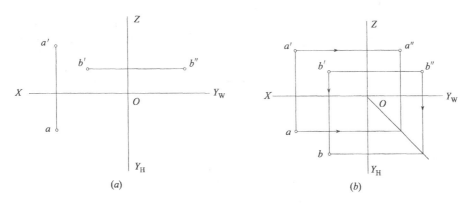

图 2-14 求点的第三投影
(a)已知；(b)作图

【解】 如图 2-14，知道点的两面投影可由点的投影规律作出第三投影。过 a' 向 OZ 轴画水平线，过 a 画水平线与 45°分角线相交并向上引铅垂线，两线相交于 a''。通过 b' 向 OX 轴画铅垂线，过 b'' 向下画铅垂线与 45°分角线相交向左引水平线，两线相交于 b。

2.4.3 两点的相对位置

(1)点的坐标

点的空间位置可由坐标来确定。点 A 的坐标可表示为 $A(x,y,z)$，点的 X 坐标反映点到 W 面的距离 $x = Aa''$，点的 Y 坐标反映点到 V 面的距离 $y = Aa'$，点的 Z 坐标反映点到 H 面的距离 $z = Aa$。

(2)两点的相对位置

空间两点的相对位置可用点的坐标值的大小来判断。两点的同面投影 X 坐标值大者在左边，X 坐标值小者在右边；Y 坐标值大者在前边，Y 坐标值小者在后边；Z 坐标值大者在上边，Z 坐标值小者在下边。

(3)重影点及投影的可见性

如果空间两点的某两个坐标相同，两点就位于某一投影面的同一条投射线上，两点在该投影面上的投影重合为一点，这两点就称为该投影面的重影点。重影点中不可见点应加括号表示。

如图 2-15 所示，A、B 两点的水平投影重合为一点，A、B 两点是 H 面的重影点；C、D 两点的正面投影重合为一点，C、D 两点是 V 面的重影点；E、F 两点的侧面投影重合为一点，E、F 两点是 W 面的重影点。在图 2-15(a)中，A 位于 B 的正上方沿投射方向向下看时，点 A 在上边为可见点，点 B 在下边为不可见点，投影图中点 A 的水平投影 a 写在前面，点 B 的水平投影 b 写在后面，b 要加括号表示。

【例 2-4】 A、B 两点的三面投影如图 2-16(a)所示，判断两点的相对位置。

【解】 从投影图 2-16(a)中可看出,点 A 的 X 坐标值大于点 B,点 A 的 Y 坐标值大于点 B,点 A 的 Z 坐标值小于点 B,所以 A、B 两点的相对位置是点 A 在点 B 的左、前、下方。图 2-16(b)为其直观图,从图中可形象的看出 A、B 两点的相对位置。

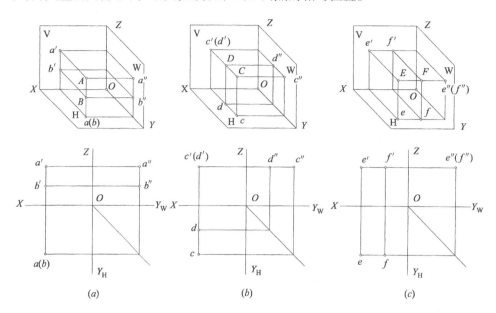

图 2-15 投影面的重影点
(a)H 面的重影点;(b)V 面的重影点;(c)W 面的重影点

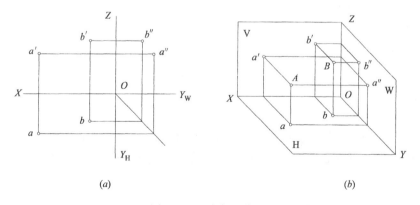

图 2-16 两点相对位置

2.5 直线的投影

2.5.1 直线的投影

(1)直线投影的形成

1)直线投影的形成:一条直线的空间位置可由直线上两点的空间位置来确定。一条直线的投影,可由直线上两点的投影来确定。对一条直线段而言,一般用线段的两个端点的投影来确定直线的投影。如图 2-17 所示,直线 AB 的三面投影分别用 ab、$a'b'$、$a''b''$ 来表示。

2)直线对投影面的倾角:如图 2-17(a),一条直线对投影面 H、V、W 面的夹角称为直线对投影面的倾角。直线对 H 面的倾角为 α 角,α 角的大小等于直线 AB 与水平投影 ab 的夹角,直线对 V 面的倾角为 β 角,β 角的大小等于直线 AB 与正面投影 a'b' 的夹角,直线对 W 面的倾角为 γ 角,γ 角的大小等于直线 AB 与侧面投影 a″b″ 的夹角。

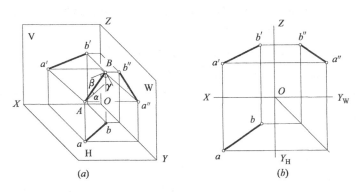

图 2-17 直线的投影

(2)各种位置直线的投影

直线对投影面的相对位置有一般位置和特殊位置两种。一般位置直线简称一般线,特殊位置直线有两种,即投影面垂直线和投影面平行线。

1)一般位置直线:如图 2-17,一般位置直线 AB 与三个投影面都倾斜,直线的三面投影 ab、a'b'、a″b″ 相对于各投影轴而言均为斜线,直线的投影长度均小于直线实长且没有积聚性,直线的投影不反映直线对投影面倾角的真实大小。

2)投影面垂直线:投影面垂直线在空间与一个投影面垂直,与另两个投影面平行。直线垂直 H 面称为铅垂线,直线垂直 V 面称为正垂线,直线垂直 W 面称为侧垂线。

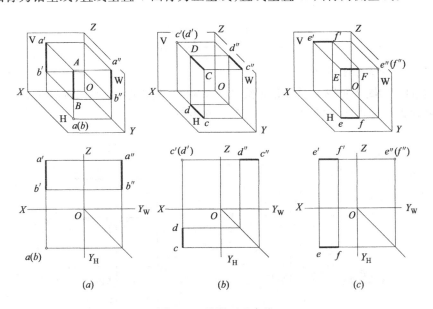

图 2-18 投影面垂直线
(a)铅垂线;(b)正垂线;(c)侧垂线

投影面垂直线的一个投影将积聚成点,另两个投影垂直于相应的投影轴且反映实长。如图 2-18,以铅垂线 AB 为例,AB 垂直于 H 面而平行于 V 面和 W 面,其水平投影积聚为一点,正面投影 a'b' 和侧面投影 a"b" 分别垂直于 OX 轴、OY_W 轴且反映 AB 的实长。

3)投影面平行线:投影面平行线在空间与一个投影面平行,与另两个投影面倾斜。直线平行 H 面而倾斜于 V 面和 W 面称为水平线,直线平行 V 面而倾斜于 H 面和 W 面称为正平线,直线平行 W 面而倾斜于 H 面和 V 面称为侧平线。

投影面平行线的一个投影反映直线实长且反映两个倾角的真实大小,另两个投影平行于相应的投影轴。如图 2-19 所示,以正平线 CD 为例,CD 平行于 V 面而倾斜于 H 面和 W 面,其正面投影 c'd' 反映 CD 实长且反映倾角 α 和 γ 的真实大小,水平投影 cd 和侧面投影 c"d" 分别平行于 OX 轴和 OZ 轴。

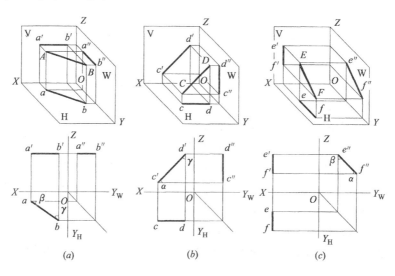

图 2-19 投影面平行线
(a)水平线;(b)正平线;(c)侧平线

(3)直线的投影作图举例

【例 2-5】 如图 2-20(a),已知正垂线 AB 的端点 A 的投影 a、a',直线实长为 AB(长度如图),并知 B 点在 A 点的正后方,求作 AB 的三面投影。

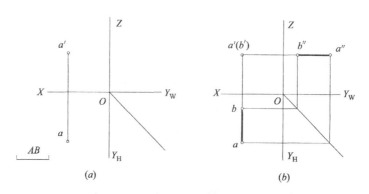

图 2-20 求正垂线

【解】 因为 AB 是正垂线,所以 AB 的正面投影将积聚成一个点,在 V 面上该点的位置与 a' 重合,其水平投影和侧面投影分别垂直于 OX 轴和 OZ 轴且反映实长,又知道 A、B 两点的相对位置,因此 AB 的三面投影惟一可求。如图 2-20(b),在 V 面上由直线 AB 的积聚性定出 b',在 aa' 的连线上,以 a 为起点向后量取直线实长,定出 b 点,根据点的投影规律求出 a″、b″,连接 ab、a″b″。

作图时,直线的投影用粗实线画出,辅助作图线用细实线画出。

【例 2-6】 如图 2-21(a),已知水平线 CD 的端点 C 的投影 c、c'、c″,直线实长为 CD(长度如图),CD 与 V 面的倾角 $\beta = 45°$,D 点在 C 点的右前方。求作 CD 的三面投影。

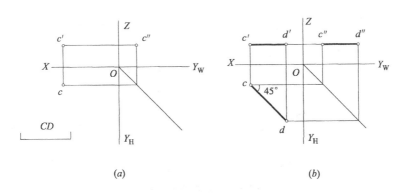

图 2-21 求水平线

【解】 直线 CD 是水平线,其水平投影 cd 反映直线实长且反映倾角 β 的真实大小,正面投影 c'd' 和侧面投影 c″d″ 分别平行 OX 轴和 OY_W 轴,已知 C、D 两点的相对位置,据此可求出 CD 的三面投影。如图 2-21(b),在 H 面上,过 c 向右前方画 45°斜线,并在上面量取出 cd = CD,定出 d,根据点的投影规律和水平线的投影特性定出 d'、d″,连接 cd、c'd'、c″d″。

2.5.2 直线上的点

(1)直线上点的投影规律

如图 2-22,点 C 在直线 AB 上,点 C 的三面投影在直线 AB 的各同面投影上并符合点的投影规律。若点 C 的三面投影均在直线 AB 的同面投影上,并符合点的投影规律,则点 C 在直线 AB 上。这一投影特点称为直线上点的投影规律。

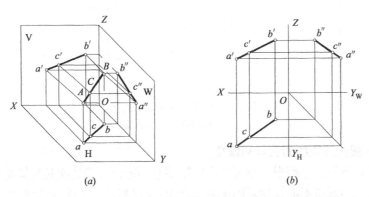

图 2-22 直线上的点

(2)定比性

如图 2-22,点 C 在直线 AB 上,则有 $AC:CB = ac:cb = a'c':c'b' = a''c'':c''b''$,直线投影的这一性质称为定比性。利用直线上点的投影规律和定比性可求出直线上点的投影或判断点是否在直线上。

(3)投影作图举例

【例2-7】 在直线 AB 上求一点 C,使 $AC:CB = 3:2$。

【解】 如图 2-23 所示,在 H 面上过 a 引一条射线,并在其上截取 5 等分,连接 $5b$,过 3 作 $5b$ 的平行线交 ab 于 c,过 c 向上引铅垂线交 $a'b'$ 于 c',c、c' 即为所求。

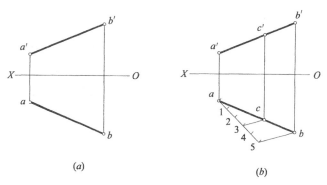

图 2-23 求直线上的点
(a)已知;(b)作图

【例2-8】 判断点 K 是否在侧平线 AB 上。

【解】 作图方法一,用定比性来作图判断,在图 2-24(b)中,作图知 $ak:kb \neq a'k':k'b'$,因此点 K 不在直线 AB 上。作图方法二,用直线上点的投影规律来判断,在图 2-24(c)中,补出 W 投影 $a''b''$、k'',可见 k'' 不在 $a''b''$ 上,因此点 K 不在直线 AB 上。

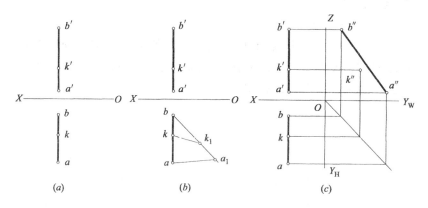

图 2-24 判断点是否在直线上
(a)已知;(b)作图一;(c)作图二

2.5.3 一般位置直线的实长和倾角

投影面垂直线和投影面平行线可在投影图中直接定出线段的实长和倾角的大小。一般位置直线的实长和倾角不能在投影图中直接定出,应根据投影图作图求得,这种作图方法叫直角三角形法。

(1)求线段的实长及倾角 α

如图 2-25(a),在直角三角形 AA_1B 中,斜边 AB 是线段的实长,直角边 BA_1 为水平投影 ab 之长,另一条直角边 AA_1 是 AB 两点的 Z 坐标之差 Δz,斜边 AB 与直角边 BA_1 的夹角为直线段对 H 面的倾角 α。

如图 2-25(b),ab、$a'b'$ 是一般线 AB 的两面投影。在 H 面上过 a 引 ab 的垂线,在垂线上量取 $aA_0 = a'a_1'$,$a'a_1'$ 是 A、B 两点的 Z 坐标之差,连接 bA_0 得直角三角形 abA_0,在此直角三角形中,bA_0 为线段 AB 的实长,α 角为直线段 AB 对 H 面的倾角。

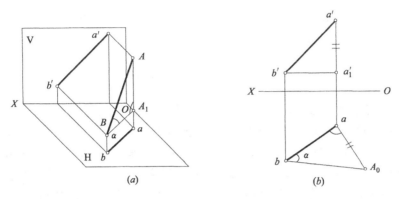

图 2-25 求直线的实长和 α

(2)求线段的实长及倾角 β

如图 2-26(a),在直角三角形 ABB_1 中,斜边 AB 是线段的实长,直角边 AB_1 为正面投影 $a'b'$ 之长,另一条直角边 BB_1 为 B、A 两点的 Y 坐标差 Δy,斜边 AB 与直角边 AB_1 的夹角为直线段 AB 对 V 面的倾角 β。

如图 2-26(b),ab、$a'b'$ 是一般线 AB 的两面投影。在 V 面上过 b' 作 $a'b'$ 的垂线,在垂线上量取 $b'B_0 = bb_1$,bb_1 是 B、A 两点的 Y 坐标之差,连接 $a'B_0$ 得直角三角形 $a'b'B_0$,在此直角三角形中,$a'B_0$ 为线段 AB 的实长,β 角为直线段 AB 对 V 面的倾角。

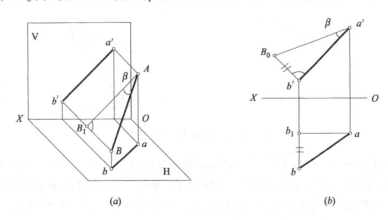

图 2-26 求直线的实长和 β

用同样的方法可作图求出一般线对 W 面的倾角 γ。

(3)求一般线的实长和倾角作图举例

【例 2-9】 已知 AB 的正面投影 $a'b'$ 和 a,线段的实长为 AB(长度如图 2-27a),点 B 在点

A 的前边。求作 ab 及倾角 β。

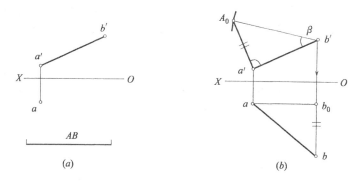

图 2-27 求直线的投影和倾角 β
(a)已知;(b)作图

【解】 求倾角 β 可用 $a'b'$ 作为一条直角边,以线段实长为斜边,作一直角三角形来求得,在所作直角三角形中,另一条直角边是 A、B 两点的 Y 坐标之差,利用 A、B 两点的 Y 坐标之差可求出 b。如图 2-27(b),在 V 面上,过 a' 引 $a'b'$ 的垂线,以 b' 为圆心,$b'A_0 = AB$ 为半径画圆弧与所作垂线相交于 A_0,连接 $b'A_0$。在直角三角形 $a'b'A_0$ 中,β 是所求倾角,$a'A_0$ 是 A、B 两点的 Y 坐标之差,过 a 向右画水平线,过 b' 向下画铅垂线,两线相交于 b_0,延长 $b'b_0$,并在其上量取 $b_0b = a'A_0$ 定出 b 点,连接 ab。

【例 2-10】 如图 2-28(a),已知直线 AB 的投影 ab、a' 及 $\alpha = 30°$,B 点在 A 点的上边。求作 $a'b'$ 及 AB 的实长。

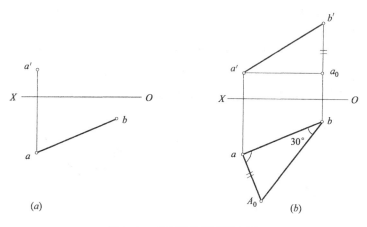

图 2-28 求直线的投影及实长

【解】 如图 2-28(b),在水平投影中,以 ab 为一直角边,$\alpha = 30°$,可作出一个直角三角形,其斜边即为 AB 的实长,另一直角边为 A、B 两点的 Z 坐标之差,利用 A、B 两点的 Z 坐标之差可定出 b'。作图过程如下:过 a 引 ab 的垂线,过 b 引斜线 bA_0 与 ab 成 30°夹角,两线相交于 A_0,在直角三角形 abA_0 中,bA_0 为 AB 的实长,aA_0 为 A、B 两点的 Z 坐标之差。过 b 向上画铅垂线,过 a' 画水平线,两线相交于 a_0,延长 ba_0,并在其上量取 $a_0b' = aA_0$,定出 b',连接 $a'b'$。

2.5.4 两直线的相对位置

在空间,两条直线的相对位置有以下三种情况:两直线平行、两直线相交、两直线交叉。

两直线平行和两直线相交称为共面直线,两直线交叉称为异面直线。

2.5.4.1 两直线平行

图 2-29 反映了两直线平行的空间关系和投影关系。

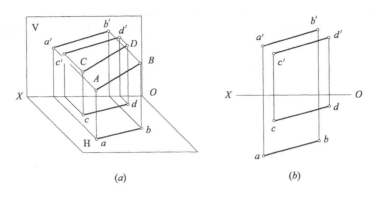

图 2-29 两直线平行
(a)直观图;(b)投影图

(1)投影特点:如果两直线在空间平行,则各同面投影除了积聚和重影外,仍然平行。如果 $AB /\!/ CD$,则有 $ab /\!/ cd$、$a'b' /\!/ c'd'$。

(2) 两直线平行的判断:

1)若两直线的三组同面投影都平行,则两直线在空间为平行关系。

2)若两直线为一般线,只要有两组同面投影互相平行,即可判定两直线在空间是平行关系。

3)若两直线是某一投影面的平行线,同时,两直线在该投影面上的投影仍为平行关系,则两直线在空间是平行关系。

2.5.4.2 两直线相交

图 2-30 反映了两直线相交的空间关系和投影关系。

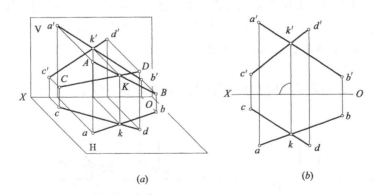

图 2-30 两直线相交
(a)直观图;(b)投影图

(1)投影特点:两直线在空间相交,则各同面投影除了积聚和重影外必相交,且交点符合点的投影规律。如果 AB 与 CD 相交,交点为 K,则有 ab 与 cd 相交于 k,$a'b'$ 与 $c'd'$ 相交于 k',且 $kk' \perp OX$。

(2)两直线相交的判断:

1)若两直线的各同面投影都相交,且交点符合点的投影规律,则两直线相交;

2)对一般线而言,只要有两组同面投影相交,且交点符合点的投影规律,则两直线相交;

3)两直线中有某一投影面的平行线时,必须验证两直线在该投影面上的投影是否满足相交的条件,才能判定两直线是否相交,或在二面投影中,用定比性作图判断交点是否符合点的投影规律来判定两直线是否相交。

2.5.4.3 两直线交叉

图 2-31 反映了两直线交叉的空间关系和投影关系。

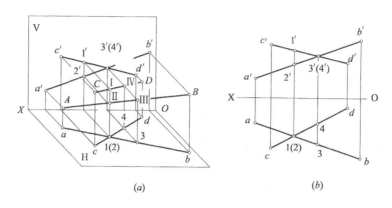

图 2-31 两直线交叉
(a)直观图;(b)投影图

(1)投影特点:两直线在空间既不平行也不相交叫做交叉。其投影特点是,同面投影可能有平行的,但不会全都平行,其同面投影可能有相交的,但交点不会符合点的投影规律。

(2)交叉直线上重影点可见性的判别:

交叉直线同面投影的交点是该投影面上重影点的投影,根据投影图中的投影关系可以判别出重影点的可见性。如图 2-31,Ⅰ、Ⅱ两点是 H 面的重影点,从 V 面投影图中可看出Ⅰ点在上为可见点,Ⅱ点在下为不可见点,Ⅲ、Ⅳ两点为 V 面的重影点,从 H 面投影图中可看出Ⅲ点在前为可见点,Ⅳ点在后为不可见点。

2.5.4.4 作图举例

【例 2-11】 已知两侧平线的 V、H 投影,判别两直线是否平行。

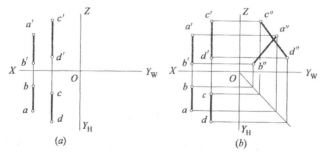

图 2-32 判定两直线是否平行
(a)已知;(b)作图

【解】 因为 AB、CD 是侧平线，可以补出 AB、CD 的 W 投影来判定两直线是否平行。如图 2-32(b)，作图后知，$a''b''$、$c''d''$ 相交，所以 AB、CD 不平行为交叉直线。

【例 2-12】 已知 AB、CD 的两面投影，其中 CD 为侧平线，判断两直线是否相交。

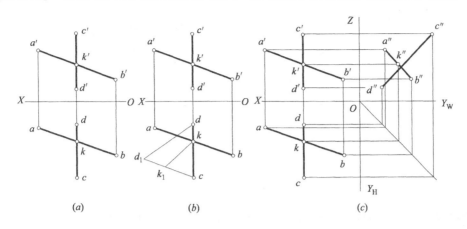

图 2-33 判断两直线是否相交

【解】 如图 2-33(a)，AB 是一般线，CD 是侧平线，从已知两面投影无法直接判定两直线是否相交，需作图判定。作图方法一：用定比性作图。如图 2-33(b)，作图知 $ck:kd \neq c'k':k'd'$，说明交点不符合点的投影规律，两直线不相交。作图方法二：补画 W 投影。如图 2-33(c)，作图知，投影图中的交点是重影点，不符合点的投影规律，两直线不相交。

2.5.5 一边平行于投影面的直角的投影

两条直线在空间是垂直关系，其中的一条直线平行于某一投影面，这两条直线在该投影面上的投影仍然是垂直关系。反过来，两条直线在某一投影面上的投影是垂直关系，其中的一条直线又平行于该投影面，则两直线在空间为垂直关系。这一性质称为直角定理。

如图 2-34，若 $AB \perp BC$，AB 平行于 H 面，则有 $ab \perp bc$。反过来，若 $ab \perp bc$，AB 平行于 H 面，则有 $AB \perp BC$。利用直角定理可解决两直线间的垂直关系问题，如作一条直线与另一条直线垂直或判定两直线在空间是否垂直。

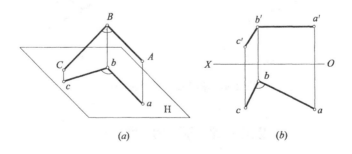

图 2-34 一边平行于投影面的直角的投影

【例 2-13】 如图 2-35(a)所示，已知直线 AB 和点 C 的两面投影，AB 为正平线，求点 C 到 AB 的距离。

【解】 求点到直线的距离，应过已知点向直线作垂线，然后作图求出点到垂足距离的实长。如图 2-35(b)，过 c' 向 $a'b'$ 作垂线得垂足 d'，过 d' 向下引铅垂线与 ab 相交于 d，连接 cd，

37

以 $c'd'$ 为一直角边，$d'D_0 = cD_1$ 为另一直角边，其中 cD_1 是 C、D 两点的 Y 坐标之差，作出一个直角三角形 $c'd'D_0$，斜边 $c'D_0$ 为 CD 的实长，CD 之实长即为所求的距离。

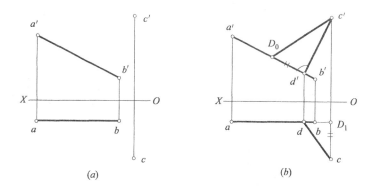

图 2-35 求点到正平线的距离

【例 2-14】 已知等腰三角形 ABC 的顶点 C 在 EF 上，求三角形的二面投影。

【解】 从图 2-36(a) 中可知，$ab // OX$，AB 为正平线。等腰三角形 ABC 的顶点 C 应该在其高线上，由等腰三角形的几何性质可知，高线应该垂直并平分其底边 AB。根据上述分析，可先定出 AB 的中点，然后过中点作 AB 的垂线，该垂线与 EF 相交，交点就是 C 点。在图 2-36(b) 中，先定出 AB 的中点 d、d'，再过 d' 作 $a'b'$ 的垂线与 $e'f'$ 相交于 c'，过 c' 向下引铅垂线与 ef 相交于 c，连接 ac、bc、$a'c'$、$b'c'$，$\triangle abc$、$\triangle a'b'c'$ 即为所求。

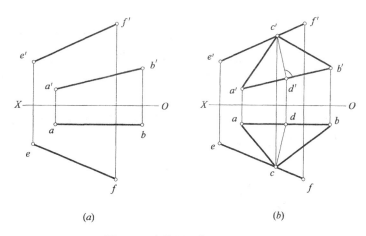

图 2-36 求等腰三角形的投影

2.6 平面的投影

2.6.1 平面的表示方法

平面可以用几何元素来表示，也可以用迹线来表示。

(1) 用几何元素表示平面

图 2-37(a) 用不在同一直线上的三个点表示一个平面，图 2-37(b) 用一条直线和直线外一点来表示一个平面，图 2-37(c) 用两条相交直线表示一个平面，图 2-37(d) 用两条平行直

线表示一个平面,图 2-37(e)用平面图形(如三角形)表示一个平面。作图时,可按需要选用。

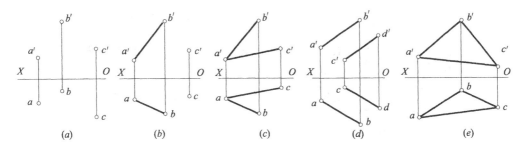

图 2-37 用几何元素表示平面

(2)用迹线表示平面

如图 2-38,空间平面 P 与 H、V、W 三个投影面相交,相交线分别是 P_H、P_V、P_W,P_H 称为平面 P 的水平迹线,P_V 称为平面 P 正面迹线,P_W 称为平面 P 的侧面迹线。平面 P 可用其三条迹线来表示。

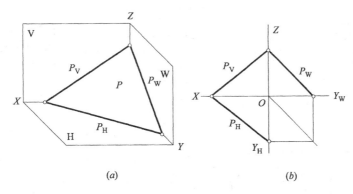

图 2-38 用迹线表示平面

2.6.2 各种位置平面的投影

平面对投影面的相对位置可分为一般位置平面、投影面平行面和投影面垂直面三种。下面分别讨论各种位置平面的投影及其特点:

(1)一般位置平面

一般位置平面与三个投影面都倾斜,三面投影都不反映平面的实形,投影没有积聚性,投影也不反映平面对投影面倾角的真实大小,三面投影均为类似形。一般位置平面简称一般面,一般位置平面的空间关系和投影特点如图 2-39 所示。

(2)投影面平行面

投影面平行面与一个投影面平行,与另两个投影面垂直。平面平行 H 面称为水平面,平面平行 V 面称为正平面,平面平行 W 面称为侧平面。投影面平行面在所平行的投影面上的投影反映平面的实形,另两个投影将积聚成直线并平行于相应的投影轴,如图 2-40 所示。

以水平面为例,水平面 P 平行 H 面且垂直 V、W 面,其水平投影 p 反映平面的实形,正面投影 p' 积聚成一条直线且平行 OX 轴,侧面投影 p'' 积聚成一条直线且平行 OY_W 轴。

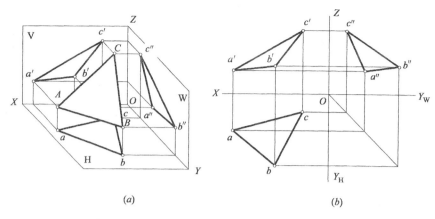

图 2-39 一般位置平面

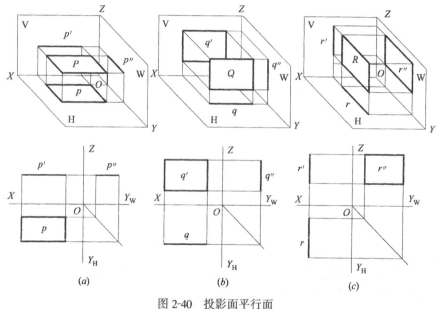

图 2-40 投影面平行面
(a)水平面;(b)正平面;(c)侧平面

(3)投影面垂直面

投影面垂直面与一个投影面垂直,与另两个投影面倾斜。平面垂直 H 面且与 V 面、W 面倾斜称为铅垂面,平面垂直 V 面且与 H 面、W 面倾斜称为正垂面,平面垂直于 W 面且与 H 面、V 面倾斜称为侧垂面。投影面垂直面在所垂直的投影面上的投影积聚成一条直线且反映平面对另两个投影面的倾角的大小,另两个投影为平面的类似形,如图 2-41。

以铅垂面为例,铅垂面 P 垂直于 H 面与 V 面、W 面倾斜,其水平投影 p 积聚成直线且反映 β 角和 γ 角,正面投影 p′ 为 P 面的类似形,侧面投影 p″ 也是 P 面的类似形。

【例 2-15】 如图 2-42(a),已知等边三角形 ABC 为一水平面,及 ab、a′,点 C 在点 A 的前边,求作三角形的三面投影。

【解】 因为三角形是水平面,其水平投影反映实形仍为等边三角形,ab 反映 AB 实长,据此,在 H 面上可作出三角形 ABC 的水平投影,根据水平面的 V、W 面投影积聚成水平线的特点,由三角形 ABC 的水平投影可求出其正面投影和侧面投影。

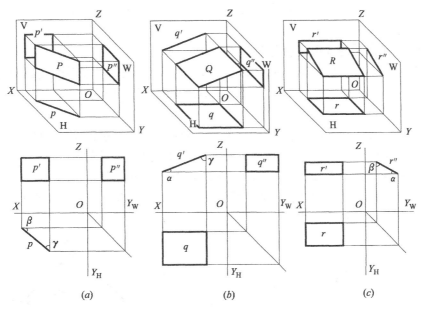

图 2-41 投影面垂直面
(a)铅垂面;(b)正垂面;(c)侧垂面

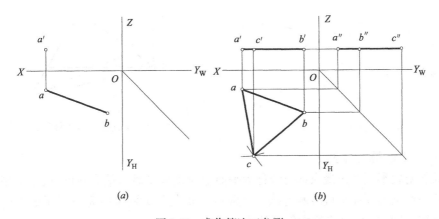

图 2-42 求作等边三角形

如图 2-42(b)所示,在 H 面上,分别以 a、b 为圆心,ab 之长为半径向前方画圆弧,得一交点 c,连接 ac、bc,过 a' 作一水平线,在水平线上根据点的投影规律分别求得 b'、c'、a''、b''、c'',连接 a'、c'、b',连接 a''、b''、c''。△abc、△$a'b'c'$、△$a''b''c''$ 即为所求。

2.6.3 平面上的点和直线

2.6.3.1 平面上的点和直线

若点在平面上的一条直线上,则点在平面上。如图 2-43,点 K 在直线 MN 上,MN 在平面 SAB 上,则点 K 在平面 SAB 上。在平面上取点时,要先在平面内取一条直线作为辅助线,然后在辅助线上定点,这样才能保证所取点在平面上。

直线通过平面上两点,或者直线通过平面上的一个点且与平面内另一条直线平行,则直线在平面上。如图2-43,直线 GH 通过平面上两点 M、N,直线 GH 在平面 SAB 上,直线 EF 过平面 SAB 上一点 D,且 EF 平行于 AB,直线 EF 在平面 SAB 上。在平面上取直线,应先在平面上取点,并保证直线通过平面上的两个点,或过平面上的一个点且与另一条平面上的直线平行。

2.6.3.2 平面上的特殊位置直线

平面上的特殊位置直线有:平面上的水平线、平面上的正平线和平面上的最大斜度线。作投影图时,常用平面上的特殊位置直线作为辅助线来帮助解题。

(1)平面上的水平线和正平线

平面上的一条直线与 H 面平行,与另两个投影面倾斜,称为平面上的水平线。平面上的一条直线与 V 面平行,与另两个投影面倾斜,称为平面上的正平线。

在图 2-44 中,过 c' 作 $c'2' \parallel OX$ 交 $a'b'$ 于 $2'$,过 $2'$ 向下画铅垂线与 ab 相交于 2,连接 $c2$;过 a 作 $a1 \parallel OX$ 交 bc 于 1,过 1 向上画铅垂线交 $b'c'$ 于 $1'$,连接 $a'1'$。直线 $C\mathrm{II}$、$A\mathrm{I}$ 分别是平面 ABC 上的水平线和正平线。

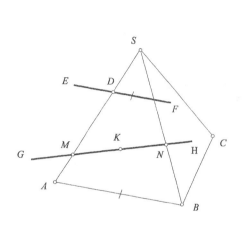

图 2-43 平面上的点和直线

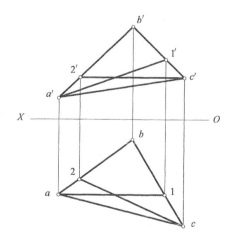

图 2-44 平面上的水平线和正平线

(2)平面上的最大斜度线

平面上对投影面倾角最大的直线称为平面上对该投影面的最大斜度线,最大斜度线必垂直于该平面上的同面平行线和迹线。平面对 H 面的最大斜度线垂直于平面上的水平线和水平迹线,平面对 V 面的最大斜度线垂直于平面上的正平线和正面迹线,平面对 W 面的最大斜度线垂直于平面上的侧平线和侧面迹线。利用最大斜度线可求出平面对投影面的倾角。平面与 H 面的倾角就是平面对 H 面的最大斜度线与 H 面的倾角,平面与 V 面的倾角就是平面对 V 面的最大斜度线与 V 面的倾角,平面与 W 面的倾角就是平面对 W 面的最大斜度线与 W 面所成的倾角。

在图 2-45 中,P 面与 H 面相交于 P_H,CD

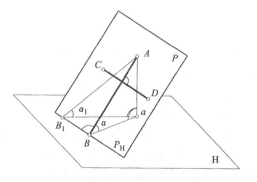

图 2-45 平面上对 H 面的最大斜度线

为 P 面上的水平线,AB 为 P 面对 H 面的最大斜度线,$AB \perp CD$,$AB \perp P_H$,a 是 A 在 H 面上的投影,α 是 AB 对 H 面的倾角,B_1 是水平迹线 P_H 上的任意一点,α_1 是 AB_1 与 H 面所成的倾角。在直角三角形 ABa 中,$\sin\alpha = Aa/AB$;在直角三角形 AB_1a 中,$\sin\alpha_1 = Aa/AB_1$。又三角形 ABB_1 为直角三角形,$AB < AB_1$,所以 $\alpha > \alpha_1$。说明:在平面 P 上 AB 对 H 面所成的倾角是最大的。由于 $AB \perp P_H$,由直角定理可知 $aB \perp P_H$,则 $\angle ABa$ 是 P 面与 H 面所形成的二面角,也就是 P 面对 H 面所成的倾角 α,我们已经知道 $\angle ABa$ 是最大斜度线 AB 对 H 面的倾角,所以平面 P 对 H 面的倾角就是最大斜度线 AB 对 H 面的倾角。

【例 2-16】 如图 2-46(a),AB、CD 为侧垂线,AD 为侧平线。补出梯形平面 $ABCD$ 的 V 面投影。

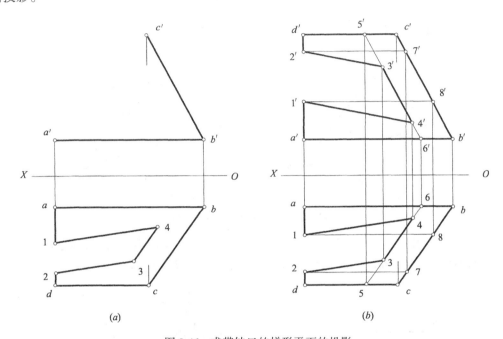

图 2-46 求带缺口的梯形平面的投影

【解】 如图 2-46 所示,首先根据已知条件和梯形的几何性质,补出完整的梯形的 V 面投影,再用平面上取点、取线的方法,补出缺口的 V 面投影。

作图步骤如下:
①过 c' 作水平线,过 d 作铅垂线,两线交于 d';
②过 3、4 点作辅助线分别交 cd、ab 于 5、6 点;
③过 5、6 点向上画铅垂线与 $c'd'$、$a'b'$ 相交于 $5'$、$6'$,连接 $5'6'$;
④过 3、4 向上画铅垂线与 $5'6'$ 相交于 $3'$、$4'$;
⑤过 1、2 点分别作 ab 的平行线交 bc 于 8、7 点,过 8、7 点向上画铅垂线与 $b'c'$ 相交于 $8'$、$7'$;
⑥过 $8'$、$7'$ 作 $a'b'$ 的平行线交 $a'd'$ 于 $1'$、$2'$;
⑦连接 $1'4'$、$4'3'$、$3'2'$,并整理加深。

【例 2-17】 已知如图 2-47(a),求三角形 ABC 对 V 面的倾角 β。

【解】 如图 2-47(b),先求出平面对 V 面的最大斜度线,再求最大斜度线对 V 面的倾角 β,β 就是平面对 V 面的倾角。

作图步骤如下：

① 过 a 作水平线交 bc 于 e，过 e 作铅垂线交 b'c' 于 e'，连接 a'e'；

② 过 c' 作 a'e' 的垂线交 a'e' 于 d'，过 d' 向下画铅垂线交 ae 于 d，连接 cd；

③ 以 c'd' 为一条直角边，$d'D_0$ 为另一条直角边（$d'D_0$ 是 C、D 两点的 Y 坐标之差），作出直角三角形 $c'd'D_0$，$\beta = \angle d'c'D_0$，β 即为所求倾角。

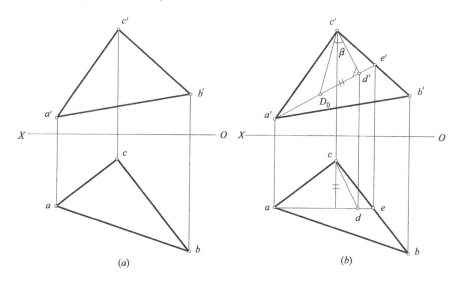

图 2-47 求三角形平面对 V 面的倾角

【例 2-18】 如图 2-48(a)，已知正方形 ABCD 的一边 AB 的两面投影 ab、a'b'，平面 ABCD 对 H 面的倾角 $\alpha = 30°$，CD 在 AB 的后上方。求作正方形的两面投影。

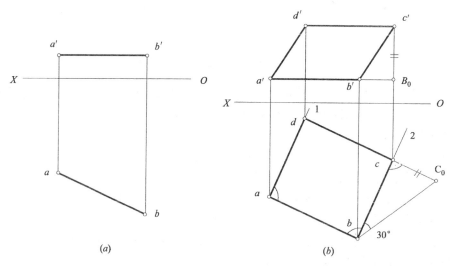

图 2-48 求正方形的投影

【解】 如图 2-48(b)，因为 a'b' ∥ OX，所以 AB 是水平线，ab 反映 AB 实长。由正方形的几何性质知道，正方形的四边相等，对边平行，4 个内角均为 90°，所以正方形 ABCD 的水平投影为一个矩形，BC 边和 AD 边为正方形平面对 H 面的最大斜度线，BC、AD 对 H 面的倾角等于正方形 ABCD 对 H 面的倾角,利用直角定理和直角三角形法可作图求出 CD。

作图过程如下：

①分别过 a、b 作 ab 的垂线 $a1$、$b2$；

②过 b 作 $b2$ 的 30° 斜线 bC_0（$bC_0 = BC = AB = ab$），过 C_0 作 $b2$ 的垂线交 $b2$ 于 c；

③过 c 作 ab 的平行线交 $a1$ 于 d，$abcd$ 即为正方形的水平投影；

④过 c 向上画铅垂线,过 b' 向右画水平线与铅垂线相交于 B_0,在 cB_0 的延长线上向上量取 $B_0c' = cC_0$ 求出 c'；

⑤过 c' 向左画水平线,过 d 向上画铅垂线,两条直线相交于 d',连接 $a'd'$、$b'c'$,$a'b'c'd'$ 即为正方形的正面投影；

⑥整理并加深,作图完毕。

第3章 平　面　立　体

3.1 概　　述

建筑物常常是由各种各样的基本形体通过叠加、切割、相交组合而成的,常见的基本形体分为平面立体和曲面立体。

对于立体的投影制图,我们学习的基本要求是:

1)能够正确地画出平面立体(棱柱、棱锥)和曲面立体(圆柱、圆锥、球体)等简单立体的三面投影图,所画投影图之间必须符合"三等关系"。

2)熟练地掌握立体表面上点、线的投影求解方法,能够准确地判别立体表面上点、线的可见性。

3)学会分析平面与立体相交、直线与立体相交的投影特点,从而掌握截交线、贯穿点的画法(所给的截割平面只限于特殊平面)。

4)学会分析两立体相交所得相贯线的形状,并掌握相贯线的投影作图方法。

本章重点讨论平面立体的投影制图。在下一章将介绍曲面立体的投影制图。

3.2 平面立体的投影

平面立体是由多个多边形平面围成的立体,其代表形体如棱柱、棱锥等。由于平面立体是由平面围成,而平面是由直线构成,直线是由点构成,所以求平面立体的投影实际上就是求点、线、面的投影。掌握好立体表面上点、线、面投影的求解方法,可为后面学习组合体的投影打好基础。在投影图中,不可见的棱线用虚线表示。

3.2.1 棱柱

(1)特征

棱柱的基本特征是:

1)所有的侧棱线平行且等长,上、下底面平行且面积相等;

2)底面的边数(N) = 侧面数(N) = 侧棱数(N);

3)表面总数 = $N + 2(N \geq 3)$。

当棱柱的上、下底面与棱线垂直时,称之为直棱柱;若棱柱的上、下底面与棱线倾斜时,则称之为斜棱柱。

(2)投影

棱柱由棱面及上、下底面组成。棱面上各条棱线互相平行。如图 3-1(a)为一个正三棱柱,垂直于 H 面放置。其上、下底面是水平面(三角形),后棱面是正平面(长方形),左、右两个棱面是铅垂面(长方形)。将三棱柱分别向三个投影面进行正投影,得到三面投影图,如图

3-1(b)所示。

分析三面投影图可知,三棱柱的水平投影是一个三角形。它是上底面和下底面的投影(上、下底重影,上底可见,下底不可见),并反映实形。三角形的三条边是垂直于 H 面的三个棱面的积聚投影。三个顶点是垂直于 H 面的三条棱线的积聚投影。

正面投影是两个长方形,左边长方形是左棱面的投影(可见),右边长方形是右棱面的投影(可见),这两个长方形均不反映实形。两个长方形的外围线框构成的大长方形是后棱面的投影(不可见),反映实形。上、下两条横线是上底面和下底面的积聚投影。三条竖线是三条棱线的投影(反映实长)。

侧面投影是一个长方形,它是左、右两个棱面的重合投影(不反映实形,左面可见,右面不可见)。四条边分别是:后边是后棱面的积聚投影;上、下两条边分别是上、下两底面的积聚投影;前边是左、右两棱面的交线(棱线)的投影。后边同时也是另外两条棱线的投影。

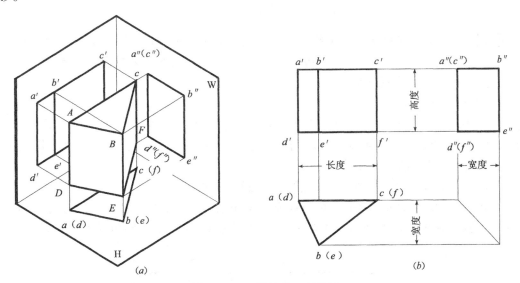

图 3-1 正三棱柱的三面投影
(a)直观图;(b)投影图

为保证三棱柱的投影对应关系,三面投影图应满足:正面投影和水平投影长度对正,正面投影和侧面投影高度平齐,水平投影和侧面投影宽度相等。这就是三面投影图之间的"三等关系",简称为"长对正、高平齐、宽相等"。

(3)棱柱表面上的点和直线

平面立体是由平面围成的,所以平面立体表面上点和直线的投影特性与平面内点和直线的投影特性是相同的,因此求解时可应用平面内求点和直线的方法。而不同的是平面立体表面上的点和直线存在着可见性的问题。一般情况,位于可见平面上的点和直线是可见的(点的表示法见本书第 1 章,可见直线用实线表示);位于不可见的平面上的点和直线为不可见(不可见的点其字母加括号表示,不可见的直线用虚线表示)。

在投影图上,如果给出平面立体表面上点的一个投影,就可以根据点在平面上的投影特性,求出点在其他投影面上的投影。

【例 3-1】 如图 3-2(a)所示,已知三棱柱表面上点Ⅰ、Ⅱ、Ⅲ的 V 投影,求作它们的 H、W 投影。

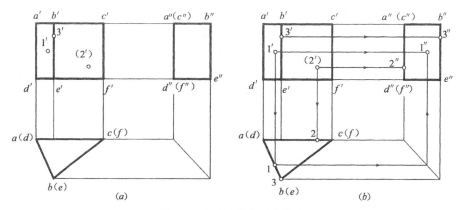

图 3-2 求三棱柱表面上的点

【解】 从投影图中可知三棱柱表面上点Ⅰ、Ⅱ、Ⅲ的 V 投影 1'(可见)、2'(不可见)和 3'(可见)。其中点Ⅰ在三棱柱左棱面 ABED(铅垂面)上,点Ⅱ在不可见的后棱面 ACFD(正平面)上,点Ⅲ在 BE 棱线(铅垂线)上。

作图过程见图 3-2(b):

①利用左棱面 ABED 和后棱面 ACFD 水平投影有积聚性,由点 1'、2'向下引投影线与三角形边线相交,求得水平投影点 1、2;利用 BE 棱线水平投影的积聚性,求出水平投影点 3,点 3 必落在 BE 棱线的积聚投影上。

②利用点的投影规律作图求出各点的侧面投影 1″、2″、3″。

若考虑将此题中将立体表面上的点连成直线,根据连线原则"只有在同一表面上的点才能相连",判定只有点Ⅰ、Ⅲ可以连成直线,并判断可见性。其投影作图如图 3-3 所示。

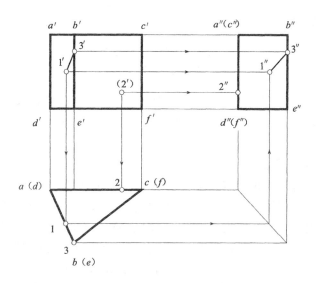

图 3-3 三棱柱表面上连直线

3.2.2 棱锥

(1)特征

棱锥的基本特征是：

1)底面是多边形，各侧面是三角形，所有的侧棱线必交于一点(顶点)；

2)底面的边数(N) = 侧面数(N) = 侧棱数(N)；

3)表面总数 = $N + 1$($N \geqslant 3$)。

(2)投影

棱锥由棱面和一个底面组成，棱面上各条棱线交于一点，称为锥顶。如图 3-4(a)所示的三棱锥，底面是水平面($\triangle ABC$)，后棱面是侧垂面($\triangle SAC$)，左、右两个侧面是一般位置平面($\triangle SAB$ 和$\triangle SBC$)。把三棱锥向三个投影面作正投影，得三面投影图为 3-3(b)。

从三面投影图中可看出，水平投影由四个三角形组成，$\triangle sab$ 是左棱面 SAB 的投影(不反映实形)，$\triangle sbc$ 是右棱面 SBC 的投影(不反映实形)，$\triangle sac$ 是后棱面 SAC 的投影(不反映实形)，$\triangle abc$ 是底面 ABC 的投影(反映实形)。

正面投影由三个三角形组成，$\triangle s'a'b'$ 是左棱面 SAB 的投影(不反映实形)，$\triangle s'b'c'$ 是右棱面 SBC 的投影(不反映实形)，$\triangle s'a'c'$ 是后棱面 SAC 的投影(不反映实形)，下面的一条横线 $a'b'c'$ 是底面 ABC 的投影(有积聚性)。

侧面投影是一个三角形，它是左、右两个棱面的投影(左右重影，不反映实形)，后边的一条线 $s''a''(c'')$ 是后棱面的投影(有积聚性)，下边的一条线 $a''(c'')b''$ 是底面的投影(有积聚性)。

构成三棱锥的各几何要素(点、线、面)应符合投影规律。三面投影之间应符合"三等关系"。

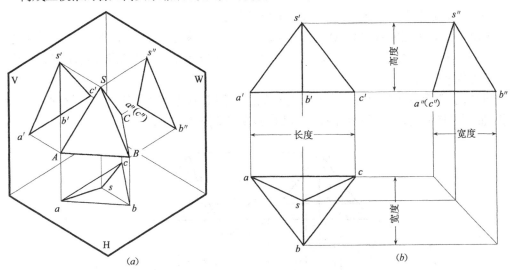

图 3-4 三棱锥的三面投影图
(a)直观图；(b)投影图

(3)棱锥表面上的点和直线

在棱锥表面上定点，不像棱柱表面上定点可以根据点所在平面投影的积聚性直接作出，而是需要在所处平面上引辅助线，然后在辅助线上作出点的投影。可以利用平面内求点、直线的方法。

【例 3-2】 如图 3-5(a)所示,已知三棱锥表面上点Ⅰ、Ⅱ的 H 投影 1 和 2,求作它们的正面投影和侧面投影。

【解】 从投影图上可知,点Ⅰ在左棱面 SAB 上,点Ⅱ在后棱面 SAC 上。点Ⅰ在一般位置平面上,点Ⅱ在侧垂面上,为求点Ⅰ的正面投影和侧面投影,必须作辅助线才能求出,点Ⅱ利用积聚投影求出。

作图过程见图 3-5(b):

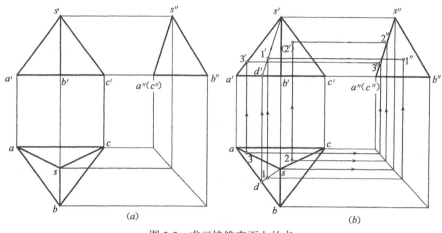

图 3-5 求三棱锥表面上的点

①在水平投影图上,连点 s 和点 1 并延长交于 ab 线段上一点 d,由 d 向上引投影线交 a'b' 于点 d',连 s' 和 d'。

②由 1 向上引投影线交 s'd' 于 1',由 1 和 1' 确定 1″。

③由于点Ⅱ所在的后棱面 SAC 是侧垂面,在 W 面积聚为一条直线,故由 H 投影面内从点 2 向 W 引投影与该积聚投影相交,即可求得点的 W 投影 2″。由点 2 和 2″可求点 2'。从投影图中可判断 2' 为不可见点。

同样,若考虑将此题中将立体表面上的点连成直线,根据连线原则,判定只有点Ⅰ、Ⅲ和点Ⅱ、Ⅲ可以连成直线,并判断可见性。其投影作图如图 3-6 所示。

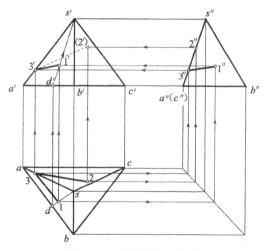

图 3-6 三棱锥表面上连线

3.3 平面与平面立体相交

平面与平面立体相交,就是平面切割平面立体。所用的平面称为截平面,所得的交线称截交线。由截交线所围成的平面图形称为截面(即通常所说的断面),见图3-7所示。三棱锥 S-ABC 被平面 P 切割,其中平面 P 称为截平面;三棱锥与截平面的表面交线 EFGE 称为截交线,所围成的平面△EFG 称为截面(断面)。

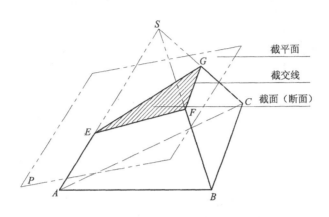

图 3-7　平面截割平面立体

研究平面与平面立体相交的目的,在于清晰地表示出形体的形状,以保证生产、施工的正确性。因而在作图时,要求得断面的投影,实质上是求截交线的问题。任何截交线都有下列两个基本特征:

(1)由于形体有一定的范围,所以截交线一定是封闭的,即截交线具有封闭性。
(2)截交线是由既在截平面上、又在立体表面上的点集合而成,即截交线具有公共性。

所以平面与平面立体相交所得截交线是一个多边形,多边形的顶点是平面立体的棱线与截平面的交点。因此,求平面立体的截交线经常采用的方法是:先求出立体上各棱线与截平面的交点,然后再连线。连线时应注意连线原则:只有位于同一棱面上的两个点才能相连。连接方法见本章3.2节。

3.3.1 平面与棱柱相交

图 3-8(a)表示三棱柱被正垂面 P 截断,图3-8(b)表示截断后三棱柱投影的画法,图中符号 P_v 表示特殊面 P 的正面投影是一条直线(有积聚性)。

由于截平面 P 是正垂面,因此位于正垂面上的截交线正面投影必然位于截平面的积聚投影 P_v 上,而且三条棱线与 P_v 的交点 1′、2′、3′ 就是截交线的三个折点。

又由于三棱柱的棱面都是铅垂面,其水平投影有积聚性,因此,位于三棱柱棱面上的截交线的水平投影必然落在棱面的积聚投影上。

至于截交线的侧面投影,只须通过 1′、2′、3′ 向右作投影线即可在对应的棱线上找到 1″、2″、3″,将此三点依次连成三角形,就得到截交线的侧面投影。最后,擦掉切去部分图线(或用双点划线代替),完成截断后三棱柱的三面投影图。

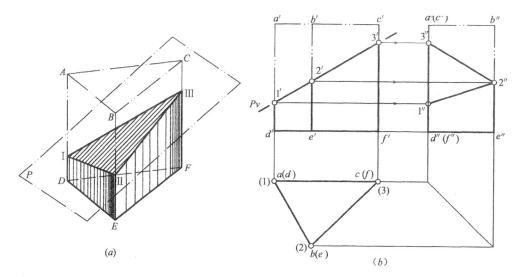

图 3-8 正垂面与三棱柱相交
(a)直观图;(b)投影图

【例 3-3】 如图 3-9 所示,求四棱柱被截割后的 H 投影和 W 投影。

【解】 观察所给投影图可知,该四棱柱被两个平面同时截割,其中一个为侧平面,一个为正垂面。在 V 投影面内,截割平面的积聚投影的交点,表示其交线为一条正垂线。

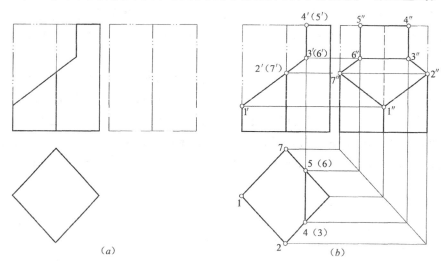

图 3-9 求四棱柱被截割后的 H、W 投影
(a)已知;(b)作图过程及结果

作图:

(1)在四棱柱正面投影的切口处,标出切口的各交点(即特殊点)1′、2′(7′)、3′(6′)、4′(5′);

(2)根据四棱柱表面的积聚性,找出各交点的水平投影:点 1、2、7 在对应棱线上,点 4(3)、5(6)落在棱面的积聚投影上;

(3)利用交点的 V 投影和 H 投影,作出各交点的 W 投影点 1″、2″、3″、4″、5″、6″和 7″;

(4)求出三棱柱被切割后的截交线,根据截交线的连线原则,将在同一表面上的各点依次连接成闭合的空间折线(连接次序如 1-2-3-4-5-6-7-1);

(5)将各截平面之间的交线连接,判断可见性;在前面已判断出点Ⅲ和点Ⅵ的连线为截平面间的交线,在 W 投影面内为一条可见的直线,用实线表示;

(6)补充完整形体的投影,将切掉部分的图线擦掉(或用双点划线表示),左棱线及前后两条棱线由于被截割,只有下方一段棱线的投影;而右棱线被遮挡,所以用虚线表示,与前方棱线重合部分仍用实线表示。

3.3.2 平面与棱锥相交

图 3-10(a)为三棱锥被正垂面 P 截断,图 3-10(b)为截断后三棱锥投影的画法。

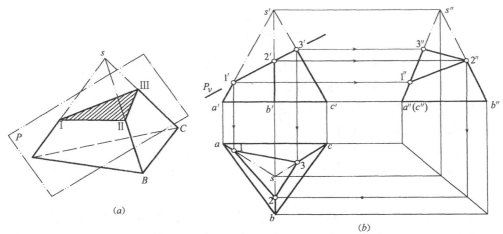

图 3-10 正垂面与三棱锥相交
(a)直观图;(b)投影图

截平面 P 是正垂面,所以截交线的 V 面投影位于截平面的积聚投影 P_v 上,各棱线与截平面交点的 V 面投影 1′、2′、3′可直接得到。截交线的 H 面投影和 W 投影,可通过以下作图求出:

(1)从 1′、2′、3′向右引投影线,在 s″a″、s″b″、s″c″上找到交点的侧面投影 1″、2″、3″;

(2)从 1′、3′向下引联系线,在 sa、sc 上找到交点Ⅰ、Ⅲ的水平投影 1、3;由 2′和 2″进行"二补三"作图找到Ⅱ点的水平投影 2(应在 sb 上);

(3)连接同面投影,得截交线的水平投影△123 和侧面投影△1″2″3″;

(4)擦掉切掉部分的图线(或用双点划线表示)。

3.4 直线与平面立体相交

直线与立体相交,又称为直线与立体相贯。直线与立体表面的交点称为贯穿点,贯穿点必成对出现(一进、一出)。贯穿点是直线与立体表面的共有点,求贯穿点实质上是求线面交点的问题。如图 3-11 所示。此外,直线与立体相交时,直线穿入立体内的一段不画出,贯穿点以外的线段有时被立体遮挡,因此应注意判别可见性。

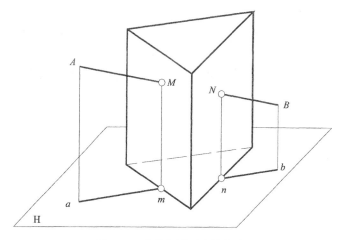

图 3-11 直线与平面立体相交

根据直线和立体表面与投影面的相对位置不同,求贯穿点有以下三种方法:

3.4.1 利用立体表面的积聚投影求贯穿点

图 3-12 所示为求直线 AB 与三棱柱的贯穿点,由图可见三棱柱的各棱面均为铅垂面,其 H 投影有积聚性。因此,直线 AB 与三棱柱的贯穿点 M、N 的 H 投影 m、n 为已知,再从 m、n 求得 V 投影 m'、n'。最后,判别直线 AB 的可见性,由于直线 AB 是穿过三棱柱前面的左、右两棱面,所以 M 和 N 的两面投影都可见,直线贯穿在立体内的部分不予画出,其余部分均画成实线。

上面所介绍的是直线由三棱柱的棱面穿进,从三棱柱的棱面穿出,故而贯穿点 M、N 的 H 投影从棱面的积聚投影上直接求得。当直线 AB 是从上底面穿进,从棱面穿出时,如图 3-13 所示,贯穿点 M 的 V 投影 m' 由上底面的 V 面积聚投影上直接可得,再从 m' 求得 m,N 点的投影求法同前。

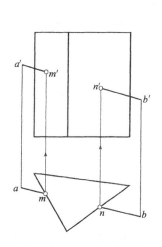   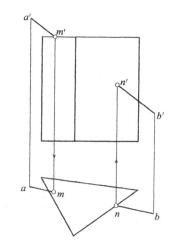

图 3-12 直线与三棱柱相交(一)　　图 3-13 直线与三棱柱相交(二)

3.4.2 利用直线的积聚投影求贯穿点

图 3-14 所示为求正垂线 ED 与三棱锥的贯穿点。三棱锥的棱面除 SAC 棱面为侧垂面

外,其余各棱面为一般位置平面,正垂线 ED 由 SBC 棱面穿进,从 SCA 棱面穿出。由于正垂线 ED 的 V 投影有积聚性,故而贯穿点的 V 投影 m'(n')也积聚在 $e'(d')$ 处,根据点在平面上的投影特性作图(图 3-14),连接 $s'e'(d')$ 交于底边 $b'c'$ 与 $a'c'$ 上的 $1'$、$(2')$,求得 $s1$、$s2$ 和 ed 的交点 m、n,即为贯穿点的投影。此时,各棱面 H 投影均可见,则 m 和 n 也为可见,em 和 nd 两线段均画成实线。

3.4.3 利用辅助平面求贯穿点

图 3-15 所示为求作直线 AB 与三棱锥 S-CDE 的贯穿点,并判断可见性。三棱锥的各棱面和直线 AB 都处在一般位置,则按图 3-15(a)的分析,作图步骤如下:

(1)过 AB 直线作一正垂面 $P(P_v$ 重合于 $a'b'$)。

(2)利用 P_v 的积聚性求出截交线 Ⅰ-Ⅱ-Ⅲ 的二投影(1-2-3、$1'$-$2'$-$3'$)。

(3)截交线的 H 投影 1-2-3 与直线 AB 的 H 投影 ab

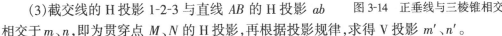
图 3-14 正垂线与三棱锥相交

相交于 m、n,即为贯穿点 M、N 的 H 投影,再根据投影规律,求得 V 投影 m'、n'。

最后,判别直线 AB 的可见性,由图 3-15 可见直线 AB 由 SCD 棱面穿进,从 SEC 棱面穿出,N 点位于后棱面 SEC 上,故 n' 不可见,其他均可见,则 $a'b'$ 上的 $n'3'$ 这段不可见,应画成虚线;其余部分均可见,画成实线。

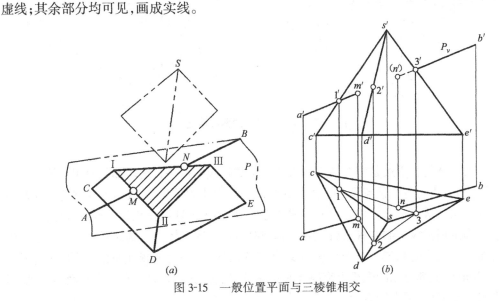

图 3-15 一般位置平面与三棱锥相交

3.5 平面立体与平面立体相交

有些形体是由两个相交的基本形体组合而成的(如图 3-16)。两相交的立体称为相贯体,它们表面的交线称为相贯线。根据立体表面的性质不同,故两立体相贯有三种组合方式:平面立体与平面立体相贯,平面立体与曲面立体相贯,曲面立体与曲面立体相贯。本章介绍平面立体与平面立体相交。后两种情况将在第 4 章介绍。

由于相贯体的组合和相对位置不一样,相贯线也表现为不同的形状和数目。但任何两立体的相贯线都有下列两个基本特性:

(1)相贯线是由两相贯体表面上一系列共有点(或共有线)所组成的;

(2)由于立体具有一定的范围,所以相贯线一般都是闭合的。

当甲、乙立体相贯时,如果甲立体上的所有棱线全部贯穿乙立体时,称为全贯。全贯通时,产生两组相贯线,如图 3-17(a) H-G-N-H 及 M-J-I-M 两组;未贯通时,产生一组相贯线,如图 3-16。如果甲、乙两立体各有部分棱线贯穿另一立体时,称为互贯。互贯产生一组相贯线,如图 3-17(b) M-G-H-N-K-J-M 为一组。

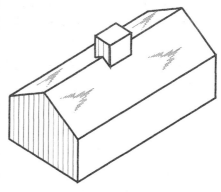

图 3-16 平面立体与平面立体相交

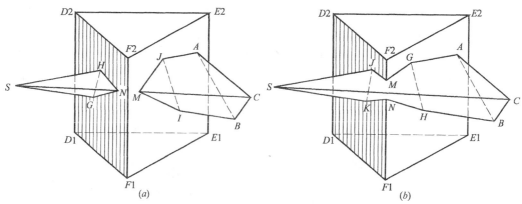

图 3-17 立体相贯时的两种情况
(a)全贯;(b)互贯

两平面立体的相贯线是闭合的空间折线。组成折线的每一直线段都是两相贯体相应棱面的交线,而折线的各个顶点则为甲立体的棱线对乙立体的贯穿点,或是乙立体的棱线对甲立体的贯穿点。从以上分析可知求相贯线的方法:只要求出这些交线和交点,相贯线就可以确定了。确定相贯线上的共有点后,连线的原则是:位于甲立体同一侧面同时又位于乙立体同一侧面上两点才能相连。将所求得的共有点依次连接,即得所求相贯线,还需判别可见性,位于两形体上都可见的表面上交线才是可见的,用实线表示;只要有一个表面不可见,面上交线就为不可见,用虚线表示。

求相贯线的一般步骤:

(1)分析形体特征,读懂投影图形,判断形体是全贯还是互贯,确定相贯线的组数;

(2)求贯穿点(先求特殊点,再求一般点):特殊点一般指位于形体棱线上的点,一般点指位于表面上的点,求解方法为平面内求点法;

(3)按照连线原则依次连接贯穿点,并判断可见性;

(4)补充完成形体轮廓的投影,并判断可见性。

【例 3-4】 求三棱锥与三棱柱的相贯线

【解】（1）投影分析

如图 3-18(a)所示，三棱柱的棱线为铅垂线，左、右两棱面为铅垂面，后棱面为正平面，H 投影有积聚性，故相贯线的 H 投影都积聚在三棱柱的 H 投影上，三棱锥的棱线 SA、SB、SC 都与三棱柱的左右棱面相交，即三棱锥与三棱柱全贯，形成两组闭合的相贯线。

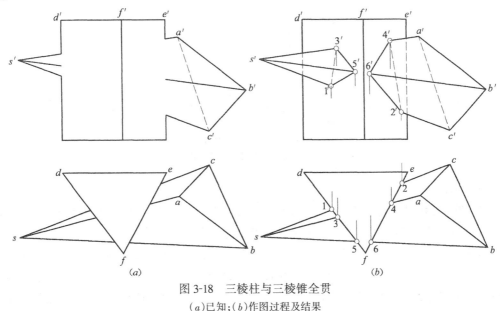

图 3-18　三棱柱与三棱锥全贯
(a)已知；(b)作图过程及结果

(2)作图

求贯穿点：图 3-18(b)利用三棱柱的 H 面积聚投影直接求得三棱锥的三条棱线 SA、SB、SC 与棱柱左右棱面的交点的 H 投影 1、2、3、4、5、6，根据投影关系求得 V 投影 1′2′3′4′5′6′。

连相贯线：根据前面所述的连线原则，在 V 面投影上分别依次连接 1′3′5′1′和 2′4′6′2′两组相贯线。

判别可见性：根据"同时位于两立体上都可见的表面上的交线才是可见的"原则来判断，在 V 投影上，三棱柱的左、右两棱面及三棱锥的 SAB、SBC 面均可见，所以交线 1′5′、3′5′和 2′6′、4′6′可见，而三棱锥的 SCA 棱面不可见，所以交线 1′3′、2′4′不可见，用虚线连接。另外，对于两立体轮廓线虽未参与相贯，但遮挡的重影部分也应判别可见性。

整理：因为两相贯体是一个整体，画出相贯线后，还应对轮廓线按投影关系进行整理。两投影中三棱锥的棱线以贯穿点为分界，穿入棱柱体内的投影按规定不予画出。V 投影中三棱柱的 D、E 棱线 d′和 e′被棱锥挡住部分不可见，用虚线画出。

【例 3-5】 已知三棱柱与三棱锥互贯，求其相贯线的投影。

【解】（1）投影分析

如图 3-19 所示，该题与例 3-4 相似，都是三棱锥与三棱柱相交。但上一例题是三棱锥与三棱柱全贯，判断有两组相贯线，而该题是三棱柱与三棱锥互贯，判断有一组相贯线。即题中所示的闭合折线 1′-3′-5′-4′-2′-6′-1′。

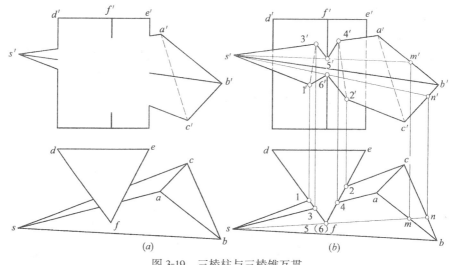

图 3-19 三棱柱与三棱锥互贯
(a)已知;(b)作图过程及结果

(2)作图

求贯穿点:利用三棱柱的积聚投影判断,三棱柱与三棱锥相交产生的相贯线,其积聚投影在 H 面内,即可确定 1、2、3、4、5、6 这 6 个点就是我们要求解的贯穿点。根据"点属于直线,点的投影即属于直线的投影"这一原理,可求出棱线 SA、SC 上的点 1、2、3、4 在 V 面上的投影 1′、2′、3′、4′。5(6)点为三棱柱最前方的 F 棱线穿三棱锥时产生的贯穿点,根据贯穿点的特性之一"公共性",结合"点属于平面的几何性质",在 H 面内连接 S-5(6),并延长与 ab、bc 边相交与 m、n 点,向 V 面引投影连线,在对应的 a′b′、b′c′ 边上求得 m′、n′,连接 s′m′、s′n′,与 F 棱线相交于 5′、6′ 点。至此,6 个贯穿点就全部求出了。

连接相贯线:从 H、V 面投影结合判别三棱锥的空间位置:sb 位于 H 投影的最前方,且没有参与相贯,因此 SB 棱线的 H、V 投影是一条完整的直线;在 V 面投影中,s′a′ 棱线在上方、s′c′ 棱线在下方,已知条件中 a′c′ 连接是虚线,由此可判断 △SAC 位于后方,在该面上的点的连线为不可见的直线连成虚线。在 △SAB、△SBC 面内的点的连线为可见的直线连成实线。分析清楚空间折线的可见性以后,根据连线原则依次将贯穿点连接起来,结果如图 3-19(b)。

两平面立体相交,亦可采用辅助平面法来求解其相贯线。

【例 3-6】 已知三棱柱与四棱锥相交,求相贯线的投影。

【解】 (1)投影分析

如图 3-20 所示,该例题是三棱柱与四棱锥全贯,判断有两组相贯线。由于三棱柱的 V 面投影有积聚性,所以可确定三棱柱与四棱锥的相贯线与该积聚投影(三角形)重合,即题中所示的闭合折线 1′-2′-3′-4′-1′。

(2)作图

求贯穿点:利用三棱柱的积聚投影判断,三棱柱与三棱锥相交产生的相贯线,其积聚投影在 V 面内为折线 1′-2′-3′-4′-1′,即可确定 1、2、3、4 这 4 个点就是我们要求解的贯穿点。四棱锥的 4 个棱面为一般位置平面,求解其表面上的点 Ⅰ、Ⅲ 可用平面内求点的方法。但为了使做题步骤简洁,该题宜采用辅助平面法来进行求解。三棱柱的3个棱面分别是一个水平面、两个正垂面。我们在V投影面内包含三棱柱的上棱面作一水平面P_1。水平面P_1截割四棱锥,与左、右棱线交于点A、B,与前棱线交于点Ⅱ(此处要注意在棱线上得到的是前后两个对称点,在此暂且省略),其中AⅡ、ⅡB的连线是平面P_1截四棱锥后在左前棱面和右前棱面的截交线,且与对应的四棱锥底边平行。由V投影面a'、b'向H投影引投影连线得到点a、b。过a、b作前半部分底边的平行线与四棱锥前棱线相交得到点2。a2、2b连线与三棱柱左、右棱线相交求得交点1、3。同理,可求三棱柱下棱线与四棱锥前棱线的交点Ⅳ,包含下棱线(为正垂线)作一水平面P_2截割四棱锥,与左棱线交于点c',由c'向H投影面引投影连线与左棱线的H投影交于点c,再过点c作底边的平行线与前棱线相交得到点4。至此,前面一组相贯线上的4个贯穿点就全部求出了。在H投影面内,由于前后对称,因此可求得后面一组相贯线上的4个贯穿点。

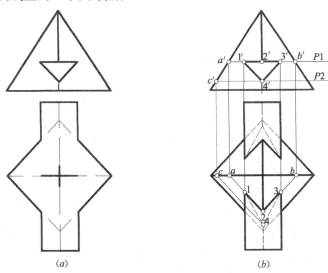

图3-20 求三棱柱与四棱锥的相贯线
(a)已知;(b)作图过程及结果

连接相贯线:以前面一组相贯线为例来连接相贯线。由于贯穿点Ⅰ、Ⅱ、Ⅲ位于三棱柱的上棱面,因此在H投影面内1-2-3连线是可见的,用实线表示;点Ⅳ在三棱柱下棱线上,因此在H投影面内1-4、3-4的连线是不可见的,用虚线表示。同理,画出H投影面内的另一组相贯线的投影。

整理:先补画完整三棱柱的H投影。由于贯穿点Ⅰ、Ⅲ所在棱线位于上方,故这两条棱线用实线表示;而点Ⅳ所在棱线位于三棱柱下方,为不可见棱线,用虚线表示。再补画四棱锥的H投影,其中左右两条棱线没有参与相贯,故它们应为完整的两条棱线,H投影用实线表示。以前棱线为例,在其上面有两个贯穿点Ⅱ、Ⅳ,所以该棱线在连接时,顶点到点2的连线在上方,用实线表示;点4到底部的这段棱线被三棱柱遮挡,用虚线表示(注意:穿入形体内的线段如2、4之间不画线)。三棱柱与四棱锥前后对称,读者可以自行补充完整其H投影。

第4章 曲面立体

4.1 曲线和曲面

4.1.1 曲线

曲线是由一个点按一定规律运动形成的非直线的圆滑轨迹,也可看作是满足一定约束条件的点的集合。它分为平面曲线和空间曲线两大类:凡曲线上所有点都属于同一平面的曲线,称为平面曲线;凡曲线上四个点不在同一平面上的曲线,称为空间曲线。在建筑形体中最常见的平面曲线有圆、椭圆、抛物线、双曲线;最常见的空间曲线是圆柱螺旋线。

4.1.1.1 平面曲线

如图 4-1 所示,以平面曲线 ABC 为例,来分析平面曲线投影的三种情况(设曲线 ABC 所在平面为 P 平面):

(1)当平面 P 平行于投影面时,平面曲线 ABC 的投影反映曲线的实际形状,见图 4-1(a);

(2)当平面 P 垂直于投影面时,平面曲线 ABC 的投影积聚为一条直线,见图 4-1(b);

(3)当平面 P 倾斜于投影面时,平面曲线 ABC 的投影为类似曲线,见图 4-1(c)。

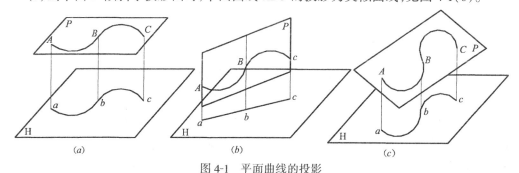

图 4-1 平面曲线的投影

4.1.1.2 圆的投影特征

圆是一种常见的平面曲线。从图 4-1 表示的平面曲线的投影规律推导,圆的投影有下面三种情况:

(1)在与圆平面相平行的投影面上的投影为圆,反映实形;

(2)在与圆平面相垂直的投影面上的投影为直线,长度等于圆的直径;

(3)在与圆平面相倾斜的投影面上的投影为椭圆:长轴是平行于这个投影面的直径的投影,且反映实长;短轴是对这个投影面的最大斜度线的直径的投影。

4.1.2 曲面

建筑工程中常见的曲面有回转曲面和非回转曲面。回转曲面中常见的有圆柱面、圆锥面和球面。非回转曲面中常见的有可展直纹曲面和不可展直纹曲面。

4.1.2.1 曲面的形成

曲面是由直线或曲线在一定约束条件下运动而形成的，或按一定规律运动而形成的。这条运动的直线或曲线，就称为曲面的母线。母线为直线按一定规律或约束条件运动而形成的曲面称为直纹曲面，例如圆柱面、圆锥面及圆台面。如图4-2(a)所示，圆柱面的母线是直线AB，运动的约束条件是直母线AB绕与它平行的轴线OO_1旋转，故圆柱面是由直母线AB绕与其平行的轴线旋转而形成的；或者也可以这样理解，圆柱面是由母线AB在与其垂直的圆平面的圆周上旋转一周后形成的，直线运动的约束条件就是一个圆周。同理，图4-2(b)所示的圆锥面是由直母线SA绕与它相交的轴线OS旋转而形成的。

母线为曲线运动而形成的曲面称为曲纹曲面，如图4-2(c)所示的球面是由圆母线M，绕通过圆心O的轴线旋转而形成的。

曲面的术语有：素线、纬圆、轮廓线等。现分别解释如下：

素线 母线移动到曲面上的任一位置时，即称为曲面的素线。如图4-2(a)的圆柱面，当母线移动到CD位置时，直线CD就是圆柱面的一根素线。故曲面也可以认为是由许多按一定条件而相互连续紧靠着的素线所组成。圆柱面和圆锥面上的素线是求解它们面上点和线投影的主要辅助线。这里需要提醒读者的是，圆柱面上的所有素线都与轴线平行，而圆锥面上的所有素线都是从圆锥的顶点发散出来的，与轴线的位置关系是相交的。利用素线（直线）为辅助线来求解圆柱、圆锥表面上的点或线的投影的方法就叫做素线法。

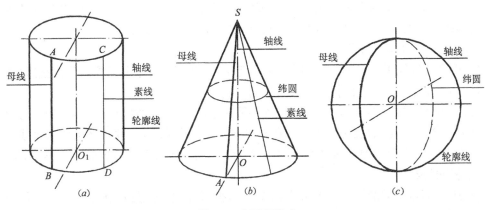

图4-2 曲面的形成
(a)圆柱面；(b)圆锥面；(c)球面

纬圆 如图4-2(b)所示，圆锥面上一系列与圆锥中心轴线垂直的圆称为纬圆。同样，球面上也有一系列的纬圆。纬圆也是求解圆锥面及球面上的点和线投影的主要辅助线。这种利用纬圆求解圆锥面及球面上的点和线投影的方法就叫做纬圆法。

轮廓线 曲面的轮廓线是指投影图中确定曲面范围的外形线，包括有界曲面的边界。对平面立体而言，外形由平面立体的棱线确定。但曲面立体由于曲面上不存在棱线，因此在投影图中要用特殊位置素线表示曲面的范围，如圆柱、圆锥以特殊位置的素线（直线）表示，如球体的投影以平行于投影面的最大直径平面圆的投影来表示。在不同投射方向上的投影，曲面的轮廓线是不同的。

4.1.2.2 曲面的分类

根据母线运动方式的不同,把曲面分为两大类:

(1)回转曲面——是指由母线绕一轴线旋转而形成。由旋转形成的曲面体也称为回转体。

(2)非回转曲面——是指由母线根据其他的约束条件运动而形成。

根据母线的形状把曲面作如下分类:

(1)直纹曲面——凡是由直母线运动而形成的曲面称为直纹曲面。

(2)曲纹曲面——由曲母线运动而形成的曲面称为曲纹曲面。

4.1.3 圆柱螺旋线

4.1.3.1 圆柱螺旋线的形成

一个动点沿着圆柱面的母线作等速移动,同时该母线又绕与之平行的圆柱面的轴线作等速旋转运动时,则属于圆柱面的该点的轨迹曲线称为圆柱螺旋线,如图 4-3 所示。若母线绕与它相交的直线为轴线旋转则形成圆锥螺旋线。若母线为曲线则可以形成某种曲面上的螺旋线(如球面螺旋线)。下面将重点介绍圆柱螺旋线。如果螺旋线是从左向右经过圆柱面的前面而上升的,称为右螺旋线,可以用右手规律判断;如果螺旋线是从右向左经过圆柱面的前面而上升的,称为左螺旋线,可以用左手规律判断。

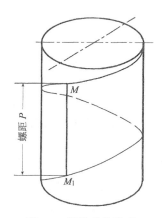

图 4-3 螺旋线的形成

当直线旋转一周,回到原来位置时,动点 M 移到位置 M_1,点 M 在该直线上移动的距离 MM_1,称为螺旋线的螺距,以 P 表示。只要给出圆柱的直径、螺旋线的螺距以及动点移动的方向,就能确定该圆柱螺旋线的形状。

4.1.3.2 圆柱螺旋线的画法

(1)设圆柱轴线垂直于 H 面,根据圆柱的直径 ϕ 和螺距 P,作出圆柱的两面投影(注:在 V 投影面中,设螺距为圆柱的投影高度),见图 4-4(a)。

(2)把圆柱面的 H 面投影——圆周等分(图中为 12 等分),把螺距也分为同数等分,分别按顺序标出各等分点 0、1、2、3、4 等,见图 4-4(b)。在 V 面投影上过等分点作水平线,在 H 投影圆周上的各等分点是母线旋转到各位置时的积聚投影,求出过各等分点素线的 V 投影,标上相同的数字。

(3)从 H 面投影的圆周上各等分点向 V 面引投影连线,与螺距相应的等分点所引出的水平线相交,就得到螺旋线上各点的 V 面投影 $0'、1'、2'、3'、4'……12'$。将这些点用圆滑曲线连接起来,就得到螺旋线的 V 面投影,如图 4-4(c)所示。

4.1.3.3 圆柱螺旋线的特点

由上可知,圆柱螺旋线的 V 面投影实际就是一条正弦曲线,其 H 面投影积聚在圆柱面的 H 面投影上。

4.1.4 非回转直纹曲面

4.1.4.1 可展直纹曲面

曲面上两相邻素线是相交或平行的共面直线。这种曲面可以展开。常见的有锥面和柱面,它们分别由直母线沿着一根曲导线移动,并始终通过一定点或平行与一直导线而形成。

如图 4-5(a)所示,直母线 M 沿着一曲导线 L 移动,并始终通过定点 S,所形成的曲面称为锥面,S 称为锥顶。曲导线 L 可以是平面曲线,也可以是空间曲线;可以是闭合的,也可

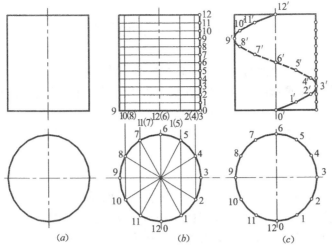

图 4-4 圆柱螺旋线的画法

以不闭合。锥面相邻两素线是相交直线。锥面常见于水利和桥梁工程中的一些护坡。

在图 4-5 中,直母线 M 沿着曲导线 L 移动,并始终平行于一直导线 K 时,所形成的曲面称为柱面。柱面上两相邻素线是平行直线。现代建筑为突出自己的个性,常把主楼部分的墙面设计成不同形式的柱面。

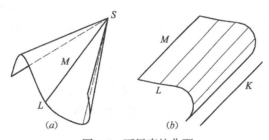

图 4-5 可展直纹曲面
(a)锥面的形成;(b)柱面的形成

4.1.4.2 不可展直纹曲面

这类曲面又称扭面,只能近似地展开,其特点是曲面上相邻两素线是交叉的异面直线。常见的有双曲抛物线面、锥状面和柱状面。它们分别由直母线沿着两根直或曲的导线移动,并始终平行于一个导平面而形成。

如果直母线沿着一根直导线和一根曲导线移动,并始终平行于一个导平面而形成的曲面称为锥状面,如图 4-6(a)所示。柱状面是由直母线沿着两根曲导线移动,并始终平行于一个导平面而形成的,如图 4-6(b)所示。锥状面和柱状面常见于一些站台雨篷或仓库屋面。

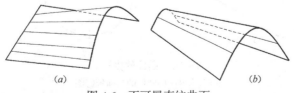

图 4-6 不可展直纹曲面
(a)锥状面;(b)柱状面

4.2 曲面立体的投影

曲面立体是由曲面或曲面与平面所围成的几何形体。在建筑工程中,常见的曲面立体是圆柱、圆锥(圆台)、球或圆环,这些都是曲面立体中最基本的形体。因为它们可看成是由直线或曲线绕轴线旋转而形成的,所以也把它们称为回转体或旋转体。求解回转体表面上点与线投影的基本思路是利用形体的积聚投影或直线(素线)、圆(纬圆)。

4.2.1 圆柱

4.2.1.1 圆柱的投影

如图 4-7 所示,是一个轴线垂直于 H 面的圆柱的三面投影。

圆柱的 H 面投影是一个圆,它既是圆柱的顶面和底面重合的投影,反映了顶面和底面的实形,又是圆柱面的积聚投影。在该投影面上中心线与圆周的交点对应了圆柱面上四条特殊位置的素线,则四条素线的 V、W 投影可反映圆柱的轮廓的投影。

圆柱的 V 面投影是一个矩形,上、下两条水平线分别为顶面和底面的积聚投影,长度与顶圆和底圆的直径相同,反映上、下面是一个水平面。圆柱面是光滑的曲面,当把圆柱面向 V 面投影时,圆柱面上最左素线和最右素线投影为 V 面投影的左、右轮廓线,称为圆柱面的 V 面投影的轮廓线。最左素线和最右素线投影是前半圆柱面和后半圆柱面的分界线,前半圆柱面的 V 面投影为可见,后半圆柱面的 V 面投影不可见,两者的 V 面投影重合在一起,都是这个矩形。而圆柱面的 V 面投影的可见部分和不可见部分的分界线,就是 V 面上矩形的左右轮廓线。注意与 H 面上点的对应关系。

圆柱的 W 投影也是一个矩形,上、下两条水平线分别是顶面和底面的积聚投影,长度与它们的直径相同。当把圆柱面向 W 面投影时,圆柱面上的最前素线和最后素线分别为投影轮廓线,也是圆柱面左半可见柱面与右半不可见柱面的分界线。

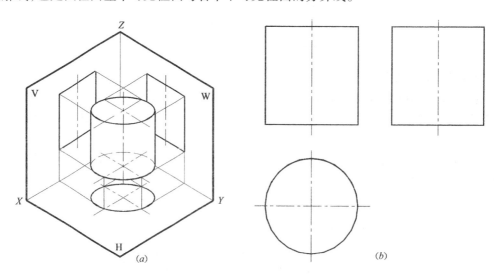

图 4-7 圆柱的投影
(a)立体图;(b)圆柱的三面投影图

4.2.1.2 圆柱面上点的投影

【例 4-1】 如图 4-8 所示,已知圆柱表面上点的投影 m' 和 n',求它们在其他两个投影面上的投影。

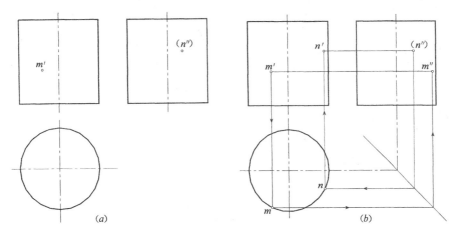

图 4-8 圆柱表面上点的投影
(a)已知;(b)作图过程及结果

【解】 (1)根据前面所学的知识,可判断出点 M 的位置在圆柱体的左前部分表面;点 N 的位置在圆柱体的右前部分。从 H 投影中延长圆柱水平中心轴线与 W 面内延长中心轴线相交,过交点作一 45°辅助线求解本题。

(2)点 M 在圆柱体的表面上,则必定有一条过 M 点的素线。该素线在 H 面上的积聚投影,也是 M 点在 H 面上投影的位置。现由 m' 引 H 面的投影连线,与前半圆柱面的积聚投影相交得 m 点;由 m' 引 W 面的投影连线,根据"点的投影规律",结合点 M 的水平投影 m,求出点 M 在 W 面上的投影 m''。

(3)同理,根据"点的投影规律"求出点 N 的投影 n 和 n'。

4.2.2 圆锥

4.2.2.1 圆锥的投影

在图 4-9 中可以看到轴线垂直于 H 投影面的圆锥的三面投影。

圆锥的 H 面投影是一个圆,它既是底面的投影,反映了底面的实形,同时也是圆锥面的投影,它们重合成同一个圆。互相垂直的中心线的交点既表示圆锥的旋转中心的积聚投影,也表示圆锥顶点的投影。中心线与圆周的 4 个交点与顶点的连线对应圆锥表面上 4 条特殊位置的素线。因为圆锥面在底面之上,所以圆锥面的投影可见,底面的投影不可见。

圆锥的 V 面投影是一个等腰三角形,底边是底面(水平面)的积聚投影,长度是底圆直径的实长;两边是圆锥面上最左素线和最右素线的 V 面投影,成为圆锥面 V 面投影的轮廓线,将圆锥面分为前半圆锥面和后半圆锥面。根据投射线的投射方向可知,前半圆锥面的 V 面投影可见,后半圆锥面不可见,两者的 V 面投影重合在一起,投射成三角形。同样,应注意与 H 面投影的对应关系。

圆锥的 W 面投影也是一个等腰三角形,底边是底面的积聚投影,长度反映底圆直径的实长,两边是圆锥面的最前素线和最后素线的 W 面投影,成为圆锥面的 W 面投影的轮廓线,将圆锥面分为左半和右半圆锥面。从投射方向可知,左半圆锥面的 W 面投影可见,而右

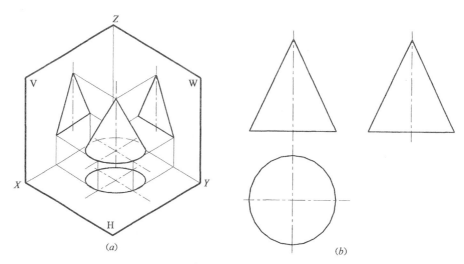

图 4-9 圆锥的投影
(a)立体图;(b)圆锥的三面投影

半圆锥面的 W 面投影不可见,两者的 W 面投影重合在一起,投射成为三角形。

4.2.2.2 圆锥面上点的投影

求作圆锥面上点的投影常用素线法或纬圆法。下面通过例题来讲解这两种方法:

【例 4-2】 如图 4-10(a)所示,已知圆锥表面上 A 点的 V 面投影 a',求作圆锥的 W 投影以及 A 点在其他两个投影面上的投影。

【解】 (1)已知条件如图 4-10 所示,根据在前一节所学知识可以判断,圆锥面上点 A 的位置是在圆锥的左前表面上。

由于圆锥表面上任一点与锥顶的连线均是圆锥面上的素线,即是直线,则在作图时可以通过先求素线的投影,再根据"点属于直线则点的投影属于直线的投影"这一特性,求出素线上点的投影,这种方法称为**素线法**。

另外,圆柱、圆锥、球和圆环在形成回转面时,母线上的各点都会随母线一起绕轴线旋转,形成回转面上的纬圆,因而作圆锥面上的点,也可先求出点所在纬圆的投影,再利用纬圆找出点的投影,这种找点的方法称为**纬圆法**。

(2)求解过程:

1)求作圆锥的 W 投影,如图 4-10(b)。

2)素线法求解

在图 4-10(c)中,连接 $s'a'$,将其延长,与底圆的 V 面投影相交得一交点 b',该交点应在底圆的左前方;过该交点向 H 面引投影连线与底圆 H 投影在前半部分相交得一交点 b,连接 sb。$s'b'$ 就是圆锥面上包含 A 点的素线 SB 的 V 面投影,sb 是圆锥面上包含 A 点的素线 SB 的 H 面投影。由 a' 向 H 面引投影连线,与 H 面上的 sb 相交得 a,再根据点的投影特性,由 a' 和 a 得到 a''。最后判别可见性。因为点 A 所在的圆锥面在 H 和 W 投影面上都可见,所以 a 和 a'' 都可见。

3)纬圆法求解

①由图 4-10(d)可知,圆锥轴线垂直于 H 面,包含 A 点的纬圆就是一个水平圆,V 面投

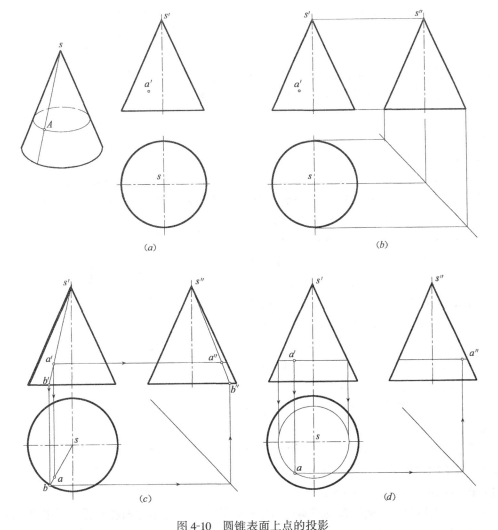

图 4-10 圆锥表面上点的投影
(a)立体图和已知条件;(b)求 W 面投影;(c)素线法求解点 A 的投影;(d)纬圆法求解点 A 的投影

影就是圆锥面 V 面投影轮廓之间的一段过 a' 的水平线,水平线的长度就是这个纬圆的直径。那么,就可以根据纬圆直径,在 H 面上直接作出这个纬圆的实形。

②因为 a' 可见,A 点在前半圆锥面上。过 a' 点作一条水平线与最左、最右两条素线相交,量取纬圆半径在 H 面内以 s 为圆心作一纬圆的投影;再由 a' 向 H 面引投影连线,与纬圆的投影相交得到点 a。然后由 a' 和 a,在圆锥的 W 面投影上作出 a''。最后,判别其可见性,完成该题。

接下来,请读者思考如下题目:

在图 4-11 中,若已知圆锥的两面投影及锥面上的一条线段 MN 的 V 面投影,要求作出 MN 的 H 面投影。

如果能够求出曲线上几个点的 H 面投影,那么将其平滑连接起来就能得到 MN 的 H 面投影。利用已知体表面上点的一个投影求出其他

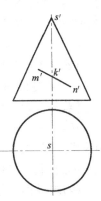

图 4-11 求圆锥表面上一线段的投影

投影的方法,作图时可先求出 M、N 以及 K 点(即特殊位置上的点,如在 W 面上则 K 点就是线段 MN 的转向点。在 W 面投影中,$m''k''$ 是一段可见的曲线,而 $k''n''$ 是一段不可见的曲线),并可在 $m'n'$ 上选若干一般点如 $1'$、$2'$、$3'$ 等,分别求出它们的 H 面投影 1、2、3 等。在求解 H 面上的投影时,则可以根据作图简便与否考虑采用素线法或纬圆法。

读者可仿造例题完成图所提出的问题,并观察在求曲线的投影时,如何恰当地选择曲线上点的位置和数目。

4.2.3 球

4.2.3.1 球的投影

在图 4-12 中,可以看到球的三面投影是三个大小相同的圆,其直径即为球的直径,圆心分别是球心的投影。由此也可以想像到,球在任一投影面上的投影都是大小相同的圆。

H 面上的圆是球 H 面投影的轮廓线,既是上半球面和下半球面相互重合的投影,也是上半球面和下半球面的分界线。其中,上半球面的 H 面投影可见,下半球面的 H 面投影不可见。如果把这个圆理解为一个水平面的话,则 V、W 投影面中的水平轴线可看作是该水平面的积聚投影。

V 面上的圆是球 V 面投影的轮廓线,既是前半球面和后半球面相互重合的投影,也是前半球面和后半球面的分界线。其中,前半球面的 V 面投影可见,后半球面的 V 面投影不可见。如果把这个圆理解为一个正平面的话,则 H 投影面中的水平轴线、W 投影面中的竖直轴线可看作是该正平面的积聚投影。

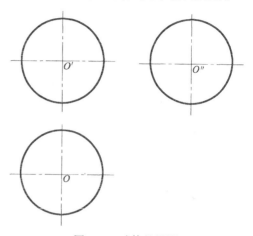

图 4-12 球体的投影

W 面上的圆是球 W 面投影的轮廓线,既是左半球面和右半球面相互重合的投影,也是左半球面和右半球面的分界线。其中,左半球面的 W 面投影可见,右半球面的 W 面投影不可见。如果把这个圆理解为一个侧平面的话,则 H 投影面中的竖直轴线、V 投影面中的竖直轴线可看作是该侧平面的积聚投影。

4.2.3.2 球面上点的投影

【例 4-3】 如图 4-13(a)所示,已知球的 V 面投影、W 面投影以及球面上 A 点的 W 面投影 a'',求作球的 H 面投影以及 A 点的另两面投影。

【解】 (1)作球的 H 面投影,如图 4-13(b)。

在球的 W 面投影的下方适当位置作 45°辅助线,由球心的 V 面投影和 W 面投影向 H 面引投影连线,相交得到球心的 H 面投影,然后以此为圆心,作与球的 V 面投影或 W 面投影相同大小的圆,得出球体的 H 面投影。

(2)求球面上任意一点 A 的投影

求球面上的点常用纬圆法。首先应判断球表面上点 A 的位置:A 点在球体的左、前、上方位置。

在球体表面上必定有包含 A 点的水平纬圆,或正平纬圆,或侧平纬圆。求解点 A 的 V

投影,则应在 V 投影面内作出其正平纬圆。现在利用正平纬圆来确定球面上点的位置,具体步骤如下:

1)在 W 面上,过 a'' 作球面轮廓线范围内的竖直线,这根竖直线就是包含 A 点的正平纬圆的 W 面投影,线段的长度就是这个纬圆的直径。

2)根据纬圆直径,直接作出纬圆的 V 面投影。又由于在 W 面投影中 a'' 可见,所以 A 点在左半球面上,于是由 a'' 得到 a'。

3)根据点的投影特性,由 a'' 和 a',作出点 a。

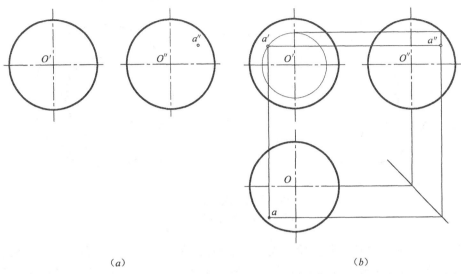

图 4-13 求球体表面上点的投影
(a)已知;(b)利用正平纬圆求点的投影

本例也可通过作水平纬圆和侧平纬圆求得点的三面投影,请读者根据图自行思考具体作图步骤,如图 4-14 所示。

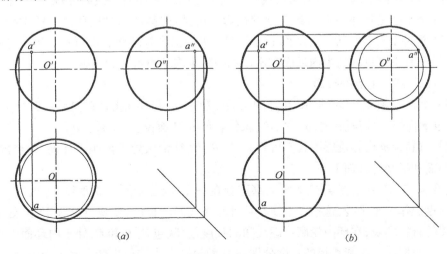

图 4-14 利用水平纬圆或侧平纬圆求解球体表面上的点
(a)利用水平纬圆求解;(b)利用侧平纬圆求解

4.2.4 圆环

4.2.4.1 圆环的投影

以圆为母线,绕与它共面的圆外一直线旋转而形成的曲面,称为环面,由环面形成的立体就是圆环。

图 4-15(a)表示环的两面投影,显然,此时环的中心线圆与 H 面平行。

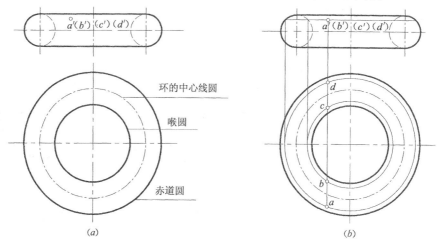

图 4-15 求圆环表面上点的投影
(a)已知;(b)作图过程及结果

在 H 面上,环面的 H 面投影轮廓线是两个圆,分别对应它的最小和最大两个水平圆的 H 面投影,称之为喉圆和赤道圆。在这两个圆之间部分,是上半环面和下半环面的重合投影,所以两个圆也对应可见的上半环面和不可见的下半环面的分界线。图 4-15(a)中,喉圆、赤道圆、中心线圆在 H 面投影中都反映实形。

在 V 面投影中,环的赤道圆、喉圆及中心线圆的积聚投影与上下对称线重合。环面的 V 面投影左、右轮廓线为最左、最右两素线圆,上、下轮廓线为环面上最高、最低的两个水平圆的投影,外侧半圆是外环面上的素线圆的投影。可见:内侧半圆是内环面上的素线圆的投影,被外环面遮住而不可见。在 V 面上能看到可见的前半外环面和不可见的后半外环面重合的投影,还有不可见的前半内环面和不可见的后半内环面重合的投影。

4.2.4.2 圆环上点的投影

【例 4-4】 如图 4-15(a)所示,在环的两面投影中,已知环面上从前向后的四个点 A、B、C、D 互相重合的 V 面投影 a'、b'、c'、d',求作它们的 H 面投影 a、b、c、d。

【解】 (1)根据已知投影图我们可判断 A、B、C、D 依次处于前半外环面、前半内环面、后半内环面和后半外环面上。

(2)点 A、B、C、D 的投影在 V 面上都重合在一点,故位于同一正垂线上。在 V 面上过已知点的投影作一水平线,这条水平线在环外轮廓线间的长度,反映包含 A 和 D,处于外环面上纬圆的直径实长;在环内轮廓线虚线间的长度,反映包含 B 和 C,处于内环面上纬圆的直径实长。根据两个纬圆直径的长度分别在 H 面投影上直接作出两个水平纬圆,然后由点在 V 面上的投影向 H 面引投影连线,由前至后就分别得到点 a、b、c、d 的投影。

(3)从 V 面投影可以判断,点 A、B、C、D 都位于环的上半环面上,所以这四个点的 H 面投影 a、b、c、d 均可见。

通过上述学习,我们可以总结出以下两点:

(1)圆柱面上的点,可直接利用圆柱面的积聚投影作图;圆锥面上的点,可用素线法或纬圆法作图;球面和环面上的点,用纬圆法作图。

(2)除了直线素线和纬圆可直接在回转面上作出外,若求回转面上其他线的投影,都得利用上述方法作出线上特殊点及若干一般点的投影,然后将这些点的投影用曲线板光滑连接就可得到这条线的投影。

4.3 平面与曲面立体相交

平面与曲面立体相交即平面截割曲面立体。平面与曲面相交得到的截交线是截平面与曲面体表面的公共线,截交线上的点是截平面与回转体表面的公共点,截交线围成的平面图形就是断面或截面。因此,求截交线的投影要先求出这些公共点的投影,然后再连接成为截交线的投影。求解步骤是:先求出特殊点的投影,再求出若干一般点的投影,最后将这些点连接成光滑的曲线。同样,连线时应注意:只有属于立体同一表面上的点才能相连。

求解平面截割曲面体,应尽量利用积聚性求解(如圆柱面上的点的求解);若无积聚投影可利用,则用素线法或纬圆法作图(如圆锥多采用素线法和纬圆法,球体采用纬圆法)。截交线上特殊位置点,是指最左、最右、最前、最后、最高、最低的点,在连点较稀疏处或曲率变化较大处,按需要在适当的位置也应求出截交线上一般位置点,最后将特殊点和一般点连成截交线的投影。

4.3.1 平面截割圆柱

当平面截割圆柱时,由于截平面与圆柱轴线的相对位置不同,而形成不同形状的截交线。如图 4-16 所示,有下列三种情况:

(1)当截平面垂直于圆柱的轴线时,截交线为圆;

(2)当截平面倾斜于圆柱的轴线时,截交线为椭圆;

(3)当截平面平行于圆柱的轴线时,截交线为矩形。

观察图 4-16 所示的三个投影图形,我们不难发现,由于圆柱轴线垂直于水平投影面,其柱面水平投影具有积聚性,当平面垂直圆柱轴线和倾斜轴线切割圆柱时,其水平投影都积聚为圆。这为后面两立体相贯的求解提供了方便。

【例 4-5】 补全带缺口的圆柱体的 H、W 投影(图 4-17)。

【解】 带缺口的圆柱可以看作是由一个水平面(垂直于轴线的平面)和两个侧平面(平行于轴线的平面)所截割。观察给定的已知条件,从 V 面投影可知,圆柱体的上部被切割成一个凹槽。在圆柱体的表面标注上特殊点 1、2、3、4、7、8、9、10,另外 5、6 点是水平面切割圆柱体与特殊位置素线的交点(最前、最后两条素线)。

根据三面投影规律,从 V 面向 H 面引投影连线与水平圆相交。由于圆柱体的表面所有素线具有积聚性,故表面上的 10 个特殊点的水平投影都落在圆周上,依次连线(1-3-5-7-9-10-8-6-4-2-1)可得到凹槽的水平投影。注意:连线时要根据连线原则进行,得到是一组封闭的空间折线。

同理,再由 V 面投影向 W 面引投影连线,在对应的位置上标出特殊点的投影,如图 4-17

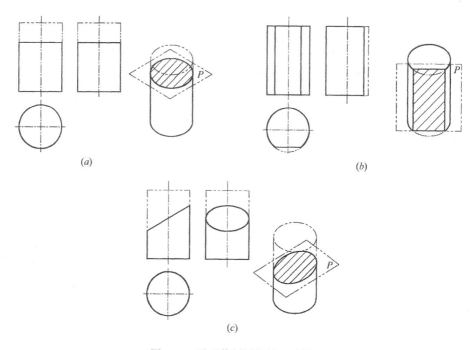

图 4-16 平面截割圆柱的三种情况
（a）截平面垂直于圆柱轴线时；（b）截平面平行于圆柱轴线时；（c）截平面倾斜于圆柱轴线时

所示。这里要注意的是 5、6 点的 W 投影，在 W 面上落在最前、最后（空间位置为最前和最后）。依次连线得到截交线的侧面投影。

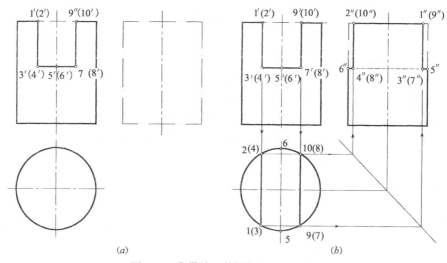

图 4-17 求带缺口的圆柱的 H、W 投影
（a）已知；（b）作图过程及结果

作出圆柱被切割后的截交线的投影后，分析判断三个截平面之间还应有两条交线（即 3-4 的连线、7-8 的连线）。由于这两条交线在形体内部，故水平投影与截交线重合，侧面投影为不可见的轮廓线用虚线表示。最后补充完整圆柱体的外轮廓投影，就得到了完整的带缺口圆柱的三面投影图。

以上介绍的是用点连接的方法来求解形体的截交线,这是一种比较基础的求解方式。考虑到个别同学在学习过程中,对于空间想像比较困难,可以采用上面这种方式来学习。当然,这种方法也能应用在后面关于相贯线的学习中。

另外,也可以直接利用三面投影规律来进行求解。从 V 面投影中可以想像出形体的空间形态。以本题为例,圆柱被三个平面截割,其上部形成一个凹槽。由此,从 V 面引投影连线到 H 面,得到带缺口圆柱的水平投影(如图 4-17b 所示)。再从 V、H 面向 W 面引投影连线,连线之间形成网格状,则所要求的 W 面投影就在这个网内。由于水平面将圆柱的上部切掉了,故在侧面投影中由 5″、6′ 所在的特殊位置的素线以上的部分就没有了,用双点划线表示。其他的作图过程同前。

【例 4-6】 补全带缺口的圆柱体的 H、W 投影(图 4-18)。

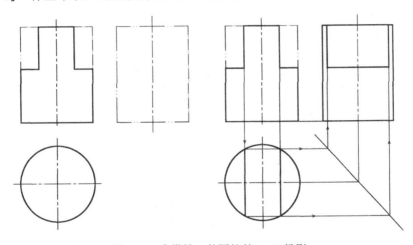

图 4-18 求带缺口的圆柱的 H、W 投影

【解】 此题的解法同上一例题。同学们可以自行求解。

【例 4-7】 补全带缺口的圆柱体的 H、W 投影。其中截平面 P 与圆柱轴线的夹角为 45°。

【解】 由图 4-19(a)可知,圆柱可以看作被 P、Q 两个平面所截,P 面是与轴线夹角为 45° 的正垂面,则圆柱被 P 切后的断面轮廓为椭圆的一部分,在 H 面的投影必为圆周曲线,圆心在轴线上,半径等于圆柱的半径。Q 面则是一个一般角度的正垂面,圆柱被 Q 面切后的断面轮廓为椭圆一部分,在 H 面的投影为椭圆曲线。根据这个思路,可以按下列步骤作图:

(1)作 P 面的 H 面投影:延长 p′ 交轴线得 0′,由 0′ 向 H 面引投影连线得到 0,然后以 0 为圆心,圆柱半径作圆,与 1′、2′ 向 H 面引的投影连线相交得到点 1、2。

(2)作 Q 面的 H 面投影:自最右点 3′ 向 H 面引投影连线,与圆柱的 H 面投影对应的最高素线相交得点 3;由 P 面求得的 1、2 两点也是 Q 面的最前、最后点。在 V 面取一般位置点 4′、5′ 向 W 面引投影连线与圆柱轮廓线相交得到点 4″、5″,然后由点的 V、W 两面投影得到点 4、5。照此步骤,作多个一般位置点,在 H 面得到其投影后,将它们依次平滑连接,得到形为椭圆曲线的截交线。

(3) P、Q 两面的 W 投影积聚在圆周上，而 P、Q 两面交线的投影为虚线 $1''2'$。作图结果如图 4-19(c) 所示。

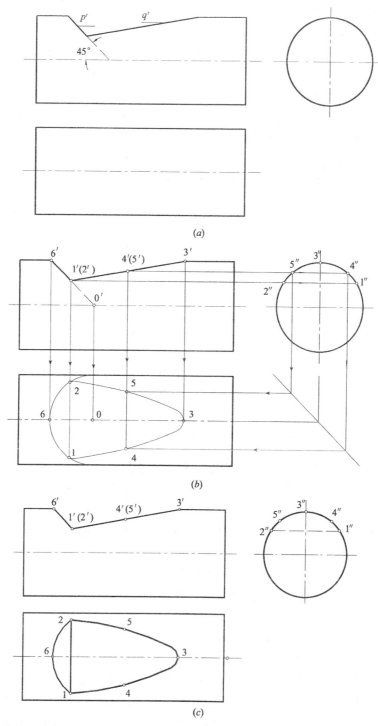

图 4-19 求带缺口的圆柱体的 H、W 投影
(a) 已知条件；(b) 作图过程；(c) 作图结果

由此题得出一个结论:当截平面与圆柱轴线的夹角小于45°时,椭圆长轴的投影在与轴线平行的投影面上仍为椭圆的长轴;当夹角大于45°时,椭圆长轴的投影在与轴线平行的投影面上变为椭圆的短轴;当夹角 = 45°时,椭圆长轴在与轴线平行的投影面上的投影等于短轴的投影,则投影成为一个与圆柱等直径的圆。

4.3.2 平面截割圆锥

当平面截割圆锥时,截交线的形状随截平面与圆锥相对位置的不同而异,这里有五种情况。如图 4-20 所示:

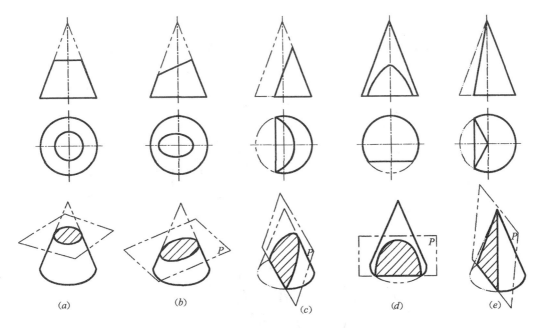

图 4-20 平面截割圆锥的五种情况
(a)截交线为圆;(b)截交线为椭圆;(c)截交线为抛物线;(d)截交线为双曲线;(e)截交线为三角形

(1)当截平面垂直于圆锥的轴线时,圆锥面上的截交线为圆(纬圆);

(2)当截平面倾斜于圆锥的轴线且与圆锥面上所有素线都相交时,圆锥面上的截交线为椭圆;

(3)当截平面平行于一条素线时,圆锥面上的截交线为抛物线;

(4)当截平面平行于两条素线时,圆锥面上的截交线为双曲线;

(5)当截平面通过锥顶与圆锥体相交时,截交线为一个等腰三角形。

【例 4-8】 如图 4-21(a)所示,补全 H、W 面投影。

【解】 观察图 4-21(a),可判断截交线是一个椭圆。截交线的 V 面投影积聚在直线上,由它就可作出截交线的 H 面投影和 W 面投影,并补形体的 W 面投影的轮廓线。整个作图过程如图 4-21 所示。

(1)作截交线上的特殊点(图 4-21b)

最左、最右点的连线Ⅰ Ⅳ是这个椭圆的长轴,标出点 1′、4′,再由 1′、4′向 H 面引投影连线,在最左、最右素线的 H 面投影和 W 面投影上作出点 1、4 和点 1″、4″。椭圆短轴是过长轴中点的正垂线,取它的 V 面投影 7′(8′)点,投影位置在 1′4′的中点。先标出点 7′(8′),用纬圆法求出7、8点。

截交线在W面投影轮廓线上的点Ⅱ、Ⅲ两点,可直接利用点的投影规律由点 2′(3′)求出点 2″、3″,再作出点 2、3。

(2)作截交线上的一般点(图 4-21b)

在截交线的 V 面投影上,由于作出的特殊点的间距较大,任意取一般点(未标注)的投影,按照纬圆法或素线法作出其 H 面投影和 W 面投影。

(3)依次连接各点的 H、W 投影(图 4-21c)

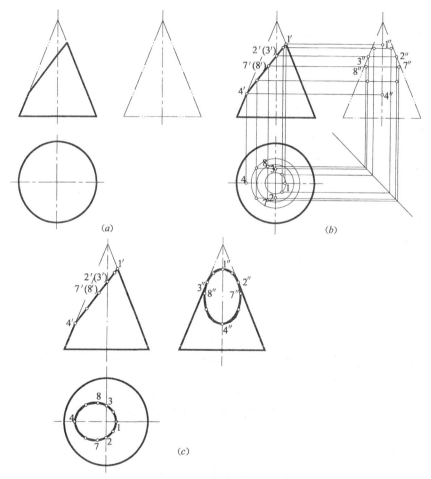

图 4-21 求圆锥被平面切割后的 H、W 投影
(a)已知;(b)作图过程;(c)作图结果

按截交线在 V 面投影中所显示的顺序,分别依次连接截交线的 H 面投影和 W 面投影。由于截去上部后,截交线椭圆的 H 面投影和 W 面投影都是可见的,于是都画实线。

为了加深对平面截割曲面体的认识,下面再来求解一例带缺口圆锥的 H 面投影(图 4-22)。

分析及作图步骤如下:

(1)图中圆锥同时被一水平面和正垂面切割,形成缺口。观察其 V 面投影可知,水平面截割圆锥在 H 面上的投影是一水平纬圆;正垂面从圆锥的顶点处切割,得到的截平面是三角形。

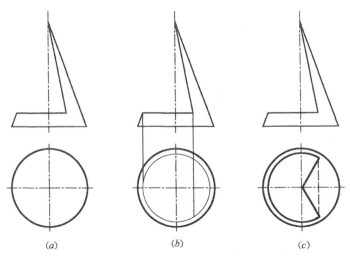

图 4-22 求带缺口的圆锥的 H 投影
(a)已知条件;(b)作图过程;(c)求解结果

(2)在 V 投影面上,量取水平纬圆积聚投影在圆锥轮廓线与轴线之间的长度,得到水平纬圆的半径,在 H 面内作出水平纬圆的投影;从 V 面引两截平面交线的投影连线与水平纬圆相交,求得水平面截交线在 H 面内的投影。

(3)在 H 面内,直接连接顶点和水平纬圆上求到的交点,得到正垂面截交线的水平投影。

(4)截平面之间的交线在 H 面上是不可见的直线,用虚线表示。

4.3.3 球的截交线

平面截割球时,截交线是圆。截交线圆的投影有下面三种情况:

(1)当截平面平行投影面时,截交线圆在该投影面上的投影反映实形;

(2)当截平面垂直于投影面时,截交线圆在该投影面上的投影积聚成为一条长度等于截交线圆直径的直线;

(3)当截平面倾斜于投影面时,截交线圆在该投影面上的投影为椭圆。

【例 4-9】 如图 4-23(a)所示,求作球体被平面截割后的 H 面投影和 W 面投影。

【解】 分析题意可知,球体被两个截平面切割,截面在 V 面的投影分别是一条水平直线和一条倾斜于投影轴的直线,即说明截交线是由一个水平纬圆和一个正垂圆组成,在 H 和 W 两面投影就应该是纬圆和椭圆投影的组合。作图过程如图 4-23(b)所示。

(1)求截交线圆上的特殊点

①先求解截交线上的最左、最右点Ⅰ、Ⅱ的 H、W 面投影。由其 V 面投影 1′、2′分别向 H 面、W 面引投影连线与轮廓线圆的中心线相交,得点 1、2 和 1″、2″。

②再求解截交线上的最前、最后点Ⅲ、Ⅳ,即两截交线圆的交点。在 H 面投影中,过点 1 作水平纬圆,由其 V 面投影 3′(4′)向 H 面引投影连线与水平纬圆相交,得点 3、4,再由点 3、4 和 3′、(4′)求出 3″、4″。

③求正垂截面与球的 W 面投影轮廓线圆的交点Ⅴ、Ⅵ的 H、W 面投影。由 V 面投影 5′(6′)向 W 面引投影连线,与 W 面轮廓线圆相交,求得 5″、6″,根据点得投影规律。量取它们

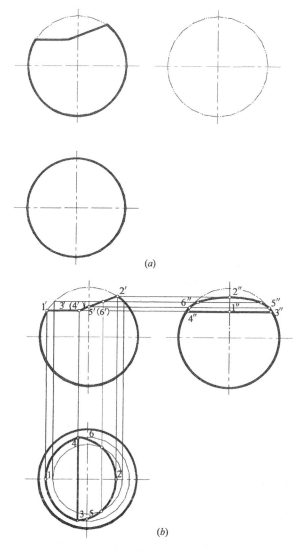

图 4-23 求球体被平面截割后的 H、W 投影
(a)已知条件;(b)作图过程及结果

的 Y 值后在 H 面求出 5、6 点。

一般点的求解利用纬圆法。本题采用的是水平纬圆,再利用其水平投影求得 W 投影。

(2)连线

用光滑的曲线依次将点进行连接,得到截交线的 H、W 投影。

(3)补全被截割球体的 H 面投影和 W 面投影

在 V 面投影中可以看出,球体被截去左上方一块球冠,截割到竖直轴线的上部,而没有截割到水平轴线,故被截割球体的 H 面投影仍然是一个完整的圆。连接 3、4 点,求出两截面之间交线的水平投影;W 面投影从点 5″、6″向上的部分都被截割掉了,故截割球体的 W 投影只表示出点 5″、6″以下对应的部分圆。两截面之间的交线的 W 面投影 3″4″与水平截面的投影重合。

4.4 直线与曲面立体相交

4.4.1 直线与圆柱相交

直线与曲面立体表面的交点称为贯穿点。即贯穿点是属于直线的点,又是属于立体表面的点,故我们说贯穿点具有公共性。因此,求贯穿点的问题,就是求线与面的交点的问题。在求贯穿点时,有下列求解方法:(1)利用直线或立体表面有积聚投影的这一特征,可以通过直接作图求出贯穿点位置;(2)可包含已知直线在内作一个辅助截平面,先求解此辅助平面与立体的截交线,再求解直线与该截交线的交点,即可求得直线与立体的贯穿点。

在利用辅助法求解贯穿点时,要充分利用直线和圆来求解。

【例 4-10】 如图 4-24 所示,已知直线 AB 与圆柱相交的两面投影,求直线 AB 与圆柱贯穿点的投影。

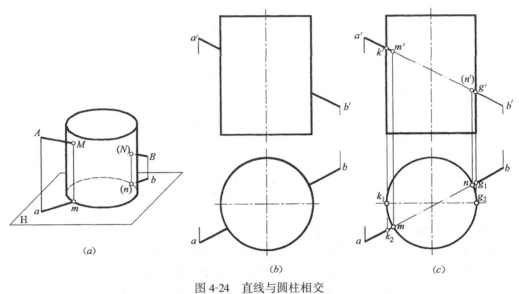

图 4-24 直线与圆柱相交
(a)直观图;(b)已知条件;(c)求解结果

【解】 (1)观察已知条件,直线为一般位置直线,圆柱体在 H 面上有积聚投影,则贯穿点的投影应该与圆柱面的积聚投影重合。可直接利用圆柱体的 H 面积聚投影来求解贯穿点。

(2)作出直线的假想连线。

在 V 面投影上,假设 k'、g' 是直线与圆柱面的贯穿点,则贯穿点既要属于直线,又要属于圆柱最左和最右两条素线。根据贯穿点具有公共性这一特性,过 k' 点向 H 引投影连线,在 H 面上却分别与圆和直线相交,得到了两个交点 k_1、k_2,因此,可以判断 K 不是贯穿点。同理可判断点 G 也不是贯穿点。

在 H 面上找到两个贯穿点的投影 m、n,它们既属于直线也属于圆柱面。由这两点向 V 面引投影连线,分别与直线的假想连线在 V 面上的投影交得 m'、n',同时这两个点也落在了圆柱面上,符合贯穿点具有公共性这一特性。因此,点 M、N 是直线与圆柱面的贯穿点。因为 M 处于圆柱可见的前半面,所以 m'a' 连线为粗实线;点 N 在圆柱的后半面,所以(n')为不可见的点,连接(n')b' 在圆柱 V 投影范围内的部分用虚线表示,其余部分画粗实线。

无论是平面立体还是曲面立体,当其表面有积聚投影时,就应充分利用积聚投影来确定贯穿点的位置。

4.4.2 直线与圆锥相交

【例 4-11】 已知圆锥与直线 AB 的两面投影,求直线 AB 与圆锥贯穿点的投影(图 4-25)。

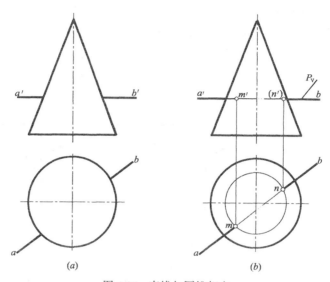

图 4-25 直线与圆锥相交
(a)已知;(b)求解结果

【解】 (1)根据给定题意可知,直线 AB 是水平线,作直线的假想连接,直线 AB 的 H 投影连线没有通过锥顶。这时我们可以采用纬圆法来求解贯穿点的投影。

(2)在 V 面上包含 a'b' 作一辅助面 P_v(水平面)切割圆锥,圆锥被切割后截交线是一个纬圆,在 H 面上反映实形。这个纬圆的直径由直线 V 面投影在圆锥最左和最右素线之间量取。在 H 面上我们画出纬圆,纬圆与直线相交,得到贯穿点的 H 面投影点 m、n,然后由 m、n 向 V 面引投影连线得到 m'、n'。

(3)判别可见性:由于 M 点在圆锥的前半面上,为可见点,连接 ma 及 m'a' 均为粗实线;点 N 位于圆锥的后半面,其 H 投影为可见点,连接 nb 为粗实线,但是 V 面投影为不可见点,故连接 n'b' 时在圆锥 V 投影内表现为虚线,外部为粗实线。

当直线处于一般位置时,就得考虑用辅助平面或辅助投影面的方法来求解贯穿点。
下面举例说明。

【例 4-12】 已知如图 4-26(a),求直线与圆锥体相交的贯穿点的投影。

【解】 当直线位于一般位置时,若过直线作正垂辅助面或铅垂辅助面,得到的截交线通常是抛物线、椭圆或双曲线,作图过程显得烦琐且不能准确找到贯穿点。但如过直线和圆锥顶点作一辅助面,利用前面介绍的"当平面过圆锥顶点时其截面为三角形"这一特点,则该辅助平面与圆锥的截交线是两条直线,截断面为三角形,截交线与直线的交点就是我们要求的

直线与圆锥面的贯穿点。在解题思路清晰后,按下列步骤进行作图:

(1)在 V 面投影中,在一般位置直线上任取两点 1′、2′,自圆锥顶点 s′ 与点 1′、2′ 连接并延长至圆锥底圆所在的平面相交得到交点 3′、4′,得辅助平面的 V 面投影△s′3′4′(见图 4-26b);

(2)根据"点属于直线则点的投影属于直线的投影"这一定理,从 V 面向 H 面引点 1′、2′ 的投影连线,与一般位置直线的水平投影相交,求得点 1、2;

(3)同理,过点 3′、4′ 由 V 面向 H 面引投影连线,连接 s1、s2 并延长与之相交得到 3、4 点,连接 3、4 两点与圆锥底圆交于 a、b 两点;

(4)连接点 s、a、b,得到的△sab 就是辅助平面截割圆锥所得到的截平面,sa、sb、ab 即为辅助平面截割圆锥所得到的截交线;sa、sb 与一般位置直线的交点 m、n 就是要求解的贯穿点的水平投影;

(5)过点 m、n 向 V 面引投影连线,得到贯穿点的 V 面投影 m′、n′;

(6)判别可见性,得到图 4-26(c)所示的一般位置直线与圆锥相交时贯穿点的两面投影。

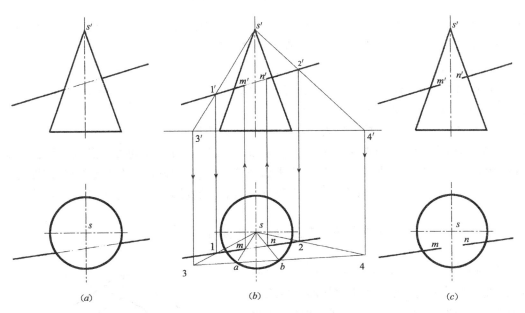

图 4-26 一般位置直线与圆锥相交
(a)已知;(b)作图过程;(c)作图结果

4.4.3 直线与球相交

直线与球体相交时贯穿点的求解,根据直线与投影面的关系不同,可采用不同的方法。当直线处于与投影面平行的特殊位置时,采用纬圆法作图;当直线处于一般位置时,可采用增设辅助投影面的方法让一般位置直线变成投影面的平行线,再用纬圆法进行求解,得到贯穿点的投影后,再返回求得贯穿点在其他投影面上的投影。有兴趣的同学可自行学习。

【例 4-13】 如图 4-27 所示,已知直线 AB 与球的投影,求直线与球相交后贯穿点的两面投影。

【解】 从图 4-27(a)可知,直线 AB 是一条正平线,含 AB 直线所作的纬圆是一个正平

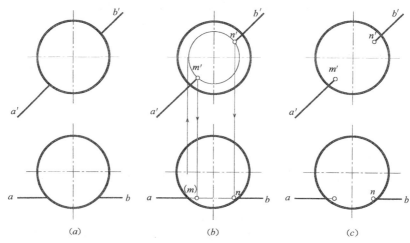

图 4-27 直线与球体相交
(a)已知条件;(b)作图过程;(c)求解结果

圆,可用纬圆法求解。如图 4-27(b),包含 AB 作一正平面截割球体,在 V 投影面上求得一正平纬圆,该纬圆与直线 AB 的交点即为所求得的贯穿点。

作图步骤如下:

(1)作 AB 的假想连接线。以 H 面上截得的弦长之半为纬圆的半径,在 V 面上作出截交圆的正投影,与 a'b' 交得点 m'、n',该两点即为贯穿点的 V 投影。

(2)由点 m'、n' 向下引投影连线,即得贯穿点的 H 投影 m、n 点。

(3)判别可见性。因两贯穿点属于前半球,故 V 投影中贯穿点为可见点,连成实线,如图 4-27(c)所示。但由于点 M 在球体的下半部分,故 H 面上的投影为不可见的点,连接时与球重影部分为虚线,点 N 在球体的上半部分,在 H 面上的投影为可见点,故用实线连接。

4.5 平面立体与曲面立体相交

平面立体与曲面立体相交,即平面立体与曲面立体相贯,其相贯线是由若干段平面曲线或由若干段平面曲线与直线组合而成,如图4-28所示。相贯线的转折点,是平面立体的棱线与曲面立体的贯穿点。作图时应先求出转折点,然后求一般点,最后依次连接成相贯线,并判别可见性。作图步骤可参考前一章"平面立体与平面立体相交"部分内容。

4.5.1 平面体与圆柱相交

四棱柱与圆柱相贯,如图 4-30(a)。其中心轴线相交且互相垂直,这是建筑中常见的平面体与圆柱相交的情形,多表现为矩形梁与圆柱相交。此时,梁与柱的相贯线是由直线 AB、CD 和

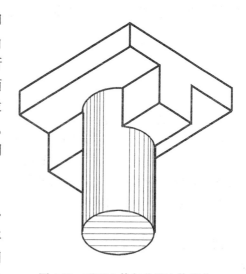

图 4-28 平面立体与曲面立体相交

曲线 AD、BC 所组成。由于梁、柱按特殊位置放置,在投影面上有积聚投影,故相贯线的 H 和 W 面投影可直接画出,在作图时,主要是求解相贯线的 V 面投影。

【例 4-14】 如图 4-29 所示,已知四棱柱与圆柱相贯的 H 和 W 两面投影,求 V 面投影。

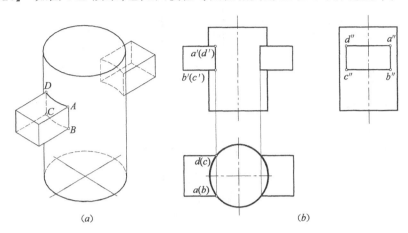

图 4-29 四棱柱与圆柱相交
(a)立体示意图;(b)三面投影图

【解】 (1)根据已知的 H 和 W 面投影作出四棱柱与圆柱在 V 面上的投影轮廓。因为四棱柱与圆柱是贯穿的,所以要求解的相贯线的组数是两组。由于四棱柱与圆柱在 H、W 投影面上各具有积聚性,可在对应位置标注出相贯线上特殊点的位置,见图 4-29(b)中的 H 和 W 投影。

(2)在 H 面上,由点 $a(b)$ 向 V 面引投影连线,与四棱柱对应棱线的 V 面投影相交得到点 a'、b'。线段 $a'b'$ 即是相贯线上的直线 AB 的 V 面投影。直线 CD 的 V 面投影与其重合。

(3)曲线 AD 的 V 面和 W 面投影都是一段水平的直线。虽然在 V 面上,点 $a'(d')$ 重合为一点,但结合它的 H 面和 W 面投影来看,在它们的 V 面投影中四棱柱底线与柱轮廓的交点至 a' 的那段线,就是曲线 AD 的 V 面投影。同理,可求出 BC 的 V 投影。

(4)另一组相贯线与其对称,可直接由 ABCDA 的 V 投影求出。

4.5.2 平面体与圆锥相交

【例 4-15】 如图 4-30 所示,已知四棱柱与正圆锥相贯,求其相贯线的三面投影。

【解】 建筑中的圆锥薄壳基础由正四棱柱与正圆锥相贯而成。如图 4-30(a),四棱柱与正圆锥未贯穿,其相贯线由 4 条双曲线组成,这 4 条双曲线的交点就是四棱柱 4 条棱线与正圆锥面的贯穿点。求此相贯线,一般是先求棱线与曲面体的贯穿点,然后求双曲线的顶点,再用素线法或纬圆法求双曲线上一般位置的点,最后将双曲线上的点平滑连接得到平面体表面与曲面体的截交线,判断可见性后得到相贯体所求投影。

(1)求四棱柱棱线与正圆锥面的贯穿点

由于四棱柱棱面垂直于 H 面,则在四棱柱表面上的相贯线的 H 投影即为此四边形;四条棱线的 H 面投影积聚为 4 点,故相贯线上的 4 个贯穿点与角点重合。自点 s 过 a 作一素线,与圆锥底圆交于 1 点,利用这条素线,用素线法在 V 面求得点 a',即贯穿点 A 的 V 面投影。由于四棱柱 4 条棱线于锥面的贯穿点处于同一水平高度,那么四棱柱其他棱线与圆锥面贯穿点的 V、W 面投影可直接作水平线求出,如点 $a'(d')$、$b'(g')$、$a''(b'')$、$d''(g'')$,它们也分别是各双曲线的交点和双曲线的最低点。

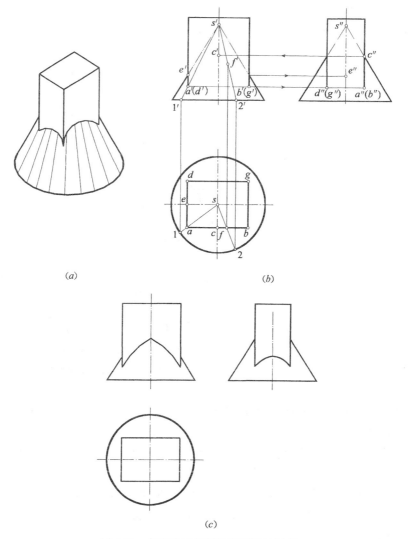

图 4-30 求四棱柱与圆锥相贯线的投影
(a)立体图；(b)已知条件和作图过程；(c)作图结果

(2)求双曲线的顶点

圆锥面上最前和最后的素线对四棱柱的贯穿点，应是前后双曲线的最高点。圆锥面上最左和最右素线对四棱柱的贯穿点，就是左、右双曲线的最高点，根据已学的点的投影对应关系，我们可直接求得双曲线顶点在各投影面上的投影。

(3)求双曲线的一般点

在 H 面投影上取相贯线上任意一点，如图 4-30(b)中的点 f，在 H 投影面内过点 s 和点 f 作一条素线与圆锥底圆交于点 2，然后利用素线法在 V 面上求得点 f'。同理，我们可以求出若干个一般位置上的点的 V 面上的投影，并依次将其光滑连接成双曲线。

左、右侧双曲线的 V 面投影是一段直线，如图 4-30(b)中的 $a'e'$ 是左侧双曲线的 V 面投影。

(4)判断可见性

得到有关贯穿点和双曲线的三面投影,最后补全圆锥与四棱柱的V、W投影,得到如图4-30(c)所示结果。

此题亦可采用纬圆法求解。

4.5.3 平面体与球相交

四棱柱与球相贯,球心位于四棱柱的中心轴线上,这种情形常见于建筑工程中的一些结点或装饰构造。相贯线是球被棱柱面截割后形成的一部分,所以采用纬圆法求出平面体与球的相贯线。

【例4-16】 如图4-31所示,已知四棱柱与球相贯的两面投影,求它们相贯线的H面投影。

【解】 观察已知条件,四棱柱与球贯穿,其相贯线应有两组。相贯线是四棱柱各棱面与球面的截交线,是由4段圆弧组成的空间闭合曲线。由于四棱柱的棱面与V面垂直,则这些截交线在V面上与四棱柱各棱面的积聚投影重合,表现为矩形,矩形的4个顶点即为四棱柱棱线与球体表面的贯穿点。

可采用辅助平面法来求解四段相贯线的H投影。从图4-31(b)中可知,四棱柱的上、下棱面为水平面,左、右棱面为侧平面,且上下、左右棱面在球体上的位置是对称的。假设作含四棱柱上棱面的水平面切割球体如图4-31(c),截交线是一个与H面平行的纬圆,在V面上量取这个纬圆的半径,在H面上画出这个纬圆的投影。纬圆的H面投影与上棱面两条棱线的交点,就是棱线与球表面的贯穿点。同理,可求得另两个贯穿点。最后判断可见性,整理得到图4-31(d)的结果。

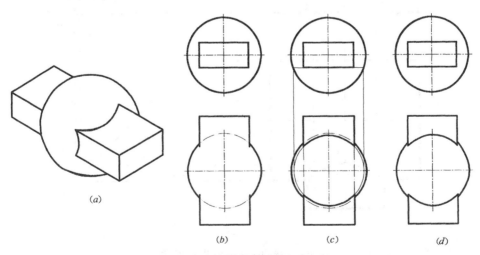

图4-31 四棱柱与球体相交
(a)立体图;(b)已知;(c)求解过程;(d)求解结果

4.6 两曲面体相交

两曲面体的相贯线,一般是封闭的空间曲线,在特殊情况下是平面曲线。求相贯线的方法通常有表面取点法和辅助平面法。无论哪种方法,在求解时都要尽量利用直线或圆来进行,以便能准确地求得贯穿点的投影。

4.6.1 用表面取点法求作相贯线

相交两曲面体中,如果有一个曲面体表面的投影具有积聚性,则可利用该表面的积聚性投影作出两曲面体的一系列共有点,连成相贯线。

【例 4-17】 已知两半圆柱相交,如图 4-32 所示,求它们相贯线的投影。

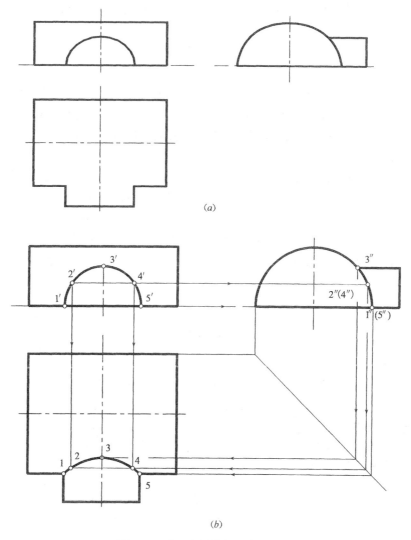

图 4-32 求两半圆拱相贯线的投影
(a)已知;(b)作图过程及结果

【解】 由图可知两半圆柱面相交,其相贯线只有一条。大圆柱垂直于 W 面,小圆柱垂直于 V 面,两柱轴线相交且平行于 H 面。相贯线是一段空间曲线,其 V 面投影积聚在小圆柱的 V 投影上,W 面投影积聚在大圆柱的 W 面投影上,因此,可通过求解积聚投影上点的投影来求出相贯线上一系列点的 H 投影,连接而成相贯线的 H 面投影。

(1)求特殊点:最高点 3 是小圆柱最高素线与大圆柱的交点,最低、最前点 1、5(也是最左、最右点)是小圆柱最左、最右素线与大圆柱最前素线的交点。它们的三面投影均可直接求得。

(2)求一般点2、4。在相贯线V投影的半圆周上任取点2′和4′。2″、4″必在大圆柱的W积聚投影上,据此求得点2、4。

(3)连点并判别可见性。在H投影上,依次连接点1、2、3、4、5,即为所求交线的投影。由于两半圆柱的H投影均为可见,所以相贯线的H投影可见,画成实线。

4.6.2 用辅助平面法求作相贯线

作一辅助平面截断相贯的两曲面体,可同时得到两相贯体的截交线,这两相贯体的截交线的交点,就是两曲面体上的公共点,把许多这样的公共点按一定顺序连接起来,就求得相贯线。

为使作图简便,所作的辅助平面通常采用投影面的平行面,且同时要注意选择适当的截割位置,使其与两曲面体截割后产生的截交线的投影简单易画,尽量利用直线和圆来进行求解。如图4-33所示,正圆锥与水平方向的圆柱相贯,选择的辅助平面应与圆锥轴线垂直,使截交线为直线和圆,两截交线的交点就是相贯线上的点。如果所作的辅助平面与圆锥轴线平行(重合除外),则圆锥体的截交线是双曲线,解题不方便而且不准确。

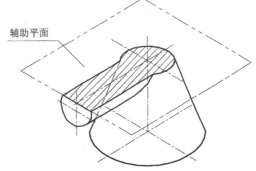

图4-33 用辅助平面法求解相贯线

【例4-18】 如图4-34(a)所示,求作正圆柱与正圆台的相贯线。

【解】 图4-34中圆柱与圆台未贯穿,两条轴线垂直相交且平行V面,因此只有一条相贯线,且为前后对称的空间曲线。此题利用辅助平面法来求作相贯线。

(1)首先作出W面投影。由于圆柱与W面垂直,故圆柱面在W投影面上积聚为一个圆,其表面上的线也应积聚在该圆上。由此可确定相贯线在W上的投影。

(2)求特殊点。圆柱最上和最下的两条素线与圆台表面的交点Ⅰ、Ⅱ的V面投影1′、2′均可直接求出,得到点1″、2″和1′、2′后,就可由投影对应关系得到1和2。圆柱最前和最后两条素线与圆台表面的交点Ⅲ、Ⅳ的W面投影3″、4″可直接找到,H面投影点3、4和V面投影点3′、4′利用过圆柱最前和最后素线的辅助平面P截割圆柱和圆台求得,作图见图4-34(b)。

(3)求一般位置点。假想用一水平辅助面P_1截割圆柱和圆台,则圆柱面产生的截交线为两条直线,圆台的截交线为圆,该圆与两条直线H面投影的交点5、6即为相贯线上的点Ⅴ、Ⅵ的H面投影,过5、6向上作垂线,得到5′(6′),作图见图4-34(b)。

同理,用水平辅助面P_2,可求出相贯线上Ⅶ、Ⅷ两点的H、V面投影。

(4)将得到的交点用光滑的曲线连接起来,判别其可见性,将不可见部分画成虚线,就得到图4-34(c)所示结果。

两曲面立体相交求解其相贯线,除了采用上述方法以外,还有辅助球面法等方法。

4.6.3 曲面体相交的特殊情况

(1)两共轴回转体相交

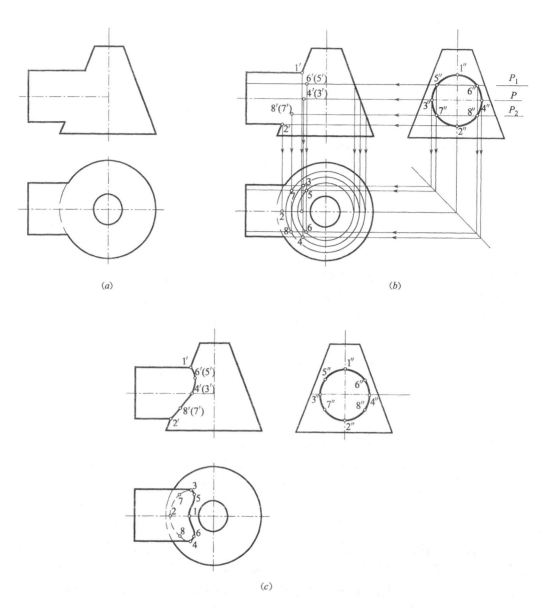

图 4-34 圆柱与圆台相交
(a)已知;(b)求解过程;(c)求解结果

当两回转体共轴相交时,其相贯线是垂直于轴线的圆。

如图 4-35(a),圆柱与圆锥轴线重合时,相贯线为水平圆。由于轴线平行于 V 面,所以这个水平圆的 V 面投影是一条水平直线。

在图 4-35(b)中,正圆锥与球相贯,当球心在圆锥轴线上时,它们的相贯线是水平圆,如图中的位置有上、下两个水平圆。由于圆锥轴线平行于 V 面,所以这两个水平圆的 V 面投影各是一条水平直线,这是球与正圆锥共轴相交的一种特殊情况。

球与圆柱共轴相贯情况也是一样,只要圆柱轴线穿过球心,相贯线就为垂直于轴线的圆。

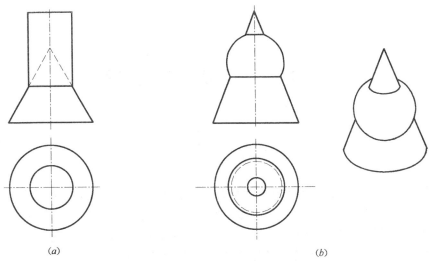

图 4-35 两共轴回转体相交
(a)圆柱与圆锥共轴相交;(b)球与正圆锥共轴相交

(2)两回转体轴线相交且公切于球

当两个圆柱、两个圆锥或圆柱和圆锥轴线相交且公切于同一球面时,其相贯线是两个相交的椭圆。

当公切于球的两回转体轴线正交时,相贯线为两个大小相等的椭圆;当公切于球的两回转体轴线斜交时,相贯线为两个长轴不相等、但短轴相等的椭圆。当两相交轴线平行于同一投影面时,则相贯线为两个垂直于该投影面的椭圆,在该投影面上的投影为两条相交的直线,在其他投影面上的投影为圆或椭圆,如图 4-36 所示。

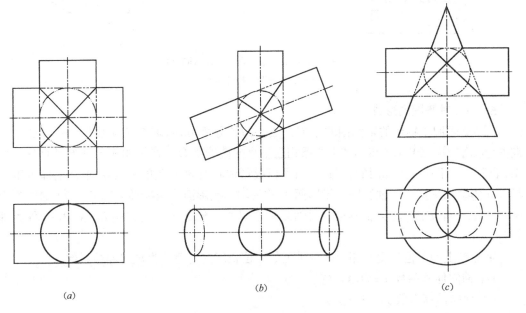

图 4-36 圆柱与圆柱相交
(a)圆柱与圆柱等径正交;(b)圆柱与圆柱等径斜交;(c)圆柱与圆锥公切于球正交

第 5 章 轴测投影图

5.1 轴测投影图的基本知识

轴测投影图简称轴测图,因为轴测图具有立体感,所以也称立体图。图 5-1 为一轻型桥台的三面正投影图和轴测图。多面正投影图能够准确而完整地表达物体的形状,而且度量性好,作图方便,所以是工程上应用最广泛的图样。它的缺点是缺乏立体感。而轴测图能同时反映物体的长、宽、高及三个方向的形状,因此它比多面正投影图生动形象,富有立体感,直观性强。但轴测图度量性差,一般情况下平面都不反映实形,而且被遮住的部位不容易表达清晰、完整。因此在工程图样中,轴测图一般作为辅助图样,用于需要表达物体直观形象的场合。

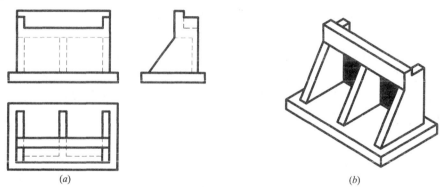

图 5-1 桥台的三面正投影图和轴测图
(a)正投影图;(b)轴测图

5.1.1 轴测图的形成

图 5-2 表明了物体的轴测图的形成方法。为了分析方便,取 3 条反映长、宽、高 3 个方向的坐标轴 OX、OY、OZ 与物体上 3 条相互垂直的棱线重合。将物体连同其参考直角坐标系,沿不平行于任一坐标面的方向 S,用平行投影法将其投射在单一投影面 P 上即可得到具有立体感的图形——轴测图。投影面 P 称为轴测投影面。坐标轴 OX、OY、OZ 的轴测投影 O_1X_1、O_1Y_1、O_1Z_1 称为轴测轴。两轴测轴之间的夹角 $X_1O_1Y_1$、$Y_1O_1Z_1$、$X_1O_1Z_1$ 称为轴间角。

轴测轴上的单位长度与相应坐标轴上的单位长度的比值称为轴向伸缩系数。

OX 轴向伸缩系数 $p = O_1X_1/OX$

OY 轴向伸缩系数 $q = O_1Y_1/OY$

OZ 轴向伸缩系数 $r = O_1Z_1/OZ$

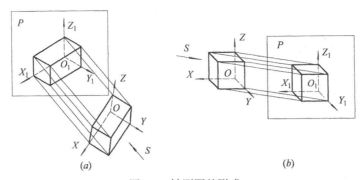

图 5-2 轴测图的形成
(a)正轴测图的形成;(b)斜轴测图的形成

5.1.2 轴测投影的特性

由于轴测投影采用的是平行投影法,因此它具有平行投影的一切特性,有:

(1)相互平行的直线的轴测投影仍相互平行。因此,平行于坐标轴的直线,其轴测投影必平行于相应的轴测轴。

(2)两平行直线或同一直线上的两线段的长度之比值,轴测投影后保持不变。

(3)平行于坐标轴的线段的轴测投影长度与该线段的实长之比值,等于相应的轴向伸缩系数。故画轴测图时,应根据轴向伸缩系数测量平行于轴向的线段长度。这也是"轴测图"名称之由来。所谓"轴测"也就是沿轴的方向测量尺寸的意思。

轴测投影的特性和轴间角及轴向伸缩系数是画轴测图的主要依据。

5.1.3 轴测图的种类

根据投射方向 S 与轴测投影面 P 的相对关系,轴测图可分为两大类:

正轴测图:投射方向 S 垂直于轴测投影面 P,如图 5-2(a)所示,3 个坐标面都不平行于轴测投影面。

斜轴测图:投射方向 S 倾斜于轴测投影面 P,如图 5-2(b)所示。通常有一个坐标面平行于轴测投影面,当 XOZ 面平行于轴测投影面(垂直面)时,形成正面斜轴测图;当 XOY 面平行于轴测投影面(水平面)时,可形成水平斜轴测图。

根据三个轴向伸缩系数是否相等,正轴测图又可分为:

正等轴测图(简称正等测):$p = q = r$

正二等轴测图(简称正二测):$p = r \neq q$

正三轴测图(简称正三测):$p \neq q \neq r$(不常用)

同样,斜轴测图也可分为:

斜等轴测图(简称斜等测):$p = q = r$

斜二等轴测图(简称斜二测):$p = r \neq q$

斜三轴测图(简称斜三测):$p \neq q \neq r$(不常用)

考虑作图方便和效果,常用的是正等测、斜二测,管道工程图中还常用斜等测。

5.2 正等轴测图

5.2.1 轴间角和轴向伸缩系数

正等测的轴间角 $X_1O_1Y_1$、$Y_1O_1Z_1$、$X_1O_1Z_1$ 均为 120°,三个轴向伸缩系数均约为 0.82。为了作图简便,采用轴向简化系数,即 $p=q=r=1$,于是平行于轴向的所有线段都按原长度量,这样画出来的轴测图沿轴向分别放大了 $1/0.82 \approx 1.22$ 倍,但形状不变。作图时,O_1Z_1 轴一般画成铅垂线,O_1X_1、O_1Y_1 轴与水平成 30°角,如图 5-3 所示。

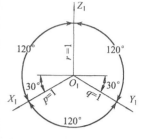

图 5-3 正等测的轴间角

5.2.2 正等测的画法

画轴测图的基本方法是坐标法,即按坐标关系画出物体上诸点、线的轴测投影,然后连成物体的轴测图。但在实际作图中,还应根据物体的形状特点不同而灵活采用其他不同的作图方法,如切割法、叠加法等。

此外在轴测图中为了使图形清晰,一般不画不可见的轮廓线(虚线)。因此画图时为了减少不必要的作图线,在方便的情况下,一般可先从可见部分开始作图,如先画出物体的前面、顶面或左面等。

画轴测图时还应注意,只有平行于轴向的线段才能直接量取尺寸作图。不平行于轴向的线段,可由该线段的两端点的位置来确定。

下面介绍平面立体的正等测的几种画法:

(1)坐标法

【例 5-1】 正六棱柱的两面投影图(图 5-4a),画出它的正等测。

【解】 正六棱柱的顶面和底面均为水平的正六边形。在轴测图中,顶面可见,底面不可见,宜从顶面开始,各顶点可用坐标法确定。

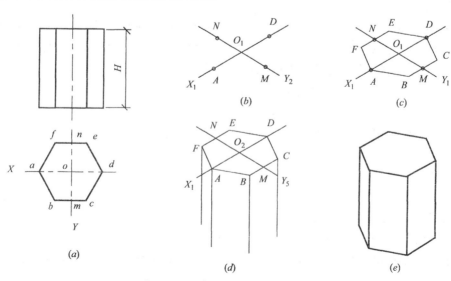

图 5-4 用坐标法作六棱柱的正等测

作图步骤见图 5-4。

1)定出坐标轴(图 5-3a),图中把坐标圆点取在六棱柱顶面中心处。

2)画出轴测轴 O_1X_1、O_1Y_1,并在其上量得 $O_1A = oa$、$O_1D = od$、$O_1M = om$、$O_1N = on$,得 A、D 和 M、N 四点(图 5-4b)。

3)过点 M、N 作 O_1X_1 轴的平行线,在其上量得 B、C 和 E、F 4 点,连接各点得顶面(图 5-4c)。

4)由点 A、B、C、F 向下作铅垂线,并在其上截取六棱柱的高度 H,得底面上可见的点(图 5-4d)。

5)依次连接底面上的点,擦去多余线条,加深,完成全图(图 5-4e)。

(2)切割法

【例 5-2】 作出图 5-5(a)所示的物体的正等测。

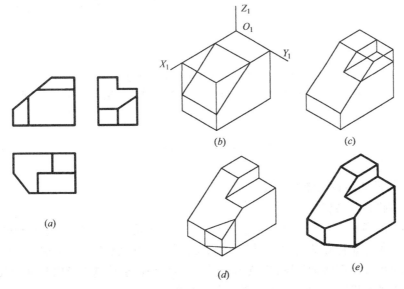

图 5-5 用切割法作物体的正等测
(a)正投影图;(b)画出长方体,切去左上角;(c)切去前上角;(d)切去左前角;(e)整理,加深

【解】 该物体可看作是一长方体被切去三部分而形成的,其中被正垂面切去左上角,被水平面和正平面切掉前上角,被铅垂面切去左前角。可采用切割法作出它的正等测。

作图步骤见图 5-5。

轴测轴 O_1X_1、O_1Y_1、O_1Z_1 仅供画 O_1X_1、O_1Y_1、O_1Z_1 方向的平行线时参考,熟练之后可不必画出。

(3)叠加法

【例 5-3】 作出台阶(图 5-6a)的正等测。

【解】 由三面正投影图可知,该台阶由长方体 1、长方体 2 和斜面体 3 三部分叠加而成。可采用叠加法作出它的正等测。

作图步骤见图 5-6。

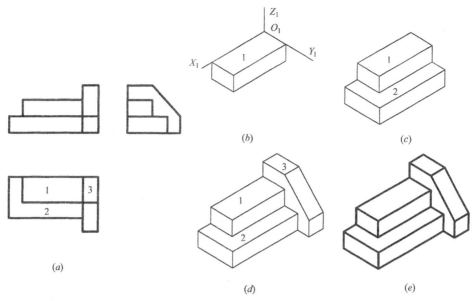

图 5-6 用叠加法作出台阶的正等测

（a）正投影图；（b）画出长方体 1；（c）画出长方体 2；（d）画出斜面体 3；（d）整理，加深

5.3 斜 轴 测 图

5.3.1 轴间角和轴向伸缩系数

（1）斜轴测图的形成

如图 5-2(b)所示，当 Z 轴铅垂放置，物体的一个坐标面（如 XOZ）平行于轴测投影面 P，投射方向 S 倾斜于轴测投影面时，所得到的轴测图即为斜轴测图。当 XOZ 面（正面）平行于轴测投影面时形成正面斜轴测图，当 XOY 面（水平面）平行于轴测投影面时可形成水平斜轴测图。平行于轴测投影面的平面在轴测图中反映实形。

（2）正面斜轴测图的轴间角和轴向伸缩系数

正面斜轴测图正面反映实形。O_1X_1 和 O_1Z_1 轴分别为水平和铅垂方向，轴间角 $\angle X_1O_1Z_1 = 90°$，轴向伸缩系数 $p = r = 1$；而 O_1Y_1 轴的方向和轴向伸缩系数 q 可随投射方向的改变而变化。一般取 O_1Y_1 轴与水平线的夹角为 45°，取 $q = 0.5$ 或 1，当 $q = 0.5$ 时，形成正面斜二等轴测图，简称斜二测；当 $q = 1$ 时，形成正面斜等轴测图，简称斜等测。

O_1Y_1 轴的方向可根据表达的需要选择如图 5-7(a)或图 5-7(b)的形式。

（3）水平斜轴测图的轴间角和轴向伸缩系数

水平斜轴测图水平面反映实形。轴间角 $\angle X_1O_1Y_1 = 90°$。一般取 O_1Z_1 轴为铅垂方向，O_1X_1 和 O_1Y_1 轴与水平线的夹角为 45°（如图 5-8a），或 30°和 60°（如图 5-8b）。轴向伸缩系数 $p = q = r = 1$。

5.3.2 斜轴测图的画法举例

5.3.2.1 正面斜二测的画法

根据形体的情况，正面斜二测可用坐标法（注意 Y_1 系数 $q = 0.5$）、切割法、叠加法等方

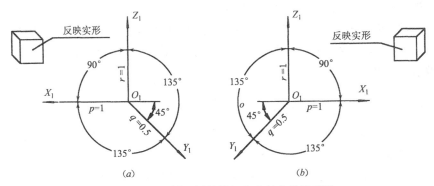

图 5-7 正面斜二测的轴间角和轴向伸缩系数

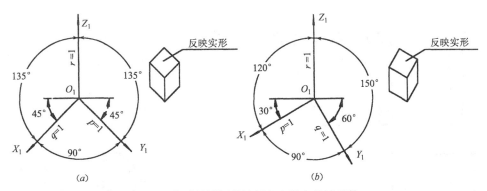

图 5-8 水平斜轴测的轴间角和轴向伸缩系数

法画出,对于比较简单的形体,可采用直接作图法。

【例 5-4】 画出台阶(图 5-9a)的正面斜二测。

【解】 台阶上平行于 XOZ 坐标面的平面,在斜二测中反映实形,可采用直接画法,即按实形画出台阶的前面,再沿 Y_1 方向向后加宽($q=0.5$),画出中间和后面的可见轮廓线。

作图步骤见图 5-9(b)、(c)、(d)。

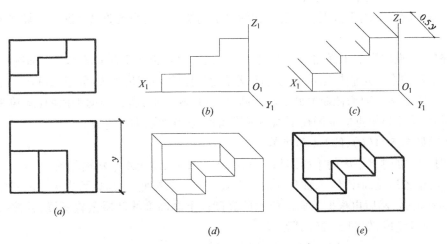

图 5-9 用直接画法画出台阶的斜二测
(a)正投影图;(b)按实形画出前面;(c)平行 Y 方向加宽;(d)画出中间和后面的轮廓线;(e)整理,加深

【例 5-5】 画出图 5-10(a)所示物体的仰视斜二测。

【解】 该物体由一块矩形板和下面左右对称的两块六边形支撑板组成。俯视时两块支撑板被矩形板遮住不可见,而用仰视画出该物体的轴测图,则可看到该物体的正面、底面和左面,直观效果较好。

作图步骤如下:

(1)选择如图 5-10(b)所示的轴测轴(O_1Y_1 轴向后,$q = 0.5$),画出矩形板。

(2)确定点 A 的位置,画出左边支撑板的左面(六边形),再根据板的厚度画出平行于 O_1X_1 轴方向的棱线和右边的棱线(图 5-10c)。

(3)用同样的方法画出右边支撑板,整理加深,完成全图(图 5-10d)。

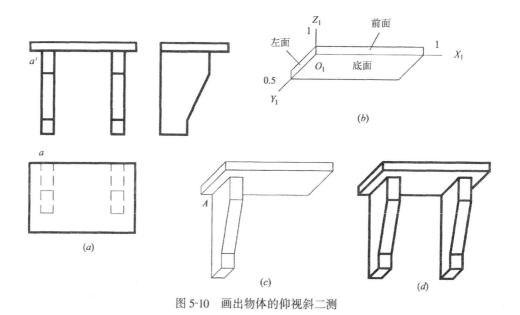

图 5-10 画出物体的仰视斜二测

5.3.2.2 水平斜轴测图的画法

水平斜轴测图通常用于直观表达建筑物的水平剖切和建筑小区俯瞰情况。一般将平面图旋转 30°后画出。

【例 5-6】 根据房屋的平面图和立面图(图 5-11a),画出带水平截面的水平斜轴测图。

【解】 本例的意图是假想用水平剖切面,沿门窗洞口处将房屋切成两截后,画出下半截房屋的水平斜轴测图。因为截断面处于同一高度,且反映实形,所以根据平面图(旋转 30°)先画出截断面,然后再根据立面图往下画高度线和其他轮廓线,即可完成。

作图步骤如图 5-11(b)、(c)、(d)所示。

【例 5-7】 根据建筑小区的平面图和立面图(图 5-12a),画出水平斜轴测图。

【解】 由于各房屋高度不一,而房屋底面都处于同一水平面上,所以可先将平面图旋转 30°画出底面和道路,然后再根据立面图所示的高度往上画高度线和屋顶轮廓线,并擦去被遮住的线条,即可完成,如图 5-12(b)所示。

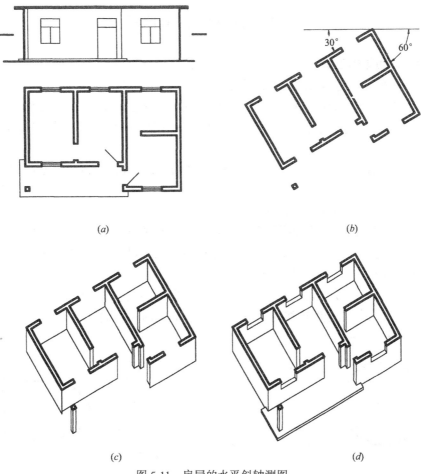

图 5-11 房屋的水平斜轴测图
(a)房屋平面图和立面图;(b)将平面图旋转30°画出断面实形;
(c)画出内外墙高、柱高和墙脚线;(d)画门窗洞、平台,整理加深

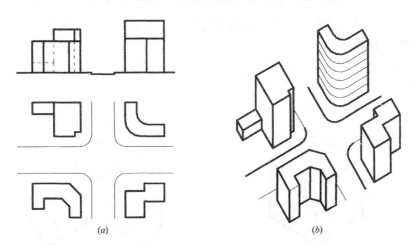

图 5-12 建筑小区的水平斜轴测图
(a)平面图和立面图;(b)水平斜轴测图

5.4 曲面体的轴测图

5.4.1 曲面体的正等测

5.4.1.1 平行于坐标面的圆的正等测

在正等轴测投影中,位于或平行于坐标面的圆与轴测投影面都不平行,所以它们的正等测都是椭圆。圆的正等测(椭圆)可采用近似画法——四心圆法画出,即为了简化作图,用 4 段圆弧连成近似椭圆。

现以平行于 XOY 坐标面的圆(即水平圆,半径为 R,见图 5-13)为例,其正等测近似椭圆的作法如下:

(1)在正投影图中,定出圆周上点 a、b、c、d(图 5-13a)。

(2)作出圆的两条中心线和圆周上对应 4 点的正等测($AC = BD = 2R$)(图 5-13b)。

(3)以 R 为半径,分别以点 A、B、C、D 为圆心画弧交得 O_1、O_2;连接 O_1D 和 O_2A 交得 O_3;连接 O_1C 和 O_2B 交得 O_4(图 5-13c)。

(4)分别以 O_1、O_2 为圆心,O_1C 为半径,画弧 CD、AB;分别以 O_3、O_4 为圆心,O_3A 为半径,画弧 AD、BC,4 段弧光滑连接而成正等测近似椭圆(图 5-13d)。

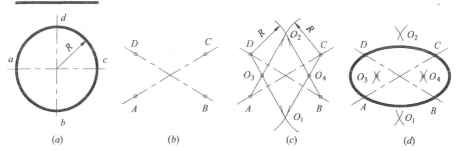

图 5-13 用四心圆法作水平圆的正等测近似椭圆

平行于 YOZ、XOZ 坐标面的圆的正等测椭圆作法与平行于 XOY 坐标面的圆的正等测椭圆作法相同,只是 3 个方向的椭圆的长短轴方向不同,见图 5-14。图 5-14 为一正方体表面上 3 个内切圆的正等测椭圆。

图 5-15 是 3 个方向的圆柱的正等测,它们顶圆的正等测椭圆形状大小相同,但长短轴方向不相同。

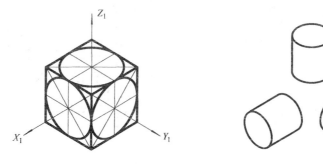

图 5-14 平行于 3 个坐标面的圆的正等测　　图 5-15 3 个方向的圆柱的正等测

5.4.1.2 曲面立体的正等测画法

【例 5-8】 出带缺口的圆柱(图 5-16a)的正等测。

【解】 由两面正投影图可知,该圆柱轴线铅垂,顶部被两个对称的侧平面和一个水平面切割出一个缺口。作图时可先画出完整圆柱,再画出缺口。

作图步骤见图 5-16(b)、(c)、(d)、(e)。

(1)用四心圆法画出顶面椭圆,见图 5-16(b)。

(2)将组成顶面椭圆的各段圆弧的圆心和切点下移圆柱高度 H,作出底面椭圆的可见部分(此法即移心法),并作两椭圆的公切线,此切线即为圆柱面轴测投影的轮廓线,见图 5-16(c)。

(3)画缺口,缺口上的圆弧可用移心法或素线法(即在圆柱面上缺口所在位置作一系列素线,并截取缺口高度)求得,见图 5-16(d)。

(4)擦掉多余的线条,加深,完成全图,见图 5-16(e)。

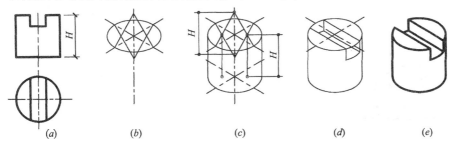

图 5-16 作带缺口圆柱的正等测

【例 5-9】 作带圆角的长方板(图 5-17a)的正等测。

【解】 圆角是圆的 1/4,在轴测图上为椭圆的一部分,可用四心圆法中的一段弧来近似画出。

作图步骤见图 5-17。

(1)在水平投影图中标出切点 a、b、c、d,见图 5-17(a)。

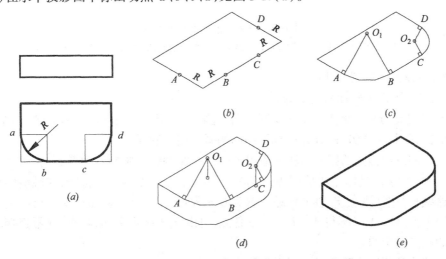

图 5-17 带圆角的长方板的正等测

(2) 作出长方形板的顶面长方形的正等测,并从顶面的顶点向两边量取圆角半径 R 长度得 A、B、C、D 点,见图 5-17(b)。

(3) 过 A、B、C、D 点作所在边的垂线,两垂线的交点 O_1、O_2 即为正等测圆角的圆心;并以 O_1A 为半径画弧 AB,以 O_2C 为半径画弧 CD,见图 5-17(c)。

(4) 用移心法(顶面圆心、切点都平行下移板厚的距离)画出底面圆角,并作公切线和棱线,见图 5-17(d)。

(5) 擦去辅助线条,加深,完成全图,见图 5-17(e)。

【例 5-10】 作出曲面组合体(图 5-18a)的正等测。

【解】 从正投影图(图 5-18a)中可看出,该曲面组合体是由带圆角和圆孔的底板、带半圆和圆孔的竖板两部分叠加而成的。画这个曲面组合体的正等测时,可采用叠加法,圆(半圆)和圆角可采用前面介绍的方法画出。

作图步骤如图 5-18(b)、(c)、(d)、(e)所示。

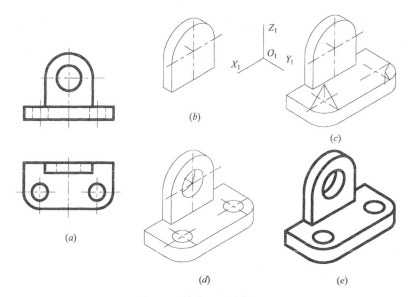

图 5-18 作曲面组合体的正等测
(a)正投影图;(b)画出带半圆竖板;(c)画出带圆角的底板;(d)画出圆孔;(e)整理,加深

5.4.2 曲面体的斜二测画法

5.4.2.1 平行于坐标面的圆的斜二测

图 5-19 是正方体表面上 3 个内切圆的斜二测,平行于 XOZ 坐标面的圆的斜二测仍是大小相同的圆,平行于 XOY 和 YOZ 坐标面的圆的斜二测是椭圆。

画正等测近似椭圆的四心圆法不适用于画斜二测椭圆。画斜二测椭圆时,可采用坐标法,如图 5-20 所示。具体作法是:在圆上作一系列平行于 OX 轴的平行线,在轴测图中对应地画出这些平行线(注意 Y 轴的伸缩系数为 0.5)平行于 O_1X_1 轴,在这些平行线上对应地量取圆周上各点的 X 坐标得 A_1、B_1……各点,再由 Y 坐标定出 2_1、4_1 点,光滑连接各点即得该圆的斜二测椭圆。

对于其他轴测椭圆和曲线也可用坐标法作图。

由于 XOZ 坐标面平行于轴测投影面,所以物体平行于 XOZ 坐标面的平面,在斜轴测图中反映实形。因此,作轴测图时,在物体上具有较多的平行于 XOZ 坐标面的圆或曲线的情况下,选用正面斜二测,作图比较方便。

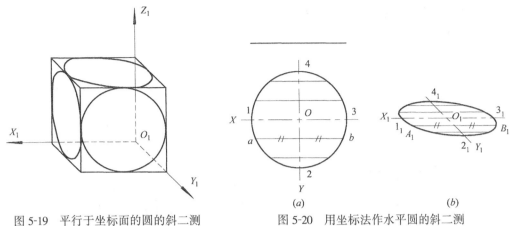

图 5-19 平行于坐标面的圆的斜二测　　图 5-20 用坐标法作水平圆的斜二测

(a)水平圆的正投影图;(b)水平圆的斜二测

5.4.2.2 曲面立体的斜二测画法

【例 5-11】 画出涵洞管节的正面斜二测。

【解】 从图 5-21(a)可看出,该物体左右对称,顶部半圆平行于 XOZ 坐标面,在正面斜二测中反映实形,可直接画出。作图步骤见图 5-21(b)、(c)。

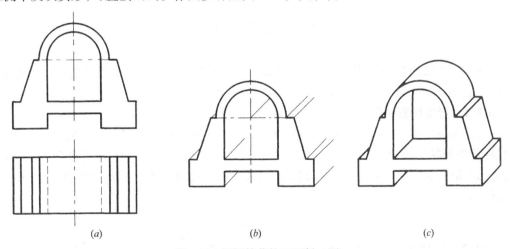

图 5-21 涵洞管节的正面斜二测

(a)正投影图;(b)按实形画出正面,并画出宽度方向的可见轮廓线;
(c)画出后面的可见轮廓线,并画出前、后两半圆的公切线,整理加深

【例 5-12】 画出图 5-22(a)所示物体的正面斜二测。

【解】 该物体可看做是由左、中、右三部分形体(图 5-22b)相交组合而成。中间形体顶部带半圆柱,半圆平行于 XOZ 坐标面,在正面斜二测中反映实形;左、右形体各有一缺口与中间形体相交,融为一体。可用叠加法画出该物体的斜二测。

作图步骤见图 5-22(c)、(d)、(e)、(f)。

(1)画出带半圆柱的形体,半圆柱的前半圆按实形画出,后半圆用移心法画出,注意画出两圆的公切线(图 5-22c)。

(2)定出 A 点,依次画出左边形体的正面、左面和顶面(图 5-22d)。

(3)定出 B 点,依次画出右边形体的左面、正面和顶面(图 5-22e)。

(4)整理,加深(图 5-22f)。

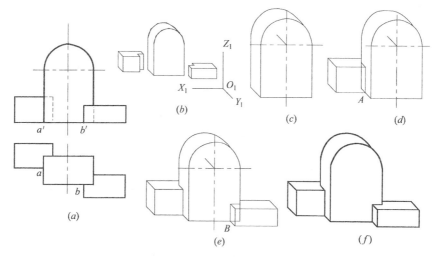

图 5-22 用叠加法画出物体的斜二测

5.5 轴测图的选择

在绘制轴测图时,首先要考虑选择哪种轴测图以及哪个投射方向来表达物体,才能使作图简便、表达清楚、直观效果好。因此,选择轴测图时,主要考虑下列两个因素:

5.5.1 考虑作图简便

(1)当物体上平行于某一坐标面的圆或圆弧较多或形状较复杂时,采用斜轴测图,并使该坐标面平行轴测投影面,作图比较简便。这是因为平行轴测投影面的面在轴测图中反映实形。如图 5-23(a)所示花格,正面圆弧较多,故采用正面斜二测,正面的圆弧按实形画出,作图较容易。

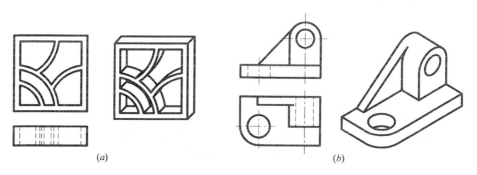

图 5-23 轴测图类型的选择

(a)正面圆弧多,采用正面斜二测;(b)两个方向有圆,采用正等测

(2) 当物体上几个方向都有平行于坐标面的圆或圆弧时,宜采用正等测。这是因为正等测的 3 个轴间角和 3 个轴向伸缩系数相同,圆投影为椭圆时,正等测椭圆比斜轴测椭圆作图简便,而且椭圆效果比斜轴测椭圆好。如图 5-23(b)所示物体,正面和水平面都有圆或圆弧,故轴测图采用正等测。

(3) 画轴测图,测量尺寸是一项量大的工作。由于正等测的 3 个轴间角和 3 个轴向伸缩系数相同,而斜轴测 Y 轴伸缩系数不同,因此,正等测比斜轴测度量尺寸方便。

5.5.2 考虑表达效果

(1) 尽量避免被遮挡。除了选择合适的轴测图类型外,还要选择合适的投射方向(即观察方向),尽可能将物体的形状特征和位置关系较多地表现出来。如图 5-24,物体的主要形状特征在左前上方,因此应选择从左前上方投射,效果较好。图 5-25 所示的柱顶节点,宜选择仰视轴测,才能把板、主梁、次梁和柱的位置关系表现清楚。

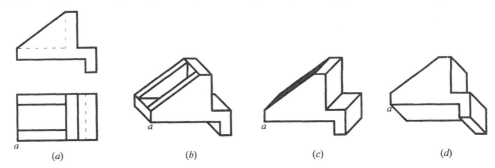

图 5-24 几种投射方向的正面斜二测效果比较

(a) 正投影图;(b) 从左前上方投射效果较好;(c) 从右前上方投射左边效果差;(d) 从右前下方投射上方被遮效果差

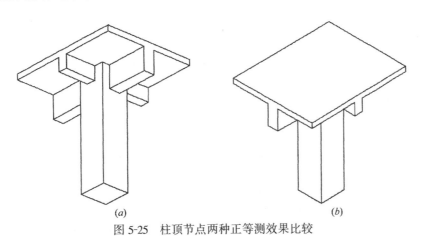

图 5-25 柱顶节点两种正等测效果比较

(a) 从左前下方投射(仰视),表达清楚效果好;(b) 从右前上方投射,板底下方被遮效果差

(2) 尽量避免物体表面在轴测图中积聚成直线。如图 5-26,四棱柱侧棱面与正面成 45°,采用水平斜轴测图直观效果较好;而采用正等测时效果较差,因为有两个侧棱面在正等测图中积聚成直线。

作图简便和表达效果有时不可能同时兼顾,如图 5-26,正等测作图方便,但表现 45°的侧棱面效果差,此时应优先考虑效果,采用斜轴测。

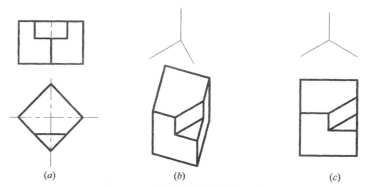

图 5-26 两种轴测图效果的比较
(a)正投影图;(b)用水平斜轴测,效果较好;(c)用正等测,效果差

有些效果不可能事先预见,此时可先考虑采用作图简便的轴测图,如果效果不好再考虑其他类型的轴测图或投射方向。

第6章 组合体的投影图

投影制图是在正投影的基础上,解决形体的图示方法和作图质量。一张图纸质量的好坏,除了投影图形必须符合正投影的原理外,图面质量、表示方法还必须符合国家有关制图标准的规定。

6.1 概　　述

6.1.1 组合体的分类

建筑形体不管简单还是复杂,都可以看成是由若干个基本几何形体叠加或切割而成的,根据组合体的组成方式不同,组合体大致可以分成三类:

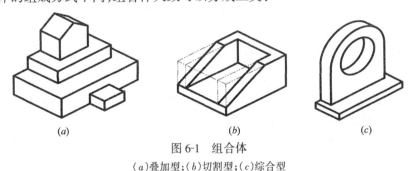

图 6-1　组合体
(a)叠加型;(b)切割型;(c)综合型

(1)叠加型组合体:由若干个基本形体叠加而成的组合体,称为叠加型组合体。如图 6-1(a),该组合体可以看成由 3 个长方体(四棱柱)与 1 个五棱柱组合而成。

(2)切割型组合体:由一个基本形体被一些不同位置的截面切割后而形成的组合体,称为切割型组合体。如图 6-1(b),该组合体可以看成是由一个长方体经两次切割而成。第一次在长方体的左中部挖去一个小长方体后,形成一个槽形体;然后再将槽形体用一正垂面切掉一块而成。

(3)综合型组合体:由基本形体叠加和切割而成的组合体称为综合型组合体。如图 6-1(c),该组合体可以看成由两个长方体(底板和侧板)、一个半圆柱叠加后,再挖去一个圆柱而形成。

6.1.2 组合体的三面正投影图

建筑工程施工图是根据三面正投影图的基本理论绘制的,三面正投影图又叫三视图。

(1)三面正投影图的名称

如图 6-2 所示,形体在 V 面上的正投影图称为正立面图,简称立面图;形体在 H 面上的正投影图称为水平面图,简称平面图;形体在 W 面上的投影图称为左侧立面图,简称侧立面图。

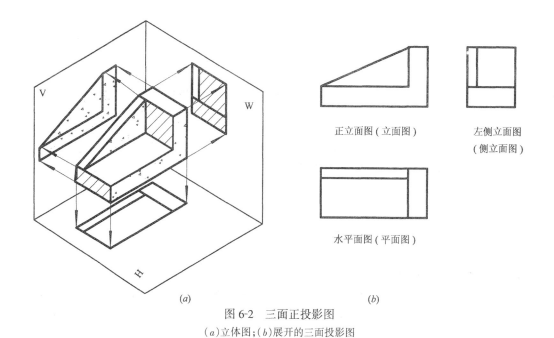

图 6-2 三面正投影图
(a)立体图;(b)展开的三面投影图

(2)形体的方位

形体的方位指形体的上下、前后、左右,是形体表面相对于投影面而言。以投影面为准,形体上距 H 面高的面称为上面,距 H 面低的面称为下面;距 V 面远的面称为前面,距 V 面近的面称为后面;距 W 面远的面称为形体的左边,距 W 面近的面称为形体的右边,如图 6-3(a)。各方位在投影图中的体现如图 6-3(b)。

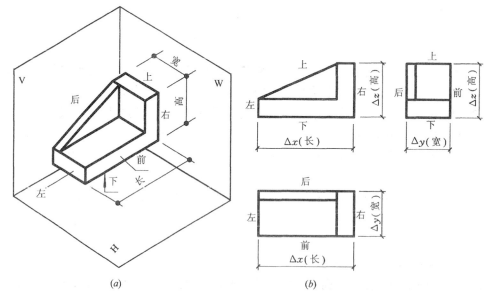

图 6-3 形体的上下前后左右与长、宽、高
(a)上下、前后、左右的定义;(b)投影图中的长、宽、高

(3)形体的长宽高

在三面正投影图中,长、宽、高的方向分别平行于 OX、OY、OZ 轴。由于三面正投影图

中不画 OX、OY、OZ 轴,因此,形体的长、宽、高可由三面投影图的方位关系确定。左右距离为形体的长,前后距离为形体的宽;上下距离为形体的高。如图 6-3(b)所示。

(4)组合体投影图的投影规律

在三面正投影图中,3 个面上的投影图共同反映同一个形体的 3 个方向的投影,所以三面正投影图的规律"长对正、高平齐、宽相等"仍然适用于组合体的投影图,如图 6-4 所示。在作图中,"长对正"用铅垂线来控制,"高平齐"用水平线来控制,而"宽相等"一般用作 45°线或在图上直接量取来控制。

形体是三维空间的立体,投影图是二维平面的图形,所以在投影图中必然是:正立面图反映形体的上下左右关系和正面形状,不反映形体的前后关系;水平面图反映形体的前后左右关系和顶面形状,不反映形体的上下关系;侧立面图反映形体的上下前后关系和左面形状,不反映左右关系,如图 6-3。

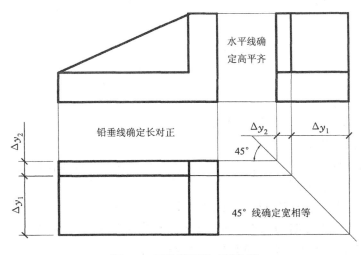

图 6-4 正投影图的三等关系

6.2 组合体投影图的画法

绘制组合体投影图实质就是将较为复杂的形体或立体图画成正投影图。要正确画出形体的正投影图,需要用到前面几章所学的基本知识,主要有:

(1) 各种位置直线、平面的投影规律;
(2) 各种基本形体的投影特征;
(3) 截交线、相贯线等的求法。

6.2.1 组合体投影图的作图步骤

绘制组合体投影图的作图步骤一般是形体分析;选择正立面图的投射方向;选比例、定图幅进行图面布置;画投影图和标注尺寸等五步。

6.2.1.1 形体分析

形体分析的目的是确定组合体由哪些基本形体组成,清楚它们之间的相对位置。如图 6-5(a)为一组合体的立体图,可以把形体分为Ⅰ、Ⅱ、Ⅲ、Ⅳ4 个长方体和Ⅴ、Ⅵ两个梯形体这样6个基本形体,如图6-5(b)。形体Ⅱ在形体Ⅰ的上部中央,形体Ⅲ在形体Ⅱ的前面,形体Ⅳ在形体Ⅱ的后面,形体Ⅴ在形体Ⅱ的左面,形体Ⅵ在形体Ⅱ的右面。

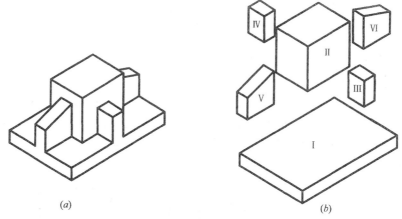

图 6-5 组合体的形体分析
(a)立体图;(b)形体分析图

6.2.1.2 选择投射方向

选择投射方向主要考虑以下三个基本因素:
(1) 正立面图最能反映形体的特征。
(2) 形体的正常工作位置,比如梁和柱,梁的工作位置是横置,画图时必须横放;柱的工作位置是竖置,画图时必须竖放。
(3) 投影面的平行面最多,投影图上的虚线最少。

根据以上选择投射方向的条件,选择正立面图的投射方向,如图6-6中箭头所指的方向,水平面图和左侧立面图以此为依据确定其投射方向。

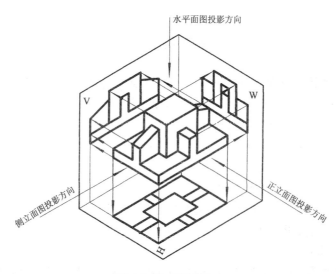

图 6-6 选择投射方向

6.2.1.3 选比例、定图幅进行图面布置

这一步一般采用两种方法：一是先选比例，根据比例确定图形的大小，根据几个投影图所需要几号图幅就选几号图幅；二是先定图幅，根据图纸幅面来调整绘图比例。在实际工作中，常常将两种方法兼顾考虑，在进行这一步工作时要注意：

(1)图形大小适当，不能将一个形体的图形在图面中显得过大或过小；

(2)各投影图与图框线的距离基本相等；

(3)各投影图之间的间隔大致相等。

6.2.1.4 画投影图

作图的一般步骤：

(1)图面布置。根据以上三步分析后，确定各图画在图纸上的位置，画出定位线或基准线。

(2)画底稿线。根据形体的特征及其分析的结果，用 2H 或 3H 较硬的铅笔轻画。画图时可采用先画一个基本形体的三个投影后再画第二个基本形体的方法；也可以采用先画完组合体的一个投影图后再画第二个投影图的方法。

(3)检查与修改。在工程施工图中力求图形正确无误，避免因图纸的错误造成工程上的损失。当底稿线画好之后，必须对所画的图样进行认真检查，改正错误之处，保证所画图样正确无误。

(4)加深图线。检查无误后，再将图线加粗加深；可见线为粗实线，一般采用偏软的铅笔 B 完成。线条要求黑而均匀，宽窄一致。不可见线画成细虚线，用中性铅笔 HB 完成，图线要求虚线线段长度一致，在可能的情况下，线段长度控制在 3~4mm 之间，间隔在 1mm 左右。

6.2.1.5 标注尺寸

标注尺寸的方法见 6.3 节组合体投影图的尺寸标注。

6.2.2 作图举例

【例 6-1】 已知带阀板的十字交叉基础，如图 6-7(a)所示，求作组合体的投影图。

【解】 该组合体属于叠加型组合体，作图步骤如下：

(1)形体分析

该组合体可以看着由 6 个基本形体组成。形体Ⅰ为平放的长方体(底板)，形体Ⅱ为四棱柱，形体Ⅲ、Ⅳ为长方体，形体Ⅴ、Ⅵ为梯形体(变截面梁)，Ⅱ~Ⅵ形体叠加在形体Ⅰ上。

(2)选择投射方向

根据选择投射方向的三个基本条件，选择正立面图的投射方向如图 6-7(a)中箭头上注有"正"字的方向为正立面图的投射方向，其他投影图的投射方向以此为准，确定侧面图和水平面图的投射方向。

(3)选比例、定图幅

作业中一般采用 A2 或 A3 图幅。工程中建筑物的体积比较大，一般采用缩小比例绘制。为了方便，此例采用 1:1 的比例和 A3 幅面绘制。

(4)画投影图

1)图面布置。

一般情况下把正立面图画在图纸的左后方，平面图放在立面图的正下方，左右对正；左侧立面图放在立面图的右边，上下齐平。各图之间留有一定的空档，用以标注尺寸和注写图

名。以上问题确定之后,画出基准线,如图6-7(b)。

2)画底稿线。

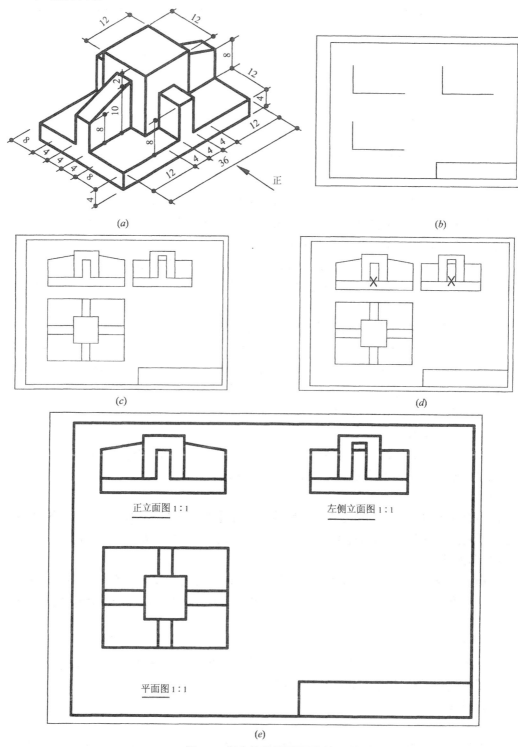

图6-7 组合体投影图的画法

用较硬的 2H 铅笔轻画底稿线,先画大的形体Ⅰ,再画四棱柱Ⅱ,接着画形体Ⅲ、Ⅳ、Ⅴ、Ⅵ,画图时要注意它们之间的相互位置关系,如图 6-7(c)。

叠加法的画法如下:

第一步,画形体Ⅰ的三面投影;

第二步,按给定尺寸及位置叠加形体Ⅱ的三面投影;

第三步,按给定尺寸及位置叠加形体Ⅲ、Ⅳ的三面投影;

第四步,画形体Ⅴ、Ⅵ的三面投影。

3)检查。

工程中的图纸具有严肃性,不能出差错,要保证所画图样正确无误。所以每一个画图者必须养成自我检查的良好习惯。确认图线正确无误后,方可加深图线。如此例中常见的错误画法有 2 处,即图 6-7(d)中打"×"处。

4)加深图线,完成形体的正投影图。

根据经验,细线用中性铅笔 HB 画;粗线用偏软的铅笔 B 画,方法是来回一次,画出的线条质量较好,如图 6-7(e)。

【例 6-2】 如图 6-8(a)所示,求作形体的投影图。

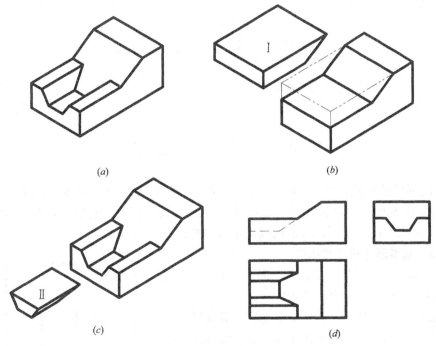

图 6-8 切割型组合体的分析
(a)立体图;(b)第一次截割;(c)第二次截割;(d)投影结果

【解】 (1)形体分析

图 6-8(a)所示的形体为切割型组合体。该切割型组合体可以看成是由长方体先截掉第一部分,如图 6-8(b),再挖掉第二部分,如图 6-8(c)。

(2)选择投射方向

图 6-8(a)所示的形体正投影图的方向除了考虑前述 3 个基本条件外,还应考虑将形体

长的方向与 OX 轴平行,这样既与形体本身长、宽、高一致,又便于进行图面布置。

(3)选比例、定图幅

该例采用 1:1 的比例绘制。

(4)画投影图

切割型的组合体宜一个投影一个投影地完成。可先画正立面图,再画水平面图,最后画左侧立面图,检查,加深图线。完成后的投影图如图 6-8(d)。

当画好投影图之后,还应对所画图样进行全面检查。叠加型组合体宜采用形体分析法,切割型组合体宜采用线面分析法。检查图中的几何元素(线、面)的投影必须符合三等关系,否则,图形一定有错。下面将对图 6-8(d)进行线面分析,介绍线面分析法的应用。

如图 6-9,图中水平面 P 的三个投影 p、p'、p'',因为它们符合长对正、高平齐、宽相等的三等关系,所以 P 面的 3 个投影是正确的。同理,可以校核其他各面的投影。又如图中的一般位置直线 AB 的三个投影 ab、$a'b'$ 符合长对正(等长)的关系;$a'b'$、$a''b''$ 符合高平齐的关系(等高);ab、$a''b''$ 符合宽相等(等宽)的关系。

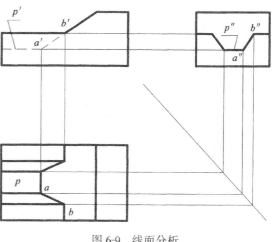

图 6-9 线面分析

同理,可以复核其他线的投影。凡能符合三等关系的投影都是正确的,否则是错误的。

6.3 组合体投影图的尺寸标注

形体的形状用投影图表示,而形体的大小则用尺寸确定,二者缺一不可。如图 6-10 为圆柱体的投影,从图看大家都知道是圆柱体的 H、V 投影。但是,这圆柱体多大?不清楚。为此,必须正确地标注出形体的尺寸,以确定形体的大小。

6.3.1 基本形体的尺寸标注

基本形体一般都要标注出长、宽、高三个方向的尺寸,以确定基本形体的大小,如图 6-11 所示,其中:

(1)棱柱、棱锥标注出形体的长度、宽度、高度尺寸;

(2)棱台标注出上底、下底的长度、宽度及高度尺寸;

(3)圆柱、圆锥标注出直径的大小和高度尺寸;

(4)圆台标注出上底、下底的直径大小和高度尺寸;

(5)球标注球的代号"S"及直径的大小尺寸。

基本形体一般作两面投影就可以表示清楚了。但是两个投影图必须有一个反映基本形体特征的投影。例如柱、棱台必须有一个与轴线垂直的投影面的投影。球可以作一个投影,但是必须注明球的代号。如 Sϕ100 表示直径为 100mm 的球;若标注为"SR100"则表示

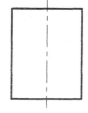

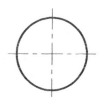

图 6-10 圆柱体的投影

半径为 100mm 的球。

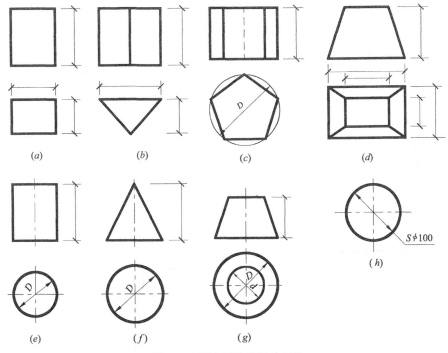

图 6-11 基本形体的尺寸标注
(a)四棱柱;(b)三棱柱;(c)五棱柱;(d)四棱台;(e)圆柱;(f)圆锥;(g)圆台;(h)球

6.3.2 基本形体的截口尺寸标注

带截口的基本形体除了标注形体本身的长、宽、高三个方向的尺寸外,还应标注出截口的定位尺寸,但是不标注截口的大小,如图 6-12。

6.3.3 组合体的尺寸标注

学习组合体投影图的尺寸标注是为建筑工程施工图的尺寸标注打基础。要求是完整、清晰、正确和相对集中,并符合国家颁布的《建筑制图标准》(GB/T 50104—2001)中"尺寸标注"的规定。

6.3.3.1 尺寸的分类

组合体(含建筑形体)的尺寸分为总尺寸、定位尺寸、细部尺寸三种。

(1) 总尺寸:确定组合体(建筑物)的总长、总宽和总高。
(2) 定位尺寸:确定各基本形体(各细部)的相对位置关系。
(3) 细部尺寸:确定各基本形体(各细部)的大小。

6.3.3.2 尺寸标注的方法

在尺寸标注过程中,除满足总的尺寸标注要求外,还必须注意以下两点:

(1) 除特殊情况外,尺寸一般标注在投影图的外面,与其投影图相距 10～20mm,保持投影图的清晰(建议读者阅读《房屋建筑制图统一标准》GB/T 50001—2001 中"尺寸标注"部分的有关内容)。

(2) 书写的文字、数字或符号等,应做到笔划清晰、字体端正、排列整齐、标点符号正确(建议读者阅读《房屋建筑制图统一标准》GB/T 50001—2001 中"字体"部分的有关内容)。

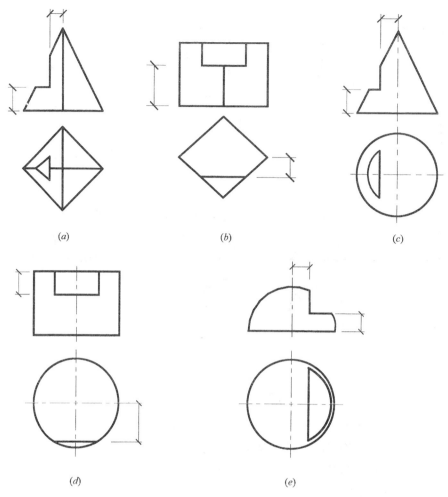

图 6-12 截口尺寸的标注
(a)四棱锥;(b)四棱柱;(c)圆锥;(d)圆柱;(e)半球

下面以图 6-7(a)、(e)为例,介绍组合体的尺寸标注:

当画好投影图之后,如图 6-7(e),根据尺寸的分类和标注尺寸的方法,完成尺寸标注工作,如图 6-13。

在建筑施工图中,平面图是最重要的图纸之一,为了使标注的尺寸相对集中,一般都将长度和宽度方向的尺寸标注在平面图上。如图 6-13 中的平面图,长度方向标注了两道尺寸,靠里边一道尺寸为细部尺寸和定位尺寸。把四棱柱看成是建筑物中的柱子,平面图上对应的数值 12(4+4+4)为柱子的细部尺寸,左边数值 12 为定位尺寸(细部尺寸和定位尺寸一般都标注在一条尺寸线上)。第二道尺寸数值 36 为总尺寸。宽度和高度方向的尺寸标注方法类同,不再赘述(注:若要标注建筑上的圆弧曲线时,要标注清楚圆心的位置和直径或半径的大小)。

在组合体投影图中,除标注尺寸外,还要在图的正下方写上图名,图名下画一道与图名同长的粗实线,一般可理解成图名线。在图名的右侧,比图名字高小 1 号或 2 号注写上比例,比例的底线与图名底线取平,如写成"平面图 1:1"。

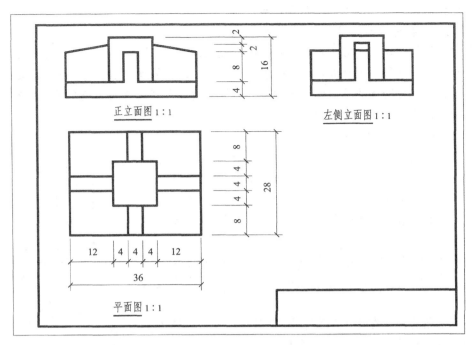

图 6-13 组合体的尺寸标注

6.4 组合体投影图的阅读

画图是将具有三维空间的形体画成只具有二维平面的投影图形的过程,读图则把二维平面的投影图形想像成三维空间的立体形状。读图的目的是培养和发展读者的空间想像力和读懂投影图的能力。画图和读图是本章的两个重要环节,读图又是这两个重要环节中的关键环节。为此每个读者都必须掌握读图的基本规定。通过多读多练,达到真正掌握阅读组合体投影图的能力,为阅读工程施工图打下良好的基础。

6.4.1 读图应具备的基本知识

6.4.1.1 熟练地运用"三等"关系

在投影图中,形体的三个投影图不论是整体还是局部都具有长对正、高平齐、宽相等的三等关系。

如何用好这三等关系是读图的关键。

6.4.1.2 灵活运用方位关系

掌握形体前后、左右、上下 6 个方向在投影图中的相对位置,可以帮助我们理解组合体中的基本形体在组合体中的部位。例如平面图只反映形体前后、左右的关系和形体顶面的形状,不反映上下关系;正立面图只反映形体上下、左右的关系和形体正面的形状,不反映前后关系;左侧立面图只反映形体前后、上下关系和形体左侧面的形状,不反映左右关系。

6.4.1.3 基本形体的投影特征

掌握基本形体的投影特征,这是阅读组合体投影图必不可少的基本知识,例如三棱柱、四棱柱、四棱台等的投影特征和圆柱、圆台的投影特征。掌握了这些基本形体的投影特征,便于用形体分析法来阅读组合体的投影图。

6.4.1.4　各种位置直线、平面的投影特征

各种位置直线包括一般位置直线和特殊位置线,特殊位置线包括投影面的平行线和投影面的垂直线。各种位置平面包括一般位置平面和特殊位置平面,特殊位置平面又包括投影面的平行面和投影面的垂直面。掌握了各种位置直线和各种位置平面的投影特征,便于用线面分析法来阅读组合体的投影图。

6.4.1.5　线条、线框的含义

投影图中线条的含义不仅仅是形体上棱线的投影,投影图中线框的含义也不仅仅是表示一个平面的投影,如图6-14。

线条的含义可能是下面三种情况之一:

(1) 表示形体上两个面的交线(棱线)的投影图,如 V 投影中线段 $l1'$;

(2) 表示形体上平面的积聚投影,如 V 投影中平面 $S2'$;

(3) 表示曲面体的转向轮廓线的投影,如 V 投影中线段 $l2'$。

分析线条的含义在于弄清楚投影图中的线条是形体上的棱线、轮廓线的投影还是平面的积聚投影。

线框的含义可能是下面三种情况之一:

(1) 一个封闭的线框表示一个面,包括平面和曲面。如 H 投影中 $S4$ 为圆柱顶面(平面)的投影;V 投影中 $S5'$ 为圆柱面(曲面)的投影。

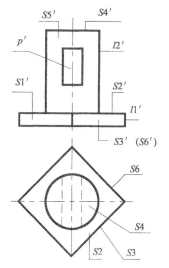

图 6-14　线条、线框的含义

(2) 一个封闭的线框表示两个或两个以上面的重影,如 V 投影中 $S3'(S6')$。

(3) 一个封闭线框还可以表示一个通孔的投影,如 V 投影中 P'。

除此之外,相邻两个线框则是两个面相交,如 V 投影中平面 $S1'$、$S3'$;或是两个面相互错开,如 H 投影中平面 $S4$、$S2$。

分析线框含义的目的在于弄清投影图中的线框是代表一个面的投影还是两个或两个以上面的投影重合及通孔的投影;以及线框所代表的面在组合体上的相对位置。

6.4.1.6　尺寸标注

根据三等关系,从相同的尺寸和相对应的位置,可以帮助理解图意,弄清各基本形体在组合体中的相对位置。

6.4.2　读图的基本方法与步骤

6.4.2.1　读图的基本方法

在阅读组合体的投影图时,主要运用的方法有形体分析法和线面分析法。一般做法是将两种方法结合起来运用,以形体分析法为主,以线面分析法为辅。

(1) 形体分析法

根据投影图的对应部分,先将组合体假设分解成若干个基本形体(棱柱、棱锥、棱台、圆柱、圆锥、圆台和球等),并想像出各基本形体的形状,再按各基本形体的相对位置,想像出组合体的形状,补画出组合体投影图中的缺线或根据组合体的两个投影,补画第三个投影,达到读懂组合体投影图的目的。此法多用于叠加型组合体。

(2)线面分析法

根据各种位置直线和平面的投影特征,分析出形体的细部空间形状,即某一条线、某一个面所处的空间位置,从而想像出组合体的总体形状。此法一般用于不规则的组合体和切割型的组合体,或检查已画好的投影图是否正确。

以上两种方法是互相联系、互为补充的。读图时应结合起来,灵活运用。

6.4.2.2 读图的步骤

总的读图步骤可以归纳为四先四后,即先粗看后细看,先用形体分析法后用线面分析法,先外部(实线)后内部(虚线),先整体后局部。

【例6-3】 如图6-15(a)所示,补全三面正投影图中的缺线。

【解】 从图6-15(a)的3个投影,可以看出该组合体是房屋建筑中的一个台阶。台阶由三个阶梯组成,右边为挡板。3个阶梯可以看成3个长方体,右边的挡板可以看成是长方体切掉一个三棱柱而形成,如图6-15(b)。

通过对形体进行分析后,再来分析图6-15(a)中所缺的图线进行解题。

(1)W投影正确。

(2)V投影中3个阶梯的投影正确,右边挡板向V面投射时,应该看到两个面(正平面和侧垂面),而图中只有一个线框。为此,对应W投影(高平齐)补画右边挡板一段线条,如图6-15(c)。

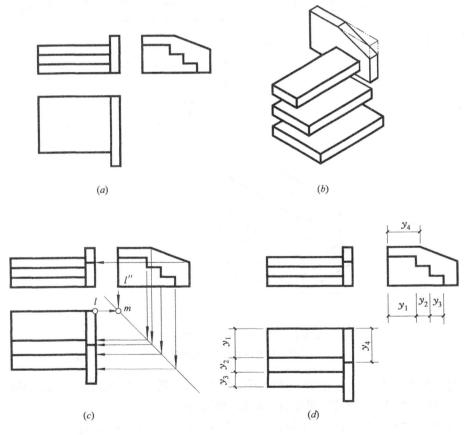

图 6-15 完成台阶的 H、V 投影
(a)已知条件;(b)形体分析;(c)方法一;(d)方法二

(3) H 投影中间的 3 个阶梯应该看到 3 个面,而图中只有 1 个线框,为此对应 W 投影(宽相等)补画两段线条,而得到 3 个踏面的投影。右边挡板能看到两个面(水平面和侧垂面),对应 W 投影补绘右边挡板一段线条,如图 6-15(c)。

在利用 W 投影的关系补绘 H 投影或利用 H 投影关系补绘 W 投影时,宽相等的处理方法有两种:

① 45°斜线法 从两个投影图中的某一对应点 L 的投影为准,分别过点 l 作 OX 平行线,又过点 l' 作 OY 的平行线交于点 m,过点 m 作右下斜 45°线,利用该斜线达到宽相等的目的,如图 6-15(c)。

② 直接度量法 以投影图中的某一对应点(一般取右后)为准,分别量取对应尺寸 Y_1、Y_2……,用来达到宽相等的目的,如图 6-15(d)(注:读者做作业时,只需按此法量取尺寸,不必标注 Y_1、Y_2……)。

【例 6-4】 根据组合体的 V、W 投影,补绘 H 投影,如图 6-16(a),并想像(画出)形体的形状(立体图)。

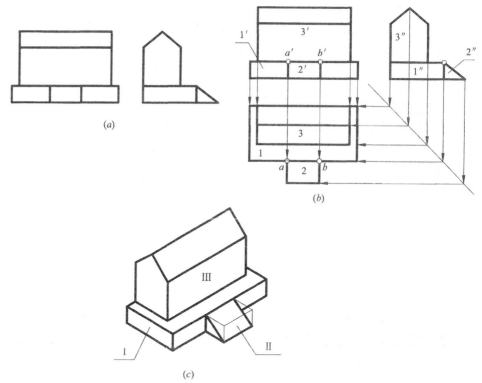

图 6-16 补画叠加型形体的 H 投影
(a)已知条件;(b)补绘 H 投影;(c)组合体立体图

【解】 根据形体的 V、W 投影、三等关系、方位关系分析,该组合体由一个长方体(底板)Ⅰ、一个三棱柱Ⅱ和一个五棱柱Ⅲ组成。解题步骤如下:

(1)利用长对正、宽相等的关系补长方体Ⅰ的 H 投影为一矩形线框 1。
(2)利用长对正、宽相等的关系在线框 1 的前方补三棱柱Ⅱ的 H 投影为矩形线框 2。
(3)补五棱柱Ⅲ的 H 投影为两个矩形线框。其结果如图 6-16(b)所示。

(4)画出组合体的立体图,如图 6-16(c)。

【例 6-5】 根据形体的 V、W 投影,补绘 H 投影,如图 6-17(a)。

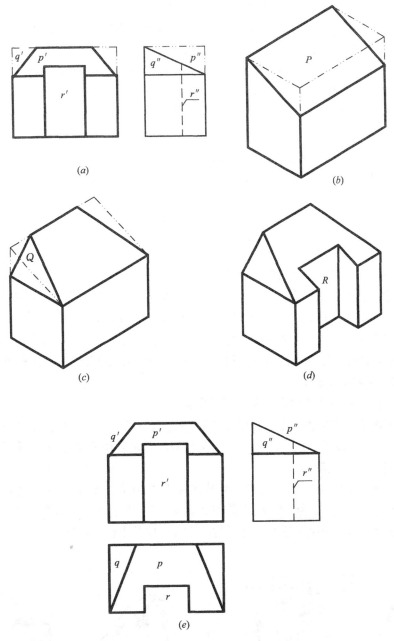

图 6-17 补画切割型形体的 H 投影

(a)已知条件;(b)P 面切割;(c)Q 面截割;(d)挖去带斜面的四棱柱;(e)结果

【解】 该形体不容易想像出由几个基本形体组成,可以看成切割型组合体。凡遇到这类形体,我们可以把它看成为一个长方体经几次切割后形成的切割型组合体。分析时,第一步把它看成长方体,如图 6-17(a);第二步利用侧垂面 P 切掉一个三棱柱,如图 6-17(b);第三步再用正垂面 Q 左右各切掉一个三棱锥,如图 6-17(c);第四步从 W 投影的虚线位置 r″对应 V 投影

r、r'为矩形,故可以理解成正平面。为此,可以视为一个正平面和两个侧平面共同挖去一个带斜面的四棱柱而形成槽,如图 6-17(d)。经过以上分析,即可按以下步骤补 H 投影:

(1)根据三等关系在 H 投影的位置补一矩形线框。

(2)因为 V 投影中 p' 对应 W 投影图 p'',p'' 为一斜直线,该面的空间位置为侧垂面,在 H 投影中应是一个与 p' 类似的线框 p。

(3)因为 V 投影中 q' 与 W 投影中的 q'' 对应,V 投影中 q' 为斜直线,该面的空间位置应为正垂面,根据正垂面的投影特征,在 H 投影中应补一个与 q'' 类似的三角形 q。由于左右对称,H 投影右边也应是一个三角形。

(4)从 r'、r'' 的投影特征,可以判断 R 面是一个正平面,在 H 投影中应补一直线,前后位置应与 r'' 对应,左右位置与 r' 对应,并画出槽的两个侧平面的 H 投影。

整理,加深图线,结果如图 6-17(e)所示。

6.5 徒 手 画 图

6.5.1 徒手画图的用途

用绘图仪器画出的图,称为仪器图。仪器图是各种绘图方法的基础,也是在校学生必须掌握的基本技能。徒手画出的图称为草图。草图的"草"字是指徒手作图而言,并不意味着潦草的意思。画草图同画仪器图一样,也要求线条粗细分明、基本平直、方向正确、长短大致符合比例。

徒手画草图是一项重要的绘图基本技能,是每个工程技术人员必须掌握的技巧。在技术人员间的技术交流、记录、构思、创作等方面,都采用临时绘制草图,事后进行整理。

6.5.2 徒手画图的方法

6.5.2.1 徒手画图铅笔的选用及画图的姿势

徒手画草图所用的铅笔比用仪器画图的铅笔应相应的软一号,常采用 HB 或 B、2B 铅笔,先轻画底稿线,后按要求加粗。徒手画图在有条件时可采用米格纸,这有利于控制图线的平直、图形的大小和比例。

徒手画图的姿势可参考图 6-18,握笔不得过紧,运笔力求自然,铅笔与运动方向垂直,与纸面夹角约 45°。小手指微触纸面,以小臂控制运动方向,并随时注意线段的终点。画长线时可依此法分段画出。画铅垂线时,与画仪器图不同,应从上而下运笔。

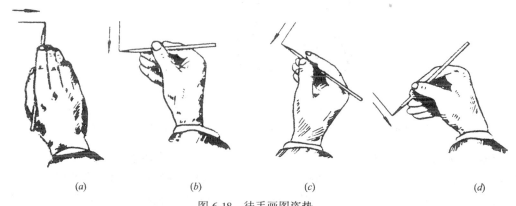

图 6-18 徒手画图姿势

(a)画水平线;(b)画垂直线;(c)向左画斜线;(d)向右画斜线

6.5.2.2 斜线的画法

画与水平方向夹角成 30°、45°、60° 的斜线,可按图 6-19 用直角边的近似比例关系,定出斜线的两个端点,再按徒手画直线的方法连接两端点而成。

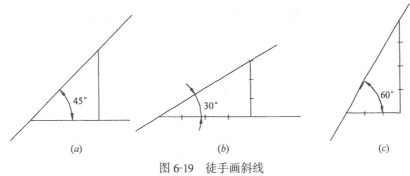

图 6-19　徒手画斜线
(a)画 45°斜线;(b)画 30°斜线;(c)画 60°斜线

6.5.2.3 圆的画法

徒手画圆,应先画中心线,再根据直径大小目测,在中心线上定出 4 点,便可画圆,如图 6-20(a)。对较大的圆,过圆心画几条不同方向的直线,目测半径端点,徒手画圆,运笔如图 6-20(b)。

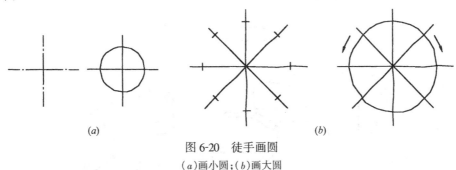

图 6-20　徒手画圆
(a)画小圆;(b)画大圆

徒手画图的运用如图 6-21 所示。

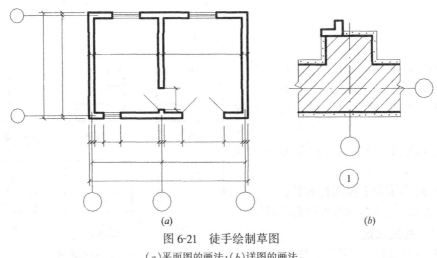

图 6-21　徒手绘制草图
(a)平面图的画法;(b)详图的画法

第7章 建筑形体的表达方法

在建筑制图中,对于较复杂的建筑形体,仅用前面所述的三面投影的方法,还不能准确、恰当地在图纸上表达形体的内外形状。为此,国标中规定了多种表达方法,本章仅对其中常用的表示方法加以介绍。

7.1 投影法与视图配置

7.1.1 多面正投影法

房屋建筑的视图是按正投影法并用第一角画法绘制的多面投影图。如图 7-1 所示,在 V、H、W 3 个基本投影面的基础上,再增加 V_1、H_1、W_1 3 个基本投影面,围成正六面体,将物体向这 6 个基本投影面投射,并将投影面展开摊平与 V 面共面,得到 6 个基本投影图,也称基本视图。基本视图的名称以及投射方向如下:

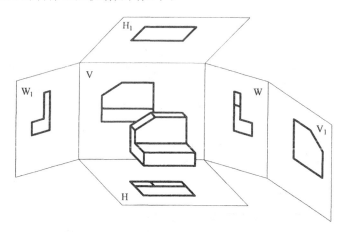

图 7-1 基本投影面的展开

正立面图:自前向后投射得到的视图。
平面图:自上向下投射得到的视图。
左侧立面图:自左向右投射得到的视图。
右侧立面图:自右向左投射得到的视图。
底面图:自下向上投射得到的视图。
背立面图:自后向前投射得到的视图。

7.1.2 视图配置

在同一张图纸上绘制几个视图时,视图

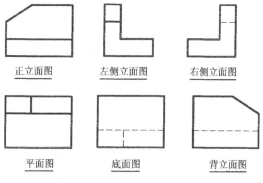

图 7-2 视图配置

的位置宜按图7-2的顺序进行配置。一般每个视图均应标注图名,图名宜标注在图样的下方或一侧,并在图名下绘一粗实横线,其长度应以图名所占长度为准。

国标中规定了6个基本视图,不等于每个工程形体都要用6个基本视图来表示,应根据需要选择基本视图的数量。

7.1.3 镜像投影法

某些工程构造用直接正投影法不易表达时,可用镜像投影法绘制,如图7-3(a)。将镜面代替投影面,物体在平面镜中的反射图像的正投影称为镜像视图,这种方法称为镜像投影法。镜像视图应在图名后注写"镜像"两字并加括号。镜像投影法与正投影法视图的区别如图7-3(b)所示。

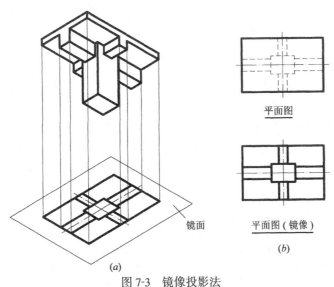

图7-3 镜像投影法
(a)镜像视图的形成;(b)镜像投影法与正投影法视图的区别

7.2 剖 面 图

7.2.1 剖面图的概念

在视图中,建筑形体内部结构形状的投影用虚线表示,当形体复杂时,视图中出现较多的虚线,实、虚线交错,混淆不清,给绘图、读图带来困难,此时,可采用"剖切"的方法来解决形体内部结构形状的表达问题。

假想用剖切面(平面或曲面)剖开物体,将处在观察者和剖切面之间的部分移去,而将其余部分向投影面投射所得的图形称为剖面图。如图7-4是杯形基础的视图,基础内孔投影出现了虚线,使图面不清楚。假想用一个通过基础前后对称面的平面 P 将基础剖开(图7-5),移去观察者与平面之间的部分,而将其余部分向V面投射,得到剖面图,剖开基础的平面 P 称为剖切面。杯形基础被剖切后,其内孔可见,图7-6中用粗实线表示,避免了画虚线,这样使杯形基础的内部形状的表达更清晰。

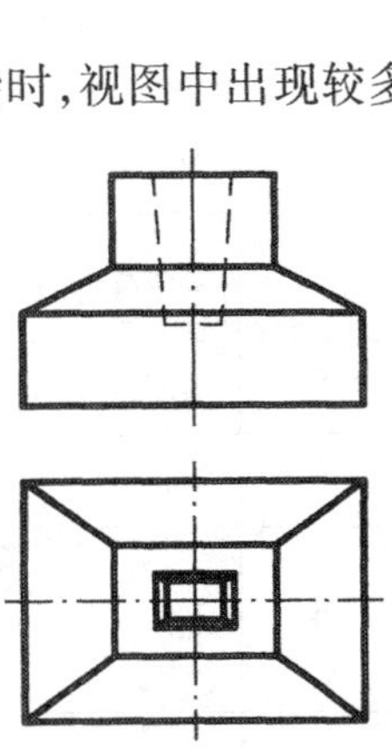

图7-4 基础的视图

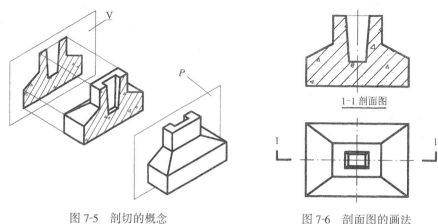

图 7-5 剖切的概念　　　　　　图 7-6 剖面图的画法

作剖面图时应注意以下几点：

(1)剖切是一个假想的作图过程,因此一个视图画成剖面图,其他视图仍应完整画出。

(2)剖切面一般选在对称面上或通过孔洞的中心线,使剖切后的图形完整,并反映实形。

(3)剖切面与物体的接触部分称为剖切区域。剖切区域的轮廓用粗实线绘制,并在剖面区域内画上表示材料类型的图例,常用的部分建筑材料图例见表 7-1。剖切面没切到,但沿投影方向可看到的物体其他部分投影的轮廓线用中实线绘制。剖面图中一般不画虚线。

常用建筑材料图例　　　　　　　　　　　　表 7-1

序号	名　称	图　例	说　　明
1	自然土壤		包括各种自然土壤
2	夯实土壤		
3	砂、灰、土		靠近轮廓线的点较密一些
4	混凝土		1. 本图例仅适用于能承重的混凝土及钢筋混凝土 2. 包括各种强度等级、骨料、添加剂的混凝土 3. 在剖面图上画出钢筋时,不画图例线 4. 断面图形小时,不易画出图例线时,可涂黑
5	钢筋混凝土		
6	毛石		
7	普通砖		1. 包括实心砖、多孔砖、砌块等砌体 2. 断面较窄,不易画出图例线时,可涂红
8	饰面砖		包括铺地砖、马赛克、陶瓷锦砖、人造大理石等
9	空心砖		指非承重砖砌体
10	木材		1. 左图为横断面,上左图为垫木、木砖或木龙骨 2. 下图为纵断面
11	金属		1. 包括各种金属 2. 图形小时,可涂黑

续表

序号	名称	图例	说明
12	天然石材		
13	多孔材料	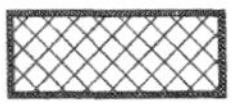	包括水泥珍珠岩、沥青珍珠岩、泡沫混凝岩、非承重加气混凝土、泡沫塑料、软木等

注：图例中的斜线均为45°线。

7.2.2 剖面图标注

7.2.2.1 剖切符号

剖面图的剖切符号应由剖切位置线和投射方向线组成，均用粗实线绘制，剖切位置线长度约为6～10mm。投射方向线应与剖切位置线垂直，长度约为4～6mm，剖切符号不应与图线相交。

7.2.2.2 剖切符号编号

剖切符号的编号采用阿拉伯数字从小到大连续编写，在图上按从左至右、由上到下的顺序进行编号。

7.2.2.3 剖面图的标注

(1)在剖切平面的迹线的起、迄、转折处标注剖切位置线，在图形外的位置线两端画出投射方向线(图7-7)。

(2)在投射方向线端注写剖切符号编号，见图7-7中"1-1"。如果剖切位置线需要转折时，应在转角外侧注上相同的剖切符号编号，见图7-7中"3-3"。

(3)在剖面图下方标注剖面图名称，如"×-×剖面图"，在图名下绘一水平粗实线，其长度应以图名所占长度为准，如图7-6"1-1剖面图"。

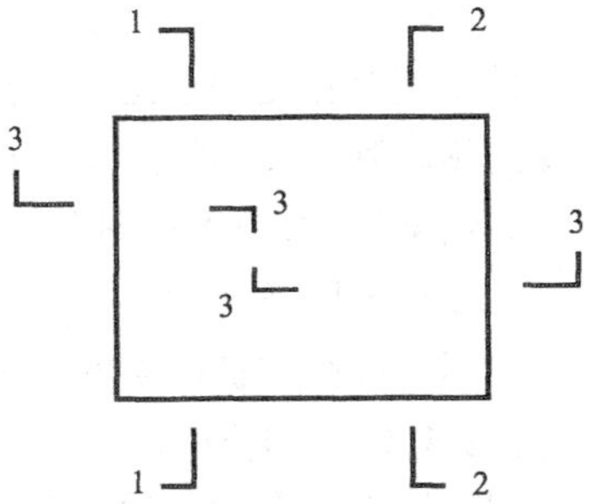

7.2.3 剖切面的种类

由于物体内部形状变化复杂，常选用不同数量、位置的剖切面来剖切物体，才能把它们内部的结构形状表达清楚。常用的剖切面有单一剖切面、几个平行的剖切平面、几个相交剖切面等。

图7-7 剖面图标注

7.2.3.1 单一剖切面

一般用一个剖切面(平面或曲面)剖开物体(图7-6)。若剖切平面通过物体对称平面，剖面图按投影关系配置，可省略标注(图7-10)。

7.2.3.2 几个平行的剖切面

有的物体内部结构层次较多，用单一剖切面剖开物体还不能将物体内部全部显示出来，可以用几个平行的剖切面剖切物体，见图7-8。从图中看出，几个互相平行的平面可以看成将一个剖切面折成了几个互相平行的平面，因此这种剖切也称为阶梯剖切。

采用阶梯剖切画剖面图应注意以下两点：

(1)画剖面图时，应把几个平行的剖切平面视为一个剖切平面，在剖面图中，不可画出两平行的剖切面所剖到的两断面在转折处的分界线；同时，剖切平面转折处不应与图形轮廓线重合。

(2)在剖切平面起、迄、转折处都应画上剖切位置线,投射方向线与图形外的起、迄剖切位置线垂直,每个符号处应注上同样的编号,图名仍为"×-×剖面图",如图7-8。

注意:同一剖切面内,如果物体用两种或以上的材料构成,绘制图例时,应用粗实线将不同的图例分开,见图7-8。

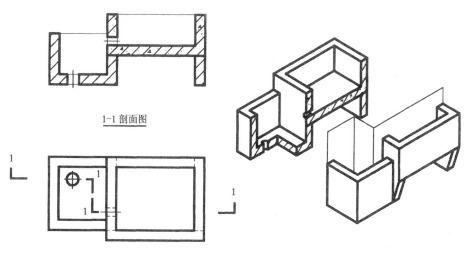

图7-8　几个平行的剖切面

7.2.3.3　两个相交的剖切面

采用两个相交的剖切面(交线垂直于某一投影面)剖切物体,剖切后将剖切面后的物体绕交线旋转到与基本投影面平行的位置后再投影(图7-9)。画图时应先旋转,后投影作图。用此方法剖切时,应用在图名后注明"展开"字样。

7.2.4　剖面图分类

根据剖面图中被剖切的范围划分,剖面图可分为全剖面图、半剖面图、局部剖面图。

7.2.4.1　全剖面图

用剖切面完全地剖物体所得的剖面图称为全剖面图,如图7-6、图7-8、图7-9。

7.2.4.2　半剖面图

当物体具有对称平面时,在垂直于对称平面的投影面上所得的投影,可以对称中心线为界,一半绘制成剖面图,另一半绘制成视图,这样的剖面图称为半剖面图,如图7-10。

画半剖面图时应注意视图与剖面图的分界线应是中心线,不可画成粗实线。

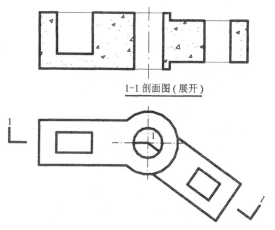

图7-9　两个相交的剖切面

7.2.4.3　局部剖面图

用剖切面局部地剖开物体所得的剖面图称为局部剖面图(图7-11)。作局部剖面图时,剖切平面的范围与位置应根据物体的结构形状而定,剖面图与原视图用波浪线分开,波浪线表示物体断裂处边界线的投影,因而波浪线应画在物体的实体部分,不应与任何图线重合。

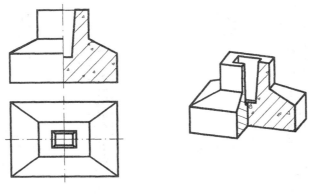

图 7-10 半剖面图画法

图 7-11 局部剖画图 　　　　　　　图 7-12 分层剖画图

用几个互相平行的剖切平面分别将物体局部剖开,把几个局部剖面图重叠画在一个视图上,用波浪线将各层的投影分开,这样的剖切称为分层剖切(图7-12)。分层剖切主要用来表达物体各层不同的构造作法。分层剖切一般不标注。

7.3 断 面 图

断面图是假想用剖切面将物体某部分切断,仅画出该剖切面与物体接触部分的图形(图7-13)。断面图可简称断面,常用来表示物体局部断面形状。

7.3.1 断面图标注

7.3.1.1 剖切符号
断面图中剖切符号由剖切位置线表示。剖切位置线用粗实线绘制,长度约 6~10mm。

7.3.1.2 剖切符号编号
剖切符号编号与剖面图相同。

7.3.1.3 断面图的标注(图 7-13a)
(1)在剖切平面的迹线上标注剖切位置线。
(2)在剖切位置线一侧注写剖切符号编号,编号所在一侧表示该断面剖切后的投射方向。
(3)在断面图下方标注断面图名称,如"×-×",并在图名下画一水平粗实线,其长度以图名所占长度为准。

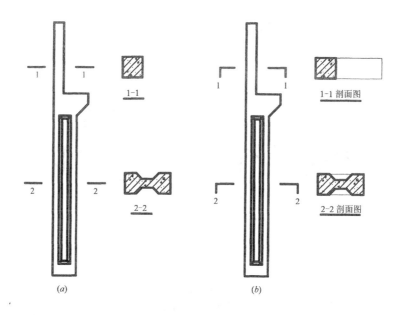

图 7-13 断面图与剖面图的区别
(a)断面图;(b)剖面图

断面图与剖面图的区别:(图 7-13)

(1)在画法上,断面图只画出物体被剖开后截面的投影,而剖面图除了要画出截面的投影,还要画出剖切面后物体剩余部分的投影;

(2)在不省略标注的情况下,断面图只需标注剖切位置线,用编号所在一侧表示投射方向,而剖面图用投射方向线表示投射方向;

(3)断面图的图名标注为"×-×",而剖面图的图名为"×-× 剖面图"。

7.3.2 断面图的画法

断面图分为移出断面和重合断面。

7.3.2.1 移出断面

画在物体投影轮廓线之外的断面图称为移出断面。为了便于看图,移出断面应尽量画在剖切平面迹线的延长线上。断面轮廓线用粗实线表示,见图 7-13 (a)。

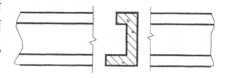

图 7-14 中断断面

细长杆件的断面图也可画在杆件的中断处,这种断面图也称为中断断面,中断断面不需要标注,见图 7-14。

7.3.2.2 重合断面

画在剖切位置迹线上,并与视图重合的断面图称为重合断面,重合断面一般不需要标注。

重合断面轮廓线用粗实线表示,当视图中的轮廓线与重合断面轮廓线重合时,视图的轮廓线仍应连续画出,不可间断。这种断面图常用来表示墙立面装饰折倒后的形状、屋面形状、坡度等,也称为折倒断面,见图 7-15。

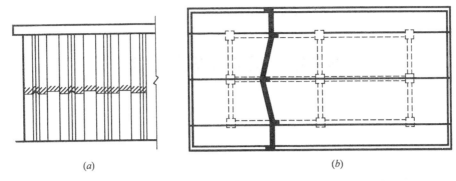

图 7-15 折倒断面图
(a)墙壁上装饰的断面图；(b)断面图画在布置图上

7.4 简 化 画 法

为了读图及绘图方便，《房屋建筑制图统一标准》中规定了一些简化画法。

7.4.1 对称简化画法

构配件的视图有 1 条对称线时，可只画该视图的一半；视图有两条对称线时，可只画该视图的 1/4，并在对称中心线上画上对称符号，见图 7-16。对称符号用两段长度约为 6～10mm，间距约为 2～3mm 的平行线表示，用细实线绘制，分别标在图形外中心线两端。

7.4.2 相同要素简化画法

构配件内多个完全相同而连续排列的构造要素，可仅在两端或适当位置画出其完整形状，其余部分以中心线或中心线交点表示，见图 7-17。

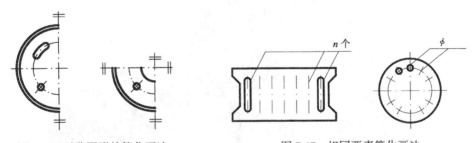

图 7-16 对称图形的简化画法　　图 7-17 相同要素简化画法

7.4.3 折断画法

较长的构件，如沿长度方向的形状相同或按一定规律变化，可断开省略绘制，断开处应以折断线表示，见图 7-18。

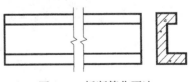

图 7-18 折断简化画法

第8章 房屋建筑施工图

8.1 概 述

8.1.1 房屋的类型及组成

8.1.1.1 房屋的类型

房屋是供人们生活、学习、娱乐、工作和生产的场所,根据使用功能的不同可分为:

(1)民用建筑。民用建筑又分为居住建筑和公共建筑。住宅、宿舍等称为居住建筑;办公楼、学校、医院、车站、旅馆、影剧院等称为公共建筑。

(2)工业建筑。如工业厂房、仓库、动力站等。

(3)农业建筑。如畜禽饲养场、水产养殖场和农产品仓库等。

8.1.1.2 房屋的组成

房屋一般由基础、墙、柱、梁、楼(地)面、屋面、楼梯和门窗等部分组成,如图8-1所示。

(1)基础。基础位于墙或柱的最下部,属于承重构件,起支承建筑物的作用,并将全部荷

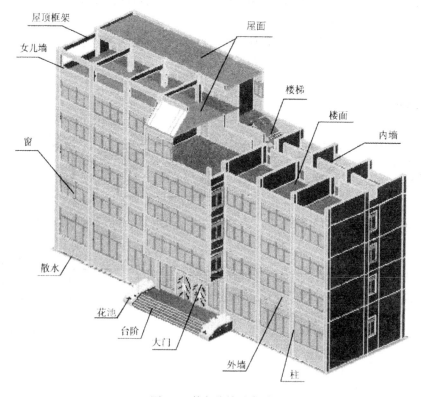

图8-1 某办公楼示意图

重传递给地基。

(2)墙、柱。墙起围护和分隔房间的作用,按位置可分为内墙和外墙,按方向可分为纵墙和横墙,按受力情况可分为承重墙和非承重墙。柱是将所承受的荷载传递给基础的竖向承重构件。

(3)梁和楼(地)面。梁是将所承受的荷载传递给墙或柱的水平承重构件。楼面又叫楼板层,是划分房屋内部空间的水平构件,具有承重、竖向分隔和水平支撑的作用,并将楼板层上的荷载传递给墙(梁)。地面是房屋的地层部分,一般由基层、垫层、面层组成,根据需要,可设置找平层、结合层、防水层等,或架空。

(4)屋面。一般是指屋顶部分。屋面是建筑物顶部承重构件,主要作用是承重、保温隔热和防水排水。它承受着房屋顶部包括自重在内的全部荷载,并将这些荷载传递给墙(梁)。

(5)楼梯。楼梯是各楼层之间垂直交通设施,供上下楼层用。高层建筑还有电梯。

(6)门窗。门和窗均为非承重的建筑配件。门的主要功能是交通和分隔房间,窗的主要功能则是通风和采光,同时还具有围护的作用。

此外,一般建筑还设有阳台、雨篷、勒脚、散水、台阶、坡道、花池等。

8.1.2 房屋施工图的产生、分类及编排次序

建造一栋房屋,要经过设计和施工两个主要阶段。首先,根据业主建造要求和有关政策性的文件、地质条件进行初步设计,绘制房屋的初步设计图,简称初设(方案图)。方案图报业主征求意见,并报规划、消防等部门审批。根据审批同意后的方案图,进入技术设计阶段。技术设计包括建筑、结构、给水排水、采暖通风、电气等各专业的设计、计算与协调过程。在这一阶段,需要设计和选用各种主要构配件、设备和构造做法。在技术设计通过评审后,就进入施工图设计阶段,对各种具体的问题进行详尽的设计与计算,并绘制最终用于施工的施工图纸。施工图纸要完整、详尽,并且图样正确、尺寸齐全,对施工中的各项具体要求都明确地反映到各专业的施工图中。

房屋的施工图通常有:建筑施工图,简称建施;结构施工图,简称结施;给水排水施工图,简称水施;采暖通风施工图,简称暖施;电气施工图,简称电施。也有的将水施、暖施、电施统称为设施(即设备施工图)。

一栋房屋的全套施工图的编排顺序是:图纸目录、建筑设计总说明、总平面图、建施、结施、水施、暖施、电施。各专业施工图的编排顺序是全局性的在前,局部性的在后;先施工的在前,后施工的在后;重要的在前,次要的在后。

本章以某学校一栋办公楼为例,介绍建筑施工图的基本知识及其阅读与绘制方法。

8.1.3 建筑施工图的内容及图示特点

8.1.3.1 用途和内容

房屋建筑施工图是表示建筑物的总体布局、外部造型、内部布置、细部构造做法、内外装饰、固定设施和施工要求的图样,是房屋施工和概预算工作的依据。房屋建筑施工图内容包括建筑设计说明、门窗表、总平面图、建筑平面图、建筑立面图、剖面图和各种详图。图纸的数量根据建筑物的复杂程度而定。

8.1.3.2 图示特点

(1)投影原理。施工图中的各图样,主要用正投影法绘制。当图幅允许时,将房屋的平面图、立面图、剖面图画在同一张图纸上;当图幅内不能同时排列房屋的平面图、立面图、剖面图时,可将其分别画在不同的图纸上。

(2)制图标准。建筑施工图应遵守的国家制图标准有:《房屋建筑制图统一标准》(GB/T 50001—2001)、《总图制图标准》(GB/T 50103—2001)和《建筑制图标准》(GB/T 50104—2001)。

(3)图线。以上标准中对图线都有明确的规定。在使用中,总的原则是剖切面的截交线和房屋立面图中的外轮廓线用粗实线,次要的轮廓线用中粗线,其他线一般用细线。房屋或构、配件可见部分用实线表示,不可见部分一般不画,必要时可用虚线表示。

(4)比例。房屋形体较大,所以施工图一般都用缩小比例来绘制,根据房屋和图纸幅面的大小,按制图标准中所规定的比例系列选用合适的比例。

(5)图例符号。由于建筑的总平面图和平面图、立面图、剖面图的比例较小,有些内容(如构、配件和材料)不可能按实际投影画出,为简便起见,常采用"国标"规定的图形符号来表示,这种图形符号称为图例。例如,总平面图常用图例见表8-1。

总平面图常用图例　　　　　　　　　　　　　　　　表8-1

名　称	图　例	备　注
新建建筑物	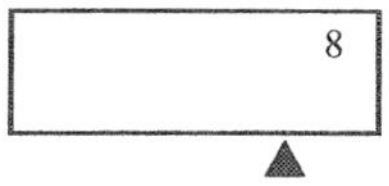 8 ▲	1. 需要时,可用▲表示出入口,可在图形内右上角用点数或数字表示层数 2. 建筑物外形用粗实线表示
原有建筑物		用细实线表示
计划扩建的预留地或建筑物		用中粗虚线表示
拆除的建筑物	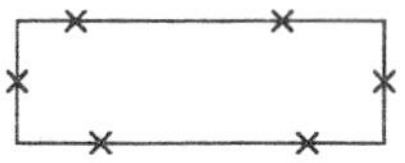 ×——×	用细实线表示
围墙及大门	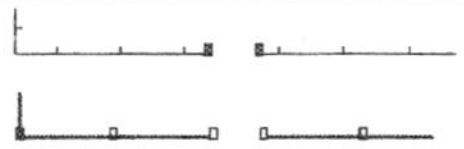	上图为实体性质的围墙,下图为通透性质的围墙,若仅表示围墙时不画大门
坐　标	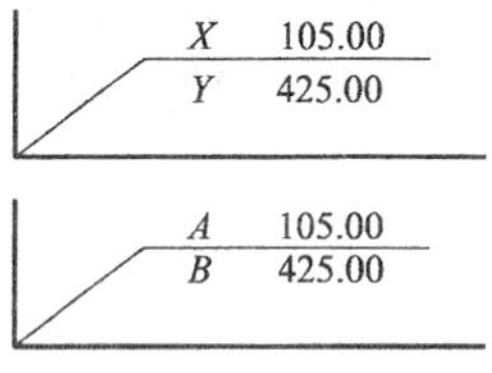 X 105.00 Y 425.00 A 105.00 B 425.00	上图表示测量坐标 下图表示建筑坐标
护　坡	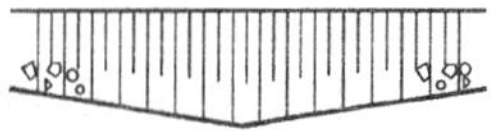	1. 边坡较长时,可在一端或两端局部表示 2. 下边线为虚线时表示填方
室内标高	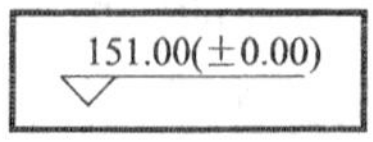 151.00(±0.00) ▽	
室外标高	● 143.00　▼ 143.00	室外标高也可用等高线表示
原有道路	————	
计划扩建的道路	— — — —	

名 称	图 例	备 注
常绿树木		左图为常绿针叶树,右图为常绿阔叶乔木
草 坪		

(6)详图和标准图集。为了反映建筑物的构配件、细部构造及具体作法,在施工图中常配置详图和采用标准图集(见8.1.4)。

8.1.4 标准图集

8.1.4.1 标准图

为了加快设计和施工速度,提高设计与施工质量,把房屋工程中常用的、大量性的构件、配件按统一模数、不同规格设计出系列施工图,供设计部门、施工企业选用,这样的图称为标准图。装订成册后即为标准图集(或通用图集)。

8.1.4.2 标准图集的分类

在我国,标准图(集)有两种分类方法,一是按照使用范围分类,二是按照工种分类。

(1)按照使用范围大体分为三类:

1)经建设部批准,可在全国范围内使用的标准图集,如03G101—1。

2)经各省、市、自治区、直辖市批准,在本地区范围内使用的标准图集,如西南地区建筑标准设计通用图集。

3)各设计单位编制的标准图集,在本设计院内部使用。此类标准图集用得较少。

(2)按照工种分类:

1)建筑设计标准图集,一般用"J"或"建"表示,如西南地区建筑标准设计通用图集中的西南J515为室内装修标准图集。

2)结构设计标准图集,一般用"G"或"结"表示,如"西南G221"为预应力混凝土空心板标准图集。

除建筑、结构标准图集外,还有给水排水、电气设备、道路桥梁等方面的标准图集。

8.1.5 建筑设计说明

在施工图的编排中,将图纸目录、建筑设计说明、总平面图及门窗表等编排在整套施工图的前面。图8-2是某办公楼的建筑施工图首页,将图纸目录、建筑设计说明、门窗表编排在一张图纸上,其中图纸目录、门窗表比较简单,这里仅介绍建筑设计说明的阅读方法。

建筑设计说明的内容根据建筑物的复杂程度一般应有:设计依据、建筑规模、建筑物标高、装修做法和施工要求等。

(1)设计依据

包括政府的有关批文,这些批文主要有两个方面的内容:一是立项,二是规划许可证等。

(2)建筑规模

主要包括占地面积和建筑面积,这是设计出来的图纸是否满足规划部门要求的依据。

建筑设计说明

1. 设计依据
   (1) ××公司建设字[××××(年)]×××文件
   (2) 甲方建设计委托书
   (3) 国家现行建筑设计规范
2. 建筑面积
   本建筑总占地面积　　m²，总建筑面积　　m²。
3. 标高
   本建筑物相对标高±0.000相当于绝对标高251.90m。
4. 防火抗震设计
   防火等级(民用建筑设计防火规范)三级耐火等级，抗震烈度六度(民用建筑设计防火规范)，防9度建筑设防。
   详本底施工图。
5. 基础
   详本底施工图。
6. 墙体
   各部分墙长度厚度和粘接层做法及建筑构造详平面图，砌体材料要求详构件结构说明。
   屋面形式及屋面坡度及屋面找坡详建筑平面图，屋面防水层详构造详细说明。
   未注室上人屋面，西边建筑西墙均不上人屋面，均为有组织排水。
   屋面深涂防水层，细石混凝土层面，详《西南J212》④/⑦/⑧。
   涂料屋面二平六坡屋，胶凡皮屋卷，详《西南J212》④。
7. 楼地面
   (1) 瓷砖地面普通板岩砖面，详《西南J312》②/⑭，用于办公室、楼梯间、会议室、走道
       花岗石楼地面，详《西南J312》②/⑮，用于门厅、楼梯间、会议室、走道
       陶瓷砖地面，详《西南J312》②/⑩，用于卫生间、用手公卫生间
       地面板.底层地面板,相关部位同墙面.
   (2) 花岗石地面详《西南J312》②/⑮，用于门厅的台阶、平台。
       花岗石踏步详《西南J312》②/⑳。
8. 踏脚板
   陶瓷踢脚白瓷砖踢脚板，详《西南J515》②，同楼地面。
9. 室内装修
   (1) 顶棚抹灰，粘贴.纸板，真石漆：水泥混合砂浆顶棚，白色乳胶漆顶面，详《西南J515》⑳/⑭，用于办公室。
   (2) 经铝板吊顶面板，装修合板吊顶及真石漆，详《西南J515》⑳/⑮，用于楼梯间。
   (3) 内墙构造及要求面所有墙内墙，坎角中央1.5米1:3水泥砂浆拔踢护墙角，墙等高度2.6M，详《西南J515》⑮/⑱，用于所有房间；
       水泥混合砂浆面，白色乳胶漆墙面，已乳胶混墙面装立面图，无柔外墙面跨墙面，详《西南J516》⑪/⑫。
10. 外墙
    (1) 外墙面各部位的饰面材料，颜色及尺寸详建筑立面图，无柔外墙面跨墙面，详建施13，颜色为白色涂装。
11. 门窗
    (1) 门窗铝合金立面尺寸详建筑立面图。
    (2) 木门部(西南J601)选用，一律加防盗，详建施13，颜色为花岗岩深红色。
12. 台阶
    铝合金窗立面尺寸详建筑立面图，颜色为白色。
13. 踏步
    (1) 楼梯诸步结构层。
    (2) 楼梯踏面与路面隔膜及花岗石花岗石面层，详《西南J601》。
14. 零件工程
    (1) 微木板60登支，详《西南R12》⑥。
    (2) 暗沟，详《西南R12》⑨。
    (3) 室外台阶，详《西南R12》①。
    (4) 花池，详施13。

附注：
(1) 凡图纸有说明未详之处，均严格按国家有关规范、规定执行。
(2) 本工程所有装饰材料、墙色粉刷，涂漆等颜色在施工样板、名称、色司设计认可后方可施工。

图纸目录

图号	图纸名称
建施1/14	建筑设计说明、图纸目录、门窗表
建施2/14	总平面图
建施3/14	底层平面图
建施4/14	标准层平面图
建施5/14	六层平面图
建施6/14	屋顶平面图
建施7/14	①-⑧立面图
建施8/14	⑧-①立面图
建施9/14	Ⓐ-Ⓔ立面图、花池详图
建施10/14	Ⓔ-Ⓐ立面图
建施11/14	1-1剖面图、2-2剖面图
建施12/14	卫生间平面图、墙身大样
建施13/14	门窗详图
建施14/14	楼梯详图

门窗表

类型	设计编号	洞口尺寸(mm)	1层	2-5层	6层	合计	图集名称	选用型号	备注
门	M1	4800×3300	1	0	0	1			铝合金弹簧门
	M2	1000×2700	12	12×4	6	66	西南J601	J-1027	全板大板门
	M3	1000×2700	2	2×4	2	12	西南J601	YJ-1027	百页夹板门
	M4	1800×3500	0	0	0	0			铝合金弹簧门
	M5	1500×2700	0	2×4	0	8			全板铝合金门
窗	C1	4900×3500	11	0	0	11	西南J601	J-1527	推拉铝合金窗
	C2	1800×3500	1	1×4	1	6			推拉铝合金窗
	C3	1500×1800	1	1	1	3			推拉铝合金窗
	C4	1500×3500	1	0	0	1			固定铝合金窗
	C5	1500×2300	2	2×4	2	9			推拉铝合金窗
	C6	2270×3830	1	0	0	1			推拉铝合金窗
	C7	1200×2300	0	0	0	0			推拉铝合金窗
	C8	1800×2300	0	0	0	0			推拉铝合金窗
	C9	4900×2300	0	11×4	0	44			推拉铝合金窗
	C10	9400×2300	0	0	0	0			推拉铝合金窗
	C11	1980×2300	0	2×4	0	8			推拉铝合金窗
	C12	1800×2300	0	1×4	0	4			推拉铝合金窗
	C13	1200×2300	0	1×4	0	4			推拉铝合金窗
	C14	4900×2300	0	1×4	0	4			推拉铝合金窗
	C15	4900×1500	0	0	5	5			推拉铝合金窗
	C16	1500×1500	0	0	1	1			推拉铝合金窗
	C17	1500×1500	0	0	4	4			推拉铝合金窗
	C18	1200×1500	0	0	1	1			推拉铝合金窗

设计院	制图	工程名称	重庆××学校××办公楼	设计号	
××	设计	图别	建施		
	审核	图号	1/14		
			图纸目录、门窗表 建筑设计说明、		

图 8-2 某办公楼的建筑施工图图首页

占地面积:建筑物底层外墙面以内所有面积之和。

建筑面积:建筑物外墙面以内各层面积之和。

(3)标高

在房屋建筑中,为了准确定出建筑物的高度,规范规定用标高表示。标高分为相对标高和绝对标高两种。

把建筑物底层室内主要地面定为零点的标高称为相对标高;把青岛黄海平均海平面的高度定为零点的标高称为绝对标高。建筑设计说明中要说明的是相对标高与绝对标高的关系。例如"相对标高±0.000相当于绝对标高207.57m",这就说明该建筑物底层室内地面设计在比海平面高207.57m的水平面上。

(4)装修做法

这方面的内容比较多,包括地面、楼面、墙面等的做法。看图时,需要读懂说明中的各种数字、符号的含义。例如本例设计说明中的8(1)条:"普通地砖楼面,详《西南J312》3183/18……",查阅《西南J312》3183/18可知楼面的做法:在结构层(楼板)上做水泥浆结合层一道,在结合层上做25mm厚1:2.5水泥砂浆找平层,在找平层上做20mm厚1:2.5干硬性水泥砂浆粘合层,上洒1~2厚干水泥并洒清水适量,面层铺地砖,水泥浆擦缝。这里需要读懂配料比例的含义,如"1:2.5水泥砂浆"是指水泥砂浆的配料比(按体积比计),水泥占1份,砂子占2.5份,两者按此比例拌合。

(5)施工要求

施工要求一般包含:对执行国家有关规范的要求;对图纸中不详之处的处理;其他需要设计单位(人员)认可的内容。如本例设计说明中的附注,强调了图纸中不详之处均严格按国家有关现行规范、规定执行;所有装饰材料、墙身粉刷、油漆等颜色应先做样板、色板,会同设计人员认可后方可施工。

8.2 总 平 面 图

8.2.1 总平面图的用途与图示方法

总平面图有土建总平面图和水电总平面图之分。土建总平面图又分为设计总平面图和施工总平面图。此节介绍的是土建总平面图中的设计总平面图,简称总平面图。

总平面图用来表明一个工程所在位置的总体布置,包括建筑红线、新建建筑物的位置、朝向;新建建筑物与原有建筑物的关系以及新建筑区域的道路、绿化、地形、地貌、标高等方面的内容。

总平面图是新建房屋与其他相关设施定位的依据,是土石方施工以及给排水、电气照明等管线总平面布置图和施工总平面布置图的依据。

由于总平面图包括的区域较大,根据国家标准《总图制图标准》(GB/T 50103—2001)的规定,总平面图一般用1:500、1:1000、1:2000的比例绘制。在实际工程中,由于各地方国土管理局所提供的地形图的比例常为1:500,故我们所接触的总平面图中多采用这一比例。如图8-3为某校区总平面图(局部),比例为1:500。

由于总平面图采用的比例较小,各种有关物体均不能按照投影关系如实反映出来,而只能用图例的形式进行绘制。表8-1总平面图常用图例所列内容摘自《总图制图标准》。

8.2.2 总平面图的主要内容

总平面图主要包括以下几方面的内容:

8.2.2.1 建筑红线

各地方国土管理局提供给建设单位的地形图为蓝图,在蓝图上用红色笔划定的土地使用范围的线称为建筑红线。任何建筑物在设计和施工中均不能超过此线(图8-3中没有画出此线)。

8.2.2.2 新旧建筑物

从表8-1可知,在总平面图上将建筑物分成四种情况,即新建的建筑物、原有的建筑物、计划扩建的预留地或建筑物和拆除的建筑物。在设计中,为了清楚表示建筑物的总体情况,可在图形中右上角用点数或数字表示楼房层数,需要时,可用▲表示建筑物的出入口。新建的建筑物外形(一般以±0.000高度处的外墙定位轴线或外墙面线为准)用粗实线表示,需要时,地面以上建筑用中粗实线表示,地面以下建筑用细虚线表示。

8.2.2.3 新建筑物的定位

新建建筑物的定位一般采用两种方法,一是用定位尺寸定位;二是用坐标定位。

(1)用定位尺寸定位。定位尺寸应注出与原建筑物外墙面或道路中心线的联系尺寸,例如图8-3中的6.50、12.00。总平面图中的尺寸以米(m)为单位,并保留两位小数。

(2)用坐标定位。在新建区域内,为了保证在复杂地形中放线准确,总平面图中常用坐标表示建筑物、道路等的位置。坐标有测量和建筑两种坐标系统。

1)测量坐标:在地形图上用细实线画成交叉十字线的坐标网,X为南北方向的轴线,Y为东西方向的轴线,这样的坐标网称为测量坐标网。测量坐标网常画成100m×100m或50m×50m的方格网。

2)建筑坐标:建筑坐标一般在新开发区,房屋朝向与测量坐标方向不一致时采用。

建筑坐标是将建筑区域内某一点定为"0"点,采用100m×100m或50m×50m的方格网,沿建筑物主墙方向用细实线画成方格网通线,横墙方向(竖向)轴线标为A,纵墙方向的轴线标为B。

建筑坐标与测量坐标的区别如图8-4。

用坐标确定建筑物的位置时,宜标注三个角的坐标,如建筑物与坐标轴线平行,可标注其对角坐标,如图8-4。

8.2.2.4 标高与等高线

总平面图中标注的标高为绝对标高,其他图中标注相对标高。

标注标高,要用标高符号,标高符号及其画法如图8-5。

标高数字以米为单位,一般图中标注到小数点后第三位。在总平面图中可注写到小数点后第二位。

零点标高的标注方式是:$\underline{\underset{\bigtriangledown}{\pm 0.000}}$

正数标高不注写"+"号,例如正3m,标注成:$\underline{\underset{\bigtriangledown}{3.000}}$

负数标高在数值前加"-"号,例如-0.9m,标注成:$\underline{\underset{\bigtriangledown}{-0.900}}$

标高符号的尖端应指至被注高度的位置,尖端一般应向下,也可向上,如:$\underset{-0.900}{\bigtriangleup}$

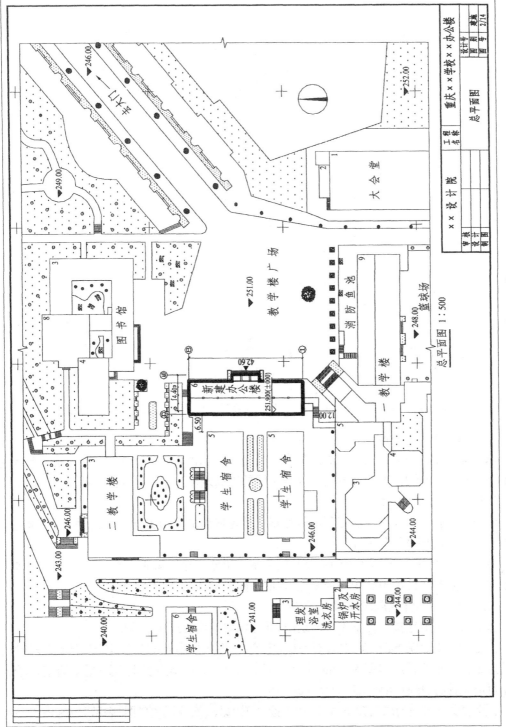

图 8-3 某校区总平面图（局部）

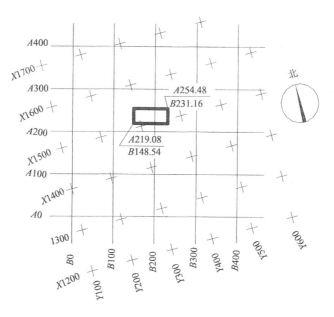

图 8-4 建筑坐标与测量坐标网格

图 8-5 标高符号的画法

(a)个体建筑标高符号;(b)总平面图室外地坪标高符号;(c)同一位置注写多个标高数字

总平面图中室外标高也可采用等高线来表示。

总平面图中的等高线是预定高度的水平面与所表示的地形表面的截交线,同一条等高线上点的标高(也称高程)是相同的。高程不同的等高线可表示出地势的高低。

8.2.2.5 道路与绿化

道路与绿化是主体的配套工程。从道路了解建成后的人流方向和交通情况;从绿化可以看出建成后的环境绿化情况。

由于比例较小,总平面图上的道路只能表示出道路与建筑物的关系,不能作为道路施工的依据。一般是标注出道路中心控制点,表明道路的标高及平面位置即可。

8.2.2.6 指北针或风玫瑰图

总平面图一般应按上北下南方向绘制,并绘制出指北针或风玫瑰图。

指北针用于表明方向,应按国家标准规定绘制,形状如图 8-6 所示,其圆用细实线绘制,直径为 24mm,指北针尾部宽为 3mm,指针头部指向北方,应标记为"北"或"N"。若需用较大直径画指北针时,指针尾部宽宜为直径的 1/8。

需要表明各方向的风向频率时可用风向频率玫瑰图(简称风玫瑰图)表示,如图 8-7 所示。风由外面吹过建设区域中心的方向为风向。风向频率是在一定的时间内某一方向出现吹风次数占总观察次数的百分比。风玫瑰图是根据当地多年平均统计的各个方向的风向频率,按一定比例绘制的。风玫瑰图中实线折线范围表示全年的风向频率,虚线表示夏季的风向频率。

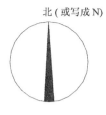
图 8-6 指北针

图 8-7 风玫瑰图

8.2.2.7 其他
总平面图除了表示以上的内容外,一般还有挡土墙、围墙、水沟、池塘等与工程有关的内容。

8.2.3 总平面图的阅读
8.2.3.1 熟悉图例、比例
这是阅读总平面图应具备的基本知识。如图 8-3,该图中的图例可结合表 8-1 阅读,该图的比例为 1:500。

8.2.3.2 明确新建房屋的位置及朝向
阅读总平面图时,要区分哪些是新建的建筑物、哪些是原有的建筑物;明确新建筑物的位置、朝向以及与原有建筑物的联系。例如图 8-3 中的新建办公楼的位置是由它的西边距离原有的学生宿舍 6.5m、南边距离一教学楼 12m 两个定位尺寸和它自身的长宽尺寸确定的,该楼的长度方向为南北方向,宽度方向为东西方向,主要出入口在东边,南边有一带梯段的走廊与一教学楼连接。

8.2.3.3 了解工程性质及周围环境
工程性质是指新建筑物的用途,是商店、教学楼、办公楼、住宅还是厂房等。了解周围环境的目的在于弄清周围环境对该建筑的关系和影响。

例如图 8-3 中的新建建筑物是一栋办公楼,它的东边一出门口就是教学广场,南边与一教学楼连接,西边紧邻两栋学生宿舍,北边是图书馆,与图书馆之间还有道路和绿化带。

8.2.3.4 查看标高、地形
从标高和地形图可知道新建房屋周围的地貌。如图 8-3,教学广场地坪标高是 251.00m,新建办公楼一层地面绝对标高是 251.90m,比广场地坪高 0.9m。从各处的标高可知,该校区东南角地势较高,其次是教学广场,西边地势较低,北边和西北角(学校大门方向)地势也比教学广场低。

8.2.3.5 了解道路与绿化情况
从图 8-3 的总平面图中可看出,新建办公楼周围校区的道路与绿化情况,其中在教学广场西北角方向有一条大道通向学校大门,大道两边有人行道、花池、草地、树木等。

8.3 建筑平面图

8.3.1 平面图的图示方法及用途
(1)平面图的形成
假想用一个水平剖切平面,沿门窗洞口将房屋剖切开,移去剖切平面及其以上部分(如

图8-8),将余下的部分按正投影的原理,投射在水平投影面上所得到的水平剖面图,即为建筑平面图,简称平面图。

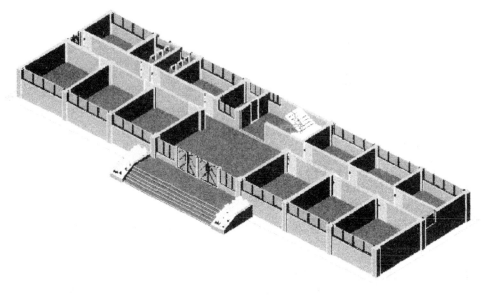

图8-8 房屋水平剖切示意图

(2)平面图的名称

沿底层门窗洞口剖切开得到的平面图称为底层平面图,又称为首层平面图或一层平面图。沿二层门窗洞口剖切开得到的平面图称为二层平面图。在多层和高层建筑中,往往中间几层剖开后的图形是一样的,就只需要画一个平面图作为代表层,将这一个作为代表层的平面图称为标准层平面图。沿最上一层的门窗洞口剖切开得到的平面图称为顶层平面图。将房屋直接从上向下进行投射得到的平面图称为屋顶平面图。

综上所述,在多层和高层建筑的施工图中一般有底层平面图、标准层平面图、顶层平面图和屋顶平面图。此外,有的建筑施工图还有地下层(±0.000以下)平面图、夹层平面图等。

(3)平面图的线型和材料图例

平面图的线型粗细应分明。凡是被剖切到的墙、柱断面轮廓线用粗实线,其余可见的轮廓线用中实线或细实线,尺寸线和尺寸界线用细实线。如需表示高窗、洞口、通气孔、槽、地沟等不可见部分,则应以中虚线或细虚线绘制。

平面图中的断面,比例大于1:50时,应画出材料图例;比例为1:100~1:200时,可简化材料图例,如砖墙断面涂红、钢筋混凝土柱断面涂黑等。

(4)平面图的用途

建筑平面图主要表达房屋的平面布置情况,在施工过程中是放线、砌墙、安装门窗及编制概、预算的依据。备料、施工组织都要用到平面图。

8.3.2 平面图的主要内容

8.3.2.1 底层平面图

底层平面图是房屋建筑施工图中最重要的图纸之一。下面以图8-9所示的底层平面图为例,介绍底层平面图的主要内容:

(1)图名、比例、朝向。在平面图下边应注出图名、比例,以表明是哪一层的平面图,用多大的比例绘制的。本例是底层平面图,比例是 1∶100。

建筑物的朝向在底层平面图中用指北针表示。建筑物主要入口在哪面墙上,就称建筑物朝哪个方向,如图 8-9 底层平面图所示,指北针朝右,建筑物的大门在 A 轴线上,说明该建筑朝东。指北针的画法见图 8-6。

(2)定位轴线及编号。在建筑平面图中,定位轴线用来确定房屋的墙、柱、梁等的位置和作为标注定位尺寸的基线。根据《房屋建筑制图统一标准》(GB/T 50001—2001)的规定,定位轴线用细点划线绘制,并予编号。编号应写在轴线端部的圆内,圆应用细实线绘制,圆圈直径为 8~10mm,如图 8-10(a)。定位轴线圆的圆心应在轴线的延长线上或延长线的折线上。平面图上定位轴线的编号,宜标注在图样的下方与左侧,当图形复杂且不对称时,上方和右侧也应标注。横向编号应用阿拉伯数字,从左至右顺序编写。纵向编号应用大写拉丁字母,从下至上顺序编写。拉丁字母中的 I、O、Z 不能用于轴线编号,以避免与 1、0、2 混淆。

除了标注主要轴线之外,还可以标注附加轴线,附加轴线编号用分数形式表示。两根轴线之间的附加轴线,以分母表示前一根轴线的编号,分子表示附加轴线的编号,如图 8-10(b)。如果 1 号轴线或 A 号轴线之前还需要设附加轴线,分母以 01、0A 分别表示位于 1 号轴线或 A 号轴线前的附加轴线,如图 8-10(c)。一个详图适用于几根轴线时,应同时注明各有关轴线的编号,如图 8-10(d)。

通用详图的定位轴线,只画圆圈,不注写轴线编号。

(3)房屋内部的平面布置。平面图反映房屋内部的平面布置情况,如各种用途的房间、走道、楼梯、卫生间的位置及其相互间的联系。各房间应注明名称。如图 8-9 底层平面图所示,从该图可以看出来,从东边自④~⑤轴进大门后是一门厅,对着门厅是楼梯间和值班室,该楼中间设一内走廊,走廊两边为办公室,卫生间在西边②~③轴线之间。

(4)墙和柱。建筑物中墙、柱是承受建筑物垂直荷载的重要结构,墙体又起着分隔房间的作用。为此它的平面位置、尺寸大小都非常重要。从图 8-9 所示的底层平面图中可以看到,所有的墙厚均为 200mm;根据位置和所承受的荷载不同,本层柱子的断面尺寸有 600mm × 600mm、500mm × 600mm、500mm × 500mm 3 种。

(5)门和窗。在平面图中,只能反映出门、窗的平面位置、洞口宽度及其与轴线的关系。门窗的画法按常用门窗图例(图 8-11)进行绘制。在施工图中,门用代号"M"表示,窗用代号"C"表示;如"M3"表示编号为 3 的门,而"C2"则表示编号为 2 的窗。门窗的高度尺寸在立面图、剖面图或门窗表中查找。门窗的制作安装需查找相应的详图(木门窗详图见 8.6.5)。

在平面图中窗洞位置处,若画成虚线,则表示为高窗(高窗是指窗洞下口高度高于 1500mm,一般为 1700mm 以上的窗)。按剖切位置和平面图的形成原理,高窗在剖切平面上方,并不能够投射到本层平面图上,但为了施工时阅图方便,国标规定把高窗画在所在楼层并用虚线表示。

(6)楼梯。建筑平面图比例较小,楼梯在平面图中只能示意楼梯的投影情况。楼梯的制作、安装详图详见 8.6.3 楼梯详图。在平面图中,表示的是楼梯设在建筑中的平面位置、开间和进深大小,楼梯的上下方向及上下 1 层楼的步级数。

(7)附属设施。除以上内容外,根据不同的使用要求,在建筑物的内部还设有壁柜、吊柜、厨房设备和卫生间设施等。在建筑物外部还设有花池、散水、台阶、雨水管等附属设施。附属设施只能在平面图中表示出平面位置,具体做法应查阅相应的详图或标准图集。

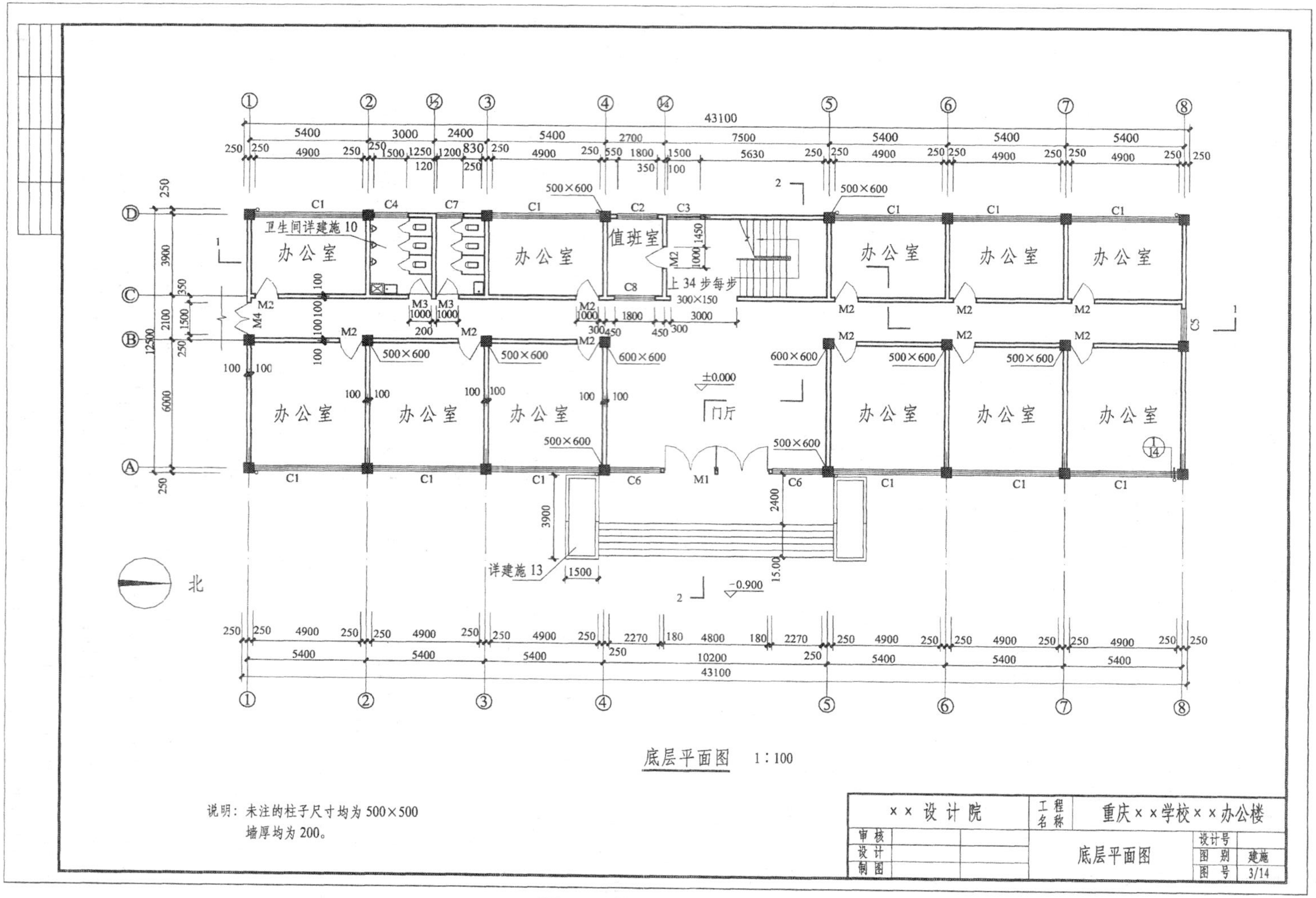

图 8-9 某办公楼的底层平面图

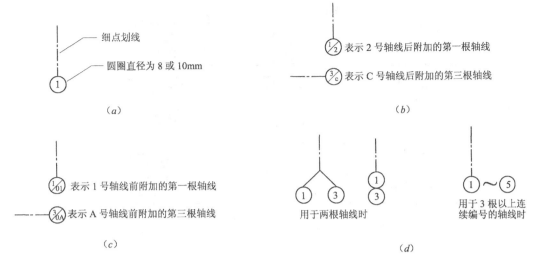

图 8-10 轴线的编号
(a)轴线画法;(b)附加轴线(一);(c)附加轴线(二);(d)详图的轴线编号

(8)平面尺寸。平面图中的尺寸分外部尺寸和内部尺寸两种,如图 8-9 所示。

1)外部尺寸。一般在图形下方和左侧标注三道尺寸:

①最里面一道尺寸,表示外墙门窗洞口的宽度及位置等细部尺寸。

②中间一道尺寸,表示轴线尺寸,即房间的开间与进深尺寸。例如该办公楼东边的办公室,开间为 5400mm,进深为 6000mm。

③最外面一道尺寸,表示建筑物的总长、总宽尺寸,即从一端的外墙面到另一端的外墙面的总尺寸。

外部尺寸除了上述三道尺寸而外,还有室外设施必要的定形定位尺寸。

2)内部尺寸。表示内墙门窗洞与轴线的关系、墙厚、柱断面大小、房间的净长、净宽以及固定设施的大小和位置的一些必要尺寸。内部尺寸一般标注一道。

(9)标高。由于用途与要求不同,同一层楼的各种房间的地面不一定都在同一个水平面上,在建筑平面图中,各部位的高度采用相对标高表示。如图 8-9 底层平面图中,室内地面(办公室、走道、门厅等)的标高为 ±0.000,室外地面的标高为 -0.900,卫生间、楼梯间平台的标高分别见各自的详图。在不同标高的地面分界处,应画出分界线。

(10)各种符号。标注在平面图上的符号有剖切符号和索引符号等。剖切符号按"国标"规定标注在标高为 ±0.000(一般为底层)的平面图上,表示出剖面图的剖切位置和投射方向及编号。如图 8-9 中的剖切位置 1-1、2-2,其中 1-1 为纵向阶梯剖,剖切后向西边投射,相应的 1-1 剖面图见图 8-17;2-2 为横向阶梯剖,剖切后向南边投射。在平面图中凡需要另画详图的部位用索引符号表示。索引符号的含义、用途与画法见图 8-19。

8.3.2.2 标准层(楼层)平面图

标准层及其他楼层平面图的图示内容和方法与底层平面图基本相同,区别主要体现在以下几个方面:

(1)房间布置。标准层(楼层)平面图的房间布置与底层平面图不同的必须表示清楚。例如,本例底层的门厅位置,在标准层平面图中为会议室,且从Ⓐ轴线处突出 2.4m。

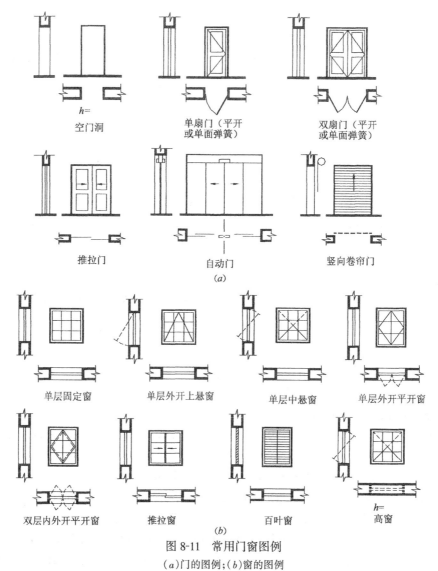

图 8-11 常用门窗图例
(a)门的图例；(b)窗的图例

注：门窗立面图例上的斜线表示门窗的开启方向，实线表示外开，虚线表示内开，一般设计图中可不表示。窗的平面和剖面图例上的虚线仅说明开启方式，在设计图中也不需表示。门的平面图例中的开启弧线宜绘出，门线应 45°或 90°开启。门窗的立面形式应按实际情况绘制。

(2) 墙体厚度与柱的断面。由于建筑材料强度或建筑物的使用功能不同，建筑物墙体厚度及柱的断面大小往往不一样，如附图 1(见本书配套习题集)建施 4/14 标准层平面图与建施 3/14 底层平面图中部分柱子的断面大小就不一样，底层平面图中Ⓑ轴线与④、⑤轴线相交处的柱断面为 600mm×600mm，而在标准层平面图中则为 500mm×500mm。墙厚及柱断面变化的高度位置一般在楼板的下皮。

(3) 门与窗。标准层平面图中门与窗的设置与底层平面图往往不完全一样，如在底层建筑物的入口为大门，而在标准层平面图中的相应位置一般情况下都改成窗。

(4) 楼梯间。标准层平面图中，楼梯间上行的梯段被水平剖切面剖断，绘图时用倾斜折断线分界，画出上行梯段的部分踏步；下行的梯段完整存在，且有部分踏步与上行的踏步投影重合。

(5)其他。标准层平面图中,不必再画出底层平面图上已表示的指北针、剖切符号以及室外台阶、花池、散水和明沟等。但应按投影关系画出在下一层平面图中未表达的室外构配件和设施,如下一层窗顶的可见遮阳板,出入口上方的雨篷、本层的阳台等。

8.3.2.3 屋顶平面图

图 8-12 所示为办公楼的屋顶平面图。屋顶平面图主要表达以下内容:

(1)屋面排水分区情况。如排水方向与坡度、屋面变形缝、天沟、雨水口等的位置以及顶层阳台的雨篷等。

(2)突出屋面的物体。如电梯机房、楼梯间、水箱、烟囱、通气孔、女儿墙等的位置。女儿墙为上人屋面周边的安全防护墙,一般高出屋面≥1200mm。

(3)轴线尺寸和符号。由于屋顶平面图较简单,只需标注出主要的轴线尺寸和必要的定位尺寸即可,屋面的细部做法可通过详图索引符号见相应的详图。

需要注意的是,由于使用和造型的需要,各部位的屋顶不一定在同一层面上,因此就有主体屋顶平面图和局部屋顶(如楼梯间屋顶)平面图之分。如图 8-12 所示,该楼的屋顶以Ⓑ轴线为界,Ⓐ₀～Ⓑ轴线范围内的屋面标高为 20.7m,Ⓑ～Ⓓ轴线范围内的屋面标高为 23.7m,Ⓐ～Ⓑ轴线范围内的屋面上方是屋顶框架。

8.3.3 平面图的阅读

8.3.3.1 阅读底层平面图方法及步骤

从平面图的基本内容来看,底层平面图涉及的内容较多,为此,在阅读建筑平面图时,首先要读懂底层平面图。阅读底层平面图的方法步骤如下:

(1) 了解建筑物的朝向、平面形状、房间的布置及相互关系。

(2) 复核建筑物各部位的尺寸。复核的方法是将细部尺寸加起来看其是否等于轴线尺寸。再将轴线尺寸和两端轴线外墙厚的尺寸加起来看是否等于总尺寸。

(3) 查阅各部位的标高。查阅标高时主要查阅房间、卫生间、楼梯间和室外地面标高。

(4) 核对门窗尺寸及樘数。核对的方法是根据图中实际需要的数量与门窗表中的数量是否一致。

(5) 查阅附属设施的平面位置。如卫生间中的洗涤槽、厕所间的蹲位、小便槽的平面位置等。

(6) 阅读文字说明,查各部位(构配件)所采用的材料及对施工的要求。查阅建筑材料要结合图中文字说明和设计说明阅读。其中墙体、柱、板、梁等承重构件所采用的材料及对施工要求的内容,一般编排在结构设计说明中。建筑配件材料、装修材料及施工要求的内容一般编排在建筑设计说明中。

8.3.3.2 阅读其他各层平面图的注意事项

在读懂底层平面图的基础上,阅读其他各层平面图要注意以下几点:

(1)查阅定位轴线及其编号是否与底层平面图一致。

(2)查明各房间的布置是否同底层平面图一样。如本实例的办公楼,标准层和底层平面图除④～⑤轴线外,布置完全一样。若是沿街建筑,房间的布置将会有很大的变化。

(3)查明墙厚与柱断面是否同底层平面图一样。本例办公楼的墙体厚度没有变化,而部分柱子的断面大小有变化。变截面的部位一般在上一层楼板的下皮。

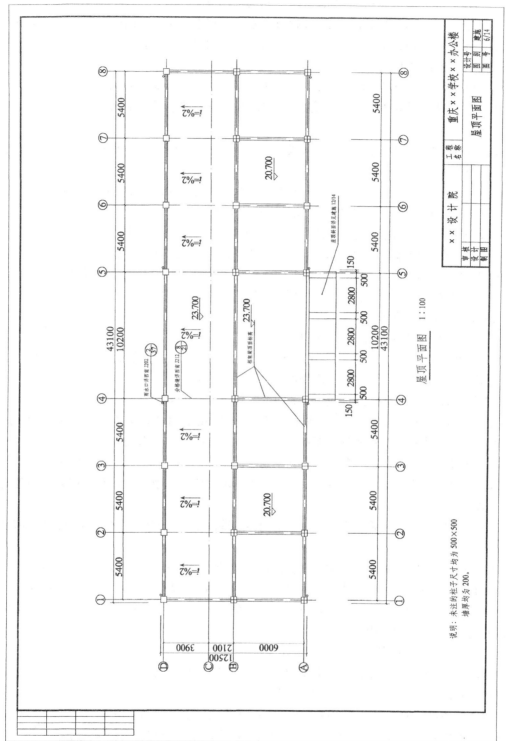

图 8-12 办公楼的屋顶平面图

(4)门窗是否同底层平面图一样。由于房间布置以及层高的不同,门窗的布置也会有相应的变化。如本例办公楼 A 轴线上④~⑤轴之间底层平面图中的门 M1 在标准层平面图中改变为Ⓐ⓪轴线上的窗 C10,①轴线上Ⓑ~Ⓒ轴之间底层平面图中的门 M4 在标准层平面图中改变为窗 C5,其余的窗,位置与底层平面图相同,而高度不同(除 C3 外),可结合立面图和平面图阅读。另外,在民用建筑中底层外墙窗一般还需要增设安全措施,如窗栅。

(5)采用的建筑材料是否同底层平面图一样。在建筑中,房屋的高度不同,对建筑材料的质量要求不一样。可结合附图 1 中结施 9-1 结构设计说明进行阅读。

8.3.3.3　阅读屋顶平面图的要点

阅读屋顶平面图主要注意以下两点:

(1) 屋面的排水方向、排水坡度及排水方式。

(2) 结合有关详图阅读,弄清变形缝或分格缝、女儿墙压顶与泛水、高出屋面部分的防水、泛水做法。

8.3.4　平面图的绘制步骤

(1)选比例定图幅进行图面布置。根据房屋的复杂程度及大小,选定适当的比例,确定幅面的大小,画图框、标题栏,布置图面,同时留出注写尺寸、符号和有关文字说明的位置。

(2)画出定位轴线,如图 8-13(a)。

(3)画出全部墙、柱断面,如图 8-13(b)。

(4)画出门窗及细部。

(5)画出固定设施。

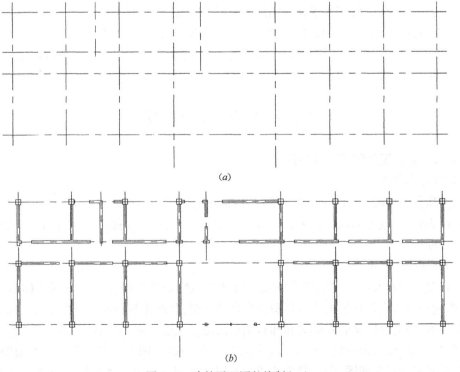

图 8-13　建筑平面图的绘制(一)

(a)画出定位轴线;(b)画出墙、柱断面和门窗洞

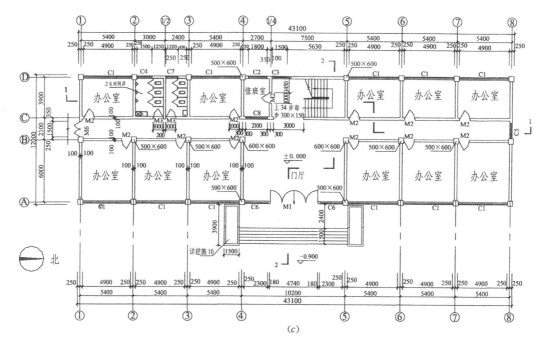

图 8-13 建筑平面图的绘制(二)
(c)画出构配件、细部、符号和标注尺寸、文字

画铅笔线底稿图时,以上步骤一般用 H 或 2H 铅笔削尖轻轻画出。

(6)检查,整理,按线型要求加深图线(一般用 HB 或 B 铅笔)。

(7)标注尺寸、注写符号和文字说明。一般用 HB 铅笔,如图 8-13(c)。

(8)复核。图完成后,需仔细校核,及时更正,尽量做到准确无误。整张图纸全部内容完成后,如图 8-9 所示。

8.4 建筑立面图

8.4.1 立面图的图示方法与用途

(1)立面图的形成

在与房屋外墙面平行的投影面上所作出的房屋正投影图,称为建筑立面图,简称立面图。

有圆弧形、折线形墙面的房屋,可将该部分展开(摊平)到与投影面平行后,再用正投影法绘制立面图。

(2)立面图的名称

一般建筑物都有前后左右四个立面。反映建筑物正立面特征的正投影图称为正立面图;反映建筑物背立面特征的正投影图称为背立面图,反映建筑物侧立面特征的正投影图称为侧立面图,侧立面图又分左侧立面和右侧立面。在建筑施工图中,立面图的名称通常根据两端定位轴线编号来确定,如图 8-14 中的①~⑧立面图,图 8-16 中的Ⓐ~Ⓓ立面图,其中①~⑧立面图为正立面图,Ⓐ~Ⓓ立面图为右侧立面图。无定位轴线的建筑物可按朝向确定名称,如南立面图、北立面图、东立面图等。

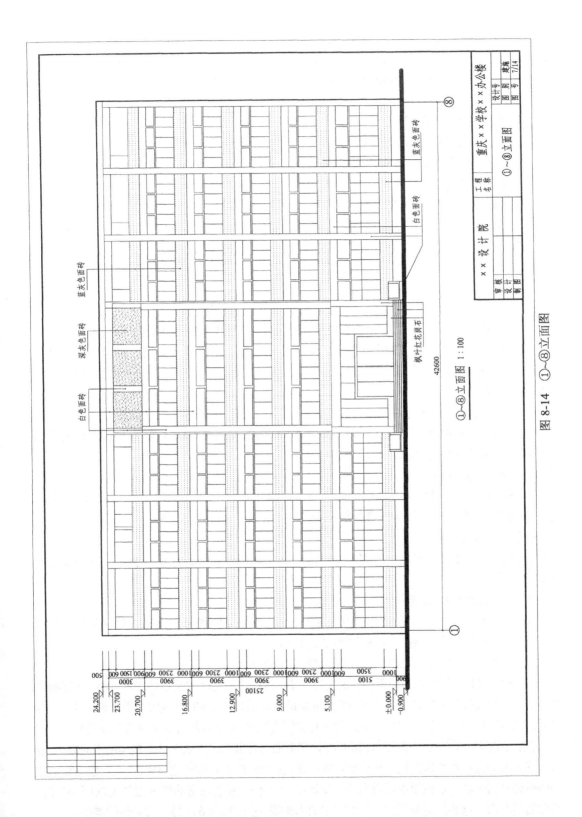

图 8-14 ①~⑧立面图

(3)立面图的线型

为了加强图面效果,使外形清晰、重点突出和层次分明,通常用粗实线表示外墙的最外轮廓线;雨篷、阳台、窗台、台阶、花池以及门窗洞的轮廓线用中实线;地坪线用加粗实线(1.4b);其余如门窗扇及其分格、栏杆、墙面分格线等均用细实线。

(4)立面图的用途

立面图主要反映建筑物外貌、高度、门窗和立面装饰等,是建筑工程师表达立面设计效果的重要图样。在施工中是外墙面装修、工程概预算、备料等的依据。

下面以图8-14中①~⑧立面图为例,介绍立面图的主要内容、阅读方法与绘制。

8.4.2 立面图的主要内容

(1)图名、比例、两端轴线及编号

在立面图下边应注出图名、比例。立面图的比例、两端轴线及编号应与平面图相同。

(2)建筑物外貌形状、门窗和其他构配件的形状和位置

立面图表达建筑物各个方向的外貌形状,包括墙面、柱、门窗、洞、台阶、花池、阳台、雨篷、屋顶以及突出屋顶的物体的立面形状和位置。

(3)立面图中的尺寸

立面图中的尺寸是表示建筑物高度方向的尺寸,一般用三道尺寸线表示。最外面一道为建筑物的总高,建筑物的总高是从室外地面到檐口女儿墙顶部的高度。中间一道尺寸为层高,即下一层楼(地)面到上一层楼面的高度。最里面一道尺寸为门窗洞口的高度及与楼(地)面的相对位置。

(4)各主要部位的标高

立面图中用标高表示出各主要部位的相对高度,如室内外地面标高、各层楼面标高及檐口标高。相邻两楼面的标高之差即为层高。

(5)外墙面的分格

如图8-14所示,该建筑外墙面的分格线是以横线条为主,竖线条为辅的设计思路;利用通长的窗台、窗檐或楼层分格线进行横向分格,利用柱子进行竖向分格。

(6)外墙面的装修

外墙面装修材料及颜色一般用指引线作出文字说明。具体做法需查阅设计说明或相应的标准图集。

8.4.3 立面图的阅读

阅读立面图时,应与平面图结合起来进行阅读,查阅立面图与平面图的对应关系,这样,才能建立起立体感,加深对平面图、立面图的理解。

(1)弄清建筑物的外部形状、墙面、门窗洞的位置及大小

结合平面图,查阅该立面图所表达的是哪个朝向的立面,显示的是哪些墙面和柱,弄清哪些墙面凸出,哪些墙面凹进,哪些墙面高,哪些墙面低。弄清该立面图中哪些是墙面,哪些是门,哪些是窗,哪些是洞(空门洞、空窗洞、空调洞等),它们的位置、大小以及与平面图的对应关系。

例如,将图8-14①~⑧立面图与相应的平面图对照可看出,该立面图所表达的是朝东的立面,也就是将该栋办公楼由东向西投射所得的正投影图,它显示的是Ⓐ轴线、Ⓐ⓪轴线及6层楼上Ⓒ轴线的墙面和柱的形状。从该图中可看到的门窗是:东边办公室和会议室的窗、6层楼上的门和门洞、门厅的门与窗。这些门窗分别位于平面图中的Ⓐ轴线、Ⓐ⓪轴线及6层楼上Ⓒ轴线的墙中。

(2)查阅其他构配件的位置和大小

如阳台、窗台、窗檐、雨篷、台阶、花池、勒脚等,一般应结合建筑详图进行阅读。

(3)查阅外墙面的装修做法

通过查阅文字说明和标准图集了解墙面及各细部的装修材料、色彩、做法等。例如,图8-14①~⑧立面图表明该立面的装修,窗台下方墙面采用蓝灰色面砖,窗檐上方墙面、柱表面和花池采用白色面砖,底层门厅前的墙、柱、台阶采用枫叶红花岗石。

(4)查阅建筑物各部位的标高及相应的尺寸

了解建筑物的总高、层高、门窗高度、窗台高等。例如,图8-14①~⑧立面图表明该办公楼立面总高25.1m,底层层高5.1m,标准层层高3.9m,六层层高3m,该立面底层窗高3.5m,标准层窗高2.3m,窗台高均为1m。

8.4.4 立面图的绘制

一般是在绘制好平面图的基础上,对应平面图来绘制立面图。绘制方法步骤大体同平面图。其步骤如下:

(1)选比例和图幅,进行图面布置,画图框、标题栏。比例、图幅一般同平面图一致。

(2)画室外地坪线、层高线、外墙(柱)轮廓线和屋顶或檐口线,并画出首尾轴线,如图8-15(a)。

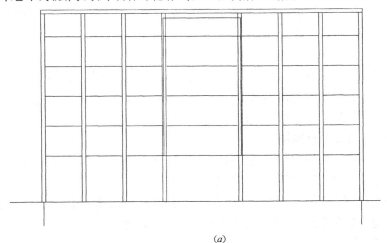

(a)

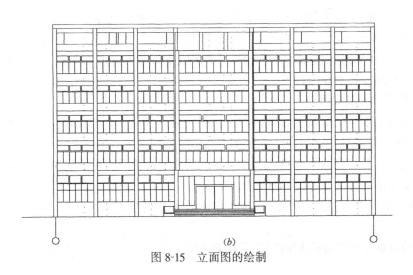

(b)

图 8-15 立面图的绘制

(3)画出细部轮廓线,包括门窗、洞孔、窗台、窗檐、阳台、雨篷、屋檐、台阶、花池等,如图 8-15(b)。

画铅笔线底稿图时,以上步骤一般用 H 或 2H 铅笔削尖轻轻画出。

(4)检查,整理,按线型要求加深图线(一般用 HB 或 B 铅笔)。

(5)标注标高、尺寸,注明各部位的装修做法。

(6)校核,修正,整张图纸全部内容完成后,如图 8-14 所示。

8.5 建筑剖面图

8.5.1 剖面图的图示方法及用途

(1)剖面图的形成

建筑剖面图是指房屋的垂直剖面图。假想用平行于纵墙面或横墙面的剖切平面将房屋剖切开,移去剖切平面与观察者之间的部分,将剩下部分按正投影的原理投射到与剖切平面平行的投影面上,得到的图称为建筑剖面图,简称剖面图。

剖切位置应选择在能反映全貌、构造特征以及有代表性的部位,剖切平面一般应通过门窗和楼梯间。如果一个剖切平面不能满足要求时,可将剖切平面转折。剖切符号应标注在 ±0.000(底层)平面图相应的位置上。

(2)剖面图的名称

用平行于横墙面的剖切平面进行剖切,得到的剖面图称为横剖面图;用平行于纵墙面的剖切平面进行剖切,得到的剖面图称为纵剖面图。施工图中,剖面图的名称用相应的剖切编号来确定,如 1-1 剖面图、2-2 剖面图等。

(3)剖面图的线型及材料图例

在剖面图中,被剖切到的轮廓线用粗实线绘制;地坪线用加粗实线绘制;其余可见轮廓线用中实线绘制;尺寸线和图例线等均用细实线绘制。

剖面图中的断面,比例大于 1:50 时,应画出材料图例;比例为 1:100～1:200 时,可简化材料图例,如砖墙断面涂红、钢筋混凝土板与梁断面涂黑等。

(4)剖面图的用途

剖面图同平面图、立面图一样,是建筑施工图中最重要的图纸之一,用来表达建筑物的结构形式、分层情况、层高及各部位的相互关系等,是施工、概预算及备料的重要依据。

下面主要以 1-1 剖面图(图 8-17)为例,介绍剖面图的主要内容、阅读方法与绘制。

8.5.2 剖面图的主要内容

(1)图名、比例、定位轴线

剖面图的比例、定位轴线及编号应与平面图一致。通过图名的编号,在底层平面图中可找到对应的剖切位置和投射方向。本例 1-1 剖面图是通过ⓒ～Ⓓ轴线范围的办公室、卫生间、楼梯间剖切并转折到Ⓑ～ⓒ轴线的走廊剖切后向西边投射所得到的纵剖面图。

(2)反映房屋内部的分层、分隔情况

例如该建筑高度方向共分六层,长度方向由内墙分隔为大小办公室、卫生间、楼梯间和内走廊。

(3)反映被剖切到的部位和构配件的断面情况

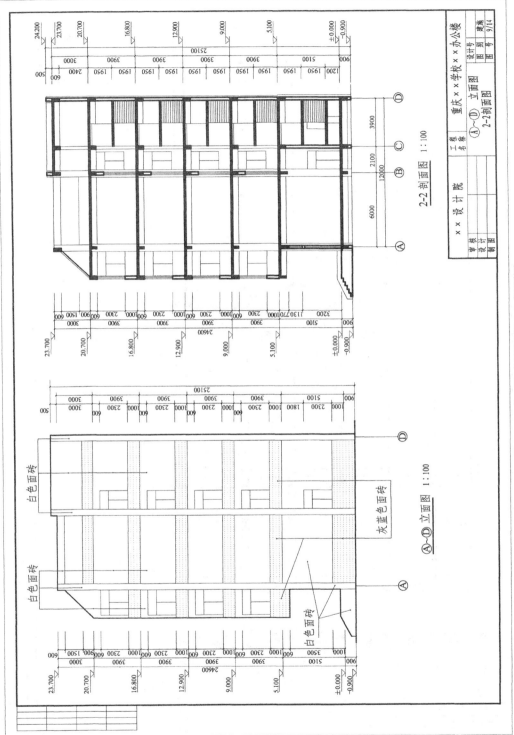

图 8-16 Ⓐ~Ⓓ立面图和 2-2 剖面图

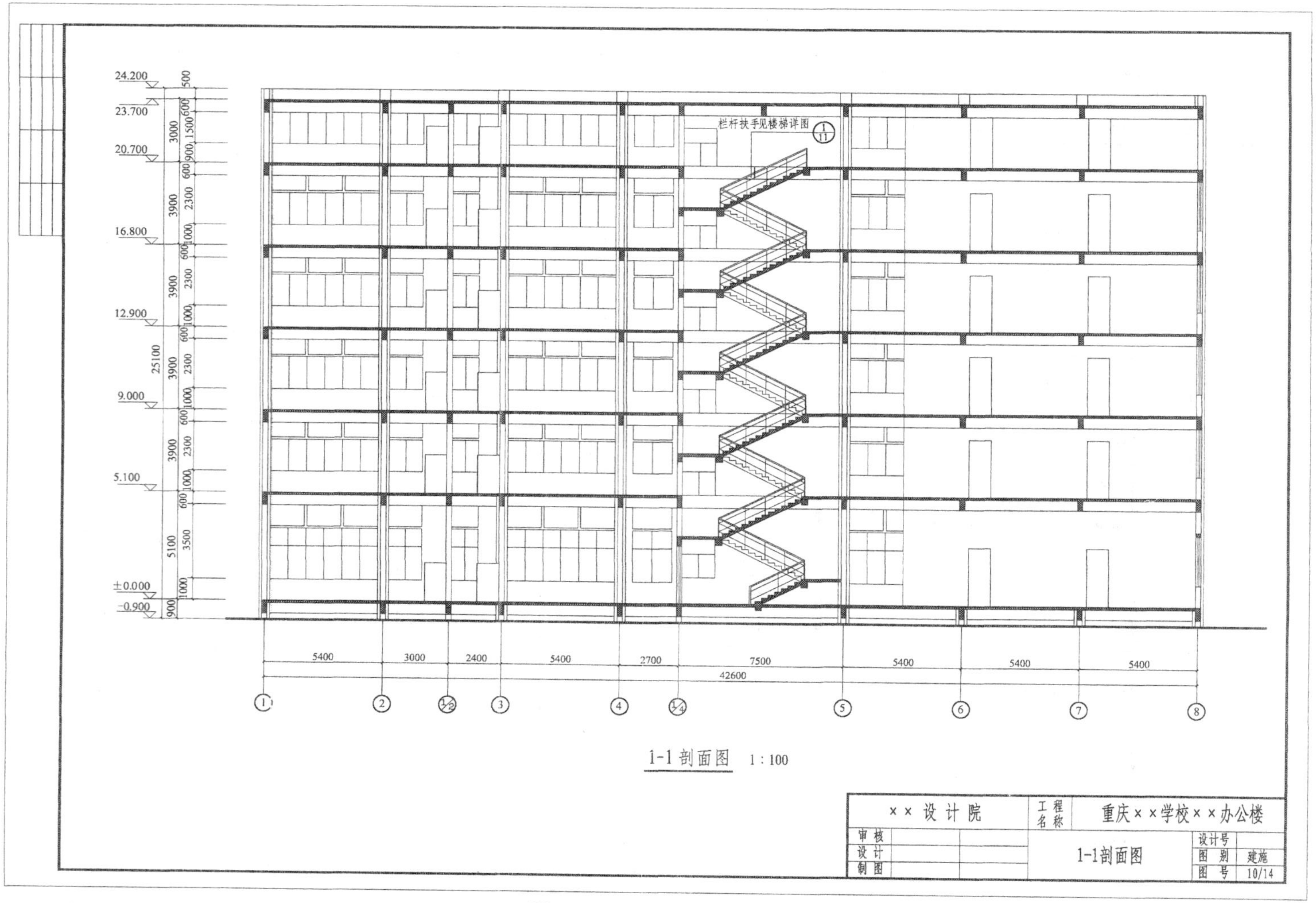

图 8-17 1-1 剖面图

包括被剖切到的房间、墙体、门窗、地面、楼面、屋顶、楼梯段、楼梯平台、阳台、各种板、梁等断面情况。

(4)表达未剖切到的可见部分

在剖面图中,除了应画出被剖切到的部位和构配件的断面外,还应画出未剖切到但投影可见的部分,包括可见的墙面、柱、门窗、楼梯段、楼梯扶手、阳台、雨篷及其他可见的细部。

(5)尺寸及标高

表示房屋高度方向的尺寸及标高,如1-1剖面图中每层楼地面的标高及外墙门窗洞口的标高等。剖面图中高度方向的尺寸和标注方法同立面图一样,也有三道尺寸线。必要时还应标注出内部门窗洞口的尺寸。水平方向标注出轴线尺寸。

(6)索引符号

剖面图中不能详细表示清楚的部位,应画出详图索引符号,另用详图表示。如图8-17中1-1剖面图标注的 $\left(\frac{1}{11}\right)$。

8.5.3 剖面图的阅读

阅读剖面图时,应结合平面图和立面图进行阅读,要特别注意与底层平面图中的剖切符号的对应关系,建立起房屋内部的空间概念。

(1)了解建筑物的内部构造,墙面、楼板、梁、柱、门窗的位置及相互关系。

(2)结合建筑设计说明或材料做法表阅读,查阅地面、楼面、墙面、顶棚的装修做法。

(3)结合屋顶平面图和详图阅读,了解屋面坡度、屋面防水、女儿墙泛水、屋面保温、隔热等的做法。在建筑中屋顶有平屋顶、坡屋顶之分。屋面坡度在5%以内的屋顶称为平屋顶;屋面坡度大于15%的屋顶称为坡屋顶。从本例1-1剖面图并结合图8-16中的2-2剖面图可看出该建筑物为平屋顶,具体做法在相应的详图中表示。

(4)查阅各部位的高度。了解建筑物的室内外地坪、楼层、屋顶、外墙窗台、窗檐标高和建筑物的总高等。本例办公楼室内外地坪高差为0.9m,因此,底层地面为架空楼板。

通过本例两个剖面图并结合平面图的阅读,还可看出该楼竖向有钢筋混凝土柱,纵横方向有钢筋混凝土梁,因此可大致看出该楼的结构形式为钢筋混凝土框架结构。

8.5.4 剖面图的绘制

一般做法是在绘制好平面图、立面图的基础上绘制剖面图,并采用相同的比例。其步骤如下:

(1)按比例画出定位线。内容包括室内外地坪线、楼层分格线、墙体轴线,如图8-18(a)。

(2)确定墙厚、楼层、地面厚度及柱的位置,如图8-18(a)。

(3)画出门窗、楼梯、梁等可见的构配件的轮廓线及相应的图例,如图8-18(b)。

(4)检查,整理,按要求加深图线。

(5)按规定标注尺寸、标高、屋面坡度、散水坡度、定位轴线编号、索引符号及必要的文字说明。

(6)复核,修正,整张图纸全部内容完成后,如图8-17所示。

以上介绍的平面图、立面图、剖面图是建筑施工图中的基本图纸,表达全局性的内容,通过建筑平、立、剖面图的综合阅读,可想像出该房屋内外的整体形状(见图8-1)。

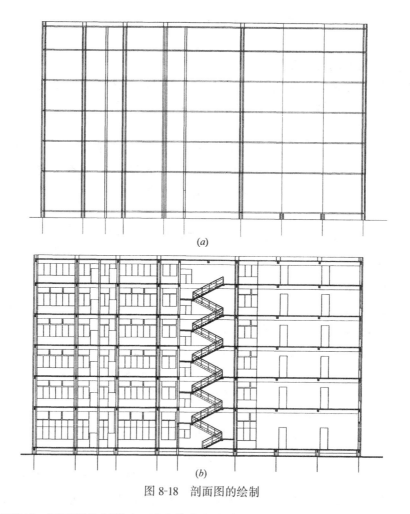

图 8-18 剖面图的绘制

但由于平、立、剖面图比例较小,无法将房屋的某些局部构造、做法表示清楚,因而还需要采用较大比例的详图来表达。

8.6 建 筑 详 图

8.6.1 概述

将建筑物的局部、节点及建筑构配件的形状、大小、材料和做法等,用较大的比例详细地表示出来的图样,称为建筑详图或大样图,简称详图。

8.6.1.1 详图的比例

详图所采用的比例以能将该细部表达清晰为宜。视具体情况选用 1:1、1:2、1:5、1:10、1:15、1:20、1:25、1:30、1:50 等。

8.6.1.2 详图的数量和图示方法

在建筑平、立、剖面图和设计说明中无法表示清楚的内容,都需要另绘详图或选用合适的标准图集表达清楚。详图的数量视房屋的大小和细部构造的复杂程度而定。图示方法可用平面详图、立面详图、剖面详图或断面详图,详图中还可索引出比例更大的详图;直接选用标准图集时,不需要另画详图。

8.6.1.3 索引符号与详图符号

详图与平、立、剖面图的关系是用索引符号与详图符号联系的。索引符号的圆及水平直径均应以细实线绘制。圆的直径应为10mm。索引符号的引出线沿水平直径方向延长或对准索引符号的圆心,并指向被索引的部位。

(1)详图索引符号

详图索引符号的表示方法及其含义如图8-19(a)所示,分三种情况:

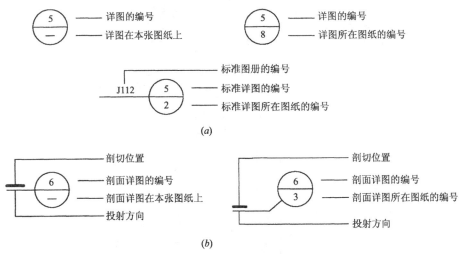

图 8-19 索引符号及其含义
(a)详图索引符号;(b)用于索引剖面详图的索引符号

1)详图与被索引的图在同一张图纸上。
2)详图与被索引的图不在同一张图纸上。
3)详图采用标准图。

(2)剖面详图的索引符号

剖面详图的索引符号如图8-19(b),用于索引剖面详图,它与索引符号的区别在于增加了剖切位置线,图中用粗短线表示。在剖切的部位绘制剖切位置线,并且以引出线引出索引符号,引出线所在的一侧为投射方向。

(3)详图符号

索引出的详图画好之后,应在详图下方编上号,称为详图符号。详图符号的圆应以粗实线绘制,直径为14mm。详图符号分为以下两种情况:

1)当详图与被索引的图在同一张图纸上时,详图符号如图8-20(a)所示。
2)当详图与被索引的图不在同一张图纸上时,详图符号如图8-20(b)所示。

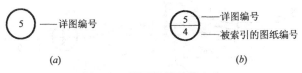

图 8-20 详图符号及其含义
(a)与被索引的图样在同一张图纸内的详图符号;
(b)与被索引的图样不在同一张图纸内的详图符号

8.6.2 外墙身详图

外墙身详图实际上是建筑剖面图的局部放大图样,主要表示地面、楼面、屋面与墙体的关系,同时也表示排水沟、散水、勒脚、窗台、窗檐、女儿墙、天沟、排水口、雨水管的位置及构造做法,如图 8-21 所示。

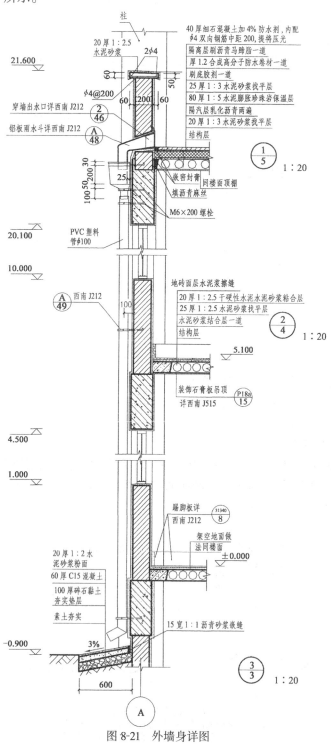

图 8-21 外墙身详图

8.6.2.1 外墙身详图的用途及表示方法

外墙身详图与平、立、剖面图配合使用,是施工中砌墙、室内外装修、门窗立口及概算、预算的依据。

外墙身详图的剖切位置一般设在外墙门窗洞口部位,一般按 1∶20 的比例绘制。多层房屋中,若中间各层相同时,可只画出底层、顶层和一个中间层的节点,各节点在窗口处断开,在各节点详图旁边注明详图符号和比例。

8.6.2.2 外墙身详图的基本内容

(1)表明墙厚及墙与轴线的关系。从图 8-21 中可以看到,墙体为填充墙,墙厚为 200mm,墙的中心线与轴线重合。

(2)表明各层楼中的梁、板的位置及与墙身的关系。从图 8-21 中可以看出该建筑的楼板、屋面板采用的是钢筋混凝土圆孔板,靠墙布置,窗洞上设有框架梁。

(3)表明地面、楼面、屋面的构造做法。地面、楼面、屋面的构造做法采用分层构造说明的方法表示,例如楼面构造做法是:在结构层上做水泥浆结合层一道,在结合层上做 25 厚 1∶2.5 水泥砂浆找平层,在找平层上做 20 厚 1∶2.5 干硬性水泥砂浆粘合层,面层铺地砖,水泥浆擦缝。

(4)表明门窗立口与墙身的关系。在建筑工程中,门窗框的立口有三种方式,即平内墙面、居墙中、平外墙面。图 8-21 中门窗立口采用的是居墙中的方法。

(5)表明排水、防水防潮设置及做法。如图 8-21 中的雨水口、雨水斗、雨水管的位置与固定;外墙面墙脚处的散水做法和底层地面之下的墙身内设置的钢筋混凝土圈梁(兼作防潮层)等。

(6)表明各部位的细部装修做法。如窗台、窗檐、踢脚、勒脚、女儿墙压顶等的细部做法。

(7)表明各主要部位的标高。在建筑施工图中标注的标高称为建筑标高,标注的高度位置是建筑物某部位装修完成后的上表面或下表面的高度。它与结构施工图(见第 9 章)的标高不同,结构施工图中的标高称为结构标高,它标注结构构件未装修前的上表面或下表面的高度。从图 8-22 中,可以看到建筑标高和结构标高的区别。

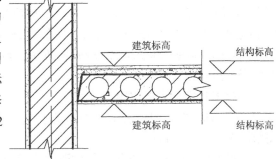

图 8-22 建筑标高和结构标高

8.6.2.3 读图方法及注意事项

(1)注意墙身详图所表示的范围。读图时根据详图的编号,结合附图 1 建施 3/14、建施 4/14、建施 5/14 中平面图的索引符号,可知该详图的剖切位置和投射方向,它表达的是Ⓐ轴线上的墙垂直剖面情况。

(2)掌握图中的分层构造说明的表示方法,一般要结合建筑设计说明、材料做法表和标准图集阅读。分层构造说明注写的顺序与图形表达的顺序是对应的,从结构层开始注写的顺序也表示工序。这种表示方法常用于地面、楼面、屋面、顶棚、墙面和散水等装修做法。

(3)结合建筑设计说明、材料做法表和标准图集阅读,了解各细部的构造做法。

(4)了解构件与墙体的关系。楼板与墙体的关系一般有靠墙和压墙两种。图 8-21 为靠墙,说明该墙为非承重墙。

(5)在±0.000或防潮层以下的墙称为基础墙,施工做法应以基础图为准。在±0.000或防潮层以上的墙施工做法以建筑施工图为准,并注意连接关系及防潮层的做法。

8.6.3 楼梯详图

8.6.3.1 概述

(1)楼梯的组成

楼梯是建筑物垂直交通的重要设施,一般由楼梯段、平台、栏杆(栏板)扶手三部分组成,如图8-23所示。

1)楼梯段。指两平台之间的倾斜构件。它由斜梁或板和若干踏步组成。踏步分踏面和踢面。

2)平台。是指两楼梯段之间的水平构件。根据位置不同又有楼层平台和中间平台之分,中间平台又称为休息平台。

3)栏杆(栏板)和扶手。栏杆和扶手设在楼梯段及平台悬空的一侧,起安全防护作用。栏杆一般用金属材料做成,扶手一般由金属材料、硬杂木或塑料等做成。

(2)楼梯的类型

楼梯按结构材料的不同,有木楼梯、钢筋混凝土楼梯和钢楼梯等。钢筋混凝土楼梯具有坚固、耐久、防火等优点,使用最为广泛。

楼梯按上、下楼层之间的梯段数量和上下楼的方式不同,可分为单跑梯、双跑梯、多跑梯、交叉梯、弧形梯及螺旋梯等多种形式。其中双跑梯应用最多,多跑梯适用于层高较高的楼层。例如本办公楼

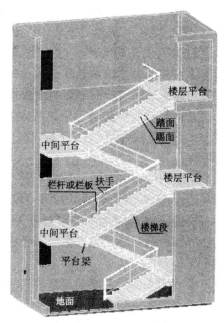

图8-23 楼梯的组成

底层层高为5100mm,标准层高3900mm,故底层到二层之间采用三跑楼梯(3个梯段),标准层均用双跑楼梯(两个梯段)。

(3)楼梯详图的主要内容

要将楼梯在施工图中表示清楚,一般要有3个部分的内容,即楼梯平面图、楼梯剖面图和踏步、栏杆、扶手详图等。

下面以图8-24为例,介绍楼梯详图的阅读和绘制。

8.6.3.2 楼梯平面图

楼梯平面图的形成同建筑平面图一样,如图8-25所示,假设用一水平剖切平面在该层门窗洞或往上行的第一个楼梯段中剖切开,移去剖切平面及以上部分,将余下的部分按正投影的原理投射在水平投影面上所得到的图,称为楼梯平面图。

楼梯平面图是房屋平面图中楼梯间部分的局部放大图,常采用1:50的比例绘制。

楼梯平面图一般分层绘制。若中间各层楼梯位置及其梯段数、踏步数和大小都相同时,可只画出底层、中间层(标准层)和顶层3个平面图。

楼梯水平剖切后,除底层平面图的梯段和踏步数表达不完整外,中间层(标准层)和顶层平面图中的梯段和踏步数应按实际情况绘制。被剖切到的梯段应画出折断线。

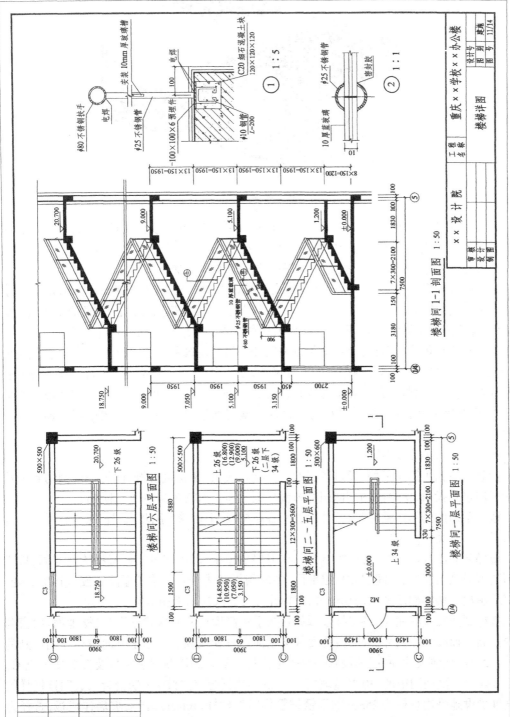

图 8-24 楼梯详图

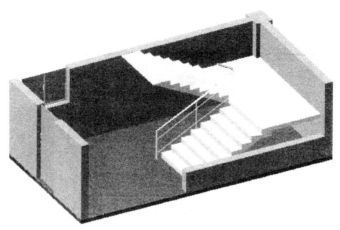

图 8-25　楼梯水平剖切

需要说明的是，按假设的水平剖切面将楼梯间剖切开，被剖切到的梯段折断线本应该平行于踏步线（踏面与踢面的交线），为了与踏步的投影区别开，《建筑制图标准》（GB/T 50104—2001）中的图例规定画为斜线，一般画成与踏步线成30°。

以折断线为界，在每一梯段处画出长箭头，并标注"上"、"下"和踏步级数。如图8-24，二层平面图中被剖切的梯段的箭头尾部注有"上26级"，表示从本楼层往上走26级踏步到达三层楼；另一梯段的箭头尾部注有"下34级"，表示从本楼层往下走34级踏步到达底层地面。

在楼梯平面图中，应标注轴线编号以表明楼梯间在建筑平面图中的位置，并应标注楼梯间的长宽、梯段的长宽、踏面与平台的宽度尺寸，楼地面、平台的标高等。梯段水平投影的长度尺寸标注为：踏面数×踏面宽＝梯段长，梯段踏面数＝该梯段踢面数－1。踏面数比踢面数少1，是因为梯段最高一级的踏面与平台面或楼层面重合，因此，平面图中每一梯段的踏面格数，总是比踢面数少1。

8.6.3.3　楼梯剖面图

假想用一铅垂剖切平面，通过各层的一个楼梯段，将楼梯剖切开，向另一未剖切到的楼梯段方向进行投射，所绘制的剖面图称为楼梯剖面图。如图8-24的1-1剖面图。

楼梯剖面图的作用是完整、清楚地表明各层梯段、平台、梁、踏步、栏杆（板）、扶手等的构造形式与相互关系。

楼梯剖面图常用1:50的比例绘制。在多层房屋中，若中间各层的楼梯构造相同，楼梯剖面图可只画出底层、中间层和顶层剖面，中间用折断线分开。楼梯屋面若没有特殊之处，也可不画出。楼梯剖面图的剖切位置，应标注在楼梯底层平面图上。

楼梯剖面图应标注：①各层梯段、踢面、扶手的高度尺寸及楼梯间平台、楼地面、门窗洞口的标高。梯段高度尺寸标注为：踢面数×踢面高＝梯段高。②水平方向应标注剖切到的墙轴线编号、轴线尺寸、底层梯段和平台的定位尺寸等。③详图索引符号及有关文字说明。如图8-24，1-1剖面图中的"10厚蓝玻璃"、"φ25不锈钢管"与"φ80不锈钢管"，表明该楼梯的安全维护设施是用直径为25mm的不锈钢管作竖直栏杆，10mm厚的蓝玻璃作栏板，直径为80mm的不锈钢管作扶手。

8.6.3.4　踏步、栏杆（板）及扶手详图

踏步、栏杆、扶手这部分内容同楼梯平面图、剖面图相比，要采用更大的比例绘制，其目

的是表明楼梯各部位的细部做法。

(1)踏步。如图 8-24 中楼梯详图,踏面的宽为 300mm,在楼梯平面图中表示;踢面的高为 150mm,在楼梯剖面图中表示。楼梯间踏步的装修若无特别说明,一般都是同地面的做法,该楼梯踏面为枫叶红花岗石,见设计说明。在公共场所,楼梯踏面要设置防滑条。该楼梯做的防滑条见西南 J412-8/60。

(2)栏杆、扶手。图 8-24 中的详图①为栏杆、扶手剖面图,表达竖直栏杆与扶手、梯段的连接关系和做法。图中"—100×100×6 预埋件"的含义是:"—"表示钢板,"100×100×6"表示钢板的长、宽、厚,此处将 100×100×6 的钢板预埋于梯段的踏面端头 100mm 处,作为竖直栏杆与梯段的连接件。钢板下面与直径 10mm,长度为 200mm 并弯制成 Π 形的钢筋焊接,Π 形钢筋用 C20 细石混凝土预埋于梯段中。竖直栏杆与扶手和钢板的连接均采用焊接。详图②表明了玻璃栏板与竖直栏杆的连接关系,从图中可看出,玻璃栏板直接插入竖直栏杆内,然后用密封胶密封固定。因此,在竖直栏杆上应事先定位,开出安装槽。

8.6.3.5 楼梯详图的阅读方法

楼梯相对其他建筑构配件来说要复杂些,因此,阅读楼梯详图时要结合楼梯平面图、剖面图、节点详图和建筑平、立、剖面图、设计说明来综合了解楼梯间与楼梯的结构构造、施工做法,即楼梯的类型、各组成部分的位置、形状、大小、高度(标高)、数量、材料、颜色及各部分之间的相互关系等。如本例楼梯,通过平面图和剖面图可看出,除底层外,每层有两个梯段,所以为双跑式楼梯。每跑有 13 级踏步。从剖面图的材料图例中可知,该楼梯为现浇钢筋混凝土板式楼梯。其他如前所述,不再赘述。

8.6.3.6 楼梯详图的绘制

通常将楼梯平面图、剖面图和节点详图集中画在一张图纸上,各层平面图相互对齐,这样既便于阅读,又可省略一些重复尺寸和轴线编号的标注。

(1)楼梯平面图的绘图步骤,以本例楼梯标准层平面图为例。

1)画出楼梯间定位轴线及其墙与柱,确定平台宽度、梯段长度,宽度即两梯段间隔,如图 8-26(a)。

2)根据该梯段的踏步数或踏面宽度,用辅助线将梯段长度等分为"踏步数—1"格,由此画出踏面分格线,并画出扶手和上行梯段的折断线,如图 8-26(b)。

3)画出门窗和上、下箭头及填充材料图例等。

4)检查,整理,加深图线,要求与建筑平面图一致。

5)标注尺寸、标高、图名、比例、轴线编号及文字说明等,如图 8-26(c)。图中括号内的标高值为上一层的标高。

(2)楼梯剖面图的绘图步骤,以本例顶层楼梯剖面为例。

1)根据楼梯底层平面图中标注的剖切位置和投射方向,画出墙体轴线、墙体厚度、确定楼地面、平台、梯段和楼梯梁的位置,如图 8-27(a)。

2)等分梯段画踏步。垂直方向按踢面数等分梯段高度,水平方向按踢面数 – 1 等分梯段水平长度,画出踏面和踢面轮廓线,如图 8-27(b)。

3)画栏杆(板)扶手,扶手坡度应与梯段一致,如图 8-27(c)。

4)画楼梯间其他可见部分和细部,如门窗、柱、梁、板与材料图例等。

5)检查,整理,加深图线,要求与建筑剖面图一致。

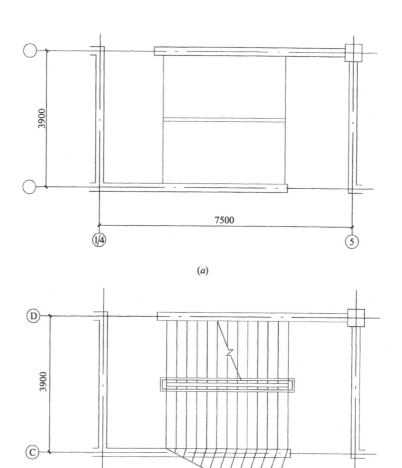

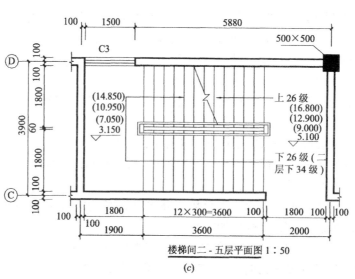

楼梯间二-五层平面图 1：50

(c)

图 8-26 楼梯平面图的绘制

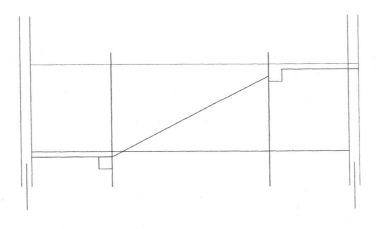

(a)

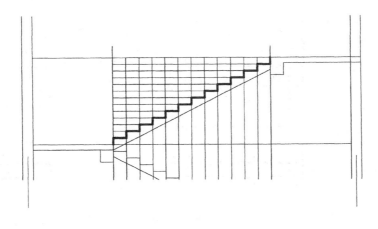

(b)

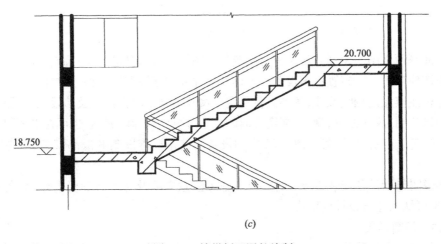

(c)

图 8-27 楼梯剖面图的绘制

165

6）标注尺寸、标高、符号、轴线编号及文字说明等。

8.6.4 卫生间详图

卫生间是房屋中不可少的"功能房间"之一，卫生间中最常见的固定设备有洗涤盆或盥洗台、浴盆、污水池、大、小便器等。为了表达卫生间的设备布置，需要画出卫生间详图，常见的有平面详图、全剖面详图、局部剖面详图以及设备详图等，一般除了平面详图是必须的以外，其他详图可酌情取舍。当比例不大于1：50时，室内设备有图例的则用图例表示，无图例则按投影绘制；当比例大于1：50时，室内设备按投影绘制，如图8-28所示。

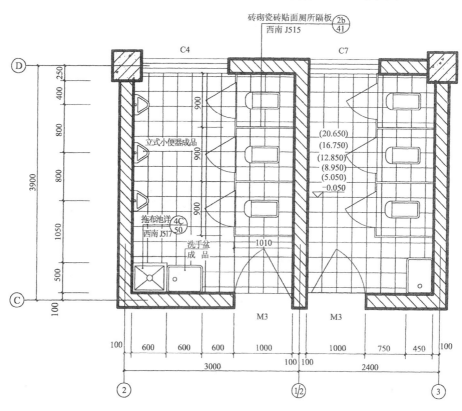

图8-28 卫生间详图

卫生间平面详图的绘制方法步骤与建筑平面图类似，即定轴线——画墙、柱——画门窗——填充墙柱断面——布置室内设备——标注尺寸和文字说明——检查、加深。

尺寸标注应注出轴线尺寸、各种设备的定位尺寸。至于门窗洞口及墙段尺寸，因在建筑平面图中已注明，故此处可省略。高度方向的尺寸既可由剖面图表达，也可在平面图中用标高的形式确定，或见标准图集。图8-28中的设备均选用标准图集和成品安装，故高度尺寸省略。

文字说明包括设备安装要求、装修要求、施工注意事项及防水防潮要求等，可在图形附近注明，也可纳入建筑设计说明中。

8.6.5 门窗详图

门窗的技术发展趋势是设计定型化、制作与安装专业化。铝合金门窗、铝塑门窗、钢塑门窗是定型材料,由门窗生产厂家制作安装。因此,在施工图中一般不画这类材料的门窗详图,只需画出该门窗的立面图以表示清楚门窗立面形状、大小及分格即可。

木门窗一般需要施工单位制作安装。但木门窗详图一般都有标准图集供设计者选用,因此在施工图中只要注明该详图所在标准图集中的编号,就可不必另画详图。制作与安装时,可查阅标准图集。当使用非标准门窗时,则应画出详图。另外,木窗已逐渐被铝合金窗、铝塑窗、塑钢窗取代,而木门仍然广泛使用,所以下面以木门为例,如图 8-29 所示,介绍木门详图的内容及表达方法。

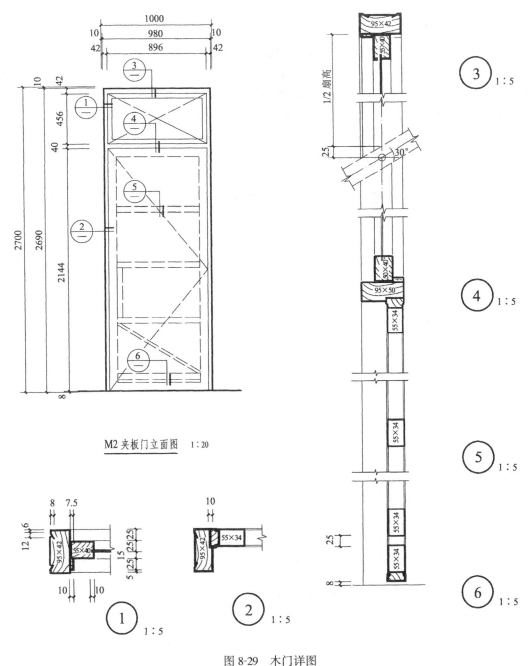

图 8-29 木门详图

木门详图的基本内容包括立面图、节点详图、五金表及文字说明等。

(1)立面图

木门立面图一般采用1:20的比例绘制,表示门框、门扇、亮子的大小及组成形式,节点详图的索引符号等内容。如图8-29所示为夹板门实例,夹板门门扇由木骨架和面板组成。木骨架被面板所遮住,故在立面图中画成虚线。

立面图尺寸一般有三道:最外边一道为门洞口尺寸;中间一道为门框外包尺寸和灰缝尺寸,最里面一道为门扇和亮子的尺寸。

(2)节点详图

节点详图表达门框与门扇或亮子的相互关系,成型后的各部位的断面形状、尺寸、相对位置等。节点详图用较大的比例绘制,并分别注明详图编号,以便与门立面图相对应。

例如图8-29中的节点详图表达了该门的边框和上框断面尺寸均为95×42,中框尺寸为95×50;亮子边框断面尺寸为55×40;门扇骨架木料断面尺寸为55×34,门扇与门的边框里面平齐,门扇上方的亮子可中旋开启与水平方向成30°。其余内容和尺寸读者自行分析。

(3)五金表及文字说明

五金表用于表明每一樘门所需要的五金配件(如铰链、插销、门锁等)的名称、规格及数量。

文字说明的内容主要是材料、施工方法、油漆颜色及涂刷工艺等。这些内容也可在设计说明中统一叙述。

第9章 房屋结构施工图

9.1 概 述

9.1.1 结构施工图简介

在房屋建筑中,结构的作用是承受重力和传递荷载。一般情况下,外力作用在楼板上,由楼板将荷载传递给墙或梁,由梁传给柱,再由柱或墙传递给基础,最后由基础传递给地基。如图9-1。

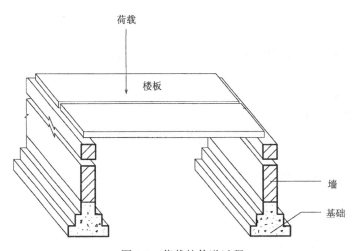

图9-1 荷载的传递过程

建筑结构按照主要承重构件所采用的材料不同,一般可分为钢结构、木结构、砖混结构和钢筋混凝土结构四大类。我国现在最常用的是砖混结构和钢筋混凝土结构。本章以钢筋混凝结构为例,介绍结构施工图的绘制和阅读方法。

钢筋混凝土结构的房屋结构形式一般是独立柱基础,柱、梁、楼板、屋面板、过梁、雨篷、楼梯等由钢筋混凝土制成,墙体选用轻质材料,一般为填充墙。图9-2为钢筋混凝土结构示意图。

结构施工图表明结构设计内容和各工程(建筑工程、装饰工程、安装工程等)对结构工程的要求。主要反映承重构件的布置情况、构件类型、材料质量、尺寸大小及制作安装等。结构施工图简称"结施"。

9.1.2 结构施工图的主要内容

9.1.2.1 结构设计说明

根据工程的复杂程度,结构设计说明的内容有多有少,但一般包括四个方面的内容:
(1)主要设计依据:国家有关的标准、规范及建设方(业主)对该建筑的使用要求等;

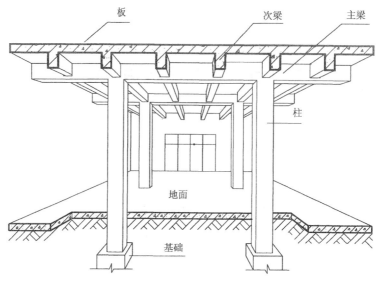

图 9-2 钢筋混凝土结构示意图

(2)自然条件:地质勘探资料,地震设防裂度,风、雪荷载等;

(3)施工要求;

(4)对建筑材料的质量要求。

9.1.2.2 结构布置图

结构布置图属于全局性的图纸,除基础平面布置图及基础详图外,一般用平法表示,主要内容包括:

(1)基础平面布置图及基础详图;

(2)柱及剪力墙平法施工图;

(3)梁平法施工图及节点详图。

9.1.2.3 构造及构件详图

构造及构件详图属于局部性的图纸,表示各节点的构造要求及构件的制作安装等,主要内容包括:

(1)梁、板、柱等构件详图;

(2)楼梯结构详图;

(3)其他构件详图。

9.1.3 常用构件代号

房屋结构中的基本构件很多,为了图面清晰,以及把不同的构件表示清楚,我国于2001年颁布了《建筑结构制图标准》(GB/T 50105—2001),规定将构件的名称用代号表示,表示方法是用构件名称的汉语拼音字母中的第一个字母表示,见表9-1。

9.1.4 结构设计说明

结构设计说明的主要内容包括:结构施工图的设计依据,合理使用年限,地质、地震设防依据,施工要求等。阅读结构施工图前必须认真阅读结构设计说明。结构设计说明见附图Ⅰ结施9-1。

常用构件代号 表 9-1

序号	名称	代号	序号	名称	代号
1	板	B	28	屋架	WJ
2	屋面板	WB	29	托架	TJ
3	空心板	KB	30	天窗架	CJ
4	槽形板	CB	31	框架	KJ
5	折板	ZB	32	刚架	GJ
6	密肋板	MB	33	支架	ZJ
7	楼梯板	TB	34	柱	Z
8	盖板或沟盖板	GB	35	框架柱	KZ
9	挡雨板或檐口板	YB	36	构造柱	GZ
10	吊车安全走道板	DB	37	承台	CT
11	墙板	QB	38	设备基础	SJ
12	天沟板	TGB	39	桩	ZH
13	梁	L	40	挡土墙	DQ
14	屋面梁	WL	41	地沟	DG
15	吊车梁	DL	42	柱间支持	ZC
16	单轨吊车梁	DDL	43	垂直支撑	CC
17	轨道连接	DGL	44	水平支撑	SC
18	车挡	CD	45	梯	T
19	圈梁	QL	46	雨篷	YP
20	过梁	GL	47	阳台	YT
21	连系梁	LL	48	梁垫	LD
22	基础梁	JL	49	预埋件	M
23	楼梯梁	TL	50	天窗端壁	TD
24	框架梁	KL	51	钢筋网	W
25	框支梁	KZL	52	钢筋骨架	G
26	屋面框架梁	WKL	53	基础	J
27	檩条	LT	54	暗柱	AZ

注：1. 预制钢筋混凝土构件、现浇钢筋混凝土构件、钢构件和木构件，一般可直接采用本附录中的构件代号；在绘图中，当需要区别上述构件的材料种类时，可在构件代号前加注材料代号并在图纸中加以说明；
2. 预应力钢筋混凝土构件代号，应在构件代号前加注"Y-"，例如 Y-DL 表示预应力钢筋混凝土吊车梁。

9.2 基 础 图

房屋哪个部位是基础呢？人们通常把房屋地面(±0.000)以下、承受房屋全部荷载的结构称为基础。基础以下的持力层称为地基。基础的作用是将上部荷载均匀地传递给地基。基础的组成见图 9-3。

基础的形式一般分为条形基础、独立基础和桩基础。条形基础多用于砖混结构中。独立基础又叫柱基础,多用于钢筋混凝土结构中。桩基础既可做成条形基础,用于砖混结构中作为墙的基础;又可做成独立基础用于柱基础,如图9-4。

下面以条形基础为例,介绍与基础有关的术语(见图9-3):

地基:承受建筑物荷载的天然土壤(岩石)或经过加固的土壤。

垫层:用来把基础传来的荷载均匀地传递给地基的结合层。

大放脚:基础扩大部分,作用是把上部结构传来的荷载分散传递给垫层及地基。目的是使地基上单位面积的压力减小。

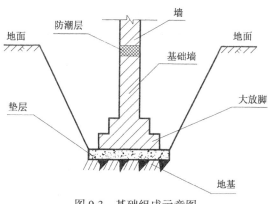

图9-3 基础组成示意图

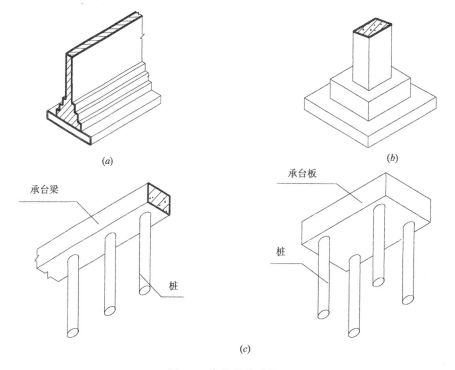

图9-4 常见的基础类型
(a)条形基础;(b)独立柱基础;(c)桩基础

基础墙:建筑中把±0.000以下的墙称为基础墙。

防潮层:为了防止地下水对墙体的浸蚀,在地面稍低(约-0.060m)处设置一层能防止水气向上部墙体渗透的建筑材料来隔潮,这一层称为防潮层。

基础图主要用来表示基础、地沟等的平面布置及基础、地沟等的做法。基础图包括基础平面图、基础详图和文字说明三部分。主要用于放灰线、挖基槽、施工基础等,是结构施工图的重要组成部分之一。

下面以图9-5为例,介绍基础图的绘制及阅读方法。

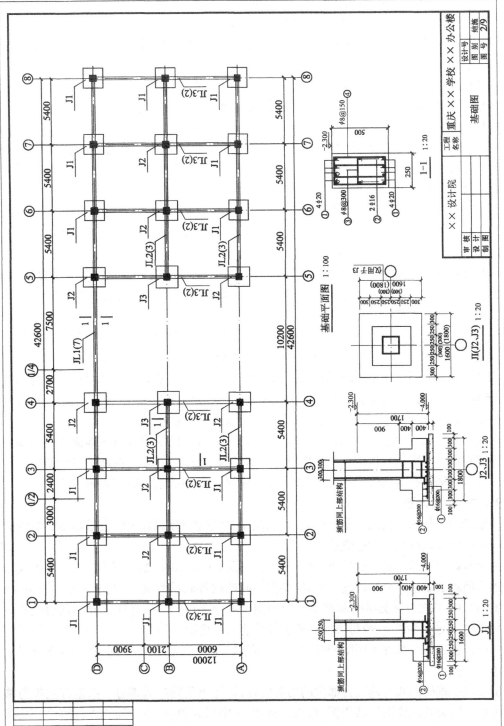

图 9-5 基础图

9.2.1 基础平面图

(1)基础平面图的产生

假设用一水平剖切面,沿建筑物底层室内地面的高度把整栋建筑物剖切开,移去截面以上的建筑物和基础回填土后的水平投影图称为基础平面图。

基础平面图主要表示基础的平面布置以及墙、柱与轴线的关系。

(2)画法

在基础图中绘图的比例、轴线编号及轴线间的尺寸必须同建筑平面图一样。线型的选用惯例是基础墙用粗实线,基础底宽度用细实线,地沟为暗沟时用细虚线。

(3)主要内容

①轴线　在结构施工图中,轴线一般标注两道尺寸线,里面一道尺寸线为轴线尺寸,外面一道尺寸线为总尺寸。结构施工图中的总尺寸同建筑施工图中的总尺寸不同,结构施工图中的总尺寸为总的轴线尺寸;建筑施工图中的总尺寸为建筑物的外包尺寸。

②基础编号　独立柱基础的形状、尺寸、埋置深度及与轴线的相对位置不同,需要分别对它们进行编号。基础的编号由基础代号"J"和序号组成,如图9-5中的基础平面图中的J1、J2、J3,表示该建筑有三种类型的基础。

③基础梁编号　图中基础梁的编号有JL1(7)、JL2(3)等。编号JL1(7)的含义分别为:"JL"表示基础梁;"1"表示编号为1,即1号基础梁;"(7)"表示1号基础梁一共有7跨(基础梁的配筋详图见9.4节)。

④基础底边线　每一个基础最外边的细实线线框表示基础底的长度和宽度。如图9-5中基础J1的平面图中标注的1600、1600,即说明该基础的长、宽分别为1600mm。

⑤基础墙(柱)线　若是条形基础最里边两条粗实线表示基础与上部墙体交接处的宽度,一般同墙体宽度一致,称为基础墙。独立柱基础最里边的粗实线框(图中涂黑部分)表示基础与上部柱子交接处平面尺寸,用于基础施工时预留柱子插筋。

⑥地沟与孔洞　由于其他工种对基础的要求,常常需要设置地沟或在地面以下的基础墙上预留孔洞。需要设置地沟或在地面以下的基础墙上预留孔洞时,在基础平面图中一般用虚线表示地沟或孔洞的位置,并注明大小及洞底的标高(该图见相应工种施工图)。

9.2.2 基础详图

基础详图一般用平面图和剖面图表示,采用1:20的比例绘制,主要表示基础与轴线的关系、基础底标高、材料及构造做法。

由于基础的外部形状比较简单,为了节省图面及绘图时间,一般将两个或两个以上编号的基础平面图绘制成一个平面图。但是,要把不同的内容表示清楚,以便于区分。如图9-6中的J1、J2、J3,是把三种类型的基础平面图绘制成一个平面图。独立柱基础的剖切位置一般选择在基础的对称线上,投影方向一般选择从前向后投影。

基础详图要结合基础平面图和基础剖面图阅读,下面以基础J1为例,介绍基础详图主要内容:

①轴线　表明轴线与基础各部位的相对位置,标注出基础扩大部分、柱、基础梁等与轴线的关系。因为基础详图是共用图,所以在详图J1中只画轴线,不对轴线进行编号。基础J1中的轴线与基础(柱)中心线重合,基础为对称形状。

②基础材料　基础材料从下至上分别为垫层、基础、柱。结合剖面图和说明中第1条可

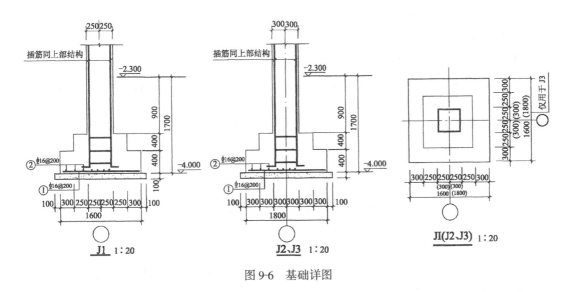

图 9-6 基础详图

知:"基础垫层混凝土为 C10",即垫层混凝土强度等级为 C10。C10 中的"C"代表混凝土,"10"代表混凝土强度等级。

由于基础材料为钢筋混凝土,在图中主要表示钢筋的配置,不表示混凝土的材料图例。基础 J1 配两个方向的钢筋,分别为①号、②号。①号钢筋为"ϕ 16 @ 200"。其中"ϕ"代表 HRB335 级钢筋;"16"代表钢筋直径为 16mm;"@"为等距离符号;"200"表示两根钢筋的距离为 200mm。柱子材料及配筋见上部结构。

③基础梁 基础梁的代号为 JL,一般用双线表示平面位置,用断面图表示配筋情况。基础梁平面图表明基础梁的平面位置,哪些轴线有基础梁,哪些轴线无基础梁。基础梁断面图表示基础梁中的钢筋配置情况。基础梁混凝土强度见结施 9-1 结构设计说明基础部分第 4 条。

④各部位的标高及尺寸 基础 J1 经过两次扩大后,基础底面尺寸为 1600×1600,高度为 400。基础第二个台阶尺寸为 1000×1000,高度仍为 400。柱子断面为 500×500。基础图中标注基础底标高和基础梁顶标高。基础底标高表示基础最浅时的标高。本例中的工程要求,基础最浅时要满足标高 -4.000m。当基础底槽土质软弱或处于洼地时,基础需要做得更深一些,其基础的标高底就会超过 -4.000m。基础详图中的尺寸用来表示基础底的宽度及与轴线的关系,同时反映基础的深度及扩大脚的尺寸。

⑤图名 平面图的图名 J1(J2、J3)之间有什么样的联系呢?

为了节约绘图时间和图幅,设计中常常将两个或两个以上类似的图形用一个图来表示,读图要找出它们的相同与不同处。如长度方向的基础底宽 1600(1800),说明两种类型的基础底宽尺寸不一样。J1 基础底宽为 1600mm,J2 基础底宽为 1800m。区别方法是带括号的图名对应带括号的数字,不带括号的图名对应不带括号的数字。若某处只有一个没带括号的数字,则这个数字两个图都相同。

⑥基础梁的配筋详图的阅读方法见第 9.4 节结构详图。

9.2.3 文字说明

结构设计说明基础工程部分见附图 1 结施-1 结构设计说明中基础工程部分。

9.2.4 基础图的阅读

阅读基础施工图时,一般应注意:

(1)查明基础墙(柱)的平面布置与建筑施工图中的首层平面图是否一致。

(2)结合基础平面图和基础详图阅读,弄清轴线的位置,轴线是否与柱子中心线重合,若不重合,则需注意轴线的偏移方向。

(3)在基础详图中查明各部位的尺寸及主要部位的标高。

(4)在平面布置图中查明管沟的平面位置、大小及具体做法。在文字说明中查明所用材料的品种、规格及对材料的要求。

9.3 结构布置平面图

钢筋混凝土结构的楼层和屋面一般采用预制装配式和现浇整体式两种施工方法。由于楼层和屋面的结构布置及表示方法基本相同,因此本节仅以楼层为例介绍结构平面布置图的内容及阅读方法。

钢筋混凝土楼层按照施工方法分为预制装配式和现浇整体式两大类,分述如下:

9.3.1 预制装配式楼层结构布置图

预制装配式楼层又叫做楼盖,是由许多预制构件组成的,这些构件预先在预制厂(场)成批生产,然后运往施工现场安装就位,组成楼盖。

预制装配式楼盖具有施工速度快、节省劳动力和建筑材料、造价低、便于工业化生产和机械化施工等优点。但是这种结构的整体性不如现浇楼盖好,在抗震要求较高或高层建筑中一般不采用。

装配式楼盖结构图主要表示预制梁、板及其他构件的位置、数量及连接方法。其内容一般包括结构布置平面图、节点详图、构件统计表及文字说明四部分。

9.3.1.1 用途

结构布置图主要为安装梁、板等各种楼层构件用,其次作为制作圈梁和局部现浇梁、板用。

9.3.1.2 结构布置平面图的画法

结构布置平面图应采用正投影法绘制。当绘制楼层结构布置平面图时,假设沿楼板面将房屋水平方向剖切开后的水平投影,用以表示楼盖中梁、板和下层楼盖以上的门窗过梁、圈梁、雨篷等构件的布置情况。在结构平面图中,构件一般采用轮廓线表示,如能用单线表示清楚时,也可用单线表示。定位轴线要与建筑平面图一致,标高采用结构标高,如图9-7。这种投影法的特点是楼板压住墙,被压部分墙身轮廓线用中虚线绘制,未被压部分墙身轮廓线用中粗实线绘制。

9.3.1.3 结构平面布置图的主要内容

下面以图9-7二层结构平面图为例,介绍结构布置平面图的主要内容:

(1)轴线

为了便于确定梁、板及其他构件的安装位置,结构平面图画有与建筑平面图完全一致的定位轴线,并标注轴线尺寸、轴线总尺寸。

(2)墙、柱

墙、柱的平面位置在建筑图中已经表示清楚了,但在结构平面布置图中仍然需要画出它的平面轮廓线。

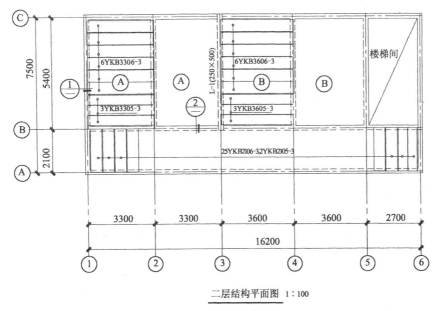

图 9-7 结构布置图的画法

(3) 梁及梁垫

梁在结构平面布置图上用梁的轮廓线表示,也可用单粗线表示,并注写上梁的代号及编号。例如图 9-7 中第 3 轴线上布置的是梁,标注为 L-1(250×500),其中"L"代表梁,"1"代表这根梁的编号,括号内 250×500 表示梁的断面,即梁宽为 250mm,梁高为 500mm。

梁在标准图中的标注方法是:

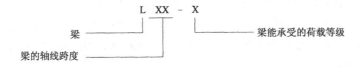

若图中标为 L54-2,则说明梁的轴线跨度是 5400mm,能承受 2 级荷载。

当梁搁置在砖墙或砖柱上时,为了避免砖墙或砖柱被压坏,需要设置一个钢筋混凝土梁垫,如图 9-8。在结构平面图中,梁垫的代号为"LD"。

(4) 预制楼板

在工程中常用的预制楼板有平板、槽形板和空心板三种,如图 9-9。平板制作简单,适用于走道、楼梯平台等小跨度的短板。槽形板重量轻、板面开洞自由,但顶棚不平整,隔声、隔热效果差,使用越来越少。空心板上、下板面平整,构件刚度大,隔声、隔热效果较好,因此是一种用得较为广泛的楼板,缺点是不能任意开洞。

上述三种楼板可以做成预应力或非预应力的。由于预制楼板大多数是选用标准图集,因此楼板在施工

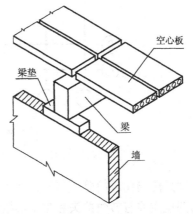

图 9-8 梁垫示意图

图中应标明数量、代号、跨度、宽度及所能承受的荷载等级。

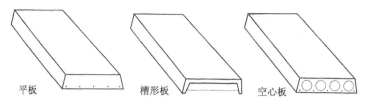

图 9-9 常见的楼板形式

如图 9-7 所示,板的编号选自西南 G211《预应力钢筋混凝土空心板图集》。图中①~②轴与Ⓑ~Ⓒ轴的房间中标注有 6YKB306-3,其含义是:

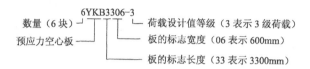

该房间还有"3YKB3305-3",除第 1 个数 3 表示 3 块,05 表示楼板宽度为 500mm 外,其他均同 6YKB3306-3。故该房间一共布置了 6 块 600mm 宽的楼板和 3 块 500mm 宽的楼板。

(5)圈梁

为了增强建筑物的整体稳定性,提高建筑物的抗风、抗震和抵抗温度变化的能力,防止地基不均匀沉降等对建筑物的不利影响,一般在基础顶面、门窗洞口顶部或檐口等部位的墙内设置连续而封闭的水平梁,这种梁称为圈梁。设在基础顶面的圈梁称为基础圈梁,设在门窗洞口顶部的圈梁常代替过梁。为了清楚起见,圈梁平面图用粗实线单独绘制,如图 9-10 为圈梁施工图。当圈梁的平面图画在结构平面图中时,圈梁的代号为 QL。

圈梁断面比较简单,一般有矩形和 L 形两种,圈梁位于内墙上一般为矩形,位于外墙窗洞口上部也可做成 L 形。常用的 L 形挑出长度有 60、300、400、500mm 几种,图 9-10 中圈梁断面图表示圈梁的配筋。

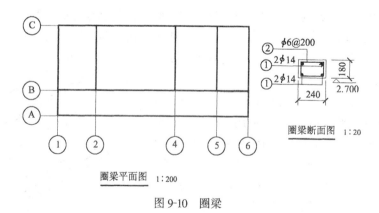

图 9-10 圈梁

圈梁配筋比较简单,但是,在转角处的配筋则需要加强。图 9-11 是圈梁的加强配筋,加强的部位主要有转角接头和 T 字形接头两种。圈梁加强配筋的规格、数量一般同圈梁主筋。

圈梁位于门窗洞口之上时,起着过梁的作用,一般称为圈梁代过梁,这时圈梁是按过梁配筋。

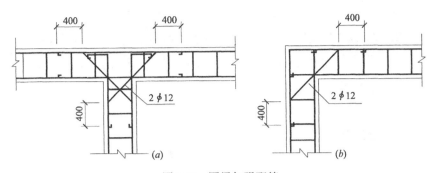

图 9-11 圈梁加强配筋
(a)T字接头;(b)转角接头

9.3.1.4 读图方法及步骤

(1) 弄清各种文字、字母和符号的含义。要弄清各种符号的含义,首先要了解常用构件代号(见表 9-1),结合图和文字说明阅读。

(2) 弄清各种构件的空间位置。例如楼面在第几层,哪个房间布置几个品种的构件,各个品种构件的数量是多少等。

(3) 结构平面图结合构件统计表阅读,弄清该建筑中各种构件需要的数量,采用的图集及详图所在的位置。

(4) 弄清各种构件的相互连接关系和构造做法。图 9-12 节点构造详图是表示楼板和墙体的关系及安装方法。

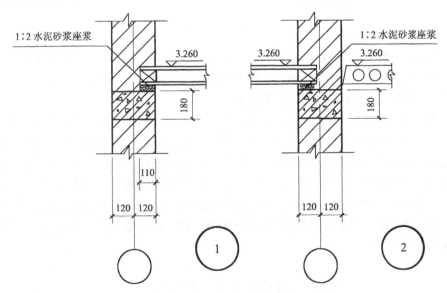

图 9-12 节点构造详图

为了加强预制装配式楼盖的整体性,提高抗震能力,需要在预制板缝内放置钢筋,用 C20 细石混凝土灌板缝,如图 9-13 所示。

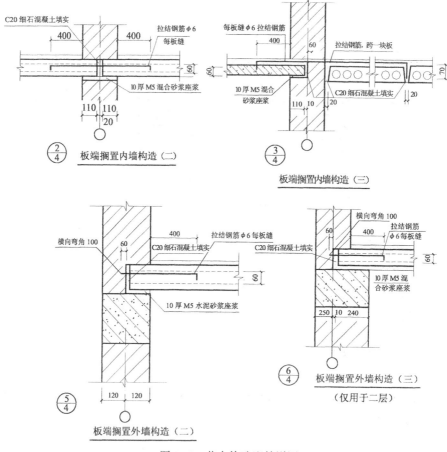

图 9-13 节点构造配筋详图

(5)阅读文字说明,弄清设计意图和施工要求。文字说明有的放在结构平面图中,有的放在结构设计说明中。详见附图 1 结施 9-1 结构设计说明中"三、主体工程"阅读。

9.3.2 现浇整体式楼盖结构布置平面图

现浇整体式钢筋混凝土楼盖由板、次梁和主梁构成,三者同钢筋混凝土柱现浇在一起,如图 9-2 所示。整体式楼盖的优点是刚度好,适应性强;缺点是模板用量较多,现场浇灌工作量大,施工工期较长,造价比装配式高。随着国民经济的高速发展和对建筑质量要求的不断提高,现浇整体楼盖应用越来越广泛。特别是高层建筑中一般都采用整体式现浇钢筋混凝土楼盖。画图时一般直接画出构件的轮廓线来表示主梁、次梁和板的平面布置,有时还在结构布置图上画出梁板的重合断面,并注明梁板的标高。现浇整体式钢筋混凝土楼盖施工图详见本章 9.5 节平法施工图。

9.4 钢筋混凝土构件详图

9.4.1 钢筋混凝土构件简介

9.4.1.1 构件受力状况

混凝土是由水泥、石子、砂子和水按一定比例拌合而成,经振捣密实,凝固后坚硬如石。特点是受压能力好,受拉能力差,容易因受拉而断裂导致破坏,如图9-14(a)。为了解决这个问题,充分利用混凝土的受压能力,常在混凝土构件的受拉区内配置一定数量的钢筋,使混凝土和钢筋牢固结合成一个整体,共同发挥作用,这种配有钢筋的混凝土称为钢筋混凝土,如图9-14(b)。

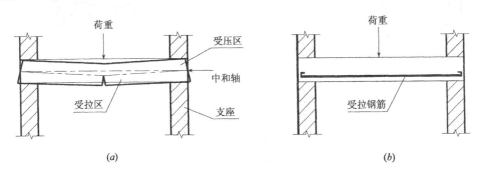

图9-14 钢筋混凝土梁受力示意图

9.4.1.2 钢筋的作用和分类

钢筋混凝土中的钢筋,有的是因为受力需要而配制的,有的则是因为构造需要而配制的,这些钢筋的位置、形状及作用各不相同,一般分为以下几种:

(1)受力钢筋(主筋):在构件中承受拉应力和压应力为主的钢筋称为受力钢筋,简称受力筋。受力筋用于梁、板、柱等各种钢筋混凝土构件中。在梁、板中的受力钢筋按形状分,一般可分为直筋和弯起筋;按承受的弯矩是正弯矩还是负弯矩分为正弯矩钢筋和负弯矩钢筋两种。

(2)箍筋:为承受一部分斜拉应力(剪应力),并固定受力筋、架立筋的位置所设置的钢筋称为箍筋,箍筋一般用于梁和柱中。

(3)架立钢筋:又叫架立筋,用以固定梁内钢筋的位置,把纵向受力钢筋和箍筋绑扎成骨架。

(4)分布钢筋:简称分布筋,用于各种板内。分布筋与板的受力钢筋垂直设置,其作用是将承受的荷载均匀地传递给受力筋,并固定受力筋的位置以及抵抗温度变化产生的内力。

(5)其他钢筋:除以上四种类型的钢筋外,还会因构造要求或者施工安装需要而配制的钢筋,一般称为构造钢筋,例如腰筋、拉钩、拉接筋等。腰筋用于梁的高度大于450mm的梁中;拉钩用于梁、剪力墙中加强结构的整体性;拉接筋用于钢筋混凝土柱上与墙体的构造连接,起拉接作用,所以叫拉接筋。

各种钢筋的形式及在梁、板、柱中的位置及形状如图9-15。

9.4.1.3 钢筋的保护层

为了使钢筋在构件中不被锈蚀,加强钢筋与混凝土的粘结力,在各种构件中的受力筋外面,必须要有一定厚度的混凝土,这层混凝土就被称为保护层。保护层的厚度由设计根据构件不同而确定。一般情况下,梁和柱的保护层厚为25mm;板的保护层厚为10~15mm;剪力墙的保护层厚为15mm。

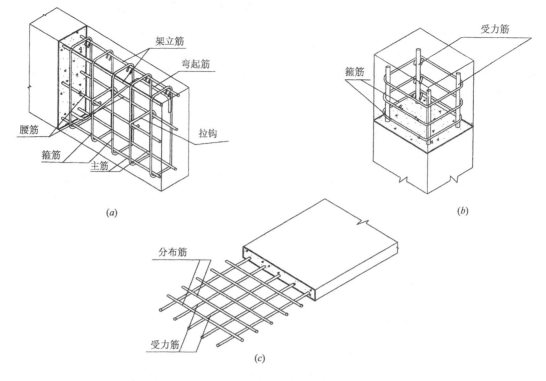

图 9-15 钢筋的形式
(a)梁;(b)柱;(c)板

9.4.1.4 钢筋的弯钩

螺纹钢与混凝土粘结良好,末端不需要做弯钩。光圆钢筋两端需要做弯钩,以加强混凝土与钢筋的粘结力,避免钢筋在受拉区滑动。弯钩的形式如下:

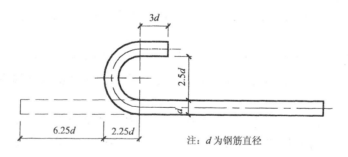

图 9-16 标准的半圆弯钩

(1)标准的半圆弯钩:如图 9-16 所示,一个弯钩需增加长度为 $6.25d$。标准弯钩的大小由钢筋直径而定,钢筋弯钩直径为 $2.5d$。故一个钢筋弯钩需增加的长度计算式如下(按钢筋的中心线计):

$$(2.5+1)d \times \frac{\pi}{2} + 3d - 2.25d \approx 8.5d - 2.25d = 6.25d$$

例如,直径为 20mm 的钢筋一个弯钩的长度为 $6.25 \times 20 = 125$mm,一般取 130mm。

(2) 箍筋弯钩：根据箍筋在构件中的作用不同，箍筋分为封闭式、开口式和抗震或抗扭式三种。封闭式和开口式弯钩的平直部分长度根据有关规定，取 $5d$；抗震或抗扭式箍筋弯钩的平直部分长度为 $10d$。箍筋的形式如图 9-17。

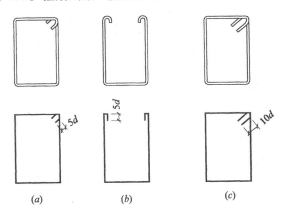

图 9-17　箍筋的形式
(a)封闭式箍筋；(b)开口式箍筋；(c)抗震或抗扭式箍筋

9.4.1.5　钢筋的表示方法

钢筋的表示方法　　　　　表 9-2

序号	名称	图例	说明
1	钢筋横断面	•	
2	无弯钩的钢筋端部		下图表示长、短钢筋投影重叠时，短钢筋的端部用 45°斜划线表示
3	带半圆形弯钩的钢筋端部		
4	带直钩的钢筋端部		
5	带丝扣的钢筋端部		
6	无弯钩的钢筋搭接		
7	带半圆弯钩的钢筋搭接		
8	带直钩的钢筋搭接		
9	花篮螺丝钢筋接头		
10	机械连接的钢筋接头		用文字说明机械连接的方式（冷挤压或锥螺纹等）

根据中华人民共和国国家标准《建筑结构制图标准》(GB/T 50105—2001)的规定，一般钢筋在图中的表示方法应符合表 9-2 的规定画法。

9.4.1.6　常用钢筋代号

我国目前钢筋混凝土和预应力钢筋混凝土中常用的钢筋和钢丝主要有热轧钢筋、冷拉钢筋和热处理钢筋、钢丝四大类。其中热轧钢筋和冷拉钢筋又按其强度由低到高分为 HPB235、HRB335、HRB400、RRB400 四级。不同种类和级别的钢筋、钢丝在结构施工图中用不同的代号表示,详见表9-3。

钢筋的种类和代号   表9-3

钢筋种类	钢筋代号	钢筋种类	钢筋代号
HPB235级钢筋(Q235光圆钢筋)	ϕ	冷拉HPB235级钢筋	ϕ^l
HRB335级钢筋(16锰钢筋)	Φ	冷拉HRB335级钢筋	Φ^l
HRB400级钢筋(25锰硅钢筋)	Φ	冷拉HRB335级钢筋	Φ^l
RRB400级钢筋(光圆或螺纹钢筋)	Φ	冷拉RRB400级钢筋	Φ^l
		冷拔低碳钢丝	ϕ^b

9.4.2 钢筋混凝土梁详图

钢筋混凝土梁属于钢筋混凝土构件之一。

钢筋混凝土构件详图是加工制作钢筋、浇筑混凝土的依据,其内容包括模板图、配筋图、钢筋表和文字说明四部分。

9.4.2.1 模板图

梁的模板图是为浇筑梁的混凝土绘制的,主要表示梁的长、宽、高和预埋件的位置、数量。然而对外形简单的构件,一般不必单独绘制模板图,只需在配筋图中把梁的尺寸标注清楚即可,如图9-18。当梁的外形复杂或预埋件较多时(如单层工业厂房中的吊车梁),一般都要单独画出模板图。

模板图的外轮廓线一般用细实线绘制。梁的正立面图和侧立面图可用两种比例绘制。如图9-18中梁的长度用1:40绘制,梁的高度和宽度用1:20绘制,这样的图看上去比较协调。

9.4.2.2 配筋图

在配筋图中,梁的轮廓线用细实线绘制,钢筋用粗实线绘制,钢筋断面用黑圆点表示,并对不同形状、不同规格的钢筋进行编号。如图9-18中①~⑥号钢筋,编号用阿拉伯数字顺次编写,并将数字写在圆圈内。圆圈用直径为6mm的细实线绘制,并用引出线指到被编号的钢筋。

配筋图主要用来表示梁内部钢筋的配置情况,内容包括钢筋的形状、规格、级别和数量、长度等。在图9-18中所示的梁中,有以下6种钢筋:

第一种为①号钢筋,在梁底部,这种位置的钢筋称为主筋,2根直径为20mm的HRB335级钢筋。标注的形式和含义为:

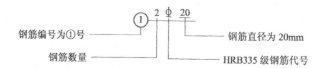

第二种为②号钢筋,两端弯曲,这种形状的钢筋称为弯起筋。1根直径为20mm的HRB335级钢筋。第三种为③号钢筋,在梁上部,这种位置的钢筋称为架立筋,是2根直径为12mm的HPB235级钢筋。第四种为④号钢筋,称为腰筋,是2根直径为16mm的HRB335级钢筋。第五种为⑤号钢筋,称为箍筋。是直径为6mm的HPB235级钢筋,每隔200mm放一

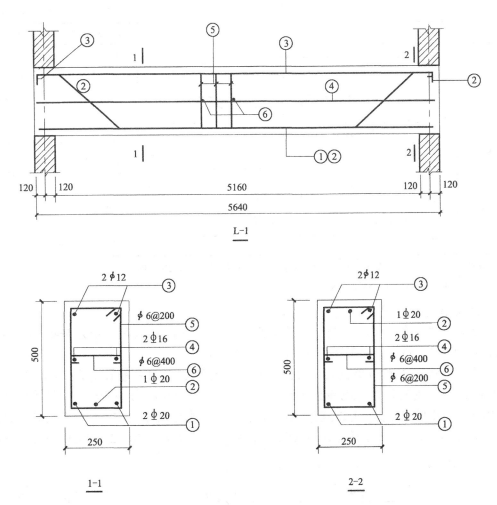

图 9-18 L-1 梁的详图

根。标注的形式和含义为:

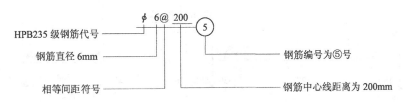

第六种为⑥号钢筋,称为拉钩,其含义是"直径为 6mm 的 HPB235 级钢筋,每隔 400mm 放一根"。

9.4.2.3 钢筋表

在现行的施工图中,一般没有绘制钢筋表。为了学习方便和真正读懂钢筋图,将该梁中的钢筋列于表 9-4,内容包括构件编号、钢筋编号、钢筋简图及各种钢筋的规格、数量和长度等。在编制钢筋表和阅读钢筋图时,要正确处理以下问题:

钢 筋 表　　　　　　　　表 9-4

梁编号	钢筋号	钢 筋 简 图	规格	数量	长度
L-1	①	————————	⫶20	2	5590
	②	200 270 636 3778	⫶20	1	5990
	③	————————80	φ12	2	5750
	④	————————	⫶16	2	5590
	⑤	50 450 200	φ6	29	1400
	⑥	————————	φ6	15	310

说明：1. 材料：混凝土强度等级为 C20；钢筋："φ"为 HPB235 级钢，"⫶"为 HRB335 级钢；
　　　2. 钢筋主筋保护层厚度为 25mm。

(1) 确定形状和尺寸

从表 9-4 "说明 2" 中可以知道，主筋保护层厚度为 25mm，L-1 的总长为 5640mm，总高为 500mm，总宽为 250mm。各种编号钢筋的计算方法是：

①、④号钢筋长度应该是梁长减去两端保护层厚度，④号钢筋长度为 5640 - 25 × 2 = 5590mm。②号钢筋和③、⑤号钢筋的计算方法如图 9-19，②、③号钢筋按外包尺寸计算；⑤号钢筋按内皮尺寸计算，即按主筋的外皮尺寸确定；⑥号钢筋按内皮尺寸计算（箍筋的外皮尺寸：200 + 6 × 2 = 212mm）确定，⑥号钢筋的长度为 200 + 6 × 2 + 50 × 2 = 312mm，取 310mm。

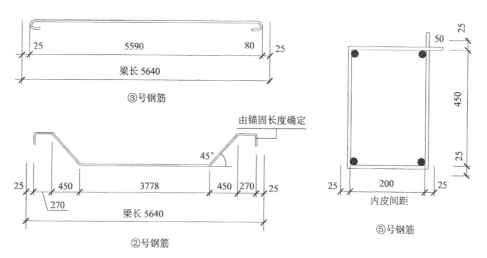

图 9-19　钢筋的成型尺寸（图中 25 为主筋保护层厚度）

(2) 钢筋的成型

在混凝土构件中的钢筋成型如图 9-19。螺纹钢端部如果能够满足锚固要求，可以不做弯钩，如①号钢筋；若锚固需要做弯钩时，只做直钩，如②号钢筋。圆钢端部弯钩为半圆弯钩，在图 9-19 中③、⑥号钢筋为圆钢（HPB235 级钢筋为圆钢），钢筋端部要做半圆弯钩。—

个半圆弯钩的长度为 $6.25d$，③号钢筋弯钩计算长度为 75mm，施工中取 80mm。⑥号钢筋弯钩计算长度为 38mm，为了施工方便一般取 50mm。⑤号钢筋的弯钩斜度为 135°，因为无抗扭要求，所以 $\phi 6$ 的箍筋按施工经验一般取 50mm。

9.4.2.4 文字说明

在图中用图示无法表示清楚的内容，如质量、施工要求等，需要用文字说明来叙述。例如钢筋表下面的说明。

9.4.3 现浇整体式楼盖详图

9.4.3.1 用途

主要用于现场支模板、绑扎钢筋、浇灌混凝土梁、板等。

9.4.3.2 基本内容

现浇楼板配筋详图的内容包括平面图、断面图、钢筋表和文字说明四部分，如图 9-20。这些图与相应的建筑平面及墙身剖面关系密切，应配合阅读。

(1) 平面图的主要内容

① 模板图的主要内容：

轴线网，与整栋建筑物编排顺序一致；

梁的布置及编号（本图中梁只有一种，可不编号）；

预留孔洞的位置；

板厚、标高及支承在墙上的长度。

这些是施工制作的依据。为了看图清楚，常用折倒断面（图中涂黑部分）表明板的厚度、梁的高度及支承在墙上的长度。

② 配筋图的主要内容：

钢筋布置：板内不同类型的钢筋用编号区别，并注明钢筋在平面图中的定位尺寸（例如④号钢筋注的 700）。同时，要注明钢筋的编号、规格、间距等（例如④号钢筋 $\phi 6@200$）。

说明中所指的分布钢筋就是不受力的钢筋，它起固定受力筋、传递荷载和抵抗温度应力的作用。分布钢筋图中可以不画，而在说明中阐述。

(2) 断面图的主要内容

如图 9-20 中 3-3 断面图（通常说成剖面图），主要表示楼板与圈梁、大梁、砖墙等的相互关系，同时也表示各种编号钢筋在楼板中的空间位置。

(3) 文字说明

说明材料的强度等级、分布筋的布置方法和施工要求等（本图略）。

(4) 钢筋表

钢筋表同梁的钢筋表画法一样。钢筋的长度结合平面图和断面图经过计算而定。如图中②号钢筋的长度应为 $1000 + (70 - 10 \times 2) \times 2 = 1100$mm，其中 70 为板厚，10 为主筋保护层的厚度，$70 - 10 \times 2$ 等于直钩的长度。②号钢筋的数量应为 $3600 \div 200 + 1 = 19$ 根。因为有两根相同的梁，所以共有②号钢筋 38 根。其他类同，不再赘述。

9.4.3.3 识图方法

对于梁、板等构件的识图方法基本一致，主要掌握：

(1) 构件的断面尺寸、外部形状和使用部位。

(2) 结合图、表查明各种钢筋的形状、数量及在梁、板中的位置。

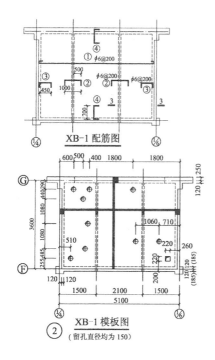
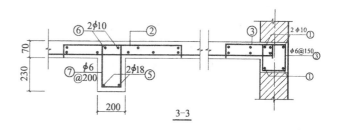

图 9-20 现浇楼盖详图

(3)有钢筋表时,校对图表中所需要的数量是否一致。无钢筋表时,可以自制钢筋表,确定各种编号钢筋的形状、数量、长度。

(4)从说明中了解钢筋的级别、混凝土强度等级及施工和构造要求。

(5)弄清预埋铁件、预留孔洞的位置。

9.5 平法施工图

9.5.1 概述

9.5.1.1 平法施工图表示方法的产生

随着国民经济的发展和建筑设计的标准化水平的提高,近年来各设计单位采用了一些较为简便的图示方法,为了规范各地的图示方法,中华人民共和国建设部于 2003 年 3 月 15 日下发通知,批准《混凝土结构施工图平面整体表示方法制图规则和构造详图》作为国家建筑标准设计图集(简称"平法"),于 2003 年 3 月 15 日执行,图集号为"03G101-1"。

9.5.1.2 平法表示方法与传统表示方法的区别

把结构构件的尺寸和配筋等,按照平面整体表示方法制图规则,整体直接地表示在各类构件的结构布置平面图上,再与标准构造详图配合,就构成了一套新型完整的结构设计表示方法。改变了传统的那种将构件(柱、墙、梁)从结构平面布置图中索引出来,再逐个绘制模板样图和配筋详图的烦琐方法。

平法适用的结构为柱、墙、梁 3 种;内容包括两大部分,即平面整体表示图和标准构造详图。在平面布置图上表示各种构件尺寸和配筋方式。表示方法分平面注写方式、列表注写方式和截面注写方式 3 种。

9.5.1.3 常用构件代号

在平法表示中,各种构件必须标明构件的代号,除表 9-1 中常用的构件代号外,又增加了在平法施工图中的常用构件代号,见表 9-5 平法施工图的常用构件代号。

平法施工图的常用构件代号　　　　表 9-5

名　　称	代　　号	名　　称	代　　号
框架柱	KZ	扶壁柱	FBZ
框支柱	KZZ	剪力墙墙身	Q
芯柱	XZ	连梁	LL
梁上柱	LZ	暗梁	AL
剪力墙上柱	QZ	边框梁	BKL
约束边缘端柱	YDZ	楼层框架梁	KL
约束边缘暗柱	YAZ	屋面框架梁	WKL
约束边缘翼墙柱	YYZ	框支梁	KZLL
约束边缘转角柱	YJZ	非框架梁	L
构造边缘端柱	GDZ	悬挑梁	XL
构造边缘暗柱	GAZ	井字梁	JZL
构造边缘翼墙柱	GYZ	矩形洞口	JD
构造边缘转角墙柱	GJZ	圆形洞口	YD
非边缘暗柱	AZ	端柱	DZ

下面分别介绍柱、墙、梁的平法施工图的绘制与阅读:

9.5.2 柱平法施工图

柱平法施工图的绘制是在柱平面布置图上采用列表注写方式或截面注写方式表达。图 9-21 为柱平法施工图列表注写方式,图 9-22 为柱平法施工图截面注写方式。它们的优点是省去了柱的竖、横剖面详图,缺点是增加了读图的难度。

9.5.2.1 柱平法施工图列表注写方式

柱平法施工图列表注写方式,包括平面图、柱断面图类型、柱表、结构层楼面标高及结构层高等内容,如图 9-21。

平面图　平面图表明定位轴线、柱的代号、形状及与轴线的关系。如图中定位轴线的表示方法同建筑施工图,柱的代号 KZ1、LZ1 等,KZ1 为框架柱,LZ1 为梁上柱。

柱的断面形状　柱的断面形状为矩形,与轴线的关系分为偏轴线和柱的中心线与轴线重合两种形式。

柱的断面类型　在施工图中柱的断面图有不同的类型,在这些类型中,重点表示箍筋的形状特征,读图时应弄清某编号的柱采用那一种断面类型。

柱表　柱表中包括柱号、标高、断面尺寸与轴线的关系、角筋规格、中部筋规格、箍筋类型号、箍筋间距等。

柱号　柱号为柱的编号,包括柱的名称和编号。

标高　在柱中不同的标高段,它的断面、配筋等不同。

断面尺寸　矩形柱的断面尺寸用 $b \times h$ 表示,b 方向为建筑物的纵向方向的尺寸,h 为建筑物的横方向的尺寸,圆柱用 D 表示。与轴线的关系用 b_1、b_2 和 h_1、h_2 表示,目的在于表示柱与轴线的关系。

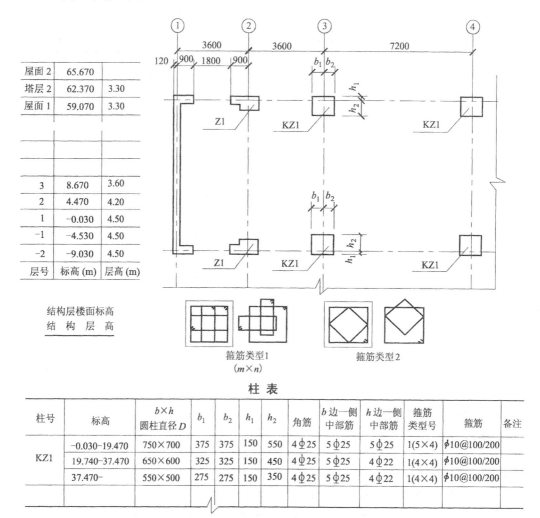

图 9-21 柱平法施工图列表注写方式

角筋规格指柱四大角的钢筋配置情况。

中部钢筋包括 b 边一侧和 h 边一侧两种,标注中写的数量只是 b 边一侧和 h 边一侧的钢筋数量,读图时还要注意与 b 边和 h 边对应一侧的钢筋数量。

箍筋类型号　箍筋类型号表示两个内容,一是箍筋类型编号 1、2、3……;二是箍筋的肢数,注写在括号里,前一个数字表示 b 方向的肢数,后一个数字表示 h 方向的肢数。

箍筋　箍筋中需要标明钢筋的级别、直径、加密区的间距和非加密区的间距(加密区的范围详相关的构造图)。中间以短横"-"代替一般图中的相等距离符号"@"。

结构层楼面标高及层高　结构层楼面标高及层高也用列表表示,列表一般同建筑物一致,由下向上排列,内容包括楼层编号,简称层号。楼层标高表示楼层结构构件上表面的高度。层高分别表示各层楼的高度,单位均用"m"表示。

综上所述,例如 KZ1 为一号框架柱,该柱分三个标高段,从 -0.030~19.470m 的断面为 750mm×750mm。b 方向中心线与轴线重合,左右都为 375mm。h 方向偏心,h_1 为 150mm,h_2 为 550mm。四个大角钢筋为 4ϕ25 的 HRB335 级钢筋。b 方向一边为 5ϕ25,即 b 方向共配 10 根直径为 25mm 的 HRB335 级钢筋。h 方向一边为 4ϕ25,即 h 方向共配 8 根直径为 25mm 的 HRB335 级钢筋。箍筋选用类型号 1,b 方向为 5 肢,h 方向为 4 肢。加密区的钢筋为 ϕ10@100,即直径为 10mm 的 HPB235 级钢筋,间隔 100mm;非加密区为 ϕ10@200,即直径为 10mm 的 HPB235 级钢筋,间隔 200mm。

9.5.2.2 柱平法施工图截面注写方式

柱平法施工图截面注写方式与柱平法施工图列表注写方式大同小异。不同的是在施工平面布置图中同一编号的柱选出一根柱为代表,在原位置上按比例放大到能清楚表示轴线位置和详尽的配筋为止。它代替了柱平法施工图列表注写方式的截面类型和柱表,其他均同列表注写方式和常规的表示方法,如图 9-22。此种方法读图简便,不再赘述。

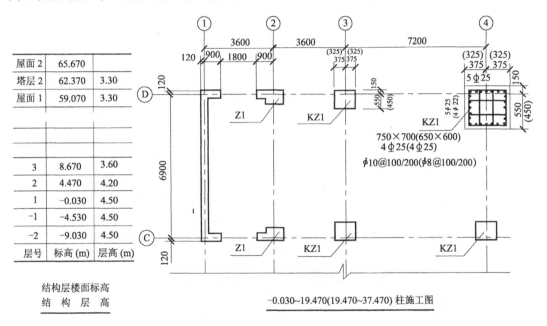

图 9-22 柱平法施工图截面注写方式

9.5.3 剪力墙平法施工图

此处所讲的剪力墙是指现浇钢筋混凝土结构中的剪力墙。剪力墙平法施工图的绘制同柱平法施工图一样,分为列表注写方式和截面注写方式两种。

9.5.3.1 剪力墙平法施工图列表注写方式

剪力墙的构造比较复杂,除了剪力墙自身的配筋外,还有暗梁、连梁、圈梁和暗柱等。在剪力墙平法施工图列表注写方式中图示包括平面布置图、剪力墙表和结构层楼面标高及结构层高等。图 9-23 所示为剪力墙平法施工图列表注写方式。

平面布置图同常规表示方法。

剪力墙表包括三个表,即剪力墙暗梁表、剪力墙柱表和剪力墙身表。

剪力墙暗梁表阅读方法同梁的平法施工图中的列表注写方式(见9.5.4);剪力墙柱表同柱平法施工图中的列表注写方式,剪力墙身表的配筋比较简单,如图9-23中剪力墙身表,它表示在不同的标高段的墙厚,水平钢筋、垂直钢筋和拉筋的布置情况。

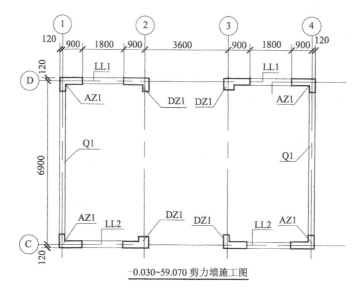

−0.030~59.070剪力墙施工图

剪力墙梁表						
编 号	所在楼层号	相对标高高差	梁截面($b \times h$)	上部纵筋	下部纵筋	箍 筋
LL1	3	−1.200	300×2500	4ϕ22	4ϕ22	ϕ10@150(2)
	4	−0.900	300×2000	4ϕ22	4ϕ22	ϕ10@150(2)
	5−9	−0.900	300×1770	4ϕ22	4ϕ22	ϕ10@150(2)
	10−15	−0.900	300×1770	3ϕ20	3ϕ20	ϕ10@150(2)
LL2			300×2500	4ϕ22	4ϕ22	ϕ10@100(2)
			300×2000	4ϕ22	4ϕ22	ϕ10@150(2)
			300×1770	4ϕ22	4ϕ22	ϕ10@150(2)
			300×1770	3ϕ20	3ϕ20	ϕ10@150(2)

剪 力 墙 身 表						
编 号	标 高	墙厚	水平分部筋	垂直分布筋	拉 筋	备 注
Q1	−0.030~32.270	240	ϕ12@200	ϕ12@200	ϕ6@600	
	32.270~59.070	240	ϕ10@200	ϕ10@200	ϕ6@600	
Q2						

图9-23 剪力墙平法施工图列表注写方式

结构层楼面标高及结构层高同柱的表示方法,此处不再赘述。

9.5.3.2 剪力墙平法施工图截面注写方式

如图9-24剪力墙平法施工图截面注写方式与柱平法施工图截面注写方式雷同。但是,除剪力墙的构造特点外,还有暗柱和连梁,暗柱表示方法同柱平法施工图截面注写方式一致;连梁的表示方法常采用梁平法施工图平面注写方式(后述)。

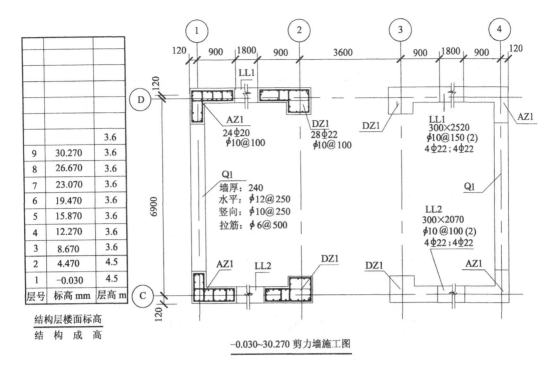

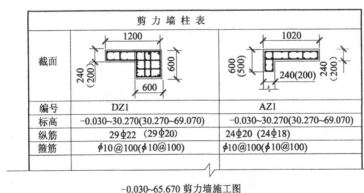

图 9-24 剪力墙平法施工图截面注写方式

9.5.4 梁平法施工图

梁平法施工图的绘制是在梁的平面布置图上采用平面注写方式和截面注写方式表示。梁平法施工图在不同情况下的注写方式如图 9-25 所示。

9.5.4.1 平面注写方式

梁的施工图平面注写方式是在梁的平面布置图上,分别在不同编号的梁中各选一根梁为代表,在其上注写截面尺寸和配筋具体数值。平面注写又分为集中注写和原位注写两种注写方式,集中注写表达梁的通用数值,原位注写表达梁的特殊位置。读图时,当集中注写与原位注写不一致时,原位注写取值在先。图 9-26 所示为梁平法施工图平面注写方式。

从图 9-26 梁平法施工图平面注写方式中可以看出它与传统表示方式的区别。在施工图中没有绘制截面配筋图及截面编号。

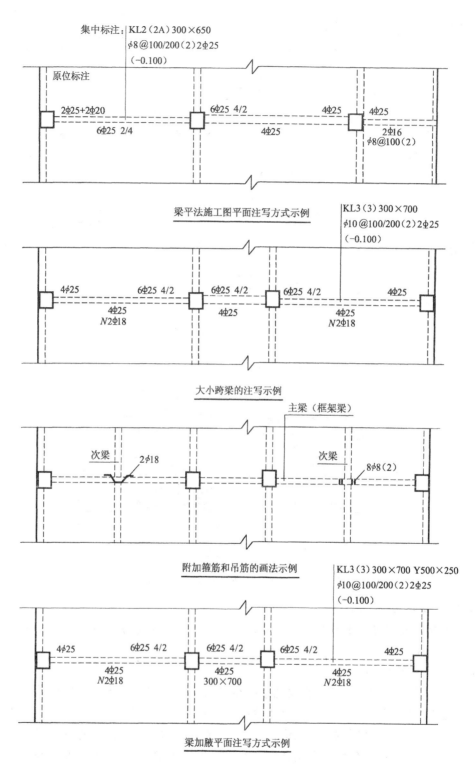

图 9-25 梁平法施工图的几种注写方式

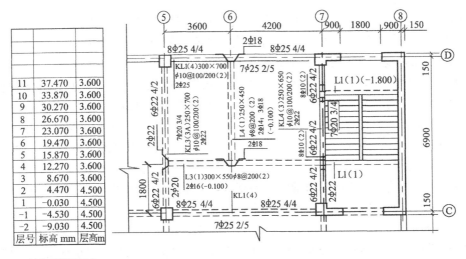

11	37.470	3.600
10	33.870	3.600
9	30.270	3.600
8	26.670	3.600
7	23.070	3.600
6	19.470	3.600
5	15.870	3.600
4	12.270	3.600
3	8.670	3.600
2	4.470	4.500
1	-0.030	4.500
-1	-4.530	4.500
-2	-9.030	4.500
层号	标高 mm	层高 m

结构层楼面标高

结构层高

15.870~26.670 梁平法施工图（局部）

图 9-26 梁平法施工图平面注写方式

梁平法施工图平面注写方式的内容包括平面图和结构层楼面标高及结构层高两部分。

平面图的内容包括轴线网、梁的投影轮廓线、梁的集中注写和原位注写等。

轴线网和梁的投影轮廓线同常规表示方法。

梁的集中注写内容及含义如右标注所示：

第一行标注梁的名称及截面尺寸

KL——梁的代号，示为框架梁。2——编号，(4A)——括号中的数字表示 KL2 的跨数为 4 跨。字母 A 表示一端悬挑，若是 B 则表示两段悬挑。300×700 表示梁的截面尺寸，若为 300×700/500 则表示变截面梁，高端为 700mm，矮端为 500mm。若 Y500×250 则表示加腋梁，示为加腋长 500mm，加腋高为 250mm。梁的截面尺寸标注如图 9-27。

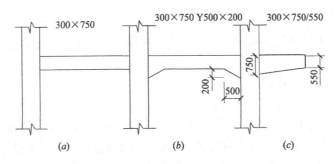

图 9-27 梁截面尺寸标注
(a) 矩形梁；(b) 加腋梁；(c) 变截面梁

第二排数字表示箍筋配置情况

$\phi10$——表示直径为10mm的HPB235级钢筋,@为相等间距符号。斜线前面的"100"表示加密区箍筋间距,斜线后面的"200"表示非加密区的箍筋间距,括号中的"(2)"表示箍筋的肢数为2肢。2ϕ25——表示箍筋所箍的角筋的规格。

在集中标注中,若上下钢筋变化不大,可直接在集中标注中标注出钢筋的配置情况,若变化大,则需要采用原位标注。在集中标注中,梁的上部与下部纵筋的配筋值用分号(;)隔开,分号前为梁上部配筋值,分号后为梁下部配筋值。当上部或下部钢筋多于一排时,用斜线"/"分开。梁上部钢筋,斜线前为上部的上排钢筋,斜线后为上部的下排钢筋。梁下部钢筋,斜线前为下部的上排钢筋,斜线后为下部的下排钢筋。当同排钢筋有2种直径时,用"+"相联,角部纵筋写在前面。当梁截面高度≥450mm,需配置纵向构造筋时,配筋值前加"G";需配置受扭纵向筋时,配筋值前加"N"。

若梁顶面不在同一标高时,可在最下面一行在括号内标注出梁顶面标高高差。梁顶面标高高差,系指相对于结构层楼面的高差值。如(0.100)表示梁顶面比本层楼的楼面结构标高高出0.1m;若(-0.100)则表示比本层楼的楼面结构标高低0.1m。

梁的原位标注内容及含义　梁在原位标注时,要特别注意各种数字符号的注写位置。纵向梁的后面表示梁的上部配筋,梁的前面表示梁的下部配筋。例如图9-28中Ⓒ轴纵向框架梁,梁的后面标注的"8ϕ25 4/4"表示梁的上部配筋为8根直径为25的HRB335级钢筋,分两排布置,上面第一排4根,第二排4根。纵向梁的前面表示梁的下部配筋,梁的前面标注的"7ϕ25 2/5"表示梁的下部配筋为7根直径为25的HRB335级钢筋,分两排布置,下面第一排5根,第二排2根。横向梁的左边表示梁的上部配筋,右边表示下部配筋。例如图9-28中⑤轴为横向梁,梁的左边标注的"6ϕ22 4/2"表示梁的上部配筋为6根直径为22的HRB335级钢筋,分两排布置,上面第一排4根,第二排2根。横向梁的右面表示梁的下部配筋,右面标注的"7ϕ20 3/4"表示梁的下部配筋为7根直径为20的HRB335级钢筋,分两排布置,下面第一排4根,第二排3根。标注时,注写方向同梁的方向。各种符号的含义同集中注写方式,不再赘述。

9.5.4.2　截面注写方式

截面注写方式是指在分标准层绘制的梁平面布置图上,分别在不同编号的梁中各选择一根梁用剖面号引出配筋图,并在配筋图上注写截面尺寸和配筋具体数值的方式来表达梁平法施工图,如图9-28所示。

截面注写方式与平面注写方式大同小异。梁的代号、各种数字符号的含义均相同,只是平面注写方式中的集中注写方式在截面注写方式中用截面图表示。截面图的绘制方法同常规方法一致,不再赘述。

9.5.5　平法施工图的构造

平法施工图在设计和施工中运用都比较方便,减少了大量的绘图篇幅,具有一定的先进性。但是,柱、墙、梁的构造配筋不容易表示清楚。为此,在平法施工图中按照不同的结构形式、不同的位置(中部、端部)、不同的抗震等级统一了构造做法。从读图方法来讲,与常规方法一致,不同的是如何选择到应该选择的构造节点做法。柱、墙、梁的构造做法参见03G101 P35~P69。

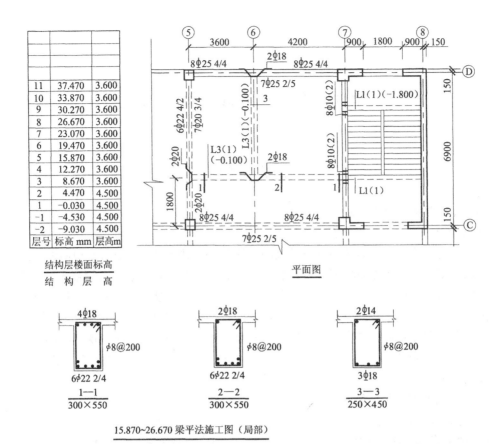

图 9-28 梁截面注写方式

第10章 透 视 投 影

10.1 透视投影的基本知识

10.1.1 透视投影的形成

透视投影属于单面中心投影。

我们知道一张照片可以十分逼真地反映出物体的外观形象,这是因为物体通过照相机所形成的图像与人们观察物体时在视网膜上所形成的图像基本一致。它们都遵循了单面中心投影的原理。在设计时,建筑物还没有建造出来,人们不可能用照相的方法把物体的形状反映出来。为了达到十分逼真地反映出物体的外观形象,人们采用了透视图的表示方法。

透视图与照相不同的是"照相的画面在 S 点之后,图像为倒像,而透视图的画面一般放在视点 S 点与物体之间,图像为正像"。图 10-1 为透视图作图原理与视网膜成像、照相机成像原理的比较。

10.1.2 透视图的作用

透视图的作用可以归纳为以下三点:
(1)供主管部门或业主审批设计方案;
(2)工程技术人员之间交流设计意图;
(3)为建筑绘画奠定基础。

10.1.3 常用术语与符号

为了便于理解、叙述和尽快地掌握透视图的画法,本章规定常用术语与符号如图 10-2 所示。

H——基面,物体所在的地平面;
P——画面,透视图所在的平面;
$g-g$——基线,画面与基面的交线;
S——视点,透视投影的中心点;
s——站点,视点 S 点在基面上的投影;
s'——主视点,又称透视中心,即视点 S 在画面上的投影;
$Ss(s's_g)$——视高,视点到基面的高度;
$Ss'(ss_g)$——视距,视点到画面 的距离(站点到基线的距离);
$h-h$——视平线,过视点的水平面与画面的交线;
视线——过视点的直线。

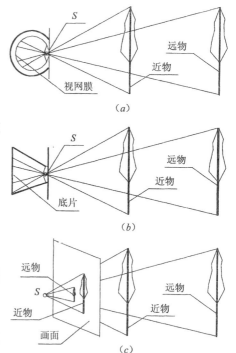

图 10-1 透视图作图原理与视网膜成像、照相机成像原理的比较
(a)物体在视网膜上成像;(b)物体在照相机中成像;(c)物体在透视中的图形

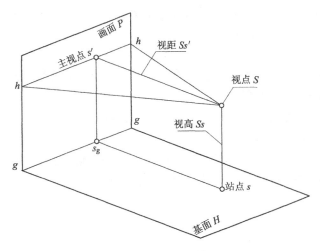

图 10-2 常用术语与符号

10.2 点和直线的透视

10.2.1 点的透视及点的透视规律

10.2.1.1 点的透视

视点 S 同空间点 A 的连线（视线）与画面的交点称为点的透视，如图 10-3。
作图方法如下：
(1) 基面上自站点 s 至空间点 A 在基面上的投影 a 的连线 sa 交基线 $g-g$ 得 a_g；
(2) 自 a_g 作垂线与 aS 的连线相交于画面得 a 点的透视 a_p，将 a_p 称为基透视；
(3) 自 a_g 作垂线与 AS 的连线相交于画面得 A 点的透视 A_p，A_p 即为所求。

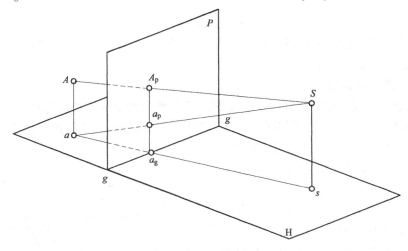

图 10-3 点的透视

10.2.1.2 点的透视规律

(1) 同一视线上点的透视规律
处于同一视线上点，其透视重合为一点，基透视不重合（即透视相同，基透视不同）。如

图 10-4,空间点 A、B 位于同一视线上,其透视 A_p、B_p 重合为一点,基透视分别为 a_p、b_p。

(2)同一铅垂线上点的透视规律

处于同一铅垂线上点,其透视不重合,基透视重合为一点(即透视不同,基透视相同)。如图 10-4,空间点 A、C 位于同一铅垂线上,其透视分别为 A_p、C_p,基透视重合为一点 a_p、c_p。

(3)点与画面的相对位置规律

位于画面上的点的基透视在基线上,透视就是其本身。如图 10-4,点 D 位于画面上,点 D 的基透视 d_p 在基线 $g-g$ 上,点 D 的透视 D_p 位于画面上,与点 D 重合。

位于画面后方的点的基透视在基线与视平线之间(无穷远点的基透视在视平线上)。如图 10-4,点 A 位于画面后方,点 A 的基透视 a_p 在基线与视平线之间。

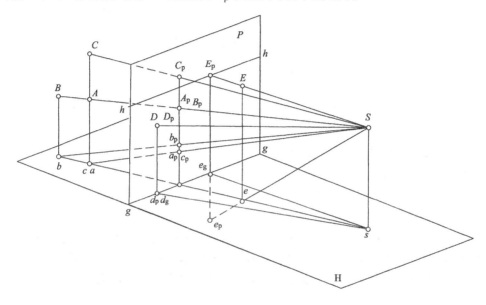

图 10-4 点的透视规律

位于画面前方的点的基透视在基线 $g-g$ 的下方。如图 10-4,点 E 位于画面前方,点 E 的基透视 e_p 在基线 $g-g$ 的下方。

10.2.2 直线的透视

直线的透视一般为直线,它是过直线的视平面与画面的交线。直线与画面的相对位置不同,其透视图的作图方法亦不相同。在透视图中,根据直线与画面的相对关系来分类,分为与画面相交直线和与画面平行直线两类。

10.2.2.1 与画面相交直线的透视

(1)迹点与灭点

我们把直线与画面交点的透视称为迹点,把直线上无穷远点的透视称为灭点。

因为直线与画面相交,直线必然与画面有交点,直线与画面交点的透视即为迹点。如图 10-5,直线 AB 与画面交于点 A,故点 A 为迹点;同理,直线 CD 与画面交于点 C,故点 C 为迹点。当直线为直线段时,无法确定它的透视方向。假设把直线段向远方无限延长,直线上无穷远

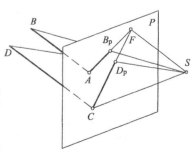

图 10-5 迹点与灭点

点的透视即为灭点。反过来讲,灭点是直线上无穷远点的视线与画面的交点,即无穷远点的透视。如图10-5点 F 为直线 AB 的灭点。从几何学知道,只有两平行直线才交于无穷远点,因此,过视点作已知直线的平行线与画面的交点,即为该直线的灭点。

(2)同一组平行线共灭点

因为直线 AB 与直线 CD 平行,过视点分别作两平行直线的平行线,必然与画面交于一点 F。所以,同一组平行线共一个灭点,即平行线共灭点。

10.2.2.2　与画面平行线的透视

与画面平行的线既无迹点,又无灭点,其透视为直线上各点透视的集合。即含该直线的视平面与画面的交线,该交线必然平行于该直线。

10.2.2.3　透视图的形成及展开

(1)透视图的形成

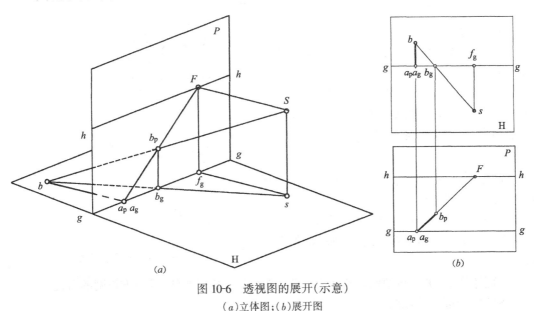

图10-6　透视图的展开(示意)
(a)立体图;(b)展开图

如图10-6(a)所示,已知直线 ab 位于基面上,过视点 S 作 ab 的平行线与画面相交,求得点 F,点 F 即 ab 直线的灭点。过点 F 作水平线 $h-h$,$h-h$ 称为视平线。直线 ab 位于基面上,点 a 的透视为 a_p,与 a_g 共点。点 b 的透视 b_p 位于 a_gF 线上,a_pb_p 为基面上直线 ab 的透视。

(2)透视图的展开

图10-6(a)为立体图。如何将立体的透视图画在平面的图纸上?方法是将基面摆正,放在上方。将画面摆正,画面放在基面的正下方,如图10-6(b)。

已知如图10-6(b)所示,作图步骤如下:

1)求迹点 a_g。ab 线的迹点为 $a_p(a_g)$;求灭点 F,在 H 面上过 s 作 ab 的平行线交基线 $g-g$ 求得 f_g,过 f_g 向下作铅垂线交画面上的视平线 $h-h$ 于 F,点 F 即为直线 ab 的灭点。画面上线段 a_gF 为直线 ab 的全长透视。

2)求点 b 的透视 b_p。在 H 面上连线 sb 交基线 $g-g$ 得 b_g,过 b_g 向下作铅垂线交 a_gF

于 b_p,b_p 为点 b 的透视。直线 ab 的透视为 $a_p b_p$。

从图 10-6 可知,属于基面上的与画面相交线的迹点位于基线上,灭点位于视平线上。

【例 10-1】 已知基面上一方格网,如图 10-7(a)所示,视高 $s's_g = 20$,视距 $ss_g = 50$,求作基面上方格网的透视。

【解】 过 a、b、c、d 4 点的直线因为与基线相交,该四点的透视即为本身,又因为过 a、b、c、d 4 点的直线与画面垂直,它们的灭点应为主视点 s'。本题的重点是如何确定过 1、2、3 点的 3 条与画面平行的直线的透视位置及透视长度。为了求解,可作一对角线 $a-3d$ 为辅助线,先求对角线 $a-3d$ 的透视,即可得解。

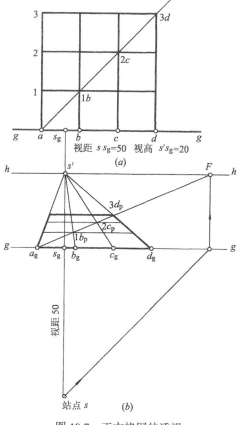

图 10-7 正方格网的透视

解题步骤:

(1)在适当的位置画基线 $g-g$,根据视高 $s's_g = 20$ 画视平线 $h-h$,自 s_g 点根据 $s_g - s = 50$ 求站点 s。自 s_g 点根据 $s's_g = 20$ 求视点 s'(画面中的 $g-g$ 与基面中的 $g-g$ 为同一直线)。根据 a、b、c、d 求各迹点 a_g、b_g、c_g、d_g 的透视。

(2)分别过 a_g、b_g、c_g、d_g 与 s' 连线,求得垂直于画面直线的透视方向。

(3)根据视距 $s_g - s = 50$,求对角线 $a-3d$ 的灭点 F。连 $a_g - F$ 为对角线 $a-3d$ 的全长透视。

(4)根据 $a_g - F$ 与各直线的交点 $1b_p$、$2c_p$、$3d_p$ 作画面平行线,求得方格网的透视。

(5)加深图线,即为所求。

【例 10-2】 已知基面上一方格网,如图 10-8(a)所示。视高 $s' - s_g = 20$,视距 $s - s_g = 50$,求作基面上方格网的透视。

【解】 本例的两组直线延长后,都与画面相交,有各自的交点和灭点。但是由于与画面成 30°的一组直线的迹点距离较远,不便作图,仍然利用对角线来作图。

解题步骤:

(1)根据已知条件画出基线 $g-g$、视平线 $h-h$,及 s_g 站点 s、主视点 s'。

(2)求 60°方向线的灭点 $F60$ 及 30°方向线的灭点 $F30$。

(3)求对角线的灭点 $F_{对}$。

(4)延长直线 1、2、3 与基线相交得 1_g、2_g、3_g。

(5)求 60°方向线的透视(各迹点与 $F60$ 相连)。

(6)求 30°方向线的透视($OF_{对}$ 上各点与 $F30$ 相连)。

加深图线,即为所求。

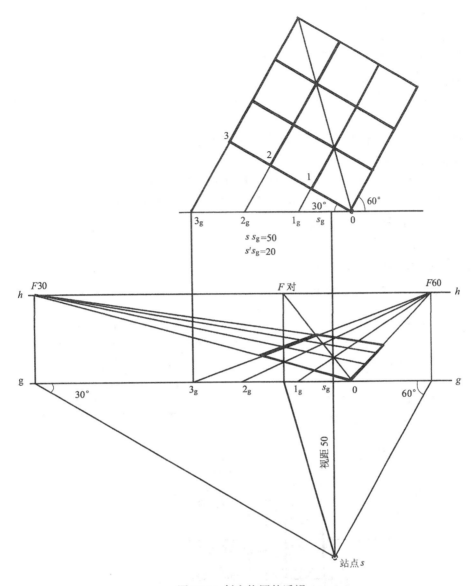

图 10-8 斜方格网的透视

10.2.2.4 与基面垂直线的透视

处于画面上的直线其透视长度等于实长,当直线垂直于基面又位于画面上时,其透视高度等于直线的实际高度,称为真高。如图 10-9(b)中 $a30$,因为 $a30$ 位于基线 $g-g$ 上,所以该直线必然在画面上,该直线的透视高度等于实际高度 30mm。位于画面前面的直线增高,位于画面后面的直线减矮。求透视高度可采用以下 3 种方法:

方法一 辅助灭点法

如图 10-9(b)所示,按例 10-1 求出方格网及各点的基透视。以 $d30$ 为例,介绍辅助灭点法的作图方法。

①在视平线 $h-h$ 上任意取一点 ω 为辅助灭点;
②连辅助线 $\omega-d_p$ 延长至基线 $g-g$ 得 1_p;

③自 1_p 作直线 1_p-Ⅰ=30 求得Ⅰ；
④连辅助线 ω-Ⅰ；
⑤自 d_p 作铅垂线交 ω-Ⅰ得 D_p，D_p 为所求。

方法二　集中真高线法

如图 10-9(c)所示，按例 10-1 求出方格网及各点的基透视。以 $b35$ 为例，介绍集中真高法的作图方法。

①将 a_p-A_p 延长至 B_p 的真高 35，即点 B 的高度；
②连辅助线 s'-B(s'也可以为 ω)；
③自 b_p 作画面平行线交 a_p-s' 于点 1，自点 1 作铅垂线交 B-s' 得点Ⅰ；
④自点Ⅰ作画面平行线与过 b_p 的铅垂线相交，求得点 B 的透视 B_p；
⑤其他各点的透视求法雷同。

方法三　视平线分割法

视平线分割法用于不能精确确定物体高度时，如透视图中的室外配景。

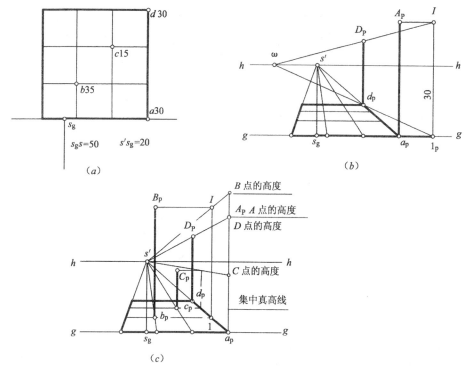

图 10-9　透视高度的
(a)已知条件；(b)辅助灭点法；(c)集中增高线法

常人视平线的高度一般在 1.5～1.7m 之间，为了作图方便，视高常取 2m。如果地面上的物体高度为 2m，不管它在基面上什么位置，它的透视高度为视平线的高度。如图 10-10 中的点 a、b 均为 2m 高；如果地面上的物体高度低于 2m，不管它在基面上什么位置，它的透视高度必然低于视平线的高度；如果地面上的物体高度大于 2m，不管它在基面上什么位置，它的透视高度高于视平线的高度。从图 10-10 中可以看出点 c 处的物体高度为 4m，点 d 处的物体高度为 3m，点 e 处的物体高度大约为 7m。

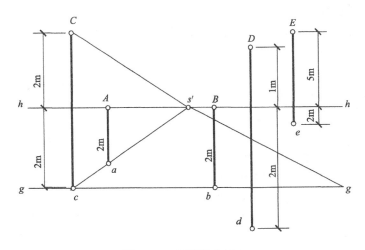

图 10-10 视平线分割法

10.3 透视图的分类及透视参数的确定

10.3.1 透视图的分类

一个形体有长、宽、高三个方向的量度,占有一定的空间,称为三维空间,即长(ox)、宽(oy)、高(oz)。在建筑物中绝大多数的轮廓线(棱线)都与这三个方向平行。因此,我们把这三个方向,即长(ox)、宽(oy)、高(oz)称为主向,平行于主向方向线的灭点称为主向灭点。

根据物体与画面不同的位置关系,作出的透视图可分为平行透视、成角透视和斜透视三种:

平行透视:在建筑物中三个主要方向的轮廓线有两个方向的轮廓线(长、高)与画面平行,只有宽度方向的轮廓线与画面相交产生一个灭点,为此平行透视又称为一点透视。

成角透视:在建筑物中三个主要方向的轮廓线有一个方向的轮廓线(高)与画面平行,而另外两个方向的轮廓线(长、宽)与画面相交产生两个灭点 Fx、Fy,为此成角透视又称为两点透视。

斜透视:在建筑物中三个主要方向的轮廓线与画面相交产生三个灭点 Fx、Fy、Fz,为此斜透视又称为三点透视,如图 10-11。

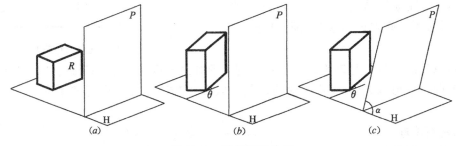

图 10-11 透视图的分类

(a)平行透视示意图(R 面平行于画面 P);(b)成角透视示意图(铅垂线平行于画画 P);(c)斜透视示意图

10.3.2 透视参数的确定

视点的位置是确定一个建筑形体透视效果的关键。所谓确定透视参数就是选择视点和画面的相对位置。透视参数包括视高——Ss、视距——Ss'、左右位置和方位角——θ。

(1) 视高——Ss：

视高一般有三种考虑方式，即常用视高、抬高视高和降低视高。

人们的正常高度为 1.5~1.8m，正常视高为 1.5~1.7m，在建筑透视图中一般取在 2.0m 左右，即建筑物第一层窗户的中槛上。为了突出屋檐部分或画俯视图时，可以抬高视高。为了突出台阶部分使建筑物显得高大或画仰视图时，可以降低视高，如图 10-12。

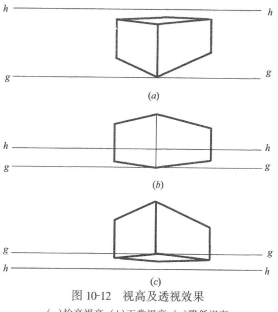

图 10-12 视高及透视效果
(a)抬高视高；(b)正常视高；(c)降低视高

视距是根据人的单眼视野来确定的，如图 10-13。把视点 S 作为圆锥的顶点，视锥的轴心线称为主视线，它与画面垂直相交得主视点 s'，锥顶形成的角称为视角。视锥上最左、最右两条素线形成的夹角称为水平视角；视锥上最上、最下两条素线形成的夹角称为垂直视角。选择视点 S 的原则是使被观看的形体全部落在视锥角以内。视点 S 的位置是根据视距、视高和左右位置来确定。

(2) 视距——Ss'

视距一般是根据画面宽度来确定，即由水平视角来控制，如图 10-14 为视距与水平视角的关系。当建筑物的高度大于画面宽度时，视距要根据画面高度来确定，即由垂直视角来控制，如图 10-15(a)。为了突出建筑物的某一部分，需要抬高或降低视高时，垂直视角的选用如图 10-15(b)、(c)。将被画的建筑物处于视锥角内，视锥的主视线垂直于建筑物，视锥角的大小体现透视图的效果。为此，画透视图时必须正确选择视距，即视锥角的大小。

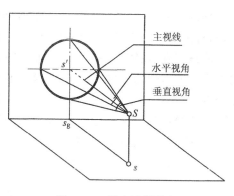

图 10-13 视点及视锥角

室内透视的视距与室外透视的视距不同。把画面宽度定为 B，室内透视的视距一般取 $0.5B$，即视锥角 $\geqslant 90°$。室外透视的视距一般取 $1.5B~2.0B$，即视锥角在 $37°~28°$ 之间。

(3) 左右位置

为了达到最好的透视效果，视点的左右位置应选在画面宽度中间的三分之一范围内，但是一般不要在中轴线上，如图 10-14。

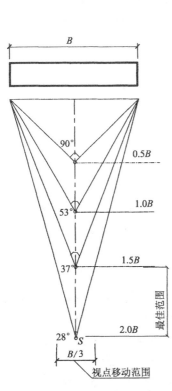

图 10-14 视距与水平视角

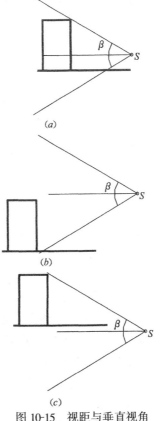

图 10-15 视距与垂直视角
(a)正常视高;(b)俯视图;(c)仰视图

(4)方位角 θ 的选择

方位角对透视图的影响如图 10-16 所示,选择不同的方位角,相当于从不同的方位对建筑物进行透视,会产生不同的透视效果。实际上平行透视与成角透视就是不同的方

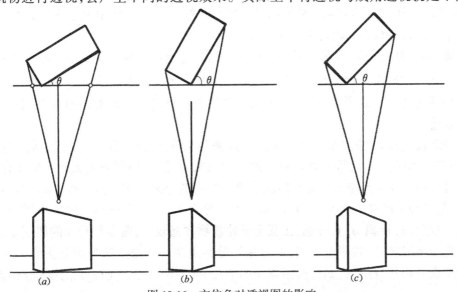

图 10-16 方位角对透视图的影响
(a)突出正墙面;(b)突出侧墙面;(c)左右对称

位得到的不同透视类型和效果。方位角的选择主要取决于表现意图,使得到的透视图主次分明、形象生动、富有艺术感。如图 10-16(a)突出建筑物的正墙面,图 10-16(b)突出建筑物的侧墙面,但是图 10-16(c)重点不突出,图形左右对称,显得呆板,一般不宜采用。

10.4 作透视图的常用方法

作透视图的常用方法有距点法、量点法和建筑师法三种。

10.4.1 距点法

距点法实用于平行透视,又称为距离点法。

10.4.1.1 距点法的原理及距点的求法

当画面与建筑物一个方向的墙面平行时,建筑物上三个方向的棱线有两个方向的棱线与画面平行,无灭点。只有一个方向的棱线(一般是宽度方向的棱线)与画面垂直相交,灭点为主视点 s'。

如图 10-17,位于基面上的直线 ac 垂直于画面 P,其 ac 的透视方向可以求出,ac 的透视方向为 $a_p - s'$,但是,点 b 的透视位置无法确定。为了确定点 b 的透视位置,过点 b 作 45°线 $b_g - b$,先求 45°线 $b_g - b$ 的灭点 F,灭点 F 到 s' 的距离等于视距 $s_g s$。为了把 45°线的灭点与一般线的灭点区别开,将 45°线的灭点称为距离点,简称距点,用 D 表示。在图 10-17中求距点 D 是按照求直线灭点的一般方法求得的,从图中可以看出,所求距点 D 到主视点 s' 的距离 Ds' 与视距 $s_g s$ 相等,即距点到主视点的距离等于视距。因此,求距点 D 只需要在视平线上直接量取线段 $s'D$ 等于视距 $s_g - s$(即 $s'D = s_g - s$)即可。用这种方法解题称为距点法。

(证明:$Ds' = s_g - s$,因为过站点 s 作 $b_g - b$ 的平行线与画面相交于 $g - g$ 得 D_g,形成 45°三角形 $s - s_g - D_g$,所以,$s - s_g = s_g - D_g$。又因为 $s'D = s_g - D_g = s - s_g$。所以 $Ds' = s_g - s$。)作 45°线可以右斜,也可以左斜。故可以得到两个距离点,为了区分,把向右斜得到的距离点记着 $D_右$,把向左斜得到的距离点记着 $D_左$。

求得 $D_左$、$D_右$ 之后,要求点 b 的透视 b_p,就自 a_p 至点 1 等于 ab,a_p 至点 1 记着 Y_1,$Y_1 = ab$。同理要求点 c 的透视 c_p 就自 a_p 至点 2 等于 a_p,ac 至点 2 记着 Y_2,$Y_2 = ac$。作图时要特别注意,Y_1、Y_2 往左量取时,量取点要与 $D_右$ 相连,Y_1、Y_2 往右量取时,量取点要与 $D_左$ 相连。

当视距较远或者需要放大作图时,可以采用分距点法。分距点法包括二分距点($D/2$)和四分距点($D/4$)等几种。对于放大作图来说,透视图需要放大到所给图样的多少倍时可采用几分距点作图最为方便。分距点的作图原理同求距点一样,例如图 10-18,直线 ab 是基面上的画面垂直线,在已知的透视参数条件下,若按距点法来作图,距离点 D 距离 s' 较远,b_g 距离 a_p 也较远,工程上的建筑物体都较大,需要相当大的图面来绘制,为了节省图面,使作出的图更精确,所以采用分距点法。分距点法与距点法的区别在于用几分距点就用几分距离,如二分距点 $s' - D/2 = (s_g - s)/2$。同理可采用三分距点、四分距点……

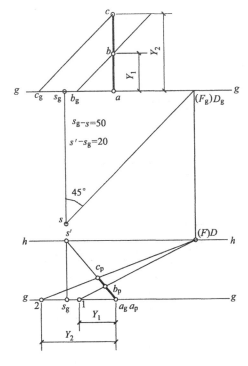

图 10-17 距点法的作图原理

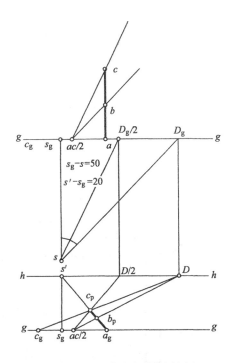

图 10-18 二分距点的作图原理

10.4.1.2 作图举例

【例 10-3】 已知某大门的平面图、立面图及画面、视距 $s_g - s = 50$、主视点 s' 如图 10-19(a)所示,求大门放大一倍的透视图。

【解】 (1)根据已知条件,平面图上与画面垂直的直线都不与画面相交,作图时需要作辅助线与基线 $g - g$ 相交,求得交点 1~6;如图 10-19(b)。

(2)确定画面位置,按放大一倍作透视图画出基线 $g - g$、视平线 $h - h$、和主视点 s'、二分距点 $D/2$。如图 10-19(c)。

(3)求作基透视。放大一倍作透视图,需要将图中所有元素都放大一倍,这样需要的图面较大,所以,一般采用二分距点法作图。二分距点法是把基面上某个点到画面的一半距离反映到基线 $g - g$ 上。对于放大一倍作图,某个点到画面的距离正好可以从题图上直接量取。作图时采用先画基透视再竖高的方法来完成透视图,如图 10-19(c)。

①将平面图上与画面垂直的直线作辅助线与基线 $g - g$ 相交,求得迹点 1~6;

②放大一倍将迹点 1~6 定于画面的基线 $g - g$ 上,求得迹点的透视 1_p~6_p;

③将 1_p~6_p 各点分别与主视点 s' 相连,求得各画面垂直直线的全长透视;

④自点 3_p 为起点,将 a、b、c、d 各点到画面的距离量在基线上(注意:距点在 s' 的左边,a、b、c、d 各点到画面的距离要向右边量;同理,距点在 s' 的右边,a、b、c、d 各点到画面的距离要向左边量);

⑤分别过 a、b、c、d 各点与 $D/2$ 相连,完成 a、b、c、d 各点的基透视。

(4)竖高(此例可采用集中真高线法确定高度),确定各点的透视高度,连线完成透视图。

(5)加深图线,润色,结果如图 10-19(d)(注意:柱顶后边线与板后边线较近,加深图线

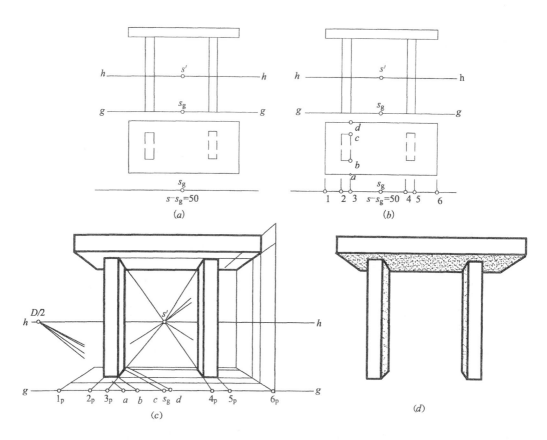

图 10-19 求作大门的透视
(a)已知条件;(b)解题(一);(c)解题(二);(d)作图结果

时两线不能交在一起)。

【例 10-4】 已知卧室的平面图、剖面图(局部)及画面、视高、视距 $s_g - s = 50$、主视点 s',如图 10-20(a)所示,求卧室放大一倍的透视图。

【解】 从已知条件可知,平面图上除两边墙体外,与画面垂直的直线都不与画面相交,作图时需要作辅助线与基线 $g-g$ 相交;放大一倍作透视图,如同例 10-3,需要将图中所有元素都放大一倍,这样需要的图面较大,此例仍采用二分距点法作图。作图时采用先画基透视及房间,再画家具,最后画门窗和挂镜的方法来完成透视图。

作图步骤如下:

(1)根据已知条件在适当的位置画出基线 $g-g$、视平线 $h-h$、和主视点 s'、左右各确定一个二分距点,即 $D/2$,如图 10-20(b)。

(2)求作房间的透视,如图 10-20(b)。

①确定墙根线 $0a$ 的透视位置;

②按扩大 2 倍求房间在画面上的透视高度;

③求房间的深度,过各角点作线与 s' 相交,在基线量取 $0_g - a_g = 0a$,连 $a_g - D/2$ 与 $o_g - s'$ 线相交,求得点 a 的基透视 a_p;

④过 a_p 作画面平行线,求得房间的透视。

(3)求作房间里家具的基透视,如图10-20(b)。

①由 $b_g - D/2$ 的连线求得 b_p,由 $1_g - s'$ 连线,分别交过 a_p、b_p 的基线平行线得 $b1_p$、$a1_p$,四边形 $a_p - b_p - b1_p - a1_p$ 即为床头柜的基透视;

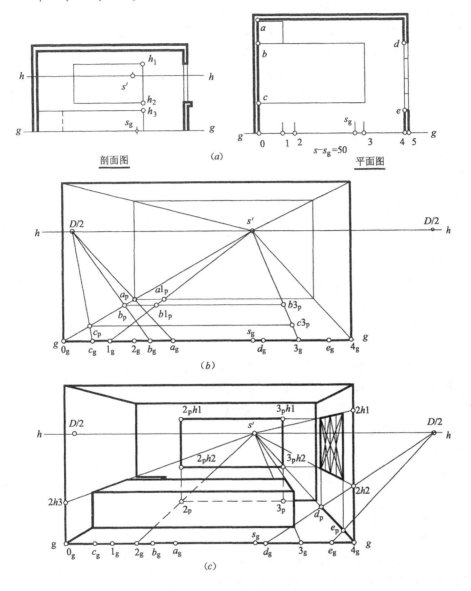

图 10-20 室内透视的作图
(a)已知条件;(b)解题过程;(c)解题结果图

②由 $c_g - D/2$ 的连线求得 c_p,由 $3_g - s'$ 连线,分别交过 b_p、c_p 的基线平行线得 $b3_p$、$c3_p$,四边形 $b_p - c_p - c3_p - b3_p$ 即为床的基透视。

(4)求作房间里家具的透视。根据第(3)步求得的基透视,在左边墙上按2倍高度 $2h_3$ 竖高,求作房间里家具的透视,如图10-20(c)。

(5)求正墙面上挂镜的透视。过 $2_g - s'$ 连线相交墙根基线于 2_p,过 2_p 作铅垂线,求得镜框左边在墙上的位置,过 $3_g - s'$ 连线相交墙根基线于 3_p,过 3_p 作铅垂线,求得镜框右边在墙

211

上的位置,根据已知条件,在右边墙边线上按 2 倍高度 $2h_2$、$2h_1$ 竖高,交右边墙角线后,作水平线交镜框左、右边的铅垂线,求得矩形 $2_ph_1-2_ph_2-3_ph_2-3_ph_1$,此矩形即为正墙面上挂镜的透视。

(6) 求右边墙面上窗的透视,如图 10-20(c)。

为了作图方便,求作右边墙上窗的透视时,利用右边的二分距点。

① 求作窗洞的透视,作图时以 $4_g-s'$ 为基准线,在 $g-g$ 线上量取 $4_gd_g=4d$,$4_ge_g=4e$,连 $d_g-D/2$、$e_g-D/2$,求得 d_p、e_p,由 d_p、e_p 窗洞前后的透视位置,窗洞的高低同镜框的高度。② 窗洞的分格。窗洞的分格在本例中采用对角线分格法,如图 10-20(c),先用对角线将窗洞分成二分,再用对角线将窗洞分成四分。

(7) 解题结果如图 10-20(c)。

10.4.2 量点法

量点法实用于成角透视。

10.4.2.1 量点法的原理及量点的求法

当直线垂直于画面时,确定直线的透视长度是用距点法,距点 D 到主视点 s' 的距离等于视点 S 到画面的距离。量点法针对的是与画面斜交直线透视长度的确定方法。

如图 10-21 所示,基面上有一直线 AB,点 A 位于画面上,求直线 AB 在画面上的透视长度。

在基面上的基线 $g-g$ 上自点 A 取一点 C,使 $AC=AB$,辅助线 BC 的灭点称为量点,用字母 M 表示。由于点 C 位于画面上,在基面上过站点 s 作辅助线 BC 的平行线与基线 $g-g$ 相交得 M_g,过 M_g 作垂线与画面上的视平线 $h-h$ 相交得 M,直线 C_p-M 为辅助线 BC 的全长透视。C_p-M 与 A_p-F 的交点 B_p 为点 B 的透视。

证明:

∵ $s-F_g$ // AB $s-M_g$ // BC AC // F_g-M_g

∴ △ABC ∽ △F_g-s-M_g

又∵ $AB=AC$

∴ $F_g-s=F_g-M_g$,而 $F_g-M_g=F-M$。

故:灭点到量点的距离等于灭点到视点的距离。根据这一规律,欲求量点,只需要在视平线 $h-h$ 上量取 $F-M=F-S$ 即可。

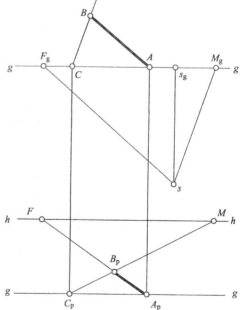

图 10-21 量点法的作图原理

10.4.2.2 作图举例

【例 10-5】 已知线段 AB 在基面上,如图 10-22,视高 $s'-s_g=20$,视距 $s_g-s=50$,求作直线 AB 的透视。

【解】 从已知条件可知,直线 AB 一部分在画面前方,一部分在画面后方,作图时将直线 AB 与画面相交的点视为点 C,作图步骤如下:

①根据已知条件在适当的位置画出基线 $g-g$、视平线 $h-h$ 及主视点 s'、灭点 F、量

点 M。

②以直线 AB 与画面的交点 C 为依据,求作直线 AB 的透视方向。

③在画面上取 $A_g - C_g = AC$,连辅助线 $A_g - M$ 与 $C_g F$ 相交得点 A 的透视 A_p。

④在画面上取 $B_g - C_g = BC$,连辅助线 $B_g - M$ 延长与 $C_g F$ 延长线相交得点 B 的透视 B_p。

⑤连线 $A_p - B_p$ 即为直线 AB 的透视。

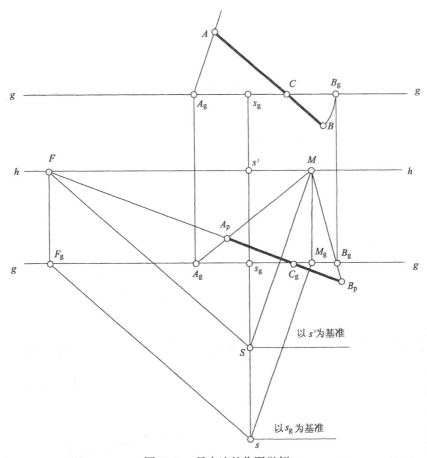

图 10-22 量点法的作图举例

注意,在此例中除了掌握作图方法外,还要注意两个问题:

①同一条直线在透视图中位于画面前面的线段要伸长,位于画面后面的线段要缩短,如本例中 BC 伸长,AC 缩短。

②求某直线的灭点 F,可以以视平线上的 s' 为准,也可以以基线上的 s_g 为准,作图时要注意。

【例 10-6】 如图 10-23,已知四棱柱的 H、V 投影,视平线 $h - h$ 及 s'、s_g,视距 $s_g - s = 50$,AB 方向线与画面的夹角为 30°,AC 方向线与画面的夹角为 60°,求作四棱柱的透视。

【解】 从已知条件可知,因为四棱柱上的三组方向线中,有两组方向线 AB、AC 与画面相交,高度方向线与画面平行,所以本例中有两个灭点,两个灭点对应两个量点,为了方便我们把 30°方向线的灭点记为 $F30$,30°方向线的量点记为 $M30$;60°方向线的灭点记为 $F60$,60°方向线的量点记为 $M60$。

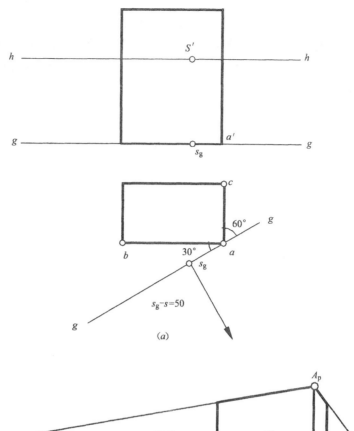

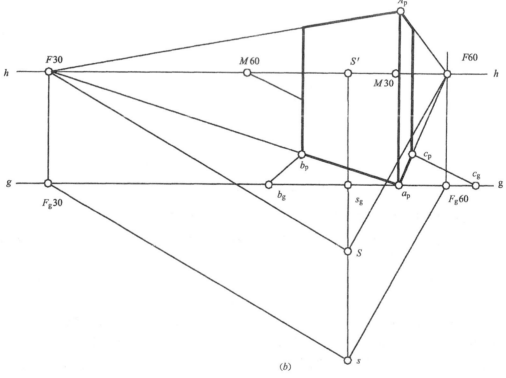

图 10-23 四棱柱的透视
(a)已知条件;(b)作图过程及结果

在工程中一般根据平面图、立面图作透视图,只需要把画面与墙面保持选定的角度即可。作透视图时将画面摆正。

作图步骤如下:

①根据已知条件在适当的位置画出基线 $g-g$、视平线 $h-h$ 和主视点 s' 及 s_g、灭点 $F30$ 和 $F60$、量点 $M30$ 和 $M60$。

②根据点 a 与 s_g 的距离,在画面上定出点 a_p。

③连辅助线 a_p-F30 和 a_p-F60,求得 ab 和 ac 的透视方向线。

④在画面的基线上取 $b_g-a_p=ab$,连辅助线 b_g-M30 得点 b_p;取 $c_g-a_p=ac$,连辅助线 c_g-M60 得点 c_p。折线 $b_p-a_p-c_p$ 为四棱柱可见方向的基透视。

⑤竖高。因为点 a 在基线上,四棱柱上棱线 Aa 在画面上,所以 Aa 为真高。自点 a_p 确定点 A_p,自点 A_p 分别连 A_p-F30 和 A_p-F60,可以确定 bB 和 cC 的透视。

【例 10-7】 已知建筑物的 H、V、W 投影,如图 10-24(a),视平线 $h-h$ 及 s'、s_g,视距 s_g-s,正墙面与画面的夹角为 $30°$,侧墙面与画面的夹角为 $60°$。求作建筑物的透视。

【解】 本例除了完成透视图的作图外,还要介绍两个新内容,一个是降低基面作透视平面图(基透视)简称降低基面法;第二个是建筑物的细部分割。作图步骤如下:

(1)按已知条件作出基线 $g-g$,视平线 $h-h$,灭点 $F30$、$F60$,量点 $M30$、$M60$。

(2)按降低基面法作基透视。

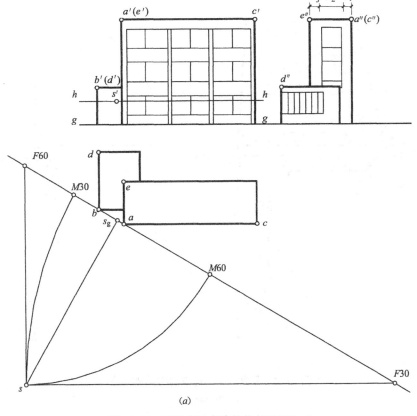

(a)

图 10-24 用量点法求建筑物的透视(一)

(a)已知条件

215

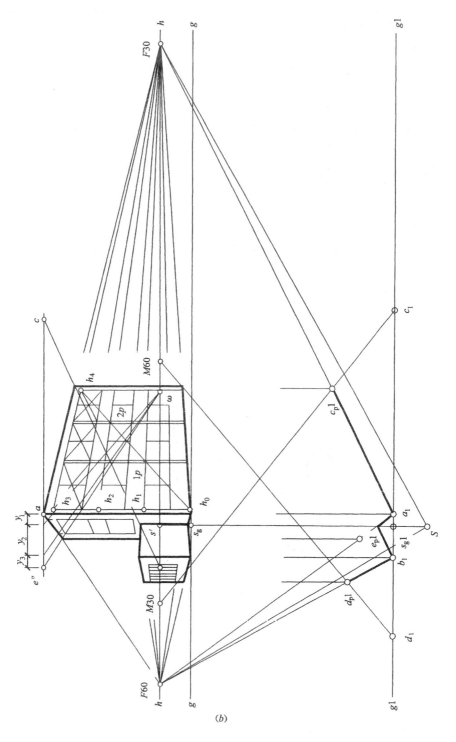

图 10-24 用量点法求建筑物的透视(二)
(b)解题结果

由于建筑物平面图中转折点较多,按给定的条件基线到视平线之间在画面上的距离很窄,两线条的夹角过大,各线条之间的交点很难找准,由此产生的误差过大,造成所画对象比例失调。为了解决这一问题,可在原有的基线 $g-g$ 下方的适当位置画一条辅助基线,记为 $g1-g1$ 以示区别。这条辅助基线相当于把原基面降低了一个高度。在降低了的基面上作出基透视后,再将所求得的各转折点回升到原基面的位置,这种方法称为降低基面法,在工程中经常采用。

方法同前,仍然将基线上的点按扩大的倍数量于辅助基线 $g1-g1$ 上。如图 10-24(b) 中的 a_1、b_1。仍然用灭点确定线段的透视方向,用量点确定线段的透视长度。在作基透视时,只画出可见直线的基透视,不可见直线的基透视一般不画。在降低的基面上作出基透视后进入下一步。

(3)回升基面。

当采用降低的基面法作出基透视后,还需要把降低了的基面回升到本来的位置。由于高度方向的轮廓线的透视垂直于基线,基透视中的转折点在降低或升高后始终在同一铅垂线上,符合点的透视规律"同一铅垂线上的点,基透视相同"。

(4)竖高作出建筑物的主要轮廓线,方法同前(略)。

(5)建筑细部处理(细部分格)。

建筑物细部的分格一般可以采用三种方法,即辅助灭点法、横格竖分法、对角线分格法。

①辅助灭点法　辅助灭点法适用于任何情况(等分或不等分)的分格。如图 10-24(b) 中三层楼房的侧墙面条窗的分格。在画面上取透视最高点 a,过点 a 作视平线(或基线)的平行线;以点 a 为基准,取 y_1、y_2、y_3……y_n 等于已知条件中的 y_1、y_2、y_3……y_n;过 y_n 与透视图中相应点的透视连线后,延长与视平线相交,交点为 ω,ω 称为辅助灭点;再自 ω 分别与 y_2、y_3……y_{n-1} 连线,求得各分点的透视。

②横格竖分法　横格竖分法适用于等分条件下的分格。如图 10-24(b) 中三层楼房的正墙面三个开间的分格。在正墙面三个开间的透视的四边形中,自 h_0 作对角线交 h_4;把 h_0-h_3 三等分,分点分别为 h_1、h_2;分别自 h_1、h_2 与灭点 $F30$ 连线交对角线于 $1p$、$2p$,$1p$、$2p$ 即为正墙面三个开间的分点,根据各分点完成两立柱的透视。

③对角线分格法　对角线分格法适用于二等分、四等分的透视分格。如图 10-24(b) 中三层楼房的正墙面上第三层窗户的分格。在窗户透视的四边形中,求出两对角线的交点,两对角线的交点即为该窗户的二等分点。

在放大透视图时,量点的使用方法同距离点法,采用二分量点可以把透视图放大二倍,采用四分量点可以把透视图放大 4 倍。以此类推,不再赘述。

10.4.3　建筑师法

建筑师法实用于各种透视。

10.4.3.1　建筑师法的原理

建筑师法又称视线法、站点法、视线迹点法。

如图 10-25,求点 A 的透视 A_p 只需要作 SA 的连线与画面 P 交即可以求得。由于 Aa、Ss 都垂直于基面 H,Aa 和 Ss 形成的平面 Aa

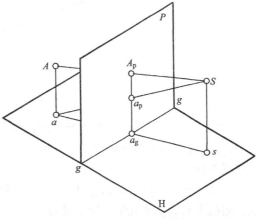

图 10-25　建筑师法的作图原理

Ss 必然垂直于基面,平面 $AaSs$ 与画面相交的相交线 A_p-a_g 也必然垂直于基面。而点 A 的透视 A_p,点 A 在基面上的投影 a 的透视 a_p 可以由点 A 在基面上的投影 a 与视点 S 在基面上的投影 s 的连线 $a-s$ 与基线 $g-g$ 的交点 a_g 来确定。过 a_g 作铅垂线可以求得点 A 的基透视 a_p 和点 A 的透视 A_p。

建筑师法就是利用这一特性来确定基透视中各转折点的位置。

10.4.3.2 作图举例

【例 10-8】 已知长方体的 H、V 投影,如图 10-26 所示,视平线 $h-h$,s'、s_g,视距 s_g-s,正面与画面的夹角为 30°,侧面与画面的夹角为 60°,求作建筑物的透视。

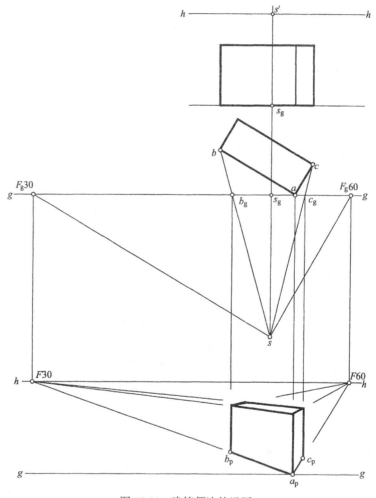

图 10-26 建筑师法的运用

【解】 (1)按已知条件在适当的位置作出基线 $g-g$,视平线 $h-h$,灭点 $F30$、$F60$。

(2)在画面的基线上确定点 a 的透视 a_p,分别连线 a_p-F30、a_p-F60,求得直线 ab、ac 的透视方向。

(3)在基面上作辅助线,连线 $s-b$ 交基线 $g-g$ 于 b_g,过 b_g 作铅垂线交画面上 ab 的透视方向线于 b_p,b_p 即为点 b 的基透视。

(4)同理可以求出其他点的基透 c_p……

(5)过点 a_p 竖高,完成透视图(略)。

在工程中画建筑透视图,是以建筑物的平面图、立面图为基础。建筑物的平面图、立面图的比例较小,画透视图时一般都要放大。放大的方法是:建筑物与视点的相对位置不变,假设将画面平行地向后移。画面向后移几倍视距,则透视图就扩大几倍。反过来当透视图需要扩大几倍时,画面就向后移动几倍视距。透视图可以整数倍扩大,也可以按分数倍扩大,称为无级放大。

【例 10-9】 已知组合体的 H、V 投影,如图 10-27(a)所示,视平线 $h-h$,s'、s_g,视距 s_g-s = 50,正面与画面的夹角为 30°,侧面与画面的夹角为 60°。放大一倍作组合体的透视。

【解】 (1)按已知条件在适当的位置作出基线 $g-g$,视平线 $h-h$,灭点 $F30$、$F60$。

(2)在已知条件的平面图中以基线 $g-g$ 为准,距 $g-g$ 为 50 处作基线 $g-g$ 的平行线 $g1-g1$,$g1-g1$ 为放大后的辅助基线,如图 10-27(a)所示。

(3)将视距 $s-s_g$ 连线延长至 $g1-g1$ 交于 s_g1,s_g1 为放大后的作图基准点。

(4)同理,可以将 $s-a_g$ 连线延长至 $g1-g1$ 交于 a_g1,a_g1 为放大后点 a 在画面中基线上的透视位置。

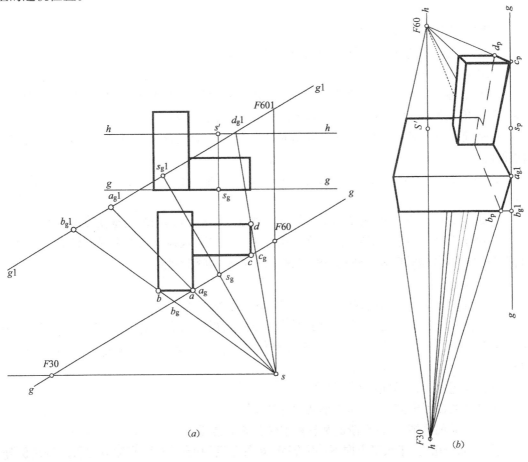

图 10-27 作组合体的透视
(a)已知条件及辅助基线;(b)作图过程及结果
注:图 10-27(b)在排版时已进行了缩放,并旋转了 90°。

(5)同理,可以求出点 b、c、d……放大后在画面中基线上的透视位置 b_g1、c_g1、d_g1……

(6)将辅助基线 $g1-g1$ 求出的各点按相对位置关系移至画面中的基线 $g-g$ 上,见图(b)。

(7)基透视的作图。方法同例 10-8,不再赘述。

(8)按给定的高度尺寸,放大一倍竖高,完成组合体的透视。

从本例可以看出,辅助基线 $g1-g1$ 上各两点之间的距离正好等于基线 $g-g$ 上相同两点间距离的 2 倍。为此,在扩大整数倍的条件下,作图时可以不按扩大的倍数求作辅助基线 $g1-g1$,而直接在画面的基线 $g-g$ 上按扩大的倍数量取即可。例如点 a_p 到 s_g 的距离,当扩大一倍时取 $2(a-s_g)$,当扩大 2 倍时取 $3(a-s_g)$,以此类推。各点之间的距离都可以用这种方法求得。

前面的例题以及习题集中的作业都给出了基线 $g-g$、视平线 $h-h$、主视点 S' 等。在实际工作中,这些已知条件要靠读者自己设定。读者可以根据前面讲的透视图的分类、透视参数的确定,根据实际情况自己设定基线 $g-g$、视平线 $h-h$、主视点 S' 等。下面举一综合例题,分解画透视图的全过程:

【例 10-10】 已知一建筑小品的平面图、立面图,如图 10-28(a)所示,求作建筑小品的透视。

【解】 作图前的准备工作:

①选择透视图的种类,此题一般采用两点透视。

②选择透视方向,建筑小品的右前面凹进一块,此处一般采用站右前方进行透视。

③确定画面位置,一般是将主要表示的墙面与画面的夹角设为 30°,次要表示的墙面与画面的夹角设为 60°。当确定了画面位置后,在题图上作基线。

④确定画面的宽度,分别过左右墙角向画面作垂线,确定画面的宽度,如图 10-28(a)中的第 1、7 点。

⑤确定 s_g 的位置,在点 1~7 之间中部的 1/3 范围内任取一点定为 s_g(此点要避开中点)。

⑥确定站点 s 的位置,为了达到最佳的透视效果,按 1.5 倍的画面宽度确定站点 s。

⑦确定视高 s',我们知道人的正常高度为 1.5~1.7m,画建筑物的透视可以适当提高视高至 2m 左右(若是需要表示建筑物的宏伟时,可以适当降低视高)。

作图步骤:

除了完成建筑小品的透视轮廓外,还要介绍建筑细部的处理方法。

①根据以上的准备工作,在画面上画基线 $g-g$、视平线 $h-h$、s_g、s',求灭点 $F30$、$F60$(若需要放大几倍,可以按放大的倍数确定基线 $g-g$、视平线 $h-h$ 及 s_g、s',求灭点 $F30$、$F60$)。

②画基透视,方法同前,不再赘述。

③利用真高线竖高,完成建筑小品的透视轮廓。

④作台阶的透视,根据台阶的基透视求作台阶的透视。

⑤ 墙面分格,由于水平方向不一定等分,最好采用辅助灭点法,高度方向采用按比例分的方法来完成。

⑥挑檐部分仍然要按基透视定位,利用画面上点的基透视 a_g 确定屋檐的高度。

其他细部不再叙述,由同学们自己完成。

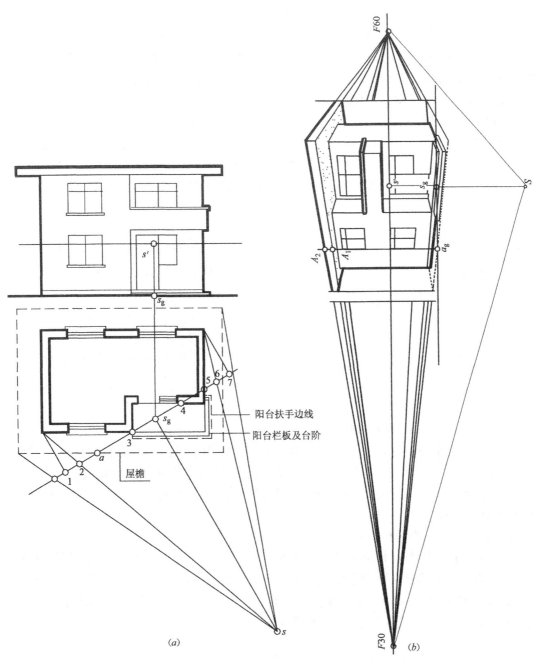

图 10-28 建筑师法作建筑物的透视
(a)已知条件;(b)作图过程及结果(图(b)在排版时旋转了 90°)

10.5 圆及曲面体的透视图

10.5.1 圆的透视

根据圆所在的平面与画面的相对位置,可以分为与画面平行和与画面相交两种。与画面平行的圆的透视仍然为圆,只是透视的大小不同,作图简单,并入曲面体中介绍。与画面

221

相交的圆分为与画面垂直相交和与画面斜交两种,它们的透视都为椭圆。

作椭圆的方法是八点圆法。先作圆的外切正方形,再作外切正方形的对角线,如图10-29。求作圆的透视图时,分别求出外切正方形的 4 个切点和外切正方形的对角线与圆周的 4 个交点的透视,再依次光滑连接 8 个透视点,即可以求出圆的透视。

10.5.1.1 与画面垂直相交圆的透视

与画面垂直的圆一般是指水平面上的圆和侧平面上的圆。

假如该圆位于基面上,它则是一个水平面上的圆,水平面上的圆的透视为椭圆。该圆的外切正方形的 X 方向与画面平行,该组线没有迹点和灭点。外切正方形的 Y 方向与画面垂直,有迹点和灭点,灭点为主视点 s'。基面上的圆的透视图如图 10-30。

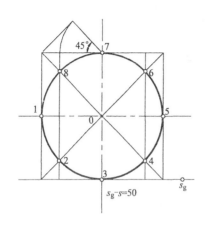

图 10-29 八点圆法的原理

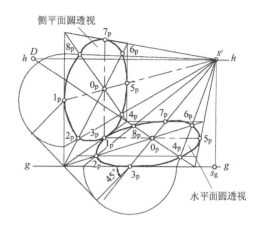

图 10-30 水平面和侧平面圆的透视

假如该圆位于侧平面上,则它是一个侧平面上的圆,侧平面上的圆的透视为椭圆。该圆的外切正方形的 Z 方向与画面平行,与基面垂直,代表圆的直径的真高,该组线没有迹点和灭点。外切正方形的 Y 方向与画面垂直,有迹点和灭点,灭点为主视点 s'。侧平面上的圆的透视图如图 10-30。

10.5.1.2 与基面垂直的圆的透视

假如该圆位于铅垂面上,则它是一个铅垂面上的圆,铅垂面上的圆的透视为椭圆。该圆的外切正方形的 Z 方向与画面平行,与基面垂直,代表圆的直径的真高,该组线没有迹点和灭点。外切正方形的 Y 方向与画面斜交,有迹点和灭点,灭点根据该方向与画面的倾斜角度而定,灭点为 F。铅垂面上的圆的透视图如图 10-31。

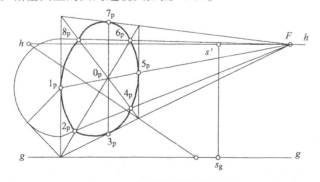

图 10-31 铅垂面上圆的透视

注意:圆的透视虽然是椭圆,但是,圆心 O 的透视 O_p,不是椭圆的中心。

10.5.2 曲面体的透视

在建筑工程中,常用的曲面体主要是圆柱体(筒体)。下面主要介绍以圆柱体形成的曲面体的透视。

【例 10-11】 已知如图 10-32(a)所示,圆管的中心线垂直于画面,视高 $s'-s_g=35$, $s_g-s=100$,求作圆管的透视。

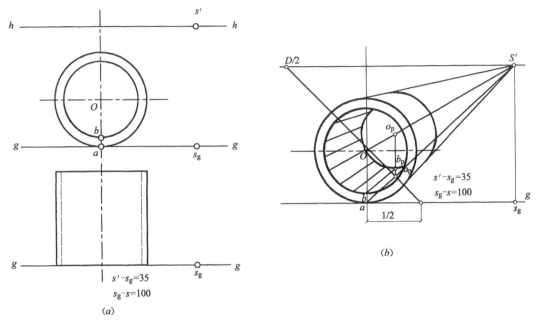

图 10-32 圆管的透视
(a)已知条件;(b)作图步骤

【解】 由于圆管的圆所在的平面平行于画面,为此前后两个圆的透视仍然为圆,只是圆的直径从前到后由大变小。作图时关键是要确定圆心的位置和半径的长度。又因为圆管的中心线垂直于画面,所以圆管的中心线和素线的灭点为主视点 s'。为了节省图面,采用二分距点法。

作图步骤(如图 10-32b):

①按已知条件在适当的位置作出基线 $g-g$,视平线 $h-h$,确定 s_g、s' 的位置和二分距离点 $D/2$。

②作画面上圆的透视。画面上圆的透视仍然为圆,反映实形。

③作基面上圆管的透视方向及透视长度 $a-a_p$。

④自 a_p 作垂线得圆管过点 b 素线的透视方向及长度 $b-b_p$,圆管中心线的透视方向及长度 $o-o_p$。

⑤以 o_p 为圆心,o_p-a_p 为半径画外圆弧的透视;又以 o_p 为圆心,o_p-b_p 为半径画内圆弧的透视。

⑥作前后两个圆弧的公切线,即为所求。

【例 10-12】 已知如图 10-33(a)所示,圆柱的中心线垂直于基面,视高 $s'-s_g=25$,$s_g-s=60$,求作圆柱的透视。

【解】 由于圆柱面上的圆属于水平圆,水平圆的透视为椭圆,椭圆一般采用八点圆法。
作图步骤(如图 10-33b):
①按已知条件在适当的位置作出基线 $g-g$,视平线 $h-h$,确定 s_g、s' 的位置和距离点 D。
②根据圆的直径作外切正方形的基透视。
③用八点圆法求圆周上 8 个点的透视,连线,完成底圆的基透视。
④用同样的方法求作顶圆的透视。
⑤作上下两个椭圆弧的公切线,即为所求。

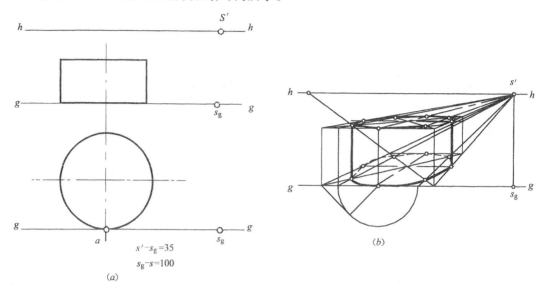

图 10-33 圆柱的透视
(a)已知条件;(b)作图步骤

注:通过此例的介绍,我们可以扩充两点:
①此例介绍的是圆柱,若是圆管,只需用同样的方法在顶面上作一内圆的透视即可。
②此例第四步"用同样的方法求作顶圆的透视",除此之外,还可以依据基透视的各点向上作铅垂线确定顶圆各点的透视位置即可。

【例 10-13】 已知如图 10-34(a)所示,放大一倍求作相交两圆拱的透视。

【解】 从已知条件可知,图 10-34 中是大、小两圆拱相交。作图时分别把大、小圆拱分解为平面体和半圆柱体,本例的新内容是大、小两圆拱相交其相交线的求法。

作图方法与步骤:

(1)按已知条件并放大一倍在适当的位置作出基线 $g-g$,视平线 $h-h$,确定 s_g、s' 的位置和距离点 $D/2$。

(2)在图 10-34(a)中作辅助线,将垂直于画面的线延长至画面于 1、2、3、4,并将特殊点编号为 a、b、c、d。

(3)求作基透视,如图 10-34(b)。分别求出 a_p、b_p、c_p、d_p 的基透视并连线。

(4)求作小圆拱的透视。小圆拱的圆所在的平面平行于画面,透视结果仍然是圆。如图 10-34(c),根据基透视竖高至拱脚(本例为视平线),完成小圆拱平直部分的透视;再以两边拱脚之间的距离为直径,作半圆即为所求。

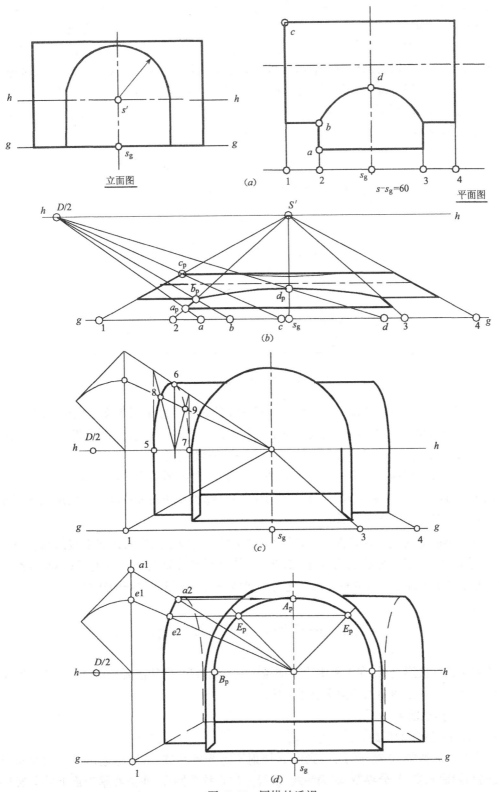

图 10-34 圆拱的透视
(a)已知条件;(b)基透视;(c)大、小圆拱的求法;(d)相贯线的求法

225

(5)求作大圆拱的透视。大圆拱的圆所在的平面为侧平面,垂直于画面,透视结果为椭圆。如图 10-34(c),先求左边的透视,根据基透视利用集中增高线法在点 1 处竖高至拱脚(本例为视平线),完成大圆拱平直部分的透视;再用八点圆法求半圆柱的透视,作半圆柱的透视时,首先求出半圆柱上 3 个切点 5、6、7 的透视,再利用 45°三角形法求对角线上点 8、9 的透视,根据可视性连线即为大圆拱左边的透视。同理可求大圆拱右边的透视,作两椭圆的公切线即为所求。

特别提醒:连两椭圆的公切线时要注意,切点的位置不是圆切点的透视点 6,公切线的切点比点 6 稍高,即为椭圆曲线的最高点,如图 10-35。

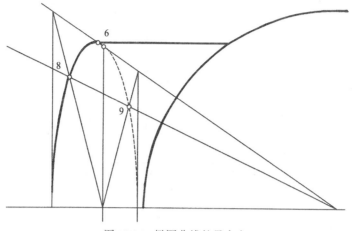

图 10-35 椭圆曲线的最高点

(6)大小圆拱相贯线的求法,求大小圆拱相贯线的透视一般采用等高素线法,又称辅助水平面法。我们知道在空间同一高度上不平行的两直线必定相交,交点即为相贯线上的点。求相贯线时我们就利用等高素线在空间必定相交这一特性求解。

①求相贯线上最高点的透视。如图 10-34(d)所示,取小圆拱最高素线的高度在增高线上竖高 $1-a1$,连线 $a1-s'$ 交大圆拱轮廓线于 $a2$,过 $a2$ 作水平线交小圆拱上的最高素线于 A_p,A_p 为相贯线上最高点的透视。

②求小圆拱对角线上点的透视。如图 10-33(d)所示,取小圆拱对角线上点的高度竖高 $1-e1$,连线 $e1-s'$ 交大圆拱轮廓线于 $e2$,过 $e2$ 作水平线分别交小圆拱上两条 45°素线于 E_p,E_p 为相贯线上过渡点的透视。依次光滑连接即为大小圆拱相贯线的透视。

10.6 透视图中的阴影与虚像

掌握了透视投影之后,在工程中为了增强透视图的效果,往往需要进行艺术加工。艺术加工的方法有在透视图中加绘阴影及虚像等。

10.6.1 透视阴影

10.6.1.1 阴影的形成

阴影的形成如图 10-36 所示,当光线 S 照射不透光的物体后,物体上形成了阳面和阴面,阳面和阴面的交线(分界线)称为阴线,阴线上的点称为阴点,阴点在承影面上的落影称为影点,阴线在承影面上的落影称为影线,影线所包围的部分称为影区,简称为影。所谓阴影就是指物体面上的阴面和阴线在承影面上的落影。光线 S 在 H 面上的投影称为 s。

10.6.1.2 阴线的落影规律

在透视图中阴线的落影规律如下：

①阴线落影的平行规律 阴线平行于承影面，则阴线的落影(影线)与阴线平行；形体上两阴线平行，两阴线之间的落影平行；阴线在相互平行的承影面上的落影平行。

②阴线落影的相交规律 阴线与承影面相交，落影必然通过该阴线与承影面的交点(落影必过交点)；两阴线相交，它们的落影必然相交；阴线在两相交的承影面上的落影必然相交，交点为折影点，折影点位于交线上。

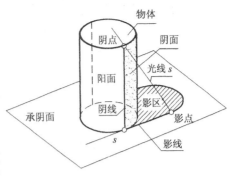

图 10-36 阴影的形成

③阴线落影的垂直规律 阴线垂直于投影面时，阴线在该投影面是的落影与光线的方向一致。

以上是阴线的落影规律，透视图中的阴影既符合阴线的落影规律，又遵循透视图的一切特性。

在透视图中阴影的光线可分为两大类，即点光源和平行光源。

10.6.1.3 点光源作用下透视图中的阴影

在室内透视图中，为了使透视效果图更具有艺术效果，往往需要加绘灯光下的阴影。即点光源作用下所产生的阴影。

如图 10-37 所示，把灯光称为光源，用 R 表示，R 在地面上的投影记为 r。当求点 A 的落影时，先求出点 A 在地面上的投影 a 之后，将光源 R 与空间点 A 的连线延长后同光源的投影 r 与空间点 A 的投影 a 的连线延长后的

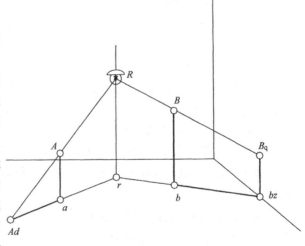

图 10-37 点光源下的阴影

交点 A_d 即为所求(A_d 为点 A 的落影落到地面上)。同理可以求得点 B 的落影，不同的是点 B 的落影位于右侧墙面上，在地面与墙面的交线上有一转折点 bz，过 bz 后作垂线与 $R-B$ 连线相交，求得点 B 在墙面上的落影 B_q(B_q 为点 B 的落影落于墙面上)。

【例 10-14】 如图 10-38 所示，求作室内透视的阴影。

【解】 从图 10-38 所示，室内摆放有两样家具，左边是一个高低柜，右边是一个方桌。高低柜在灯光的照射下，有阳面与阴面之分。首先需要确定哪些是阳面，哪些是阴面，根据阳面与阴面确定阴线。再根据阴线求影线。右边的方桌给的是单线图，桌面4条边和4条腿均为阴线。

作图步骤如下：

(1)确定左边高低柜的阴线。当确定阴线时，可以直接判断。若不能直接判断时，则可以采

用光线的投影来求阴线。方法是自光源 R 的投影 r 作射线与已知图相切,切点 a 即为阴线上的点。根据切点 a 可以判断折线 $a-A-a'$ 为阴线。同理可以判断折线 $b-B-b'$ 为阴线。

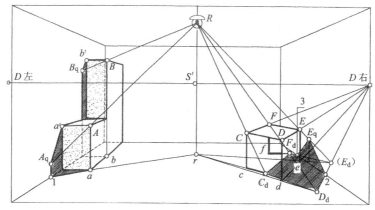

图 10-38 室内透视阴影

(2)求阴线 $a-A-a'$ 的落影。过 $r-a$ 作直线延长至地面与墙面的交线于点 1,自点 1 作垂线与光线 $R-A$ 相交于点 A_q。A_q 为空间点 A 在墙面上的落影。连线 $a-1-A_q-a'$ 即为阴线 $a-A-a'$ 的落影。同理可求得阴线 $b-B-b'$ 的落影。

(3)区分阴面和影区。为了区分阴面和影区,处理方法是在着色时让影区相对深一些,让阴面相对浅一些。如图 10-38 所示的高低柜的区分方法是影区画细线,阴面画点。

(4)求方桌的落影。由于桌面 4 条边和 4 条腿均为阴线,作图时分别求出 4 个角点 C、D、E、F 的落影 C_d、D_d、E_q 和 F_d,连线即可完成方桌的落影。此题要注意的是 4 个角点中有 3 个角点的影落在地面上,有一个角点 E 的影 E_q 落在墙面上。D_d 与 E_q 和 F_d 与 E_q 不能直接连线。解决这类问题的方法是:

①虚影法。求出点 E 在地面上的虚影 E_d,E_d 可以分别与 D_d 连线交地面与墙面的交线于点 2 和 F_d 连线交地面与墙面的交线于点 3,求得地面与墙面折影点。E_q 分别与点 2、点 3 连线即为所求。

②利用透视原理求地面与墙面的交线上的点 2、点 3。求出空间 $D-E$ 线的灭点 D 右,由于空间 $D-E$ 线平行于地面,落影与空间 $D-E$ 线平行,平行线共灭点的原理,直接过 D_d 与 D 右连线交于点 2。同理可以求得点 3。

(5)连线,着色,完成求方桌的落影。

10.6.1.4 平行光源作用下透视图中的阴影

如图 10-39,把太阳光看作是平行光源,用 L 表示光线。当光线与画面相交时,光线的透视交汇于光线的灭点 FG,FG 即为太阳在画面上的透视。把

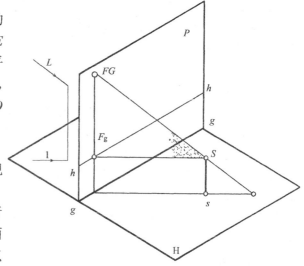

图 10-39 光线在透视图中的灭点

光线 L 在基面上的投影记为 1,其光线的投影 1 的透视称为基透视,基透视的灭点交汇于视平线 $h-h$,称为基灭点,记为 F_g。光线的灭点 FG 和基灭点 F_g 的连线垂直于视平线 $h-h$。在透视图加绘阴影中,一般设光线从画面后方向观察者迎面射来,光线的灭点 FG 在视平线 $h-h$ 的上方。

【例 10-15】 如图 10-40 所示,求作由窗洞射入的光线产生的透视阴影(忽略窗洞的厚度)。

【解】 窗洞的落影实际是透过窗洞的太阳光落入室内,照射在室内的地面或家具上,室内的地面或家具就有明暗之分。为了叙述方便,本例忽略窗洞的厚度。太阳光落入室内的多少,可以根据落影效果自己掌握。本例是以窗洞右上角点 A 为准,使点 A 的落影在地面上为 A_d。其作图步骤如下:

(1)求 FG、F_g。根据空间点 A,求作点 A 在地面上的投影 a,连线 A_d-a 延长至视平线 $h-h$ 于 F_g,F_g 即为光线基透视的灭点;自 F_g 作铅垂线与 A_d-A 的连线相交于点 FG,FG 即为光线的灭点。

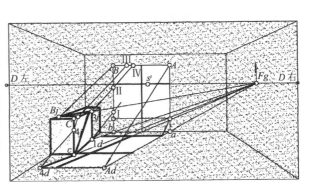

图 10-40 窗洞的落影

(2)根据 FG 和 F_g 求出部分窗洞在地面上的影和窗洞的分格。

(3)求空间点 B 及直线 $B-b$ 的落影。图 10-40 可知,直线 $B-b$ 的一部分影落在地面上,其他的影却落在家具上,如何求出阴线 $B-b$ 在家具上的落影?方法是先求出直线 $B-b$ 在地面上的落影,由于直线 $B-b$ 垂直于基面,根据直线的落影规律,直线 $B-b$ 的落影与光线方向一致。连线 F_g-b 即可以求出直线 $B-b$ 落影的透视方向。直线 $B-b$ 落影交于家具与地面的交线于点 $1d$(点 1 落在地面上),应用阴线与承影面平行这一规律,过点 1_d 作铅垂线交于点 $2j$(点 2 落在家具上,后同),连线 F_g-2j 并延长与连线 $FG-B$ 的延长线相交于点 Bj。点 Bj 即为空间点 B 在家具上的落影。

(4)求直线 $B-A$ 在家具是的落影。过点 Bj 作 $B-A$ 平行线交于点 $3j$;点 $4j$ 的确定方法是分别求出直线 $B-A$ 在地面上的落影和直线 $C-c$ 的在地面上落影相交于点 4_d,过点 4_d 用回投光线法求出点 Ⅳ 在家具上的落影点 $4j$。点 $4j$ 称为滑影点,由 $B-A$ 线上的点 Ⅳ 落在直线 $C-c$ 上,再滑下地面得点 4_d。

(5)窗户的中槛在家具上的落影由读者求解。连线,加绘阴影,即为所求。

10.6.2 虚像

物体在镜中产生的图像称为虚像。虚像与物体本身的形状彼此对称,它们的对称平面是镜面;空间直线的虚像与空间直线彼此对称,它对称的是对称平面上的一条直线,即对称线;空间点的虚像与空间点彼此对称,它对称的是对称线上的一个点,即对称点。解题时要满足对称的特性"空间点与虚像点的连线垂直于对称线,虚像点到对称点的距离等于空间点到对称点的距离"。虚像的画法因镜面位置不同而不同,镜面分为:镜面平行于画面(镜面处在正平面位置);镜面垂直于画面(镜面处在侧平面和正垂面位置)和镜面倾斜于画面(镜面处在铅垂面位置)三种。下面以镜面垂直于画面和镜面倾斜于画面为例,介绍透视图中虚像的画法:

10.6.2.1 镜面垂直于画面(用于一点透视中的虚像)

当镜面垂直于画面时,镜面处在侧平面和正垂面两种位置,空间点与虚像点的连线必然平行于画面,为此虚像等必然于实体。

【例 10-16】 如图 10-41 所示,求点 A、点 B 在镜面中的虚像。

【解】 图 10-41 中可知,左边的镜面平行于墙面,镜面处于侧平面位置,是点 A 的对称平面;过点 $a1$ 作铅垂线为求空间点 A 与虚像点 Ax 的对称线(忽略镜面的厚度)。右边的镜面倾斜于墙面,镜面处于正垂面位置,是点 B 的对称平面;过点 $b1$ 作铅垂线交于镜面底边线于点 $b2$,过 $b2$ 作镜面侧边线(若是圆镜则取中心线)的平行线为求空间点 B 与虚像点 Bx 的对称线。

解题步骤:

(1)求空间点 A 在镜中的虚像点 Ax

①求点 A 在地面上的投影点 a;

②过点 a 作画面平行线交镜面与地面的交线(墙根)于点 $a1$;

③过点 $a1$ 作铅垂线,即为点 A 的对称线;

④过点 A 作对称线的垂线并延长,取线段长 $Ax - A1$ 等于 $A - A1$,点 Ax 即为点 A 的虚像。同理可求点 a 的虚像 ax。

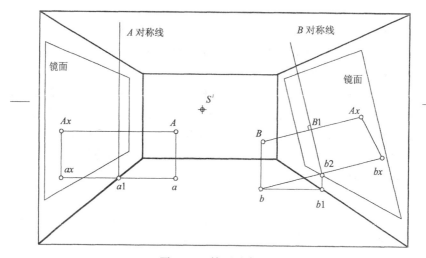

图 10-41 镜面垂直于画面

(2)求空间点 B 在镜中的虚像点 Bx

①求点 B 在地面上的投影点 b;

②过点 b 作画面平行线交墙面与地面的交线(墙根)于点 $b1$;

③过点 $b1$ 作铅垂线交镜面底边线于点 $b2$;

④过 $b2$ 作镜面侧边线(若是圆镜则取中心线)的平行线为点 B 的对称线;

⑤过点 B 作对称线的垂线并延长,取线段长 $Bx - B1$ 等于 $B - B1$,点 Bx 即为点 B 的虚

像。同理可求点 B 的虚像 Bx。

【例 10-17】 如图 10-42 所示，求门厅在镜面中的虚像。

【解】 从图 10-42 可知，房间的左边墙面上设有一侧平面的镜面，在镜中的虚像作图比较简单。房间的右边墙面上设有一正垂面的镜面，在镜中的虚像作图要难一点。但是，只要分别求出大门的对称线"门对"和地面的对称"地对"，结合虚像的作图原理及透视图的作图原理，即可求解。

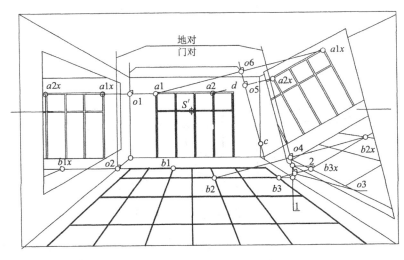

图 10-42 门厅在镜中的虚像

解题步骤：

①求左边镜面与门所在的墙面（正墙面）的对称线。由于镜面在左侧墙面上（厚度忽略），正墙面与左侧墙面的交线为正墙面上各点的对称线"门对"；地面与左侧墙面的交线为地面上各点的对称线"地对"。

②求大门在镜中的虚像。过点 $a1$ 作"门对"的垂线，得交点 $o1$，取 $a1x - o1 = o1 - a1$，即可求得点 $a1$ 在镜中的虚像 $a1x$。同理可以求得点 $a2$ 的虚像 $a2x$ 及其他转折点的虚像，完成大门在镜中的虚像。

③求地面分格在镜中的虚像。过点 $b1$ 作"地对"的垂线，得交点 $o2$，取 $b1x - o2 = o2 - b1$，即可求得点 $b1$ 在镜中的虚像 $b1x$。同理可以求得其他转折点的虚像，完成地面在镜中的虚像。

④求右边镜面与门所在的墙面（正墙面）的对称线"门对"。由于镜面属于正垂面（厚度忽略），门的对称线"门对"的求法与侧平面不同，方法一般是镜面底框线与主视点 s' 连线，交墙角线于点 c，镜面顶框线与主视点 s' 连线，交顶角线于点 d，连线 $c-d$，线 $c-d$ 为正墙面与镜面的对称线"门对"。

⑤求右边镜面与地面的对称线"地对"。过点 $b3$ 作画面平行线交墙面与地面的交线（墙根）于点 1；过点 1 作铅垂线交镜面底边线于点 2；过点 2 作镜面侧边线（若是圆镜则取中心线）的平行线为地面的对称线"地对"。

⑥求大门在右边镜中的虚像。过点 $a1$ 作"门对"的垂线，得交点 $o6$，取 $a1x - o6 = o6 - a1$，即可求得点 $a1$ 在右边镜中的虚像 $a1x$。同理可以求得点 $a2$ 的虚像 $a2x$ 及其他转折点

的虚像,完成大门在镜中的虚像。

⑦求地面分格在右边镜中的虚像。过点 b2 作"地对"的垂线,得交点 04,取 b2x – 04 = 04 – b2,即可求得点 b2 在右边镜中的虚像 b2x。同理可以求得点 b3 的虚像 b3x 及其他各转折点的虚像,完成地面在镜中的虚像。

10.6.2.2 镜面倾斜于画面(用于两点透视中的虚像)

如图 10-43 所示,在两点透视中,墙面上的镜面与画面处于倾斜位置。当镜面倾斜于画面时,空间点与虚像点的连线不平行于画面,连线上实际相等的线段在透视图中不相等。其透视长度可以用定比分割的原理求解。

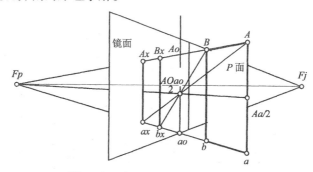

图 10-43 在两点透视中虚像的形成

从图 10-43 中可知,平面 P 的灭点为 F_p,镜面的灭点为 Fj。要求平面 P 在镜面中虚像的的对称线,作图时连线 $a - F_p$ 交镜面底边线于 ao,过 ao 作铅垂线即为平面 P 在镜面中虚像的对称线。为了作图方便,需要在对称线上求出对称中心点,对称中心点的求法是取点 $A1/2$ 的高度点,记为点 $Aa/2$。连线 $Aa/2 - F_p$ 交对称线于点 $Aoao/2$,点 $Aoao/2$ 为平面 P 上任意点的对称中心点,简称对称点。如图 10-43 中点 a 的虚像点 ax 与点 a 对称,虚像点 ax 与点 A 斜对称,对称点为 $Aoao/2$。反过来若要求空间点 A 的虚像 Ax,连线 $A - Aoao/2$ 延长至点 a 的对称点 ax,过点 ax 作铅垂线与视线 $A - F_p$ 相交得点 Ax,点 Ax 为空间点 A 的虚像。其他各点虚像的求法雷同不再赘述。

【例 10-18】 如图 10-44 所示,求写字台在镜面中的虚像。

【解】 通过对图 10-43 的解,了解了点、直线、平面在倾斜于画面的镜面中虚像的形成后,求作写字台在镜面中的虚像就容易了。作图步骤如下:

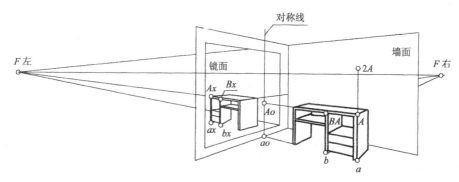

图 10-44 写字台在镜中的虚像

(1)求写字台上点 A 的对称线。连线 $a-F$ 左,交镜面所在墙面的底边线于 ao,过 ao 作铅垂线,该线即为点 A 的对称线。

(2)求对称中心点 Ao,对称中心点的求法可以取点 $A1/2$ 的高度点。但是,由于写字台高度尺寸相对较小,作图产生的误差较大。作图时可以取点 A 的 2 倍高度,记为点 $2A$。连线 $2A-F$ 左交对称线于点 Ao,点 Ao 对称中心点。

(3)求空间点 A 的虚像 Ax,连线 $2A-Ao$ 延长至点 a 的对称点 ax,过点 ax 作铅垂线与视线 $A-F$ 左相交得点 Ax,点 Ax 即为所求。其他各点虚像的求法雷同,不再赘述。

(4)根据虚像的特性及透视特性完成写字台在镜中的虚像。

注意:(1)虚像的透视与物体的透视共灭点;

(2)虚像的细部与物体的细部为反对称。

第 11 章 室内装饰工程图

11.1 概 述

室内装饰工程图是装饰设计师表达设计思想的技术语言,也是指导室内装饰工程施工的主要依据。

室内装饰工程图可分为室内装饰方案图和室内装饰施工图两大部分。

室内装饰方案图的主要内容应包括:室内平面图、顶棚平面图、室内立面图、室内剖面图、室内剖立面图、室内效果图和方案图设计说明书等。

室内装饰施工图的主要内容应包括:室内平面图、地面铺装图、室内立面图、室内剖面图、室内剖立面图、局部详图和施工图设计说明书等。

室内装饰工程制图是指按照建筑工程制图标准,以标准的图幅,清晰准确的线条,美丽的图案,完整地表达室内装饰工程的全部设计内容。学习和掌握室内装饰工程制图的方法与技巧是每一个室内装饰工程设计人员所必须具备的基本要求。

在我国,室内装饰工程作为一门独立性的学科形成较晚,目前,室内装饰工程制图还没有形成一套较为完善的制图标准体系,设计中主要参照《房屋建筑制图统一标准》(GB/T 50001—2001)和《建筑制图标准》(GBJ/T 50104—2001)。特别是在室内立面图的概念上还存在一定的模糊性。因此,在专业学习和设计实践中应该注意这一点。

随着室内装饰工程事业的不断发展,设计者要"古为今用,洋为中用",勇于实践,大胆创新,与时俱进。在我国广大从事室内装饰工程工作人员的共同努力下,室内装饰工程的制图标准一定会更加完善,为我国的室内装饰工程事业作出贡献。

本章以某单位会议室的室内设计实例为展开对象,重点学习和研究室内装饰工程施工图的绘制方法,为从事室内装饰设计、施工的专业技术人员提供学习和参考。

11.2 室 内 平 面 图

11.2.1 室内平面图的概念

室内平面图的形成与建筑平面图的形成原理完全相同,它是在原建筑平面图(图 11-1)的基础上,根据功能要求、艺术要求、技术要求以及经济要求所进行的室内平面设计图,简称室内平面图(图 11-3)。

室内平面图主要反映室内家具布置、景观设计等与室内交通尺度的关系。如某会议室平面图中,主要布置的有会议桌、椅、地毯、沙发等家具,并对家具尺寸和交通尺寸进行了合理控制,以满足其使用功能的要求。

绘制室内平面图时要注意家具造型、图纸的比例、线型及尺寸标注的准确性。

11.2.2 室内平面图的基本内容

(1)比例与线型。

1)比例:室内平面图常采用的比例为1:40、1:50或1:100等。局部节点详图的比例一般为1:5、1:10、1:20等。同时,对比较复杂的节点详图可选择与其相适应的比例。

2)线型:室内平面图的主要线型有三种,即第一,原建筑平面图中的墙和柱以及新设计的墙和柱均为粗实线($b=0.7-1.2mm$),或者将墙和柱涂黑所形成的空间围合效果;第二,室内家具布置线、地面装饰图案线以及尺寸标注线均为细实线($0.35b$);第三,室内家具图案、材料质感表现采用特细线($0.2b$)。

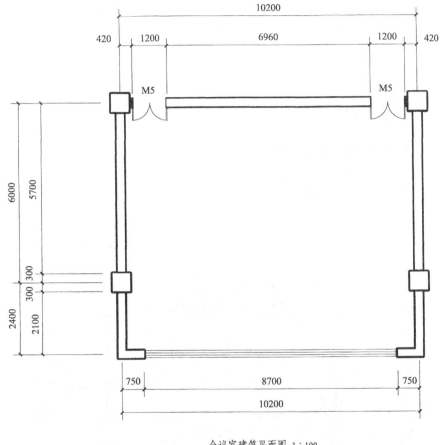

会议室建筑平面图 1:100

图 11-1 建筑平面图

(2)尺寸标注及文字说明。

1)尺寸标注:室内平面图尺寸标注一般为三道尺寸线,即最里一道尺寸线为家具、交通等细部尺寸;中间一道尺寸线为轴线尺寸;最外一道尺寸线为总尺寸。但在实际装饰工程图设计中,可以不标注总尺寸线,在方案图中只标轴线尺寸即可。

2)文字说明:在室内平面图中,对地面材料、设备、装饰图案及装饰物等,应用引出线引出并以文字说明。

(3)室内平面布置:主要是家具及绿化布置,如沙发、茶几、床、桌、椅、柜以及地毯、盆景和水体布置等。

(4)室内平面的图案、材料、纹理、质感及色彩设计。

(5)室内各种设备、设施设计,如卫生间洁具、电视、空调、电话等。

(6)剖面图剖切符号及立面图编号应在平面图中表达。为了表达室内立面在平面图中的位置,应在平面图上用内视符号注明视点位置、方向及立面编号,内视符号如图 11-2 所示。

图 11-2 内视符号

内视符号中箭头和字母所在的方向表示立面图的投影方向,同时相应字母也被作为相应立面图的编号。如箭头指向 A 方向的立面图被称之为 A 立面图,箭头指向 B 方向的立面图被称之为 B 立面相等。

11.2.3 室内平面图的画法步骤

第一步:画建筑平面图。

第二步:画家具及景观布置等室内设计图。

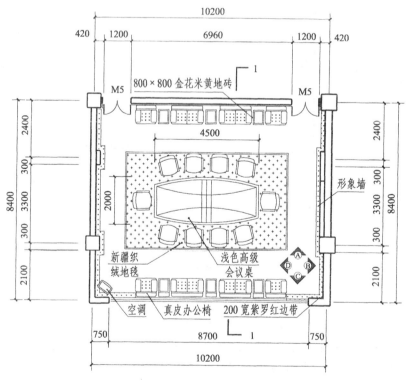

会议室平面布置图 1:100

图 11-3 室内平面布置图

第三步:尺寸标注及文字说明。
第四步:检查图纸和图面效果处理。

11.3 室内地面铺装图

11.3.1 室内地面铺装图的概念

室内地面铺装图是指室内地面的材料品种、规格、色彩、分格及图案拼花的布置图(图11-4)。室内地面铺装图主要为地面装饰施工和材料预算提供较为详细的资料。如在某会议室地面铺装图中,主要的铺装材料为800mm×800mm金花米黄地砖和200mm宽紫罗红花岗石边带以及中心石材拼花图案等。这样材料明确、尺寸精准,为材料预算和施工备料提供方便。

绘制室内地面铺装图时一定要注意地面装饰材料的模数和正确的尺寸标注及文字说明。

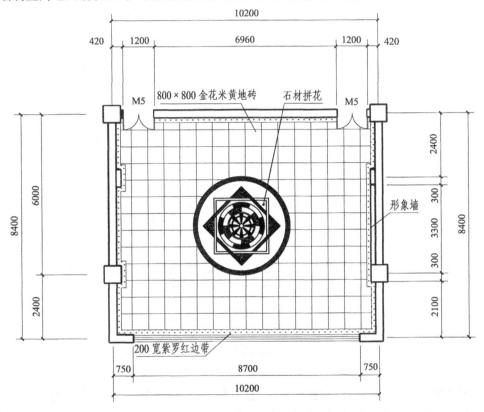

会议室地面铺装图 1:100
图 11-4 室内地面铺装图

11.3.2 室内地面铺装图的基本内容

(1)室内地面铺装图的比例、线型、尺寸标注及文字说明等基本内容与室内平面图的内容相同。

(2)室内地面铺装图应反映地面装修的材料、规格、色彩、分格及图案拼花等主要内容。

11.3.3 室内地面铺装图画法步骤

第一步,画建筑平面图。

第二步,画地面材料的布置图。
第三步,尺寸标注及文字说明。
第四步,检查图纸和图的效果处理。

11.4 室内顶棚平面图

11.4.1 室内顶棚平面图的概念

室内顶棚平面图就是指顶棚设计的镜像图。就是设想与顶棚相对应的地面为正片镜面,通过映射将顶棚的所有设计内容通过平面图的形式表达出来(图11-5)。用此方法绘制的顶棚平面图其纵、横轴线与平面图完全一致,对照呼应,易于识读,便于施工。

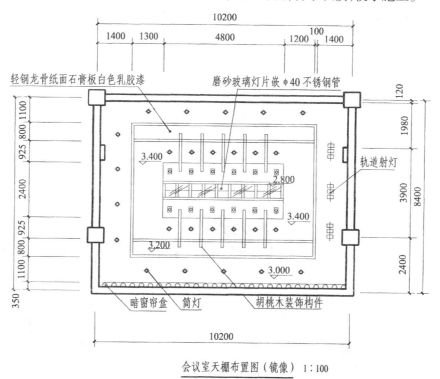

会议室天棚布置图(镜像) 1:100

图11-5 室内顶棚平面图

室内顶棚平面图主要反映顶棚的造型、材料和色彩等内容。如在某会议室顶棚平面图中,其顶棚造型利用凸凹变化、假梁、局部沉降吊顶及漫反灯光的设计,创造了较点型的会议室室内空间环境气氛。

绘制室内顶棚平面图时,除反映顶棚的造型、材料和色彩等内容外,一定要注意标高的正确标注。

11.4.2 顶棚平面图的主要内容

11.4.2.1 比例与线型

室内顶棚平面图的比例一般为1:40、1:50或1:100等。线型一般有两种,第一,原建筑平面图中被剖到的墙、柱等构件为粗实线(b)或涂黑;第二,顶棚图中的图案、造型、灯具和尺寸标注线均为细实线($0.35b$)。

11.4.2.2　尺寸标注及文字说明

(1)尺寸标注:室内顶棚平面图的尺寸标注一般为三道尺寸线。第一道尺寸线为顶棚造型分格、灯具间距等细部尺寸;第二道尺寸线为轴线尺寸;第三道尺寸线为总尺寸(注:在顶棚施工图中,灯具间距和顶棚造型等尺寸可注写在图里面)。

(2)文字说明:室内顶棚平面图中的造型、材料、色彩、灯具、设备名称等应用引出线引出并以文字说明。

11.4.2.3　标高

室内顶棚平面图中顶棚造型层次变化应标注标高。

11.4.2.4　顶棚造型、材料、色彩、灯光设施等内容

顶棚平面图中应反映顶棚造型、材料、色彩、灯光、空调设备、消防设施等主要内容。

11.4.3　顶棚平面图的画法与步骤

第一步:画顶棚建筑平面图(一般是将建筑平面图中的各空间画成相对闭合的小空间,即门窗可省去,只画墙线)。

第二步:画顶棚设计造型、线脚变化、灯光布置、空调设备和消防设备的布点定位。

第三步:标注尺寸、注写标高以及文字说明等。

第四步:检查图纸和图面效果处理。

11.5　室内立面图

11.5.1　室内立面图的概念

室内立面图是根据立面符号指示方向,向其界面作出的正投影图,简称立面图(图11-6~图11-9)。立面图一般只绘制顶棚阴角线以下部分各墙界面的正投影图。例如,某会议室的A立面图主要是反映两个门的样式和墙面的造型、材料及色彩的设计;B立面图主要反映会议室主墙面(形象墙)的造型、材料及色彩设计;C立面图则反映窗帘的样式及窗间墙、墙裙的造型、材料及色彩设计;D立面图则反映会议室装饰墙面的造型、材料及色彩设计等。

绘制室内立面图时,一定要注意室内立面图所表达的范围。

11.5.2　室内立面图的基本内容

11.5.2.1　比例与线型

(1)比例:室内立面图的比例一般为1:40、1:50或1:100等。

(2)线型:室内立面图的线型有三种。第一,室内顶棚阴脚线以下部分墙面投影的边界轮廓线为粗实线(b);第二,墙面造型、图案分格、家具轮廓线以及尺寸线均为细实线($0.35b$);第三,图案装饰线及家具材料的纹理线为特细线($0.2b$)。

11.5.2.2　室内立面的装饰造型

室内立面图主要反映室内竖向的空间关系,即各个墙面的造型及装饰物等,如壁饰、墙裙、踢脚线、装饰线、门窗、壁灯、壁画、窗帘、固定的柜、台等。

11.5.2.3　尺寸标注

室内立面图一般注写三道尺寸。第一道为家具、墙面造型等细部尺寸;第二道为家具、墙面造型、门窗上下口高度及设备安装等单体尺寸;第三道尺寸为室内顶棚以下的总高度尺寸。

11.5.2.4 标高及文字说明

室内立面图上的标高常采用相对标高,即以室内地坪作为标高零点(± 0.000),并以此作为基础注写相应的标高。室内立面图上一般注写标高的位置是楼地面、门窗洞口、墙面造型、设备位置、吊顶高度等。

室内立面图文字说明主要是指家具名称、材料名称、色彩搭配以及制作工艺等,采用引出线引出并以文字标注说明。

室内立面图一般适用单体室内空间的立面表达。

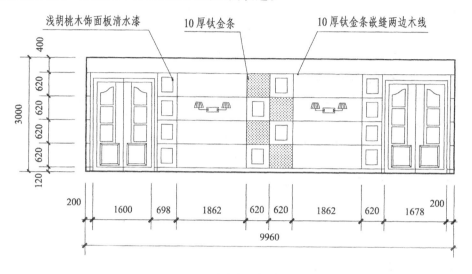

图 11-6 室内 A 立面图

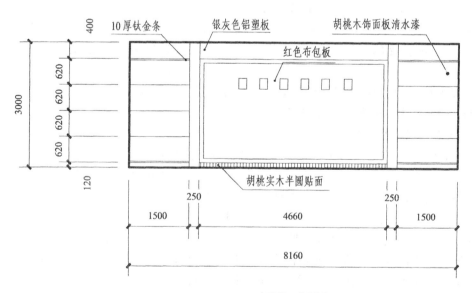

图 11-7 室内 B 立面图

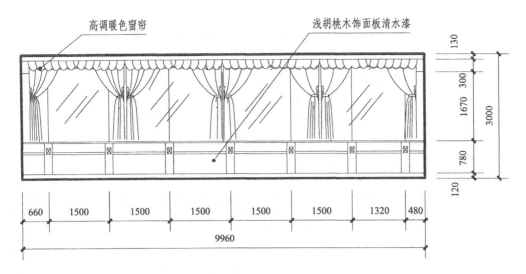

会议室C立面图 1∶100

图 11-8 室内 C 立面图

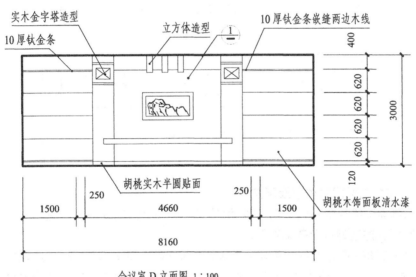

会议室D立面图 1∶100

图 11-9 室内 D 立面图

11.5.3 室内立面图的画法与步骤

第一步:在室内平面图上查找立面图符号及所指示的方向,确定所要绘制界面的立面图。

第二步:画出墙面投影边界轮廓线及楼地面、墙体、门窗及天花顶板等。

第三步:画墙面设计图。

第四步:尺寸标注及文字说明。

第五步:检查图纸和图面效果处理。

11.6 室内剖面图与室内剖立面图

11.6.1 室内剖面的形成

室内剖面图的形成与建筑剖面图的形成原理相同(图 11-10)。即假想用一铅垂剖切平面将室内空间的某一部位,从地面至顶棚一起剖开后,向剖面图符号所指示的方向作出的正投影图,简称室内剖面图。

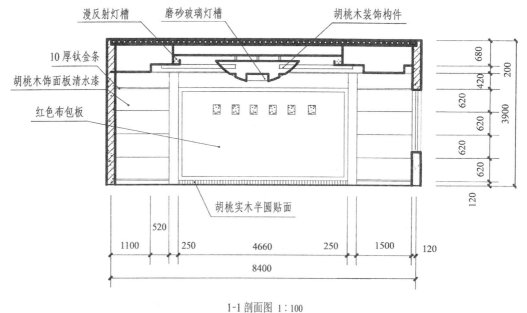

图 11-10 室内剖面图

11.6.2 室内剖面图的内容及画法

(1)室内剖面图除反映被剖到的地板、墙体、顶棚等构件外,还应反映室内立面投影可见的内容,如墙面装饰造型以及装饰物等。

(2)室内剖面图中的比例、线型及画法步骤等均与室内立面图基本相同。但室内剖面图中,凡是被剖到的构件如地板、墙体、顶棚、梁等必须用粗实线(b)画出其轮廓线并填充材料图例。

(3)室内剖面图的剖切符号应画在室内平面图上。

(4)室内剖面图中的尺寸标注及文字说明均与室内立面图相同。

在需要表达室内连续空间的立面图时,一般采用剖面图。

11.6.3 室内剖立面图的概念

室内剖立面图是某些工程技术人员所推崇的一个新概念,此概念的形成是长期室内装饰工程实践的必然结果。它表达简洁,使用方便。目前已被许多从事室内装饰工程设计与施工的工程技术人员所广泛采用。它的出现也将为新的室内设计制图规范提供参考。

室内剖立面图是指假想用一铅垂剖切平面将房屋的某一部位(一般指室内中心位置),从地面至顶棚一起剖开后,向立面图符号所指示的方向投影,得出其界面的正投影图,简称剖立面(图 11-11)。

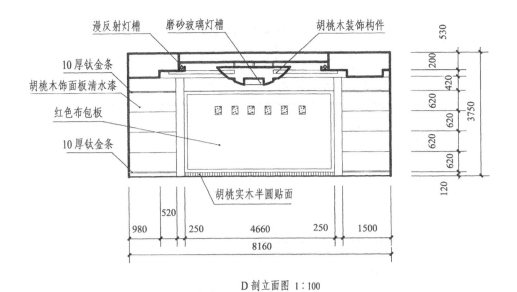

图 11-11 室内剖立面图

11.6.4 室内剖立面图的内容及画法

(1)室内剖立面图的内容与室内剖面图所反映的内容基本相同。

(2)室内剖立面图的线型:凡是楼地面、墙界面的边界线及被剖到的顶棚轮廓线为粗实线(b),其余可见轮廓线为细实线($0.35b$),材质的纹理线为特细线($0.2b$)。

(3)室内剖立面图的比例、尺寸标注、文字说明及画法步骤与室内剖面图相同。

11.6.5 室内剖立面图与室内剖面图的区别与联系

(1)室内剖立面应根据室内平面图中的立面图符号所指示的方向绘制相应的剖立面图;而室内剖面图则根据室内剖面图符号绘制出相应的剖面图。

(2)室内剖立面图只需用粗实线(b)画出建筑层高中上下地板线、两墙边界线及被剖到的顶棚轮廓线;而室内剖面图则除用粗实线(b)画出被剖到的顶棚轮廓线外,还需画出被剖到的门窗线和墙的厚度线等。

(3)室内剖立面图表达简洁,绘图方便,只需用简单的4个立面图符号就能完整地表达出4个墙界面的全部设计内容。而剖面图则要麻烦得多。由此可见,室内剖立面图与室内剖面图相比具有一定的优越性。

11.7 室内装饰详图

11.7.1 室内装饰详图的基本概念

室内装饰详图是指室内装饰工程图中某部位的详细图样,简称详图。即用放大的比例画出室内装饰构件的施工图。详图又称大样图。剖面图中的详图又称节点详图(11-12)。

室内装饰详图是对室内平、立、剖面图中内容的补充,特别是对室内装饰施工有着重要的指导作用和意义。如在某会议室中主要选择背景墙的详图,并对详图的材料、尺寸进行了详细标注。

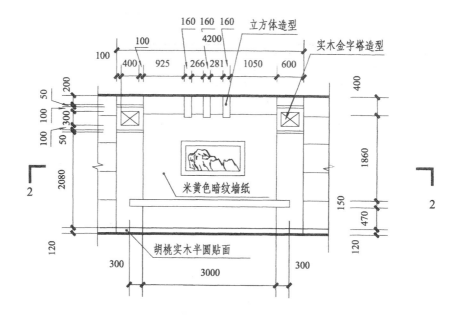

会议室背景墙详图 1:20

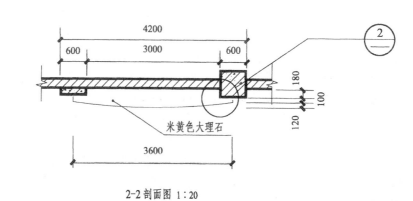

2-2 剖面图 1:20

图 11-12 室内装饰详图

绘制室内装饰详图时,一定要注意详图部位的选择,了解装饰构造和施工方法,选用正确的比例、线型和图例;特别要注意材料及尺寸标注的准确性。

11.7.2 详图的基本内容

(1)比例与线型:

1)比例:详图的比例一般为 1:1、1:2、1:5、1:10、1:20、1:50 绘制。必要时,可选用 1:3、1:4、1:25、1:30 和 1:40 等比例绘制。

2)线型:详图的线型一般为两种。第一:被剖到的墙、柱、梁、板等构件用粗实线(b)绘制;第二:其余可见轮廓线均为细实线($0.35b$)。

(2)详图中应表达构件的形状、材料、尺寸及做法和某部位节点大样的材料、尺寸及做法。

(3)详图的索引符号和详图符号应符合《房屋建筑制图统一标准》(GB/T 50001—2001)中的有关规定。

(4)常用的装饰图例可参考表 11-1。

常用装饰图例 表 11-1

序号	图例	名称	序号	图例	名称
1	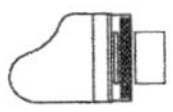	钢琴	8		双人床
2		电视		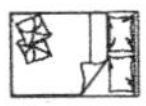	
3	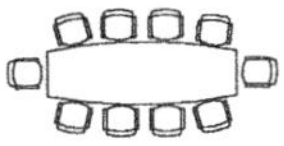	会议桌	9	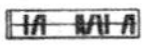	壁橱
4		十人餐桌	10	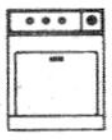	洗衣机
5	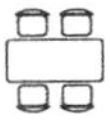	四人餐桌	11		天然气灶
6	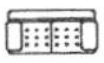	沙发	12		洗脸盆
	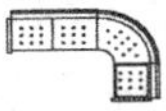		13	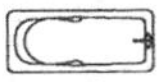	浴盆
	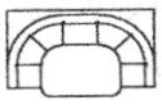		14	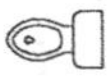	坐便器
7	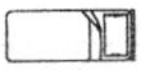	单人床	15		小便器

第12章 建筑给水排水工程图

12.1 概　　述

12.1.1 给水排水工程简介

给水排水工程是为了解决人们的生活、生产及消防用水和排除废水、处理污水的城市建设工程,它包括室外给水工程、室外排水工程以及室内给水排水工程三个方面。

给水排水工程系统的组成表示如下:

室外给水工程:

室内给排水工程:

室外排水工程:

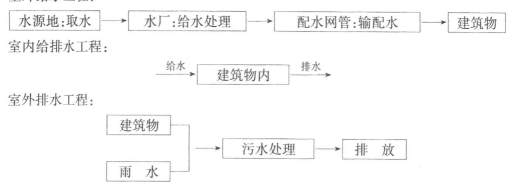

12.1.2 给水排水工程图的组成

给水排水工程图是表达室外给水、室外排水及室内给水排水工程设施的结构形状、大小、位置、材料以及有关技术要求的图样,以供交流设计和施工人员按图施工。给水排水工程图一般是由基本图和详图组成,基本图包括管道设计平面布置图、剖面图、轴测图以及原理图、说明等;详图表明各局部的详细尺寸及施工要求。

12.1.3 给水排水工程图的一般规定及图示特点

(1)一般规定

绘制给水排水工程图必须遵循国家标准《房屋建筑制图统一标准》(GB/T 50001—2001)及《给水排水制图标准》(GB/T 50106—2001)等相关制图标准,选用国标图例,做到投影正确、形体表达方法恰当、尺寸齐全合理、图线清晰分明、图面整洁、字体工整。

1)图线。给水排水专业制图常用的各种线型宜符合表12-1的规定。

线　　型　　　　　　　　　　　　　　　　　表12-1

名　称	线型	线宽	用　　　　　途
粗实线	——	b	新设计的各种排水和其他重力流管线
中粗实线	——	$0.75b$	新设计的各种给水和其他压力流管线;原有的各种排水和其他重力流管线
中实线	——	$0.5b$	给水排水设备、零(附)件的可见轮廓线;总图中新建的建筑物和构筑物的可见轮廓线;原有的各种给水和其他重力流管线

续表

名　　称	线型	线宽	用　　途
细实线	——————	0.25b	建筑的可见轮廓线；总图中原有的建筑物和构筑物的可见轮廓线；制图中的各种标注线
粗虚线	— — — —	b	新设计的各种排水和其他重力流管线的不可见轮廓线
中粗虚线	— — — —	0.75b	新设计的各种给水和其他重力流管线及原有的各种排水和其他重力流管线的不可见轮廓线
中虚线	– – – – –	0.5b	给水排水设备、零（附）件的不可见轮廓线；总图中新建的建筑物和构筑物的可见轮廓线；原有的各种给水和其他重力流管线不可见轮廓线
细虚线	- - - - -	0.25b	建筑的不可见轮廓线；总图中原有的建筑物和构筑物的不可见轮廓线
单长点划线	—·—·—	0.25b	中心线、定位轴线
折断线	—/\—	0.25b	断开界线
波浪线	～～～	0.25b	平面图中水面线；局部构造层次范围线；保温范围示意线

表 12-1 中线宽 b 应根据图样的复杂程度及图样比例的大小从下列线宽中选择：0.18、0.25、0.35、0.5、0.7、1.0、1.4、2.0mm，其中宜用 0.7、1.0mm。

2）比例。给水排水专业制图常用的比例宜符合表 12-2 中的规定。

常用比例　　　　　　　　　　　　　　　表 12-2

名　　　称	比　　　例	备　　注
区域规划图	1:50000、1:25000、1:10000	宜与总图专业一致
区域位置图	1:10000、1:5000、1:2000、1:1000	宜与总图专业一致
总平面图	1:1000、1:500、1:300	宜与总图专业一致
管道纵断面图	横向 1:1000、1:500、1:300 纵向 1:200、1:100、1:50	
水处理厂（站）平面图	1:500、1:200、1:100	
水处理构筑物、设备间、卫生间、泵房图、剖面图	1:100、1:50、1:40、1:30	
建筑给水排水平面图	1:200、1:150、1:100	宜与建筑专业一致
建筑给水排水轴测图	1:150、1:100、1:50	宜与建筑专业一致
详图	1:50、1:30、1:20、1:10、1:5、1:2、1:1、2:1	

需说明的是：在管道纵断面图中，可根据需要对纵向与横向采用不同的组合比例；在建筑给水排水轴测图中，如局部表达有困难时，该处可不按比例绘出；双处理流程图、水处理高程图和建筑给水排水系统原理图均不按比例绘制。

3）字体。基本要求与前面 5.2.2 所述内容相同，在给水排水工程图中，通常数字高为 3.5 或 2.5mm，字母高为 5、3.5 或 2.5mm，说明文字及表格中的文字字高为 5 或 7mm。各图形下的图名及标题栏中的图名字高为 10 或 7mm。给水排水工程图中，除采用长仿宋字体外，较常采用隶书写大标题及图册封面。

(2) 图示特点

1）给水排水工程图中所表示的设备装置和管道一般均采用统一图例，在绘制和识读给水排水工程图前，应查阅和掌握与图纸有关的图例及其所代表的内容。

2）给水排水管道的布置往往是纵横交叉，在平面图上较难表明它们的空间走向。因此，给水排水工程图中一般采用轴测投影法画出管道系统的直观图，用一张直观图来表明各层管道系统的空间关系及走向，这种直观图称为管道系统轴测图，简称轴测图。

3）给水排水工程图中管道设备安装应与土建工程图相互配合，尤其是留洞、预埋件、管沟等方面对土建的要求，必须在图纸说明上有所表示和注明。

12.1.4 给水排水工程图中的常用图例(表 12-3)

给水排水工程图常用图例(一)

表 12-3

序号	名称	图例	说明	序号	名称	图例	说明
1	管道交叉			16	雨水斗	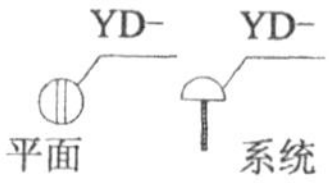 YD- 平面　YD- 系统	
2	三通连接			17	圆形地漏		通用,如无水封,地漏应加存水弯
3	四通连接			18	异径管	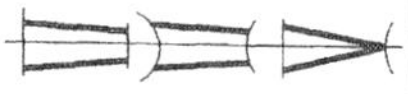	
4	流向			19	短管		
5	坡向			20	弯头		
6	管道固定支架			21	球阀		
7	弯折管		表示管道向后及向下弯90°	22	闸阀		
8	管道丁字上接			23	截止阀	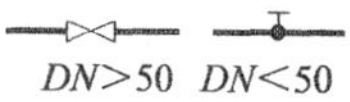 $DN>50$　$DN<50$	
9	多孔管			24	止回阀		
10	管道立管	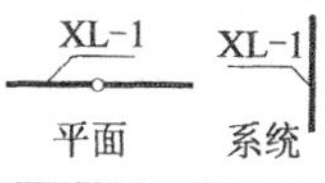 XL-1 平面　XL-1 系统	X:管道类别 L:立管 1:编号	25	浮球阀	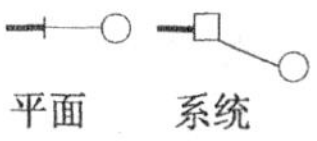 平面　系统	
11	立管检查口			26	延时自闭冲洗阀		
12	存水弯	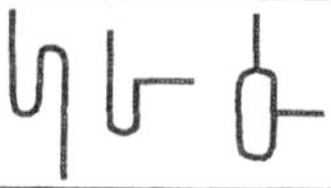		27	放水龙头	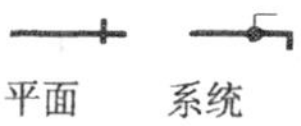 平面　系统	
13	清扫口	 平面　系统		28	室外消火栓		
14	通气帽	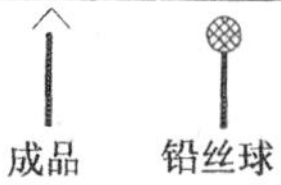 成品　铅丝球		29	室内消火栓(单口)	 平面　系统	
15	减压孔板			30	室内消火栓(双口)	 平面　系统	

续表

序号	名称	图例	说明	序号	名称	图例	说明
31	水泵接合器			46	淋浴喷头		
32	立式小便器			47	矩形化粪池		HC 为化粪池代号
33	壁挂式小便器			48	圆形化粪池		
34	蹲式大便器			49	中和池		ZC 为中和池代号
35	坐式大便器			50	阀门井、检查井		
36	污水池			51	雨水口	单口 双口	
37	小便槽			52	水表井		
38	隔油池		YC 为除油池代号	53	水泵	平面 系统	
39	立式洗脸盆			54	潜水泵		
40	台式洗脸盆			55	快速管式热交换器		
41	浴盆			56	开水器		
42	化验盆、洗涤盆			57	除垢器		
43	盥洗槽			58	温度计		
44	带沥水板洗涤盆		不锈钢制品	59	压力表		
45	妇女卫生盆			60	水表		

12.1.5 给水排水管线的表示方法

(1)管道图示

管线即指管道,是指液体或气体沿管子流动的通道。管道一般由管子、管件及其附属设备组成。如果按照投影制图的方法画管道,则应将上述各组成部分的规格、形式、大小、数量及连接方式都遵循正投影规律并按一定的比例画出来。但是在实际绘图时,却是根据管道图样的比例及其用途来决定管道图示的详细程度。在给水排水工程图中一般有下列三种管道表示方法。

1)单线管道图。在比例较小的图样中,无法按照投影关系画出细而长的各种管道,不论管道的粗细都只采用位于管道中心轴线上的线宽为 b 的单线图例来表示管道。管道的类别是以汉语拼音字母表示。常见的管道图例见表12-4。

给水排水工程图的管道图例　　　　　表 12-4

序号	名　称	图　例	备　注
1	生活给水管	─── J ───	
2	热水给水管	═══ RJ ═══	
3	污水管	─── W ───	

在给水排水工程图中最常用的就是用单粗线表示各种管道。在同一张图上的给水、排水管道,习惯上用粗实线表示给水管道,粗虚线表示排水管道。分区管道用加注角标的方式表示:如 J_1、J_2、W_1、W_2……

2)双线管道图。双线管道图就是用两条粗实线表示管道,不画管道中心轴线,一般用于重力管道纵断面图,如室外排水管道纵断面图(见图12-18)。

3)三线管道图。三线管道图就是用两条粗实线画出管道轮廓线,用一条点划线画出管道中心轴线,同一张图纸中不同类别管道常用文字注明。此种管道图广泛地应用于给水排水工程图中的各种详图,如室内卫生设备安装详图等。

(2)管道的标注

1)管径标注。管道尺寸应以毫米(mm)为单位,对不同的管道进行标注,应符合表12-5所列的规定要求。其中最常用的是用管道公称直径 DN 来表示。

管径标注　　　　　表 12-5

管径标注	用公称直径 DN 表示	用管道内径 d 表示	用管外径 $D×$壁厚表示
适用范围	1. 低压流体输送用镀锌焊接钢管 2. 不镀锌焊接钢管 3. 铸铁管 4. 硬聚氯乙烯管、聚丙烯管	1. 耐酸陶瓷管 2. 混凝土管 3. 钢筋混凝土管 4. 陶土管(缸瓦管)	1. 无缝钢管 2. 螺旋缝焊接钢管
标注举例	$DN100$	$d350$	$D108×4$

2)标高标注。根据《给水排水制图标准》(GB/T 50106—2001)规定:应标注沟渠和重力流管道的起讫点、转角点、连接点、变坡点、变尺寸(管径)点及交叉点的标高。应标注压力流管道中的标高控制点;应标注管道穿外墙、剪力墙和构筑物的壁及底板等处;压力管道应标注管中心标高;沟渠和重力流管道宜标注沟(管)内底标高;若在室内有多种管道架空敷设且

共同支架时,为了方便标高的标注,对于重力管道也可标注管中心标高,但图中应加以说明。室内工程应标注相对标高;室外工程宜标注绝对标高,当无绝对标高资料时,可标注相对标高,但应与总图一致;在建筑工程中,管道也可标注相对本层建筑地面的标高,标注方法为 $h + \times.\times\times\times$,$h$ 表示本层建筑地面标高(如 $h + 0.250$)。

标高符号及一般标注方法应符合《房屋建筑制图统一标准》(GB/T 50001—2001)中的规定。

(3)单线管道的画法

在给水排水工程图中,常采用正投影和轴测投影两种作图方法来绘制单线管道图。

1)正投影作图方法。如前所述,若是一条直管道,就画成一条粗实线;若是 90°弯管则画成相互垂直、交接方整的两条直线。为了在平面图上表示管道的空间情况,一般将垂直于投影面的管道用直径 2~3mm 的细线圆圈表示。下面绘出了在给水排水工程中常见管道组合方式的画法,如图 12-1。请读者注意平面图上圆的含义及其与水平管线的区别。

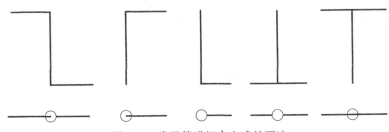

图 12-1 常见管道组合方式的画法

2)轴测投影作图方法。管道轴测图能够反映管道在空间前后、左右、上下的走向。管道轴测图是按正面斜等轴测投影法绘制的,即轴向简化伸缩系数均为 1($p = q = r = 1$)。一般情况下轴间角 $Z_1 O_1 X_1 = 90°$、$Z_1 O_1 Y_1 = X_1 O_1 Y_1 = 135°$,见图 12-2($a$)。所绘制的管道重叠或交叉太多时,可按图 12-2(b)所示绘制。

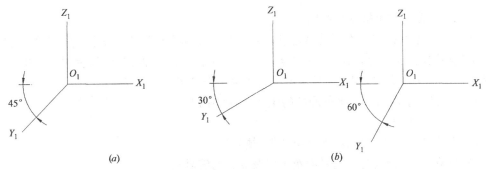

图 12-2 管道轴测图的轴间角和轴向伸缩系数
(a)常用画法;(b)少有画法

【例 12-1】 根据管道的立面图与平面图,绘制管道的轴测图(图 12-3)。

【解】 绘制结果如图 12-3(b)所示。

【例 12-2】 根据管道平面图与标高,绘制管道轴测图(Z_1 轴方向按 1:50 绘制,X_1、Y_1 方向长度从图上量取,见图 12-4)。

【解】 根据题意,绘制的管道轴测图如图 12-4(b)所示。

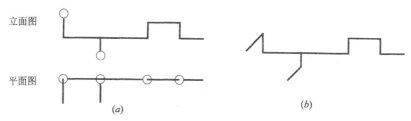

图 12-3 由管道的立面图与平面图绘制管道的轴测图
(a)已知条件;(b)绘制结果

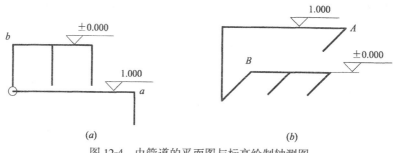

图 12-4 由管道的平面图与标高绘制轴测图
(a)已知条件;(b)绘制结果

12.2 室内给水排水工程图

室内给排水工程设计是在相应的建筑设计基础上进行的设备工程设计,所以,室内给水排水工程图则是在已有的建筑施工图基础上绘制的给水排水设备施工图。给水排水工程图由建筑物给水排水总平面图、室内给水排水平面图、给水轴测图、排水轴测图及其详细图组成。

12.2.1 室内给水排水平面图

所谓室内给水排水平面图就是把室内给水平面图和室内排水平面图合画在同一图上,统称为"室内给水排水平面图"。该平面图表示室内卫生器具、阀门、管道及附件等相对于该建筑物内部的平面布置情况,它是室内给水排水工程最基本的图样。

12.2.1.1 室内给水排水平面图的主要内容(图 12-5)

(1)建筑平面图;
(2)卫生器具的平面位置,如大小便器(槽)等;
(3)各立管、干管及支管的平面布置以及立管的编号;
(4)阀门及管附件的平面布置,如截止阀、水龙头等;
(5)给水引入管、排水排出管的平面位置及其编号;
(6)必要的图例、标注等。

12.2.1.2 室内给水排水平面图的表示方法

(1)布图方向与比例。给水排水平面图在图纸上的布图方向应与相关的建筑平面一致,其比例也相同,常用 1:100,也可用 1:50 等比例。

(2)建筑平面图。在抄绘建筑平面图时,其不同之处在于:

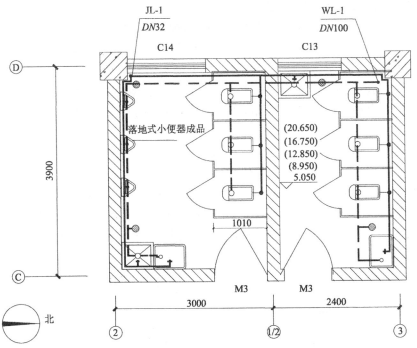

二、三、四、五、六层给水排水平面图 1:30

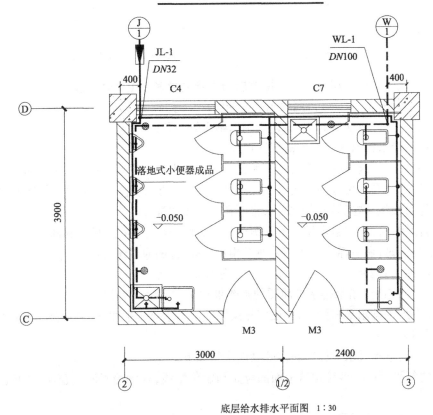

底层给水排水平面图 1:30

图 12-5 室内给水排水平面图

1)不必画建筑细部,也不必标注门窗代号、编号;

2)原粗实线所画的墙身、柱等,此时只用 $0.25b$ 的细实线画出;

(3)卫生器具平面图。卫生器具均用中实线 $0.5b$ 绘制,且只需绘制其主要轮廓。

(4)给水排水管道平面图。平面图中的管道用单粗实线绘制。位于同一平面位置的两根或两根以上不同高度的管道,为了图示清楚,宜画成平行管道,它仅表示其示意安装位置,并不表示其具体平面位置尺寸。当管道暗装时,图上除应有说明外,管道线应绘制在墙身断面内。

给水排水管道上所有附件均按《给水排水制图标准》(GB/T 50106—2001)中的图例绘制(见表 12-3)。

建筑物的给水排水进口、出口应注明管道类别代号,其代号通常用管道类别的第一个汉语拼音字母,如"J"为生活给水管,"W"为污水排出管。当建筑物的给水排水进出口数量多于 1 个时,宜用阿拉伯数字编号,以便查找和绘制轴测图。编号宜按图 12-6 的方式表示(该图表示 1 号给水引入管)。

图 12-6 给水引入(排水排出)管编号表示法   图 12-7 立管编号表示法

当建筑物室内穿过一层及多于一层楼层的立管数量多于 1 个时,宜用阿拉伯数字编号。编号宜按图 12-7 的方式表示(该图表示 1 号的给水立管)。

当给水管与排水管交叉时,应该连续画出给水管,断开排水管。

(5)标注。给水排水平面图中需标注尺寸和标高。

1)尺寸标注。建筑物的平面尺寸一般仅在底层给水排水平面图中标注轴线间尺寸。对卫生器具和管道的布置尺寸及管道长度一般均不标注。除立管、引入管、排出管外,管道的管径、坡度等习惯注写在其轴测图中,通常不在平面图中标注。

2)标高标注。在绘制给水排水平面图时,应标注各楼层地面的相对标高。在绘制底层给水排水平面图时,还应标注表明室外地面相对标高,标高应以米(m)为单位。

此外,应注明必要的文字,如注"落地式小便器成品"等。

12.2.1.3 室内外给水排水平面图的画图步骤

绘制室内给水排水平面图时,一般应先绘制底层给水排水平面图,再绘制其余各楼层给水排水平面图。

绘制每一层给水排水平面图底稿的画面步骤如下:

(1)画建筑平面图。抄绘建筑平面图应先画定位轴线,再画墙身和门窗洞,最后画其他构配件。

(2)画卫生器具平面图。

(3)画给水排水管道平面图。一般先画管,然后画给水引入管和排水排出管,最后按照水流方向画出各主管、支管及管道附件。

(4)画必要的图例。

(5)布置应标注的尺寸、标高、编号和必要的文字。

12.2.2 室内给水轴测图与排水轴测图

12.2.2.1 给水排水轴测图的表达方法

(1)布图方向与比例。给水排水轴测图的布图方向与相应的给水排水平面图一致,其比例也相同,当局部管道按比例不易表示清楚时,为表达清楚,此处局部管道可不按比例绘制。

(2)给水排水管道。给水管道轴测图与排水管道轴测图一般按每根给水引入管或排水排出管分组绘制。引入管和排出管道以及立管的编号均应与其对应平面图中的引入管、排出管及立管一致,编号表示法仍同平面图。

给水排水管道在平面图上沿 X_1 和 Y_1 方向的长度直接从平面图上量取,管道的高度一般根据建筑物的层高、门窗高度、梁的位置以及卫生器具、配水龙头、阀门的安装高度来决定。管道附件距楼(地)面的一般高度见表12-6。

管道附件距楼(地)面的一般高度(m) 表12-6

管 道 附 件	距 楼 (地) 面 高 度
盥洗槽水龙头	1.000
污水池水龙头	0.800
淋浴口喷头	2.100
大便器高位水箱进水管的水平支管	2.300

当空间交叉的管道在图中相交时,应判别其可见性,在交叉处可见管道应连续画出,而把不可见管道断开(见表12-3)。

当管道过于集中,即使不按此比例也不能清楚反映管道的空间走向时,可将某部分管道断开,移到图面合适的地方绘出,在两者需连接的断开部位应标注相同的大写拉丁字母表示连接编号,如图12-8所示。

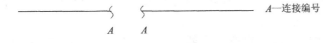

图12-8 管道的连接符号

(3)标注。给水排水轴测图中需标注如下内容:

1)管径标注。管径标注的要求见表12-5,可将管径直接注写在相应的管道旁边。如图12-9中横管道"$DN50$"、"$DN25$"等;或注写在引线上,如图12-9中"$JL-2/DN32$"等。

2)标高标注。绘制建筑物时,应标注室内地面相对标高,并与建筑图一致。

绘制给水管道时,应以管道中心为准,通常要标注横管、阀门和放水龙头等部位的标高。

绘制排水管道时一般要标注立管或通气管的管顶、排出管的起点及检查口等的标高。必要时就标注横管的起点标高,横管的标高以管内底为准。

图中的标高符号画法与建筑图的标高符号画法相同,且横线与所标注的管线平行(如图12-9、图12-10所示)。

3)管道坡度标高。轴测图中凡具有管道坡度的横管均应标注其坡度,把坡度注在相应管道旁边,必要时也可注在引出线上,坡度符号则用单边箭头指向下坡方向(如图12-10)。

若排水横管采用标准坡度,常将坡度要求写在施工说明中,可以不在图中标注。

4)简化画法。当各楼层管道布置规格等完全相同时,给水或排水轴测图上中间楼层的管道可以省略,仅在折断的支管上注写同某层即可。习惯上将底层和顶层的管道全部画出。

5)图例。若按标准绘制的图例符号可不列出图例,只将自行绘制的非标准图例列出即可。

12.2.2.2 给水排水轴测图的作图步骤

通常先画好给水排水平面图后,再按照平面图与标高画出轴测图。轴测图底稿的画图步骤如下:

(1)首先画出轴测轴;
(2)画立管或者引入管、排出管;
(3)画立管上的各地面、楼面;
(4)画各层平面上的横管;
(5)画管道轴测图上相应附件、器具等图例;
(6)画各管道所穿墙、梁断面的图例;
(7)在适宜的位置布置应标注的管径、坡度标高、编号以及必要的文字说明等。

12.2.3 室内给水排水平面图和轴测图的识读

给水排水平面图和轴测图两者相互关联、相互补充,共同表达了室内给水排水管道、卫生设施等的形状、大小及室内位置。下面我们以图12-5和图12-9、图12-10为例讨论阅读这些图的基本方法。

12.2.3.1 读图顺序

(1)浏览平面图:先看底层平面图,再看楼层平面图,先给水引入管、排水排出管,再顾及其他。

(2)对照平面图,阅读轴测图:先找平面图、轴测图对应编号,然后再读图;顺水流方向按系统分组,交叉反复阅读平面图和轴测图。

阅读给水轴测图时,通常从引入管开始,依次按引入管——水平干管——立管——支管——配水器具的顺序进行阅读。

阅读排水轴测图时,则依次按卫生器具、地漏及其他污水口——连接管——水平支管——立管——排水管——检查井的顺序进行阅读。

12.2.3.2 读图要点

阅读室内给水排水平面图和轴测图的要点有:

(1)对平面图:明确给水引入管和排水排出管的数量、位置、明确用水和排水房间的名称、位置、数量、地(楼)面标高等情况。

(2)对轴测图:明确各条给水引入管和排水排出管的位置、规格、标高,明确给水系统和排水系统的各组给水工程的空间位置及其走向,从而想像出建筑物整个给水排水工程的空间状况。

12.2.3.3 读阅举例

按上述读图要领,阅读图12-5、图12-9、图12-10。

(1)首先浏览平面图(图12-5)。由底层给水排水平面图可知,某校办公大楼有一条给水引入管,经平行于②轴、距②轴线400mm的水表井自西向东进入该楼,该办公大楼有一条排水排出管$\stackrel{W}{\top}$),且平行于③轴线,距③轴400mm自东向西走向。

底层男卫生间内有一个成品洗手盆,其上配有一个水龙头;相邻处设有一拖布池,其上设有一个水龙头;有三套成品的立式小便器,三套蹲式大便器,无水箱自闭式冲洗。同时,还设有地漏两个,卫生间地面标高为-0.050m。女卫生间与男卫生间的设置大致相同,仅缺少小便器。

二、三、四、五层的平面布置与底层相同。

(2)然后对照平面图(图12-5),分别阅读给水轴测图(图12-9)和排水轴测图(图12-10)。

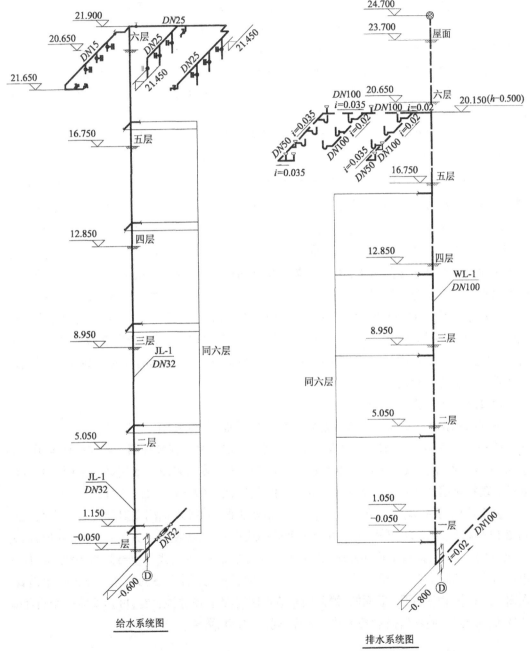

图12-9 室内给水管道轴测图　　图12-10 室内排水管道轴测图

对照底层给水排水平面图和给水轴测图,找到编号为⊕的 DN32 给水引入管,其上有一水表井,标高为 -0.600m,平行于②轴,穿过Ⓓ轴线墙进入男卫生间,并分别在②轴和Ⓓ轴相交的墙角附近引入 JL-1(DN32)立管。在 JL-1 立管上,每层高出地(楼)面 1.200m 由西向东设有一 DN15 水平支管,其上装有一个 DN15 的截止阀,并在三个小便器的相应位置上接有 DN15 的冲水管,每根冲洗管上高出地(楼)面 1.115m 处各装一个延时自闭冲洗阀,在该水平管末端南北方向上的拖布盆和洗手盆上,且高出每层地(楼)面 1.000m 处,分别装有一个 DN15 的水龙头;在 JL-1 立管上,每层高出地(楼)面 1.115m 由南向北也设有一 DN25 的水平管,其上装有一个 DN25 的截止阀,在男卫生间内;在该水平支管上的东西方向上的三个大便器的相应位置上接有 DN25 的冲水管,每根冲洗管上高出地(楼)面 0.8m 处各装上一个延时自闭冲洗阀;该水平管一直延伸到女卫生间内,在女卫生间内除没有安装小便器外,其他管件的安装方式与男卫生间一致。卫生间的楼面标高分别为 5.050m、8.950m、12.850m、16.750m 和 20.650m 如图 12-5。

再看排水轴测图。首先在底层给水排水平面图上找出编号为⊕的排水排出管,再在排水轴测图上找到相同的编号,然后阅读排水系统工程⊕组。

⊕组有一根 DN100 的排水排出管,平行于轴线③由东向西铺设,该排水管标高为 -0.800m,坡度 2%。对照平面图可知:该排出管穿Ⓓ轴线墙入室内与女卫生间内③轴线与Ⓓ轴经相附近处与立管 WL-1 相接,立管 WL-1 为 DN100。立管 WL-1 伸出屋顶 1.000m 装一透气球。在每层楼板下均从 WL-1 向南接有一支管 DN100 接纳大便器、小便器冲洗水以及地漏、拖布盆、洗手盆的污水;底层该支管起点的标高为 -0.500m,坡度 2%;在该支管上由西向东又接有三分支管,其中两分支管在男卫生间内,一支接纳洗手盆、拖布池、地漏、小便器的污水管径为 DN50,坡度为 3%;另一支接纳大便器的污水管径为 DN100,坡度为 2%。同时可看出,卫生间各用水器下都装有 S 形存水管,接大便器支管上装有 P 形存水管。在立管 WL-1 上,一、三层距地(楼)面 1m 高处,各装一检查口。女卫生间内的排水管的管径与坡度大致与男卫生间相同。

12.2.4 卫生设备安装详图

室内给水排水工程的安装施工除需要前述的平面图、轴测图,还必须有若干安装详图。详图的特点是图形表达明确、尺寸标注齐全、文字说明详尽。安装详图一般均有标准图可供选用,不需再绘制。只需在施工说明中写明所采用的图集名和图号或用详图索引符号标注即可。现按全国通用给水排水标准图集《卫生设备安装》(99S304)(图 12-11)举例如下:

识读该详图时,应结合给水排水平面图、给水轴测图、排水轴测图对照进行。由图 12-5 和图 12-9 对照图 12-11 可知,卫生间有 3 个落地式小便器,小便器上方设有一离楼(地)面为 1.250m 的水平管,该管下面 100mm 处接有自闭式冲洗阀,落地式小便器高为 1000mm,顶部距自闭式冲洗阀 150mm,距水平管为 250mm。小便器中的污水经 S 形存水弯排入排水横管。在图 12-11 中,由平面图、立面图、侧面图和节点图对照主要材料表看,可知安装一个自闭式冲洗阀落地式小便器所需设备零件的名称、规格、材料、数量。

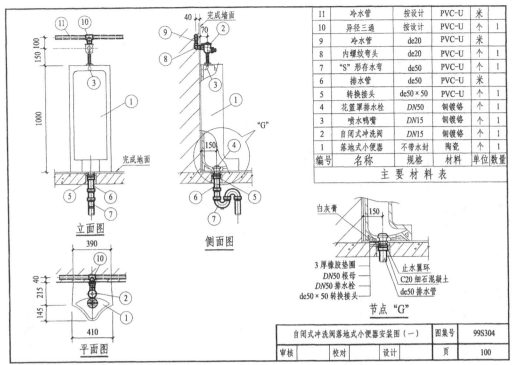

图 12-11 自闭式冲洗阀立式小便器安装

12.3 建筑小区给水排水工程图

12.3.1 图纸组成

建筑小区给水排水工程是城市市政建设的重要组成部分,它主要反映了一个小区的给水工程设备、排水工程设施及管网布置系统等,由于涉及的范围较广、内容较多,本书只从工程制图的角度出发,介绍阅读、绘制建筑小区给水排水工程图的方法和要求。建筑小区给水排水工程图主要由给水排水平面图、给水排水管道断面图及其详图(节点图、大要图等)等组成。

12.3.2 平面图

12.3.2.1 图纸识读

建筑小区给水排水平面图表示建筑小区内给水排水管道的平面布置情况。阅读平面图时,通常对该图按阅读总平面图的方法浏览一遍,然后再按给水系统、排水系统进行阅读。现以图 12-12 表示的某小区给水排水管道平面图为例说明。

由图 12-12(a)可知,施工坐标是用方格网表示的,纵向格线编号为 3A、4A、5A、6A,横向格线的编号为 2B、3B、4B,格线间距为 100m。故该小区东西长(设图纸右为东,左为西)为 300m,南北长为 200m。又由图中等高线看出,东北角地坪比西南角高 5m,则设计重力管道为由东北坡向西南。

根据图例符号(图 12-12b)可知,该小区内有给水管、排水管、雨水管三种管道,对此应分别识读。

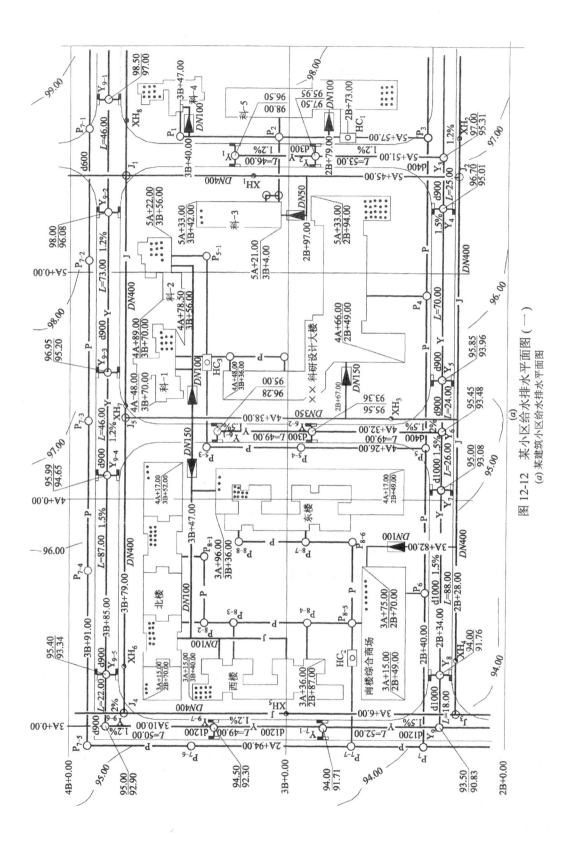

图 12-12 某小区给水排水平面图（一）
(a) 某建筑小区给水排水平面图

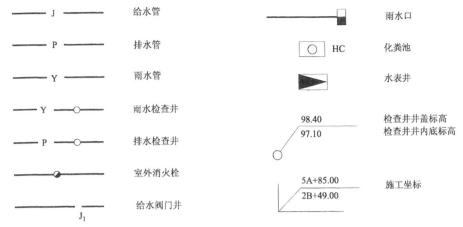

图 12-12 某小区给水排水平面图(二)
(b) 某小区给水排水管道平面图图例

(1)给水管道。通常先读干管。可按照干管上阀门井的编号,从东北角 J_1 井开始依次读至东南角 J_2、西南角 J_3、西北角 J_4、北部中间 J_5,往东面到 J_1,从而使该区给水管形成环状管网,见图 12-13。这几根干管的坐标位置为:东部南北干管($DN400$)是 5A + 45.00;中部南北干管($DN350$)是 4A + 38.00;西部南北干管($DN400$)是 3A + 6.00;北部东西干管($DN400$)是 3B + 79.00;南部东西干管($DN400$)是 2B + 28.00。从室外消火栓编号可知,这几根给水干管上装有 8 个消火栓(XH_1、XH_2……XH_8)。

然后读给水支管。东部南北干部($DN400$)上于(5A + 45.00,2B + 97.00)处、(5A + 45.00,3B + 40.00)处、(5A + 45.00,2B + 79.00)处分别接支管与科-3、科-4、科-5 楼引入管相接,支管管径分别为 $DN50$、$DN100$、$DN100$。

南北东西干管($DN40$)上,于(3A + 82.00,2B + 28.00)处引支管($DN100$)与南楼综合商场引入管相接。

同样方法可看出,中部南北干管($DN350$)服务于某科研设计大楼。科-1、科-2、东楼、西楼和北楼的管道连接情况,请读者自己练习。

(2)排水管道。识读排水管道时先干管、后支管,按排水检查井编号顺序依次进行。检查井的编号一般从最长线的上游管线开始。此处排水从东北角科-4 楼附进的检查井 P_1(5A + 57.00,3B + 47.00)开始,由北到南经过 P_2、化粪池 HC_1 读至检查井 P_3;再由东向西,经 P_4、P_5、P_6 井读至检查井 P_7;又从东北角检查井 P_{7-1} 开始,由东向西,经 P_{7-2}、P_{7-3}、P_{7-4} 读至检查井 P_{7-5};再由北到南,经 P_{7-6}、P_{7-7} 至检查井 P_7(图 12-12a)。

检查井 P_{7-7} 所接的支管(图 12-14):北楼南部出来,从 P_{8-1} 井开始,经 P_{8-2}、P_{8-3}、P_{8-4} 到 P_{8-5} 井;东楼西部出来,从 P_{8-8} 井开始,经 P_{8-7}、P_{8-6} 到 P_{8-5} 井,再到 P_{7-7} 井。

检查井 P_5 所接的支管:从科-2 楼南部出来的 P_{5-1} 井开始,经 HC_3、P_{5-3}、P_{5-4} 到检查井 P_5。

其余支管也用同样方法识读。这样,小区排水管道系统形成如图 12-15 所示的复杂管网,共设 27 个检查井。

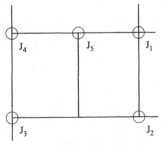

图 12-13 小区给水干管示意图

小区排水干管管径与相应管段的管长等设计数据,一般均由"排水管设计计算表"(表12-7)确定。

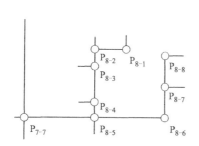

图 12-14 小区检查井 P_{7-7} 处支管示意图

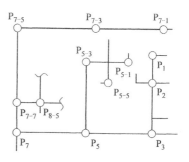

图 12-15 小区排水干管示意图

排水管设计计算表　　　　　　　　　　　表 12-7

管段编号	起	P_{7-1}	P_{7-2}	P_{7-3}	P_{7-4}	P_{7-5}	P_{7-6}	P_1	P_2	HC_1	P_3	P_4	P_5
	末	P_{7-2}	P_{7-3}	P_{7-4}	P_{7-5}	P_{7-6}	P_{7-7}	P_7	P_2	HC_1	P_3	P_4	P_5
管径	mm	1200	1200	1200	1200	1400	1400	1400	300	300	400	1200	1200	1200
管长	m	65.0	65.0	70.0	76.0	48.0	68.0	35.0	42.0	48.0	27.0	65.0	66.0	63.0
坡度	‰	0.70	0.80	1.40	1.40	1.40	1.7	2.0	1.00	1.00	1.30	1.50	1.50	2.0
井顶标高	m	98.69	98.03	96.97	95.88	98.09	94.80	94.40	98.30	97.80	97.31	97.01	96.41	95.61
地面标高 (m)	起端	98.66	98.00	96.94	95.85	95.06	94.77	94.43	98.30	97.80	97.56	97.00	96.40	95.60
	末端	98.00	96.94	95.85	95.06	94.77	94.43	94.00	97.80	97.60	97.00	96.40	95.60	94.65
管内底标高 (m)	起端	96.24	95.78	95.32	94.34	92.28	91.61	90.55	96.70	96.28	95.95	94.70	93.72	92.73
	末端	95.78	95.32	94.34	92.28	91.61	90.55	89.80	96.28	96.00	95.60	93.72	92.73	91.47
管段编号	起	P_{7-1}	P_{7-2}	P_{7-3}	P_{7-4}	P_{7-5}	P_{7-6}	P_1	P_2	HC_1	P_3	P_4	P_5
	末	P_{7-2}	P_{7-3}	P_{7-4}	P_{7-5}	P_{7-6}	P_{7-7}	P_7	P_2	HC_1	P_3	P_4	P_5
管底埋深 (m)	起端	2.52	2.32	1.72	1.61	2.88	2.90	3.13	1.60	1.52	1.61	2.30	2.68	2.87
	末端	2.32	1.72	1.61	2.88	2.90	3.13	3.54	1.62	1.60	1.40	2.68	3.07	3.08

(3)雨水管道。识读顺序为先干管后支管,按雨水检查井口编号进行。

从东北角雨水检查井 Y_1 开始由北到南经 Y_2 至 Y_3,然后由东向西经 Y_4、Y_5、Y_6、Y_7、Y_8 至 Y_9,又从东北角 Y_{9-1} 开始向西,经 Y_{9-2}、Y_{9-3}、Y_{9-4}、Y_{9-5} 至 Y_{9-6} 井,再向南经 Y_{9-7}、Y_{9-8} 至 Y_9 井。又从中部 Y_{6-1} 开始,经 Y_{6-2} 至 Y_6 检查井,这样,小区的雨水干管就形成如图 12-16 所示管网。各检查井的标高和多数检查井的坐标均已标注定位。雨水管设于道路中央,道路两侧的雨水口与雨水检查井相接。全小区雨水检查井共 19 个,雨水口共 30 个。

12.3.2.2 绘制方法

(1)抄绘建筑总平面。抄绘建筑总平面图时,其比例、布图方向等应基本一致,绿化带一般可省去不画。

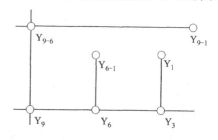

图 12-16 小区雨水干管示意图

(2)管道总平面图。习惯上将给水管道、排水管、雨水管(包括阀门井、检查井、化粪池、雨水口等)绘于同一张图上。

同一张图上给水管、排水管、雨水管应用符号"J"、"P"、"Y"注明。

同一张图上的同一类附属物多于一个时,应用构筑物代号(采用汉语拼音字头)加阿拉伯数字进行编号,如 HC_1 即 1 号化粪池。其编号顺序为:对给水阀门井,从干管到支管,再到用户;对排水(雨水)检查井,应从上游到下游,先干管后支管。为清楚起见,支管上的附属构筑物编号可采用下列形式:$Xm-n$(X 为附属构筑物代号,m 为构筑物干管上的编号,n 为构筑物在支管上的编号)。例如:P_{2-1} 表示干管编号为 2 的支管上的 1 号检查井。

绘制时若遇给水管与排水管交叉,应断开排水管与雨水管;若遇到排水管与雨水管交叉,应断开排水管。

(3)坐标标注。对建筑物、构筑物宜标注其 3 个角的坐标。若建筑物、构筑物与施工坐标轴线平行,可标注其对角坐标。

对附属构筑物(如检查井),可标注中心坐标。

对管道应标注中心线坐标、建筑物和构筑物的管道进出口位置的坐标。

(4)尺寸标注。个别管道(沟)及附属物不便标注坐标时,应注其控制尺寸以定位。

给水排水管道的有关尺寸,可在纵断面图和设计计算表中表明。当无纵断面图时,应注明管道的规格、坡度及附属物的规格、标高等。

(5)其他。图线(见图 12-12):管道用粗实线(d)绘出,新建的建筑物可见轮廓用中实线($0.5d$),其余均用细实线($0.25d$)绘出。

可列出必要的图例:

图中不易表示的内容,可在施工说明中统一说明,图 12-12 中施工说明从略。

12.3.2.3 绘图步骤

(1)抄绘建筑小区的建筑平面图;

(2)绘出小区的各建筑物、构筑物的给水引入管和排水排出管;

(3)绘出小区的给水排水管线;

(4)绘给水排水管线上的附属构筑物、消防设备等;

(5)绘连接管和相应支管;

(6)标注各种数据,如坐标、控制尺寸、编写说明等。

最后应绘管道节点图。在小区给水排水平面图中,各种阀门井、检查井、消火栓等均不易反映清楚。为此,应用节点图详细表明。

12.3.2.4 给水排水管道节点图

现仅以图 12-17 为例(该图为图 12-12 中给水管道的节点图)扼要说明管道节点图的图示特点。

(1)布图方向与比例。节点图的布图方向、各节点的平面位置均与相应的给水排水平面图一致,且比例相同,但各节点处采用比平面图较大的比例绘出。

(2)图线。直管采用粗实线,节点和阀门采用细实线绘制。

(3)标注:管道、附属构筑物应标注施工坐标以定位;附属构筑物应标注其代号、编号、规格(如井内径);管道、管件应标注规格,如图中"$DN350\times200$"、"$DN400\times100$"等是管件四通、三通的管径标注;前面数字为干管直径(350、400),后面数字为支管直径(200、100)。

(4)其他。在封闭循环回水管节点图中,检查井宜用平、剖面图表示;当管道连接高差较大时,宜用双线表示。

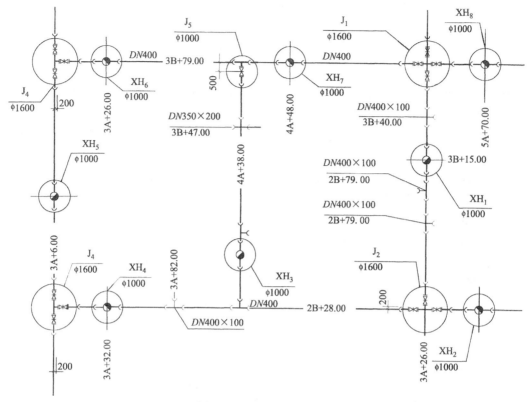

图 12-17 给水管道结点图

12.3.3 建筑小区给水排水纵断面图

纵断面图是用来清楚地反映设计管道沿线垂直方向的变化及所处地面起伏情况,该设计管道与其他管道交叉情况以及该管道的管径、坡度和管理基础等。这里仅说明给水排水管道纵断面图的识读与绘制方法。

12.3.3.1 管道纵断面图的识读

识读管道纵断面图时,首先根据纵断面图中的节点(如阀门井、检查井)编号,对照相应的给水排水平面图,确定所识读的管道纵断面图是平面图中的哪条管道,其平面位置和方向如何,然后再配合相应的小区给水排水平面图进行识读。

例如:试读图 12-18 所示排水管道纵断面图。

图 12-18 为图 12-12 中的一部分排水管道纵断面图。

由图 12-18 中检查井编号 $P_1 \sim P_5$,对照图 12-12 可知,图 12-18 中的管道为以东北角排水检查井 P_1 为起点,向南途经检查井 P_2、HC_1 到 P_3,再折向西,经 P_4 到 P_5 所组成的排水管道,见图 12-19。

由图 12-18 可知:该图由上、下两部分组成,上部为埋地铺设的排水管道纵断面图,其左部为标高塔尺;下部为管道的有关设计数据表格。据此,可直接查出该排水管道每一节点处的原始地面标高、设计地面标高、设计管内底标高、管道埋设深度、坡度、管径、节点编号、节点间距、管道基础等。例如 P_1 处的设计地面标高、管内底标高分别为 98.30m、96.70m,便知埋设深度为 1.60m。对照平面图(图 12-12)还可看出排水管与其他管道的交叉情况,如在 P_3 与 P_4 两检查井之间,该排水管分别于距 P_3 中心线右(西北)12.00 和 6.00m 处与给水管和雨水管交叉,给水管中心标高 96.28m,管径 DN400,雨水管内底标高 96.10m,管径 d400。由图 12-12 反映出在 P_3 交错的给水干管、雨水管的平面位置、标高及其各自的方向。

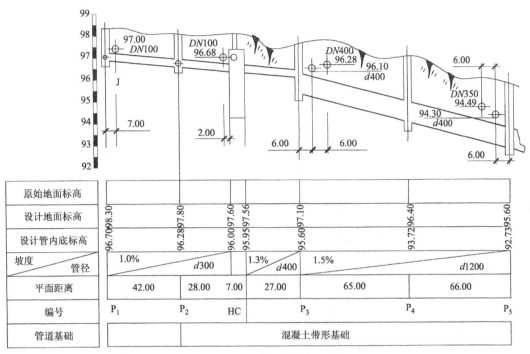

图 12-18 排水管道纵断面图

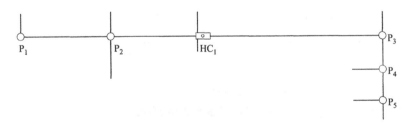

图 12-19 排水管道布置示意图

12.3.3.2 表示方法

(1)表示方式(图 12-20)。管道纵断面图应由管道纵断面、标高塔尺和列有该管道的有关设计数据表格组成。上部图形(图 12-20)起始井(检查井或阀门井)置于图形左边,从左往右为该管中心水流的方向;并在起点井的左边设一标高塔尺,注明相关的绝对标高值(若缺绝对标高资料时,可注相对相高)且与相应总图一致;图形下部是表格,在图形和表格之间标注与该管道交叉的各地下管道的地沟、电缆沟等的相对距离和各自的标高及其相应代号等,如图 12-20 所示。

(2)比例。管道纵断图的比例与一般的图样比例不同,纵(垂直)横(水平)方向通常采用不同的比例绘制,纵向常用比例1:200、1:100、1:50;横向常用比例1:1000、1:500、1:300,本例中纵横之比为1:5。

(3)图线。一般压力管道(如给水管)宜用单实线绘制,见图12-20某小区给水管道纵断面图。重力管道(如排水管、雨水管)宜用双粗实线绘制,见图12-18。被剖切的阀门井或检查井、消火栓井、非纵剖的管道等的内轮廓线常用粗实线绘制。其余均用细实线绘制。

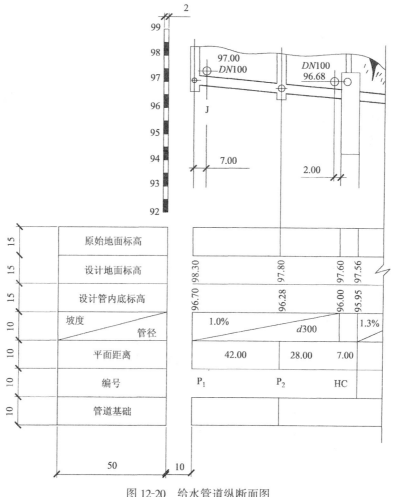

图 12-20 给水管道纵断面图

12.3.3.3 绘图步骤

(1)选择合适的纵、横比例。

(2)按图12-20布置图面,清楚表达图形。

(3)根据各管径水平距离绘垂直分格线,根据各管段标高、地面标高绘标高塔尺。

(4)根据管道直径、管道标高、设计地面标高绘制该管道的纵断面图,地面线和检查井(或阀门井)、消火栓井的剖面图。

(5)绘制交叉管线的横断面等。

(6)绘制表格标注数据,完成全图。

第13章 电气工程图

13.1 电气制图基础

13.1.1 电气制图的一般规定

电气制图属技术制图中的一种,其图幅、标题栏、字体等同第1章所述,现将电气制图中与第1章中有区别的部分介绍如下。

13.1.1.1 图线

电气图中图线的形式通常采用如表13-1所示的4种。图线的宽度(mm)可以从0.25、0.35、0.5、0.7、1.0、1.4mm这六种中选定,其公比为$\sqrt{2}$。应用时,可根据图的大小和复杂程度来选用,通常在同一张图纸上,只选用其中两种宽度的图线,并且粗实线为细实线的两倍。当需要两种以上宽度的图线时,线宽应以2的倍数递增。

为确保图样缩微复制时的清晰度,平行图线的间距不应小于粗实线宽度的两倍,同时不小于0.7mm。

图线形式及用途 表13-1

图线名称	线型与画法	意义
实线	———————	基本线,简图主要内容(图形符合及连接)用线,可见轮廓线,可见导线导线、导线组、电线、电缆、电路、传输、通路(如微波技术)、线路、母线(总线)等的一般符号
点划线	—·—·—·—	边界线,分界线(表示结构、功能分组用的),围框线控制及信号线路(电力照明用)
虚线	— — — —	辅助线,不可见轮廓线,不可见导线,计划扩展内容用线屏蔽线、护罩线、机械(液压、气动等)连接线,事故照明线
双点划线	—··—··—	辅助围框线50V及以下电力及照明线路

13.1.1.2 箭头和指引线

电气图中有3种形状的箭头,见表13-2。

箭头的形式及用途 表13-2

箭头名称	箭头形式	意义
空心箭头	⇒	用信号线、信息线、连接线表示信号、信息、能量的传输方向
实心箭头	▶	用于说明非电过程中材料或介质的流向
普通箭头	→	用于说明运行或力的方向指引线和尺寸线的一种末端形式

指引线用于将文字或符号引向被解释的部位,用细实线表示,并在其末端加注不同的标记,如图 13-1 所示。

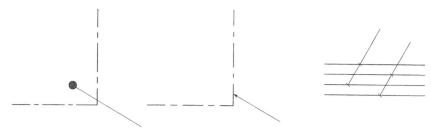

图 13-1　指引线的末端形式

13.1.1.3　比例

大部分电气图都是示意性简图,所以不涉及电气设备与元、器件的尺寸,也不存在按比例绘图的问题。但位置图(平面图)等一般需要按比例绘制,且多用缩小比例,常采用的比例系列为:1:10、1:20、1:50、1:100、1:200、1:500。

标题栏内应将绘图时采用的比例填写在规定的位置。

13.1.2　电气图的画法规则

电气图虽然是一种示意图,但是为了正确地表达设计意图和技术思想,特别是为了使读图者能够清楚、正确、完整、迅速地理解图的全部内容,弄清电气系统或设备中各组成部分之间、各元器件以及它们相互的连接关系,从而进一步了解其原理、功能和动作顺序,要求电气图的画法必须遵照一定的规律。现将基本的通用部分介绍如下:

13.1.2.1　电气图的布局

电气图的布局原则是"布局合理、排列均匀、图面清晰",其具体要求如下:

(1)电路图应突出信息流及各级之间的功能关系,例如在图 13-2 所示的无线电接收机框图中,信号从左边输入,右边输出,其流向及各级功能表达得十分清楚。

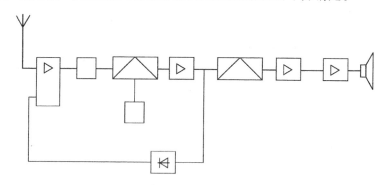

图 13-2　按信息及各级功能关系的布图

(2)功能上相关的项目要靠近,以便关系表达得比较清晰,见图 13-3(a);同等重要的并联通路,应按主电路对称布置,见图 13-3(b);必要时,对于对称布局的元器件可以采用斜的交叉线,见图 13-3(c);若电路中有几种可供选择的连接方式,则应分别用序号标注在连接线的中断处,如图 13-3(d)所示的电阻有串联和短接两种接法。

(3)表示导线、信号通路、连接线等图线,应尽量减少交叉和折弯,图线可以按水平方式排列布置,此时各个类似项目应纵向对齐,也可按垂直方式排列布置。同时,各个类似项目应横向对齐,如图 13-4 所示。

(4)图中的电路式符号应分部均称,避免出现大面积空白。

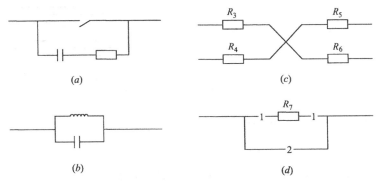

图 13-3 电路中的几种布局方式示例

(a)功能相关项目;(b)同等项目关系并联;(c)对称项目交叉;(d)有几种连接的选择

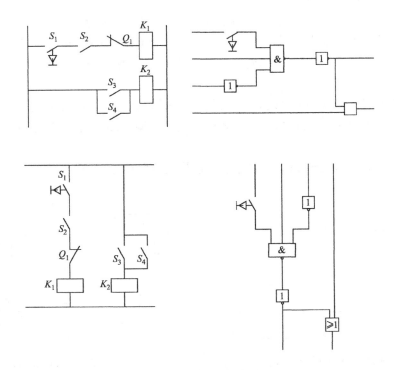

图 13-4 电路的布局方式

13.1.2.2 连接线

连接线在电气图中使用最多,绘制时应注意以下几点:

(1)连接线要用实线表示。只有看不见的导线或计划扩展的电路才用虚线。

(2)为了突出或区分某些电路,连接线可采用不同粗细的图线表示,如在图 13-2 中,特别强调了主信号通路的连接线。

(3)连接线应避免在与另一条连接线的交叉处改变方向,如图 13-5 所示,也应避免穿过与本身无连接关系的其他连接线的连接点。

(4)为了便于看图,可将多条平行导线按功能分组。如果不能按功能分组,也可以任意分组,每组不多于3条,组间距离应大于线间距离,如图13-6所示。

图13-5 两根连接线交叉时改变方向的画法　　图13-6 连接线分组示例

13.1.2.3 中断线表示法

为了防止连接线穿越图面稠密区域,使图面清晰,连接线可以中断,但中断处应加相应标记,如图13-7中,在中断处两端标注相同字母 A。

13.1.2.4 单线表示法

把多条平行线用一根线条表示叫单线表示法。采用单线表示法可以减少图中的平行线条,使图面清晰。在绘制电路图和接线图时,经常采用单线表示法,其具体应用如下:

(1)在一组导线中,如导线两端处于不同位置时,应在导线两端实际位置标以相同的标记,如图13-8(a)所示。

(2)当多根导线汇入一组导线时,汇接处要用斜线表示,其方向应能表示出汇入或离开汇总线的方向,并且每根导线的两端,还要标注相同的编号,以免引起误解,如图13-8(b)所示。

(3)用单线表示多根导线时,往往还要标注导线的根数,如图13-9所示。

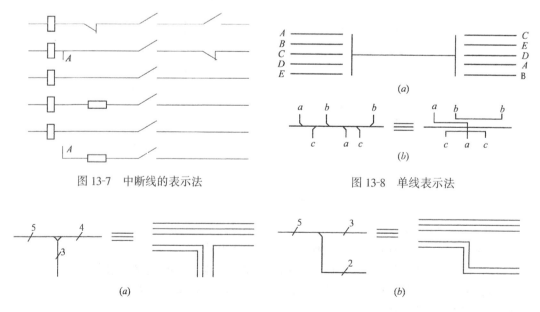

图13-7 中断线的表示法　　图13-8 单线表示法

图13-9 单线图中导线根数的表示法

13.1.3 电气技术中的图形符号与项目代号

为了突出电路组成和减少绘图工作量,在电气图中普遍使用了图形符号。图形符号是用于电气图或其他技术元器件中表示设备、元器件或某种含义的图形、标记或字符。对于图形符号,既要十分熟悉,还要正确使用,这是看懂电气图、提高看图速度的一个基础。

为了便于查找、区分和描述图形符号所表示的对象,在图形符号旁,还须标明项目代号。项目代号是一种特殊的文字符号,它能表明元件、器件和设备的电器种类、安装地点、从属关系等信息。图形符号与项目代号是构成电气图的主要要素。

13.1.3.1 电气图图形符号

电气图图形符号包括一般符号、符号要素、限定符号、方框符号4类。

(1) 一般符号

一般符号是用以表示一类产品和此类产品特征的一种通用符号,如图13-10(a)、(b)、(c)、(d)所示。

(2) 符号要素

符号要素是一种具有确定意义的简单图形,只有在同其他图形相组合才能构成一个完整符号。例如图13-11(a)是直热式阴极电子管的图形符号,它是由外壳、阳极、阴极(灯丝)3个符号要素组合而成的。符号要素不能单独使用,只有当这些符号要素以一定的方式与其他符号组合后,才能成为某种类型的电子管件的符号。

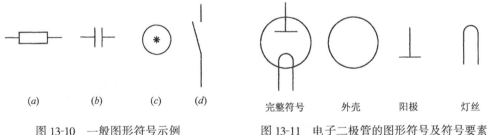

图13-10 一般图形符号示例　　图13-11 电子二极管的图形符号及符号要素

(3) 限定符号

用以提供附加信息的一种加在其他符号上的符号,称为限定符号。限定符号通常不能单独使用,只能附加在其他符号上。但由于限定符号的应用,从而大大扩展了图形符号的多样性。例如:电阻器的一般符号见图13-12(a)。在此一般符号上分别附加不同的限定符号,则可得到图13-12(b)~(h)的各种电阻器的图形符号。又如图13-13(a)为开关的一般符号,若在此一般符号上再分别附加上不同的限定符号,则可得到图13-13(b)~(g)的各种开关的图形符号。常用符号要素及限定符号请参阅GB4728.2—84。

(4) 方框符号

用以表示元器件、设备等的组合及其功能,既不给出元器件、设备的细节,也不能考虑所有连接的一种简单的图形符号。

方框符号在框图中使用最多。电路图中的外购件,不可修理件也可用方框符号表示。

(5) 图形符号及绘制

《电气图用图形符号》(GB4728—84)的内容包括了13个部分,读者可根据需用的图形符号,查阅该标准。

电气图用图形符号应按功能,在未激励状态下按无电压、无外力的正常状态下绘制出。既可用手工绘制,也可用计算机绘制,但都应符合《电气图用图形符号》(GB4728—84)的规定。手工绘图时,要求图形符号与国际公布的图形大体一致,其关键是符合的长度比例和角度的大小,通常情况下矩形的长边和圆的直径应为5mm的倍数。

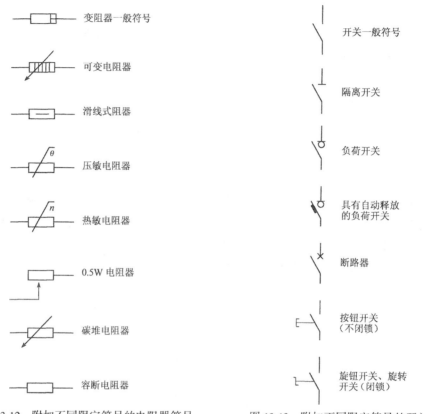

图 13-12 附加不同限定符号的电阻器符号　　图 13-13 附加不同限定符号的开关符号

13.1.3.2 项目代号

"项目"与"项目代号"是《电气技术中的项目代号》(GB 5094—85)所提出的新概念。该标准的制定,使我国电气技术元器件进一步国际通用化,不但图形符号能在国际间相互交流,文字符号也能相互交流。

(1)项目与项目代号

项目是指在电气技术元、器件中出现的各种实物,这些实物在图上通常用一个图形符号表示。项目可大可小,电容器、刀开关、电动机、开关设备、某一个系统都可称为项目。

项目代号是各个项目的一种特定代码,其作用如下:

1)用于识别项目的电器种类、项目的层次关系、项目的实际位置。

2)在电气图中为各种图形符号提供文字标注,表达特定的内容。

3)绘制某些表格时,项目代号是表格的重要组成部分。

(2)项目代号的构成

一个完整的项目代号包括四个代号段,即高层代号、位置代号、种类代号和端子代号。在每个代号段之前还有一个前缀符号,以作为代号段的特征标记。一般情况下,各代号段的注写顺序是固定的。项目代号的构成形式如下：

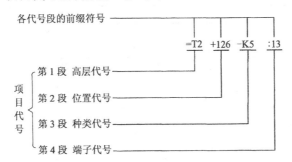

在大多数情况下,项目代号不必注写齐全,可以就项目本身情况略注写其中某一段或某几段。例如:项目为继电器时,就可以省略注写第一、二、四段,即只注出种类代号;再如项目为继电器的某个端子时,可以根据图的分类和表达需要,省略注写第一、二段,或者省略注写第一、二、三段,即端子代号为必注。省略注写后的某段或某几段代号后仍可统称为项目代号。

下面着重介绍项目代号的核心部分,第三段"种类代号"。

(3)种类代号

种类代号是用于识别所指项目属于什么种类的一种代号。通常一个电气装置一般由多种类型的电器元件所组成,如开关器件、保护器件、端子板等,为了明确这些器件(项目)所属的种类,特设置了种类代号。

种类代号的表达方式有3种。

第一种,由字母代码和数字组成,其表格格式如下:

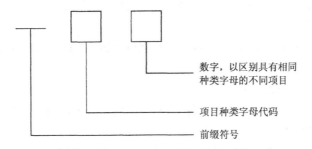

例如:某设备中有3个继电器,则其种类代号应为 $-K_1$、$-K_2$、$-K_3$。

第二种:采用数字顺序编号。

第三种:按不同种类的项目分组编号。

种类代号的字母代码的选取,读者可查阅《电气技术中的项目代号》(GB 5094—85)所提供的"项目种类的字母代号表"。

(4)辅助文字符号

在电气图中,除要求在图形符号旁标注项目代号外,有时还需标注辅助文字符号。辅助文字符号主要用于表示电气设备、装置和元器件的名称、功能、状态和特征。例如:指示灯有红、绿、黄3种颜色,在电气图上除了要标注项目代号外,还应在图形符号旁分别标注 RD、GN、YE。

常用辅助文字符号见表 13-3。

常用辅助文字符号　　　　　　表13-3

序号	名称	文字符号	序号	名称	文字符号
1	电流	A	19	中间线	M
2	模拟	A	20	手动	M、MAN
3	交流	AC	21	中性线	N
4	自动	A、AUT	22	断开	OFF
5	异步	ASY	23	闭合	ON
6	制动	B、BRK	24	输出	OUT
7	黑	BK	25	保护接地	PE
8	蓝	BL	26	不接地保护	PU
9	直流	DC	27	右	R
10	接地	E	28	红	RD
11	紧急	EM	29	停止	STP
12	快速	F	30	同步	SYN
13	反馈	FB	31	温度	T
14	绿	GN	32	时间	T
15	高	H	33	速度	V
16	输入	IN	34	电压	V
17	左	L	35	白	WH
18	低	L	36	黄	YE

13.1.4　电气图的分类

电气图的种类很多,应该根据其用途进行分类,对不同的电气工程随其规模大小、图纸的种类、数量也有所不同。国家标准《电气制图》经过综合统一将电气图分为15类,但并非每一个电气工程都必须具备这些图纸,可根据表达的需要而选取。

(1)系统图和框图

这是用图形符号或带注释的框,概略表示系统或分系统的基本组成、相互关系及其主要特征的一种简图。

(2)位置图或位置简图

这是表示成套设备、装配或装配中各个项目位置的一种简图或一种图。

(3)接线图或接线表

这是表示成套装配、设备或装置的连接关系,用以进行接线和检查的一种简图。

(4)电路图

这是用图形符号并按工作顺序排列,详细表示电路、设备或成套装配的全部基本组成和连接关系,而不考虑其实际位置的一种简图。

(5)功能图

这是表示理论的或理想的电路而不涉及实现方法的一种简图。

(6)功能表图

这是表示控制系统(如一个供电过程或生产过程的控制系统)的作用和状态的一种表图。

(7)逻辑图

这是主要用二进制逻辑单元符合绘制的一种简图。

其他还有等效电路图、端子功能图、程序图、设备元件表、数据单等等。

以上各种电气图的用途及画法,在进行专业学习时,再详细介绍。

13.2 建筑电气工程图

13.2.1 概述

在整个电气制图中,建筑电气工程图是非常重要的常用工程图,在我们的日常生活中也随时可见它的存在。建筑电气工程图按其工程项目的类型不同分为:①变配电工程图;②照明工程图;③动力工程图;④火灾自动报警自动消防工程图;⑤有线电视系统工程图;⑥通讯电话系统工程图;⑦有线广播系统工程图;⑧建筑防雷接地工程图等。

以上各种工程图同其他图纸一样,要遵守统一性、正确性和完整性的原则。统一性是指各类图纸的符号、文字和名称前后一致;正确性是指图纸的绘制要正确无误,符合国家标准,并能正确指导施工;完整性是指各类技术元件齐全。一套完整的建筑电气工程图主要包括以下内容:①目录;②电气设计说明;③电气系统图;④电气平面图;⑤设备控制图;⑥设备安装大样图(详图);⑦安装接线图;⑧设备材料表等。对不同的建筑电气工程项目,在表达清楚的前提下,取舍以上内容。

13.2.2 照明、电话及有线电视工程图

对于从事建筑工程的技术人员来说,有必要了解有关建筑电气的各类工程图。而其中的照明、电话及有线电视工程图是建筑电气工程图中最基本的图纸之一。照明、电话及有线电视工程图一般包括:照明、电话及有线电视系统图、平面图。

照明、电话及有线电视系统图是表示建筑物内的照明及其日用电器等配电基本情况的图纸。在图纸中集中反映了照明的安装容量、计算容量、计算电流、配电方式,导线和电缆的型号、规格、敷设方式及穿管管径,开关与熔断器的规格型号等。

照明、电话及有线电视平面图是表示建筑物内配电设备、照明、电话及有线电视设备等的平面布置、线路走向的图纸。它主要表示照明、电话及有线电视线路的敷设位置、敷设方式、导线规格型号、导线根数、穿管管径等,同时还标出了各种用电设备(如照明灯、电动机、电风扇、插座等)及配电设备(配电箱、开关)的数量、型号和相对位置。

13.2.2.1 照明、电话及有线电视工程图的特点

(1)在工程图上,电气设备是以一定的图形符号表示的,而电气设备的规格、型号、电气参数、安装方式、安装位置等信息是通过文字来表达的。所以,阅读和绘制照明、电话及有线电视工程图,首先要明确和熟悉一些常用的图形符号和文字符号。

(2)任何电路都必须构成闭合路。一个电路的组成,包括4个基本要素,即:电源、用电设备、导线和开关控制设备。

(3)照明、电话及有线电视工程往往与土建工程及其他安装工程相互配合进行。例如:电气设备的布置与土建平面布置、立面布置有关;线路走向与建筑物结构的梁、柱、门窗、楼板的位置走向有关,还与管道的规格、用途、走向有关;安装方法与墙体结构有关;特别是一些暗敷线路、电气设备基础及各种电气预埋件更与土建工程密切相关。因此,阅读照明、电话及有线电视工程图时应与有关的土建工程图、管道工程图等对应起来阅读。

(4)在读图时,应熟悉有关规范的要求。因为通过应用照明、电话及有线电视工程图来编制工程预算和施工方案时,一些安装、使用等方面的技术要求不能在图纸上完全地反映出来,而且也没有必要一一标注清楚,这些技术文件在有关国家标准和规范、规程中都有明确规定,有些工程图仅在说明栏内作说明,"参照"某规范。因此,要真正读懂图纸,应熟悉有关规范、规程的要求。

13.2.2.2 照明、电话及有线电视平面图的基本画法

照明、电话及有线电视平面图是在房屋建筑平面图的基础上,加上所采用的图形符号和文字标注的方法绘制而成的,其绘制步骤大致如下:

(1)抄绘房屋建筑平面的有关内容(外墙、门窗、房间、楼梯等),其图线宽度为 $b/3$。
(2)画有关的电力设备、配电箱、开关等($b/2$)。
(3)画有关的照明灯具、插座等用电装置($b/2$)。
(4)画进户线及电线设备、有关灯具间的连接线(b)。
(5)对线路、设备等附加文字标注及必要文字说明。

常用电气图用图形符号见表 13-4,常用电气图标注方法见表 13-5、表 13-6。

常用电气图用图形符号 表 13-4

图形符号	说　　明	图形符号	说　　明
	屏、台、箱、柜一般符号		双控开关(单极三线)
	动力或动力-照明配电箱		单相插座(明装)
	信号板、信号箱(屏)		单相插座(暗装)
	照明配电箱(屏)		带接地插孔的单相插座(明装)
	事故照明配电箱(屏)		带接地插孔的单相插座(暗装)
	多种电源配电箱(屏)		带接地插孔的三相插座(明装)
	向上配线		带接地插孔的三相插座(暗装)
	向下配线		
	开关一般符号		
	单极开关(明装)		荧光灯
	单极开关(暗装)		防水防尘灯
	双极开关(明装)		球形灯
	双极开关(暗装)		花灯
	三极开关(明装)		天棚灯
	三极开关(暗装)		壁灯
	单极拉线开关		弯灯
	单极双控拉线开关		风扇
	电话机一般符号		电信插座一般符号;注:可用文字或符号加以区别;如:TP－电话;TV－电视

续表

图形符号	说　　明	图形符号	说　　明
	熔断器一般符号	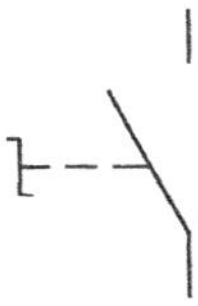	旋钮开关、旋钮开关(间锁)
	跃开式熔断器		位置开关、动合触点 限位开关、动合触点
	熔断器式负荷开关		开关(机械式)
	熔断器式开关		多极开关一般符号单线表示
	熔断器式隔离开关		多线表示
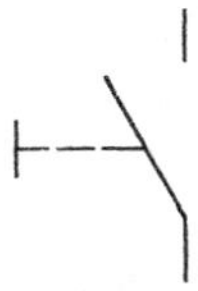	手动开关一般符号		接触器(在非动作位置触点断开)
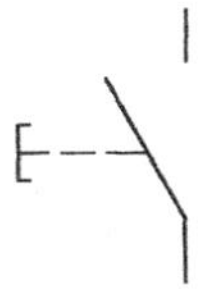	按钮开关(不闭锁)		具有自动释放的接触器
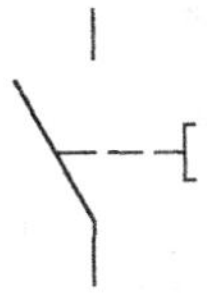	拉拨开关(不闭锁)		接触器(在非动作位置触点闭合)
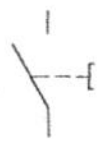	分线盒一般符号	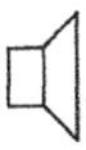	扬声器一般符号

常用电气图的标注方法 表 13-5

名称	符号	说明	
用电设备	$\dfrac{a}{b}$ 或 $\dfrac{a}{b} \bigg\| \dfrac{c}{d}$	a—设备编号； b—设备容量，kW；	c—熔断器电流，A； d—标高，m
用电或照明配电设备	$a\dfrac{b}{c}$ 或 $a-b-c$ （一般标注方法） $a\dfrac{b-e}{d(e\times f)-g}$ （当需要标注引入线的规格时）	a—设备编号； b—设备型号； c—设备容量，kW； d—导线型号；	e—导线根数； f—导线截面积，mm²； g—导线敷设方式
开关及熔断器	$a\dfrac{b}{c/i}$ 或 $a-b-c/i$ （一般标注方法） $a\dfrac{b-c/i}{d(e\times f)-g}$	a—设备编号； b—设备型号； c—额定电流，A； i—整定电流，A；	d—导线型号； e—导线根数； f—导线截面积，mm²； g—导线敷设方式
照明变压器	$a/b-c$	a——次电压； b—二次电压；	c—额定容量
照明灯具	$a-b\dfrac{c\times d\times L}{e}f$ （一般标注方法） $a-b\dfrac{c\times d\times L}{-}$ （吸顶安装）	a—灯数； b—型号或编号； c—每盏照明灯具的灯泡数； d—灯泡功率，W；	e—灯泡安装高度，m； f—安装方式； L—光源种类； $-$—吸顶安装
配电导线	$a(b\times c)d-e$	a—导线型号； b—导线根数； c—导线截面积，mm²；	d—穿管管径，mm； e—敷设方式及部位
导线	BV　　　BLVV BLV　　BX BVV　　BLX BVR　　RV	铜芯聚氯乙烯电线 铝芯聚氯乙烯电线 铜芯聚氯乙烯护套电线 铜芯聚氯乙烯屏蔽电线	铝芯聚氯乙烯护套电线 铜芯橡皮绝缘电线 铝芯橡皮绝缘电线 铜芯聚氯乙烯绝缘电线

常用电气图（照明设备）的标注方法 表 13-6

名称	旧符号	新符号	说明
导线敷设方式	A	C	暗敷
	M	E	明敷
	QD	AL	铝皮线卡
	GG	S	钢管
		PR	塑料线槽
		PL	塑料线卡
	SG	P	塑料管
	DG	T	电线管
		MR	金属线槽
	S	M	钢索敷设
	CP	K	瓷艳缘子
	G	G	水煤气管
		F	金属软管
	CJ		电缆桥架

续表

名 称	旧 符 号	新 符 号	说 明
线路敷设部位	L P Z D Q	B CE C F W SC R	沿梁敷设 沿顶棚敷设 沿柱敷设 沿地面(板)敷设 沿墙敷设 沿吊顶敷设 沿构架敷设
灯具安装方式	L G B X	C P W WP R	链吊安装 管吊安装 吸壁安装 线吊安装 嵌入式安装
光源种类	B Y G N	IN FL Hg Na	白炽灯 荧光灯 汞灯 钠灯

13.2.2.3 电气平面图与系统图的阅读

图 13-14、图 13-15、图 13-16、图 13-17、图 13-18 是某校一幢 6 层楼的办公大楼的室内照明、电话、电视工程图,分别为配电系统总图、楼层配电系统图、电话系统图、一层和标准层电气布置平面图,并另附设计说明。

设计说明如下:

①本工程电源由教学楼配电室直埋电缆引入一层总配电箱,使用电压为 380V/220V。

②为保证供电安全可靠,本设计采用三相五线制,即设置专用接地保护 PE 线,在一层总配电箱内 PE 线与工作零线一点相接,再与接地装置可靠连接,由此引出的工作零线与 PE 线不能混用,PE 线用黄绿相间花纹线。所有用电设备的金属外壳、各插座接地孔经 PE 线并联成网。

③本工程均采用 PVC 管暗设墙或顶棚内,转弯分支处必须加设接线盒。凡到单个灯具的导线采用 BV-500-2×1.5。

④电话支线均采用 RVS-2×0.5 穿 PVC-15 暗设。电视支路采用 SYV-75-5,主干线采用 SYV-75-9 穿 PVC 管暗设。学校闭路电视系统由学校电教中心统一考虑安装,本设计不作安排。

读图的顺序是:先读施工说明,然后按电流入户方向,即按进户点——配电箱——支路——支路上的用电设备的顺序阅读。

读图的方式是:电气平面图对照电气系统图交叉反复阅读。

(1)照明工程图部分的阅读

1)看总配电箱中各路的走向

由设计说明、配电系统图 13-14、一层电气平面图 13-15 和一层照明平面示意图 13-16 就知道本大楼电源进线用 3 根 $70mm^2$、1 根 $35mm^2$ 其耐压为 1000V($1000-3×70-1×35$)的聚氯乙烯绝缘护套电力电缆(VV_{29})穿管径为 80 的水煤气管(G80)($VV_{29}-1000-3×70-1×$

35.G80),自室外教学楼配电室埋地从轴线 B、C 之间轴线 1 的左侧引至一层照明总配电箱,该照明总配电箱中设有一照明总线路过流保护装置——自动空气开关(DZ10 – 250/200/330),同时,又引出了 6 条线路到各楼层分配电箱,其中 N_1、N_2 路为备用电源,N_3 路为(BV – 500 – 3 × 10 – 2 × 6.QA.PVC – 32)铜芯聚氯乙烯电缆线,额定电压为 500V,电缆为 5 芯,其中 3 芯截面分别为 10 mm²,第 4、5 芯截面为 6 mm²,穿 PVC 管,其管径为 32 沿墙暗敷到一层配电箱;N_4 路到二层的电开水桶处配电箱;N_5 路到二层、三层的配电箱;N_6 路到四层、五层的配电箱。

从设计说明可知,为保证供电安全可靠,采用三相五线制,即设置专用接地保护 PE 线,在一层总配电箱内 PE 线与工作零线一点相接,再与接地装置可靠连接,由此引出的工作零线与 PE 线不能混用,PE 线用黄绿相间花纹线。所有用电设备的金属外壳、各插座接地孔经 PE 线并联成网。

2)看各层分配电箱中各支路的走向

来自总配电箱的支路进入各分配电箱,(见图 13-15)在各分配电箱中,设有一总断路器(NC – 100 – 80/3P)。其下分有 N_1 ~ N_9 9 个支路,其中 N_1 ~ N_4 4 个支路上设有 4 组断路器($4 × C_{45}N – 15/1P$);N_5 ~ N_9 5 个支路上设有 5 组断路器($5 × C_{50}N – 50/1P$);N_4、N_5 为备用电源;N_1 向西部办公室照明供电;N_2 向东南部办公室及过道照明供电;N_3 向东北部办公室及过道照明供电;N_6 向西南部办公室的多用电源箱:空调、微机、电视插座供电;N_7 向西北部办公室的多用电源箱:空调、微机、电视插座供电;N_8 向东南部办公室的多用电源箱:空调、微机、电视插座供电;N_9 向东北部办公室的多用电源箱:空调、微机、电视插座供电。

从配电系统图还可知 N_1、N_9 接在 A 相上;N_4、N_6、N_7 接在 B 相上;N_2、N_3、N_5、N_9 接在 C 相上,其目的是考虑到三相负载应均匀分配的原则。

3)楼层的电气平面布置、型号、数量等

从图 13-16 并结合图 13-18 中沿电源 N_1 支路的走向可知:西部办公室装有 11 只荧光灯,每只 40W,采用链吊安装,安装高度 2.5m($11 - Y\dfrac{1 \times 40}{2.5}L$),在办公室中的每两只荧光灯用 1 个距地为 1.5m 暗装单极开关控制,值班室中的 1 只荧光灯,用 1 个距地为 1.5m 暗装单极开关控制;男卫生间、女卫生间、楼梯走道共装有 4 盏 60W 的乳白色玻璃球灯,吸顶安装($4 - \dfrac{1 \times 60}{\_}D$),分别由各自的开关控制。

沿电源 N_2 支路的走向可知:东南部办公室装有 12 只荧光灯,每只 40W,采用链吊安装,安装高度 2.5m($12 - Y\dfrac{1 \times 40}{2.5}L$),在办公室中的每两只荧光灯用 1 个暗装单极开关控制;西部过道共装有 3 盏 60W 的乳白色玻璃球灯,吸顶安装($3 - \dfrac{1 \times 60}{\_}D$),分别由各自的开关控制;门厅装有 4 盏吸顶方灯每盏装有 4 个 60W 的白炽灯泡($4 - $吸顶方灯$\dfrac{4 \times 60}{_}D$),分别用 2 个暗装单极开关控制;还装有 1 盏吸顶花吊灯,吸顶花吊灯中装有 9 个 60W 的白炽灯泡(吸顶方灯$\dfrac{9 \times 60}{_}D$),用 1 个暗装单极开关控制;进大门处装有 3 盏大圆吸顶方灯,每盏装有 1 个 100W 的白炽灯泡($3 - $大圆吸顶方灯$\dfrac{1 \times 100}{_}D$),用 1 个暗装单极开关控制。

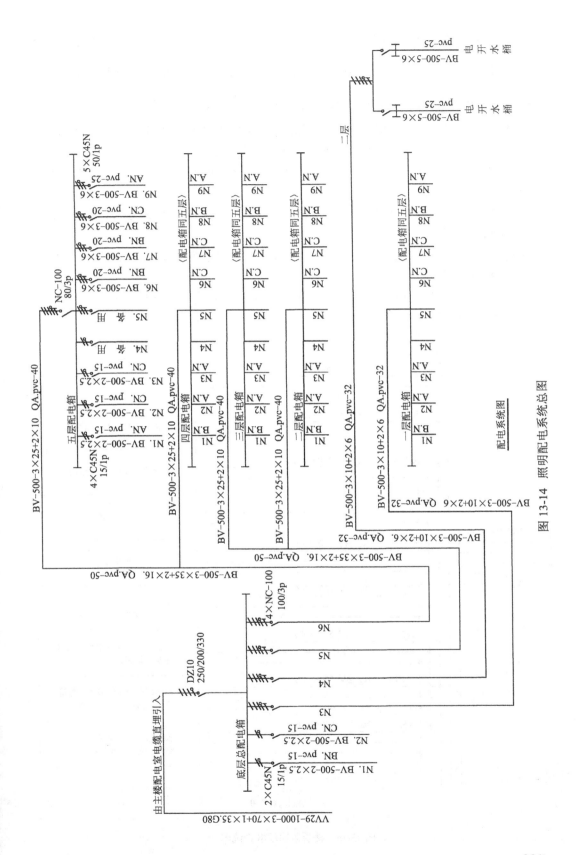

图 13-14 照明配电系统总图

沿电源 N_3 支路可知：东北部办公室装有12只荧光灯，每只40W，采用链吊安装，安装高度2.5m（$12-Y\dfrac{1\times40}{2.5}L$），在办公室中的每两只荧光灯用1个暗装单极开关控制；北部过道共装有3盏60W的乳白色玻璃球灯，吸顶安装（$3-\dfrac{1\times60}{-}D$），分别由各自的开关控制。

沿电源 N_6 支路可知：西南部每个办公室装有2个多用电源箱，距地0.3m暗装于墙内，供空调、微机、电视使用；西南部值班室装有1个多用电源箱。

沿电源 N_7 支路可知：西北部每个办公室装有2个多用电源箱，距地0.3m暗装于墙内，供空调、微机、电视使用。

沿电源 N_8 支路可知：东南部每个办公室装有2个多用电源箱，距地0.3m暗装于墙内，供空调、微机、电视使用。

沿电源 N_9 支路可知：东北部每个办公室装有2个多用电源箱，距地0.3m暗装于墙内，供空调、微机、电视使用。

标准层照明（见图13-17）的阅读方式与第一层相同，请读者自行分析阅读。

(2) 电话部分的阅读

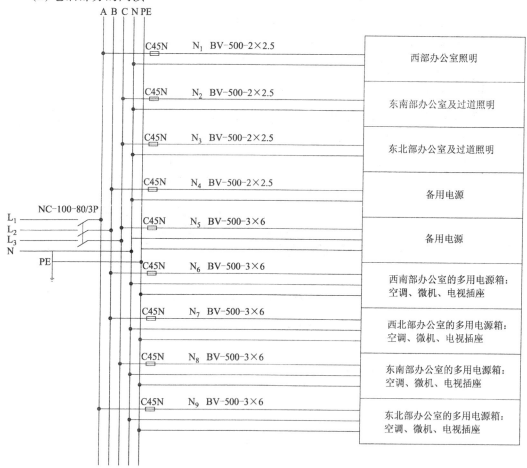

图 13-15 楼层照明配电系统图

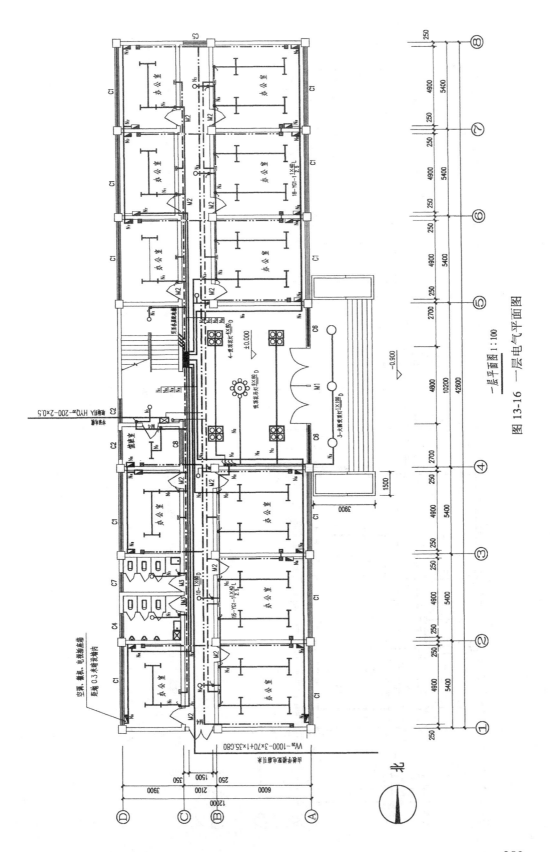

图 13-16 一层电气平面图

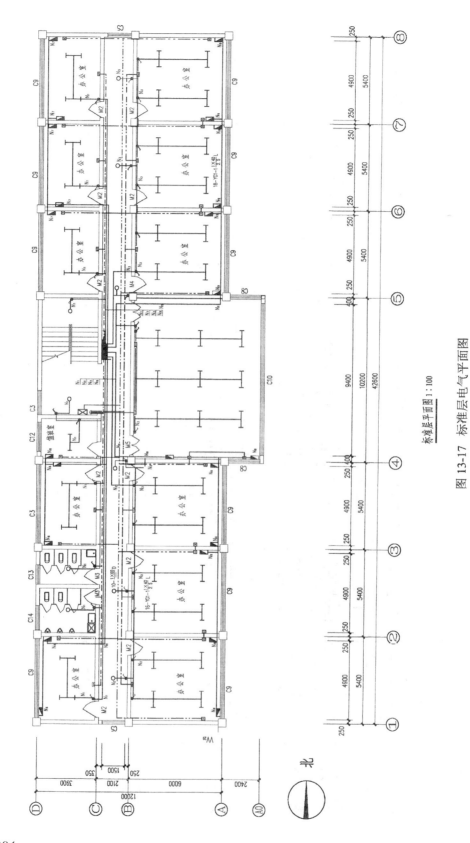

图 13-17 标准层电气平面图

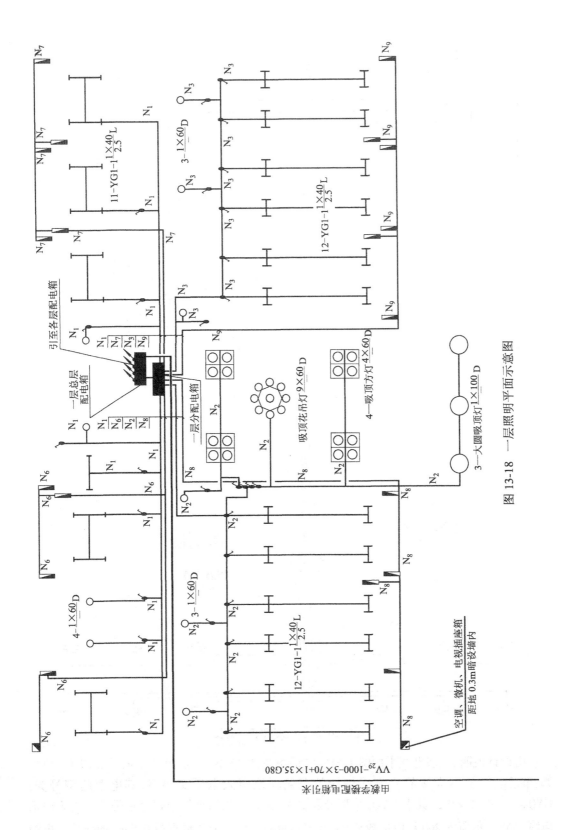

图 13-18 一层照明平面示意图

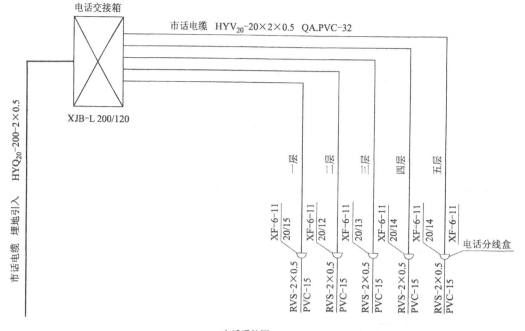

图 13-19 电话系统图

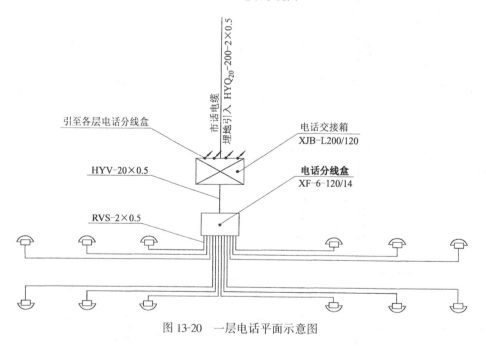

图 13-20 一层电话平面示意图

由设计说明、一层电气平面图 13-16、电话系统图 13-19、一层电话平面示意图 13-20 可知:市话电缆从本大楼的西方⑤轴线的左侧埋地引入电话交接箱,其电缆的型号为: $HYQ_{20}-200-2×0.5$,其中 HYQ_{20} 为型号表示为:铜芯聚乙烯绝缘铅护套钢带铠装市内电话电缆;200 表示缆内 200 对电话线;$2×0.5$ 表示每对电话线为 2 根直径 0.5mm 的导线。电缆的对数可从 5 对到 2400 对,线芯有两种规格直径 0.5mm 和 0.4mm。电话交接箱的型号是：XJB－L－200/120,其中 XJB－L 为型号代号,200/120 表示为：该电话交接箱容量为 200 门,实际使用量为 120 门。在该电话交接箱中,又分成 5 路由电缆 HYV－20×2×0.5 穿管径为 32 的 PVC 管沿墙暗敷到各层电话分线盒(XF－6－120/13)。又由该分线盒将电话线 RVS－2×0.5 穿 PVC－15 暗设分配到各办公室。电缆型号 HYV 的含意为铜芯聚乙烯绝缘聚氯乙烯护套电话电缆。电话线 RVS－2×0.5 含意为 2 根截面为 0.5mm^2 的铜芯双绞线。

(3)有线电视部分的阅读

有线电视工程图的表达方法和阅读方式与电话工程图大致相同,需要注意的是设计说明中对材料的要求：电视支路采用 SYV－75－5,主干线采用 SYV－75－9,其 SYV－75－5 表示为铜芯截面为 5mm^2,特性阻抗为 75Ω 的聚乙烯绝缘聚氯乙烯护套的同轴电缆。其他不再赘述。

第14章 展 开 图

将立体的表面,按其实际大小,依次摊平在一个平面上,称为立体表面的展开。展开后所得到的图形称为展开图。

在建筑安装工程中,有一些管件和设备,如矩形管、三通管、漏斗和除尘器等,是由板材加工制成的。制作这些管件或设备时,需要先画出它们的展开图(也称放样),然后下料,经过弯卷成形,再用焊接或咬缝等方式连接而成。

立体表面分为可展和不可展两类。凡表面是平面或相邻两素线是平行或相交的直纹曲面(如柱面、锥面)都是可展面,不属于上述范围的曲面(如螺旋面、球面、环面等)都是不可展面。对于不可展曲面,只能作近似展开。本书仅介绍可展开面的展开。

14.1 平面立体的表面展开图

由于平面立体的表面都是多边形,因此分别求出这些多边形的实形,并依次排列拼画在一个平面上,即得该平面立体表面的展开图。由此可知,立体上同一平面的平行线段,在展开图中仍然相互平行;同样,同一平面上相互垂直的线段,在展开图中仍然相互垂直。

14.1.1 棱柱管的展开

棱柱的棱线相互平行,沿某一棱线展开各棱面后,棱柱的正断面截交线成为一直线,各棱线仍相互平行且垂直于该直线。

【例14-1】 图14-1(a)、(b)所示为两节四棱柱雨水管,试作其展开图。

【解】 从投影图可知,两节管的正面投影反映各棱线的实长,水平投影反映立管顶口各边的实长。两节管从结合线分解,分别展开。其展开图的作图方法如下:

(1)立管表面的展开

1)将顶口(正断面)展成一条水平线,在其上量取顶口各边实长得 A、B、C、D、A 各点。

2)过这些点分别作铅垂线,并在这些铅垂线上对应量取各棱线的实长,得斜口上 E、F、G、H、E 各点。

3)顺次连接 E、F、G、H、E 各点,即得立管的展开图,如图14-1(c)所示。

(2)斜管表面的展开

1)过斜管管口 JM 边作正断面,在正面投影图中为 $j'(m')s'(t')$,将此正断面的接交线展成一条直线,在其上量取断面各边实长得 J、S、T、M、J 各点。

2)过这些点分别作垂直线,并在这些垂直线上对应量取各棱线的实长,得斜口上 E、F、G、H、E 和 J、K、L、M、J 各点。

3)顺次连接 E、F、G、H、E 和 J、K、L、M、J 各点,即得斜管的展开图,如图14-1(d)所示。

14.1.2 棱锥管的展开

棱锥的棱线交于一点,沿某一棱线展开各棱面后,其展开图为扇形。

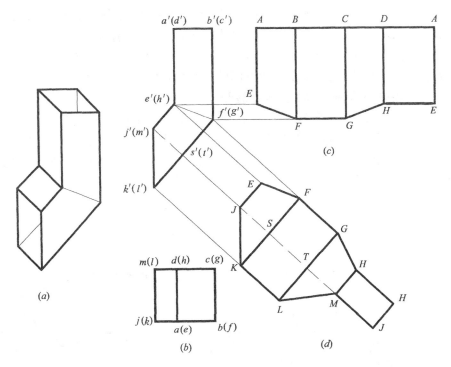

图 14-1 棱柱管的展开
(a)立体图;(b)投影图;(c)立管展开图;(d)斜管展开图

【例 14-2】 试作图 14-2(a)、(b) 所示的矩形渐缩管的展开图。

【解】 该矩形渐缩管的棱线延长后交于一点,形成四棱锥,由此可知矩形渐缩管是一个四棱台形。四棱锥的 4 条棱线的实长相等。4 条棱线在投影图中均不反映实长;底口各边在水平投影图中均反映实长。其展开图作法如下:

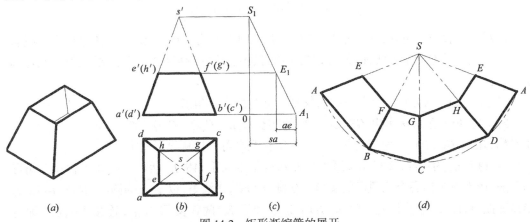

图 14-2 矩形渐缩管的展开
(a)立体图;(b)投影图;(c)求棱线实长;(d)展开图

1)用直角三角形法求棱线的实长。如图 14-2(a)、(c)所示,在 $b'(a')c'(d')$ 延长线上量取 $OA_1 = sa$,由 O 点作垂直线与过 s' 的水平线交于 S_1,S_1A_1 即为四棱锥棱线的实长;再由 e' 作水平线交 S_1A_1 于 E_1,则 S_1E_1 即为延长的棱线实长。

289

2)如图 14-2(d)所示,以 S 点为圆心,$SA = S_1A_1$ 为半径画圆弧,在圆弧上量取弦长 $AB = ab$,$BC = bc$,$CD = cd$,$DA = da$,并将 A、B、C、D、A 各点与 S 点连线,即得四棱锥的展开图。

3)以 S 点为圆心,$SE = S_1E_1$ 为半径画圆弧与各棱线交得 E、F、G、H、E 各点,依次连接 E、F、G、H、E 各点,即得矩形渐缩管的展开图(图 14-2(d)中粗实线部分)。

14.1.3 非棱柱、非棱锥的多面体表面展开

如图 14-3(a)、(b)所示的漏斗,其表面由 4 个梯形平面所围成,棱线既不平行,也不汇交于一点,因此是非棱柱、非棱锥类的多面体。展开这类形体的表面时,可将其表面划分为若干个三角形,并求出这些三角形各边的实长,依次拼画出这些三角形的实形,即得到所求的展开图。这种方法称为"三角形法"。它是作展开图比较通用的一种方法。

【**例 14-3**】 试作图 14-3(a)、(b)所示漏斗的展开图。

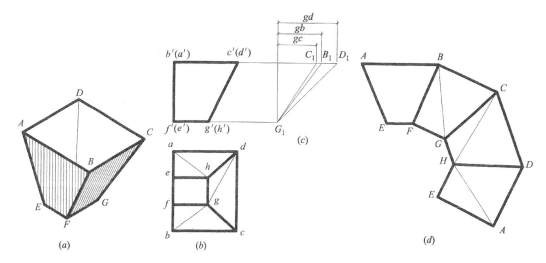

图 14-3 漏斗的展开
(a)立体图;(b)投影图;(c)求实长;(d)展开图

【**解**】 从投影图可知,该漏斗前后对称,上口和下口均为矩形,矩形的各边在水平投影图中反映实长。左面是等腰梯形,可直接作出,其余三个梯形可用"三角形法"展开。具体作法如下:

1)如图 14-3(b)所示,将前、后、右梯形各分为两个三角形。

2)用直角三角形法求出 GB、GC、GD 的实长 G_1B_1、G_1C_1、G_1D_1,如图 14-3(c)所示。由于对称,$HD = GC$,$HA = GB$,上、下口各边的实长及高可直接从投影图中量取。

3)选择 AE 为接缝,按投影关系作出左边梯形的实形 $ABFE$,然后按已知边长作三角形的方法,依次拼画出各个三角形的实形。如画 $\triangle BFG$,作法是,以 B 点为圆心,$GB = G_1B_1$ 为半径画弧,再以 F 点为圆心,$GF = G_1F_1$ 为半径画弧,两弧交得 G 点,连接 GB、GF,即得 $\triangle BFG$;同样可画出其他三角形,即得漏斗的展开图,如图 14-4(d)所示。

14.2 可展曲面的展开图

柱面和锥面均为可展开曲面,其展开方法分别与棱柱和棱锥相似。

14.2.1 柱面的展开

如图 14-4 所示,正圆柱面沿某一素线展开时,其展开图为一矩形,展开图的一个边长为底圆周长 πD,另一个边长为正圆柱的高 H。圆柱的素线在展开图中均垂直于 πD 边。

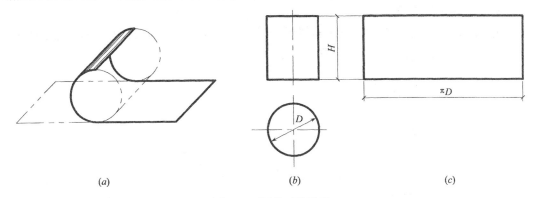

(a) (b) (c)

图 14-4 圆柱面的展开
(a)展开情况;(b)投影图;(c)展开图

【例 14-4】 图 14-5(a)所示为斜口圆管,试作表面展开图。

【解】 斜口圆管展开图的作法与正圆柱面和棱柱基本相同,只是斜口部分展开成曲线,作法如下:

1)将底圆作若干等分,如 12 等分,并过各等分点在正面投影图中作出相应素线的投影,如图 14-5(a)所示。

2)将底圆展开成一直线,其长度底圆周长 πD,并将此直线作 12 等分,得等分点(若准确度要求不很高时,也可用底圆上相邻两分点之间的弦长代替弧长,在底圆展开直线上截取 12 段,得到底圆的近似展开长度和等分点)Ⅰ、Ⅱ、Ⅲ…如图 14-5(b)。

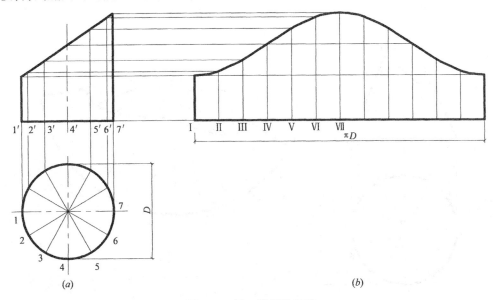

(a) (b)

图 14-5 斜口圆管的展开
(a)投影图;(b)展开图

3)过Ⅰ、Ⅱ、Ⅲ…各点作垂线,并在其上量取相应素线的实长,得各端点,即斜口上各点的展开位置。

4)依次光滑连接各端点,即得斜口圆管的展开图,如图 14-5(b)所示。

14.2.2 锥面的展开

如图 14-6 所示,正圆锥面沿某一素线展开时,其展开图为一扇形,扇形半径为素线长度 L,弧长为底圆周长 πD,圆心角 $\theta = \dfrac{D}{L} \times 180°$。

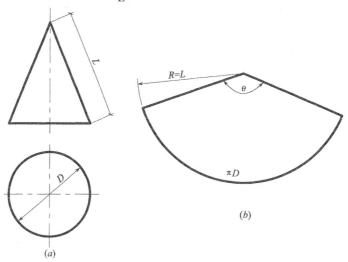

图 14-6 正圆锥面的展开
(a)投影图;(b)展开图

【例 14-5】 图 14-7(a)所示为斜口正圆锥管,试作表面展开图。

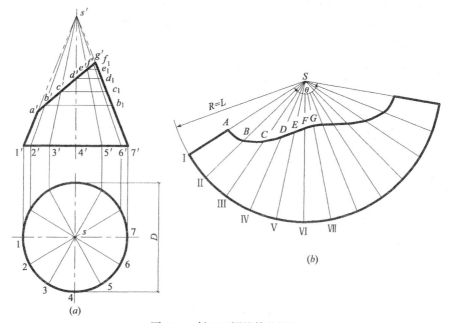

图 14-7 斜口正圆锥管的展开
(a)投影图;(b)展开图

292

【解】 斜口正圆锥管可看作是正圆锥被斜截去一部分,展开时,先按正圆锥面展开成扇形,然后将斜口部分展开成曲线,再去掉被截去的部分即可,作法如下:

1)将底圆作若干等分,如 12 等分,并过各等分点在正面投影图中作出相应素线的投影,如图 14-7(a)所示。

2)用旋转法求出斜口上各点至锥顶的素线实长(将一般位置素线旋转成正平线)。如求 SC 的实长,可在正面投影图中过 c' 作水平线(轴线的垂直线)于 $s'7'$ 相交得 c_1, $s'c_1$ 即为 SC 的实长,同样可求出其余素线的实长。

3)以 S 点为圆心,$R = s'1'$(圆锥素线实长 L)为半径画弧,将正圆锥面展开成扇形,并 12 等分(若准确度要求不很高时可用底圆上 12 等分中的一份弦长代替弧长,在所画圆弧上截取 12 段,)得等分点Ⅰ、Ⅱ、Ⅲ…,将各等分点分别与 S 点连接得各素线 SⅠ、SⅡ、SⅢ…的展开位置。

4)在 SⅠ、SⅡ、SⅢ…上量取 $SA = s'a'$、$SB = s'b_1'$、$SC = s'c_1'$…,即得斜口上各点的展开位置。

5)依次光滑连接 A、B、C…各点,去掉被截去的部分,即得斜口正圆锥管的展开图(图 14-7b 中粗实线部分)。

【例 14-6】 图 14-8(a)所示为斜圆台管接头,试作表面展开图。

【解】 斜圆台管接头可看作是斜圆锥面被水平面截去一部分,而斜圆锥面又可看作是由若干个相邻而不相等的三角形所围成。作斜圆台表面展开时,可用三角形法展开完整的斜圆锥面,然后再去掉被截去的头部即可。作法如下:

1)将底圆 12 等分,并过等分点作出锥面上的素线。相邻两条素线和对应的一段底圆弧长所围的锥面可看成是近似的三角形平面。

2)用旋转法求出各素线的实长,如图 14-8(a)中的 $s'b_1'$、$s'c_1'$ 等是完整斜圆锥面的素线实长,$s'2'$、$s'3'$ 等是被截去的头部对应的素线实长。

3)按已知三角形的边长作三角形的方法,依次拼画出共顶点 s' 的各三角形的实形,并依次光滑连接 G、F、E、D…各端点(即用曲线替换各三角形的短边),得完整斜圆锥面的展开图(图 14-8b)。

4)在展开图中各素线上量取截去头部对应的素线实长得Ⅶ、Ⅵ、Ⅴ、Ⅳ…各点,并依次光滑连接Ⅶ、Ⅵ、Ⅴ、Ⅳ…各点,即得斜圆台管接头的表面展开图(图 14-8b 粗实线部分)。

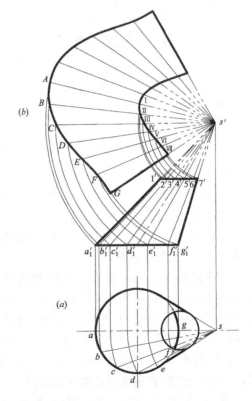

图 14-8 斜口圆锥管的展开
(a)投影图;(b)展开图

14.3 几种典型管件的展开图

前两节介绍了展开图的基本作法。对于柱类形体表面,可利用平行线(棱线、素线)展开;对于锥类形体表面,可利用扇形展开;对于不便于利用平行线和扇形展开的一般形体表面,可用三角形法展开。本节介绍几种典型管件的展开,实际是前述基本方法的综合运用。

14.3.1 等径直角弯管的展开

图 14-9(a)、(b)所示的弯管为等径直角弯管,用来连接两根垂直相交的等径圆管。该弯管由四节斜口圆管拼接而成,中间两节为全节,管口两节为半节,每个全节可看作是由两个半节组成的,因此,4 节等径直角弯管共有 6 个半节,每个半节的中心角 $\alpha = \dfrac{90°}{6} = 15°$。

如图 14-9(b)、(c)所示,由于对称,展开时,只需展开其中一个管口节 Ⅰ 和一个中间节 Ⅱ 即可。每节斜口的展开方法与斜口圆管的斜口展开(见例 14-4)相同,柱面素线可利用管口半圆 6 等分作出。中间节两端有斜口,展开时,以垂直于圆管轴线的正断面圆的展开线为基准,上下量取各素线实长,连接即得其展开图。

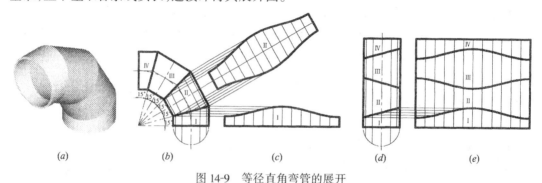

图 14-9 等径直角弯管的展开
(a)立体图;(b)投影图;(c)两节展开图;(d)拼接成圆柱直管;(e)四节展开图

由于各节斜口展开形状相同,为了下料方便,接口准确,可将 Ⅱ、Ⅳ 管绕其轴线旋转 180°,各节就拼成同一圆柱管(图 14-9d),展开在同一矩形内,如图 14-9(e)所示。实际生产中,只要按照斜口圆管展开的方法展开半节,将半节的展开图作为样板,在钢板上画线下料,就可充分利用材料。也可将现成的圆柱管截割成所需节数,再焊接成所需弯管。

14.3.2 三通管的展开

三通管有等径正三通、异径正三通、等径斜三通、异径斜三通等形式。图 14-10(a)、(b)所示为异径正三通管,由两个不同直径的圆管垂直相交而成。根据三通管的投影图作展开图时,先要准确作出相贯线,然后以相贯线为界,分别画出两管的展开图。

如图 14-10(b)所示,可在正面、侧面投影图上分别画小圆管口的半圆,并 6 等分,过等分点作小圆管的素线,这些素线与大圆管对于素线相交,其交点即为相贯线上的点,依次连接这些点的正面投影,即得相贯线的正面投影。

小圆管的展开图,作法与斜口圆管(见例 14-4)相同,如图 14-10(c)所示。

大圆管的展开图作法:先画出完整大圆管的展开图(矩形),然后作出相贯线的展开图。在作相贯线的展开图时,可在大圆管口的展开线上量取 $1_1 2_1 = 1''2''$、$2_1 3_1 = 2''3''$、$3_1 4_1 = 3''4''$,得

1_1、2_1、3_1、4_1各点,然后分别过1_1、2_1、3_1、4_1点作水平素线,并相应地从正面投影1、2、3、4各点引铅垂线与这些素线相交,依次得Ⅰ、Ⅱ、Ⅲ、Ⅳ各点,并作出它们的对称点,连接这些点即得相贯线的展开图,如图14-10(d)所示。

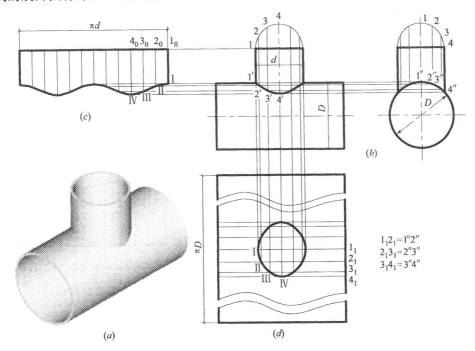

图14-10 异径正三通管的展开
(a)立体图;(b)投影图;(c)小圆管展开图;(d)大圆管展开图

实际生产中,制作三通管时,常先将小圆管放样,弯成圆管后,将接口凑在大圆管上划线开口,最后将两管焊接而成。

14.3.3 Y形接头的展开

图14-11(a)、(b)所示的Y形接头是由一个正圆柱管和两个相同的正圆锥管组成的一种三通接头。三管的轴线共面,都平行于V面,并相交于一点O。三管表面都外切于以O点为圆心的一个球面。三管表面的相贯线为3段椭圆曲线,V面投影成3段直线。作展开图时,以相贯线为界,分别展开圆柱管和一个正圆锥管。

圆柱管的展开,可在底圆V面投影中作辅助半圆(相当于圆管水平投影的1/2),并6等分,从而作出柱面上的对应素线,然后按斜口圆管的展开方法(见例14-4)作出其展开图,如图14-11(c)。

正圆锥管的展开,可在顶圆V面投影中作辅助半圆,并6等分,从而作出锥面上的对应素线,同时作出过相贯线转折点d'的素线Sd',用旋转法(参照例14-5)求出各素线的实长,然后参照斜口正圆管的展开方法(见例14-5)作出其展开图,如图14-11(c)。

14.3.4 变形接头的展开

图14-12(a)、(b)所示为上圆下方的变形接头,用于圆管和方管之间的过渡连接。它由4个等腰三角形和4部分斜圆锥面组成。方口的顶点为斜锥面的锥顶,圆口为斜圆锥面的底圆。对斜圆锥面,可等分底圆,并作出过各分点的素线,将相邻两素线与底圆上的弧所

围成的斜圆锥面看成是一个小三角形(图 14-12b)。用直角三角形法求得各素线实长(图 14-12c),各分点之间的弧长用弦长代替。然后按已知三角形边长拼画三角形实形的方法,将等腰三角形平面和斜锥面的若干小三角形依次拼画在同一平面上即得这个变形接头的展开图(图 14-12d)。

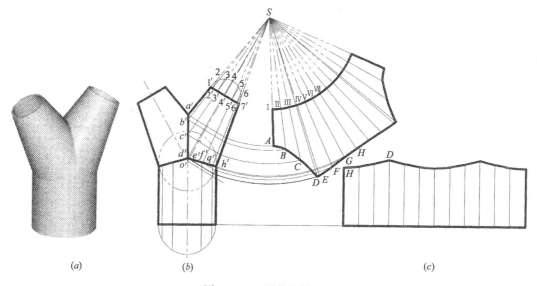

图 14-11 Y形接头的展开
(a)立体图;(b)投影图;(c)圆锥管、圆柱管展开图

注意:
(1)根据工艺要求,接缝要在等腰三角形底边中线处,故本例是从中线 EI 处展开的。
(2)圆口各点展开后应连成光滑曲线。

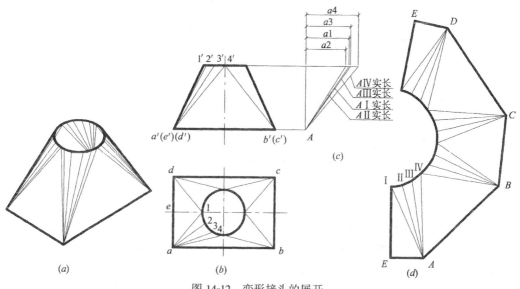

图 14-12 变形接头的展开
(a)立体图;(b)投影图;(c)求实长;(d)展开图

第15章 标高投影

在工程实践中,有时需要了解地面的地形情况,需要画出地形图,以便进行各种设计和施工。例如,在修建道路的时候,需要在地形图上画出道路路线平面图,反映道路的布置及道路两侧的地形情况。由于地面高低不平,形状又不规则,道路的高度尺寸和宽度尺寸与长度尺寸相比差距很大,因而不宜采用前面所述各种投影方法来反映其空间形状。解决这类问题可以采用标高投影法。标高投影是在形体的水平正投影图上,以数字标注出各处的高度来表示形体形状的一种投影方法。它是一种单面水平投影,采用正投影法。标高投影的投影面是水平面 H,H 面又称为基准面。标注在形体上各处的高程数字称为标高,基准面 H 的标高设为零,高于 H 面为正标高,低于 H 面为负标高。本章的内容包括:点和直线的标高投影、平面的标高投影、曲面的标高投影、平面和曲面与地形面的相对位置。

15.1 点和直线的标高投影

15.1.1 点的标高投影

作出点的水平投影图,在其水平投影的旁边标注出该点距离 H 面的高程数字,即可得到该点的标高投影。

如图 15-1 所示,设 A 点在 H 面上方 6m,B 点在 H 面上,C 点在 H 面下方 4m,3 个点在 H 面上的水平投影分别为 a、b、c,则 A、B、C 3 点的标高投影可分别表示为 a_6、b_0、c_{-4}。

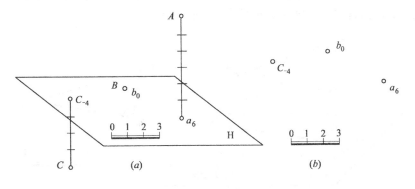

图 15-1 点的标高投影
(a)立体图;(b)标高投影图

在标高投影图中,除了要标出点、线、面的标高外,还必须附上比例尺及长度单位,长度单位为米(m)。知道点的空间位置,可在投影面上求出其标高投影。反过来,根据一点的标高投影,可确定该点的空间位置。

15.1.2 直线的标高投影

在直线的水平投影图上,标出它的两个端点的标高,即可得到直线的标高投影。

15.1.2.1 直线的表示方法

(1)直线可由它的水平投影并注明直线上两点的标高投影来表示。如图 15-2 中的 AB、CD 直线。

(2)一般位置直线可用直线上一点的标高投影并注明直线的坡度和方向来表示。如图 15-2 中的过点 G 坡度 $i = 3/2$ 的直线。

(3)一条水平线与 H 面平行,直线上各点的标高相同,称为等高线。表示等高线只须在其水平投影上注明标高数字即可。如图 15-2 中的直线 EF。

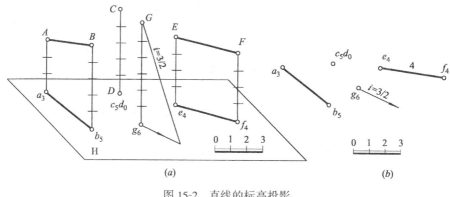

图 15-2 直线的标高投影
(a)立体图;(b)标高投影图

15.1.2.2 直线段的实长和倾角

求直线段的实长和倾角,同样可采用正投影中的直角三角形法。以直线段的标高投影为一条直角边,以直线段两端点的高度差为另一直角边,作出一个直角三角形,其斜边为直线段的实长,$α$ 角为直线对基准面 H 的倾角,如图 15-3。

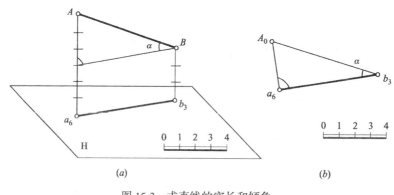

图 15-3 求直线的实长和倾角 $α$
(a)立体图;(b)投影作图

15.1.2.3 在直线上确定整数标高点

直线上两个端点的标高不一定是整数,根据直线的标高投影定出各整数标高点,称为刻度。

在直线上确定整数标高点的作图方法如图 15-4。

直线 AB 的标高投影为 $a_{2.5}b_{6.5}$，则在任意位置处，作一组与 $a_{2.5}b_{6.5}$ 平行的等距离直线，该组平行线是整数标高线，依次标注为 2、3、4、5、6、7。过点 $a_{2.5}$ 和点 $b_{6.5}$ 引线垂直于 $a_{2.5}b_{6.5}$，在所引线上，结合各整数标高线，可定出 A、B 两点，连接 AB。AB 与整数标高线的交点 Ⅲ、Ⅳ、Ⅴ、Ⅵ，即是 AB 上的整数标高点。过这些点分别向 $a_{2.5}b_{6.5}$ 引垂线，所得垂足 3、4、5、6，就是 $a_{2.5}b_{6.5}$ 上的整数标高点。作图时，如果取各整数标高线间的间距为单位长度，则 AB 反映实长和倾角 α 的真实大小。

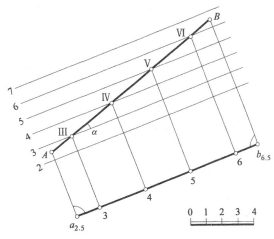

图 15-4　定直线的整数标高点

15.1.2.4　直线的坡度和平距

如图 15-5，直线上两点间的高度差和它们的水平距离之比，称为直线的坡度，用 i 表示。

$$i = 高度差/水平距离 = H_1/L = \tan\alpha$$

上式表明，两点的水平距离为 1 单位长度时，两点的高度差即为直线的坡度。

直线上两点之间的水平距离和它们的高度差之比，称为直线的平距，用 l 表示。

$$l = 水平距离/高度差 = L/H_1 = \cot\alpha$$

上式表明，两点间的高度差为 1 单位长度时，两点间的水平距离即为直线的平距。

由直线的坡度和平距的定义可知，直线的坡度与平距互为倒数，即 $i = 1/l$。直线的坡度愈大，平距愈小，直线的坡度愈小，平距愈大。

【例 15-1】　已知直线 AB 的标高投影，求直线的坡度和平距，并求 AB 上一点 C 的标高（如图 15-6）。

【解】　$H_{AB} = 26.5 - 11.5 = 15$

$L_{AB} = 45$（按比例尺从图中量得）

$$i = H_{AB}/L_{AB} = 15/45 = 1/3$$

$$l = 1/i = 3$$

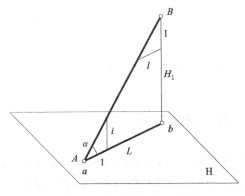

图 15-5　直线的坡度和平距

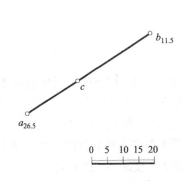

图 15-6　求点 C 的标高

从图中量得：
$$L_{AC} = 18$$
由 $i = H_{AC}/L_{AC}$ 得 $H_{AC} = i \times L_{AC} = (1/3) \times 18 = 6$
点 C 的标高为 26.5 – 6 = 20.5。

15.2 平面的标高投影

15.2.1 平面的表示方法

平面的标高投影同样可以用下列几何元素来表示：
(1)不在同一直线上的 3 点；
(2)一直线和直线外 1 点；
(3)两条相交直线；
(4)两条平行直线；
(5)平面图形。
在标高投影中，平面还可以用一些特殊的方法来表示。

15.2.1.1 用等高线表示平面

平面上的水平线称为平面上的等高线，通常我们采用过平面上整数标高的水平线来表示等高线。在标高投影中，平面上的等高线用其水平投影来反映，一般用细实线表示，并注明其标高。等高线互相平行，且它们平距相等。平面可由面上的一组等高线来表示，如图 15-7(b)。

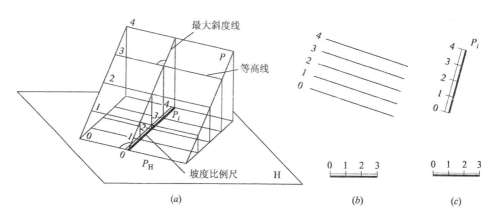

图 15-7 平面的等高线和坡度比例尺
(a)立体图；(b)用等高线表示平面；(c)坡度比例尺表示平面

15.2.1.2 用坡度比例尺表示平面

如图 15-7(a)所示，将平面 P 上最大斜度线的水平投影附以整数标高，并画成一粗一细的双线，表示为 P_i，P_i 称为平面 P 的坡度比例尺。

最大斜度线对 H 面的倾角反映平面对 H 面的倾角 α。最大斜度线的坡度反映平面的坡度。最大斜度线的平距就是平面上等高线的平距。平面的坡度比例尺与平面上等高线的水平投影互相垂直。因为知道平面的坡度比例尺，就可以过坡度比例尺上的各整数标高点作坡度比例尺的垂线，得到平面上的等高线，所以平面可用平面的坡度比例尺来表示，如图 15-7(c)。

15.2.1.3 用一条等高线(或平面的水平迹线)和平面的坡度来表示平面

平面可以用平面的水平迹线和平面的坡度来表示,如图 15-8(a)。

平面可以用平面的一条等高线和平面的坡度来表示,如图 15-8(b)。知道平面上的一条等高线和平面的坡度可作出平面上的等高线。如图 15-8(b)、(c),已知平面上一条等高线 6,平面坡度 $i = 1/2$,由此可算出平距 $l = 1/i = 2$;以平距作为间距,作等高线 6 的平行线,可分别画出平面的等高线 5、4、3、2、1。

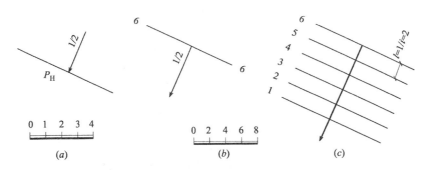

图 15-8 用平面上的等高线(或迹线)和坡度表示平面
(a)用迹线和坡度表示平面;(b)用等高线和坡度表示平面;(c)作平面的等高线

15.2.1.4 用平面上的一条非等高线直线和平面的坡度表示平面

平面可用平面上的一条非等高线直线和平面的坡度来表示。如图 15-9(a)所示,在图中,直线 a_1b_5 为平面上一条一般线,直线的坡度为 2/3,箭头画成虚线,用来表明平面向直线的某一侧倾斜,并不表示坡度的方向。

已知平面上的一条一般线和平面的坡度,可作出平面的等高线,作图方法如图 15-9(b)所示。

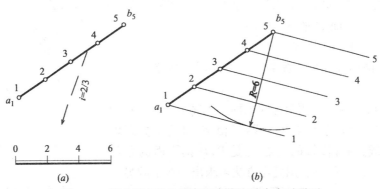

图 15-9 用平面上的非等高线直线和坡度表示平面

首先用平面的坡度和等高线 1、5 之间的高度差算出等高线 1、5 间的水平距离:
$$L = H/i = (5-1)/(2/3) = 6$$
然后以 b_5 为圆心,$L = 6$ 为半径,画圆弧,过 a_1 作圆弧的切线,即得等高线 1,过直线上的各整数标高点 2、3、4、5 作等高线 1 的平行线,可得等高线 2、3、4、5。

【例 15-2】 已知平面 P 由 a_2、$b_{6.5}$、$c_{3.5}$ 3 点所给定,求作平面的等高线、平面的坡度比例尺和平面对 H 面的倾角 α(如图 15-10)。

【解】 如图 15-10(b),连接 $a_2b_{6.5}$、$b_{6.5}c_{3.5}$、$a_2c_{3.5}$,得一三角形。在 $a_2b_{6.5}$ 边上刻度,得各整数标高点 3、4、5、6,求出 $a_2b_{6.5}$ 边上标高为 3.5 的点,并把该点与 $c_{3.5}$ 相连得出平面 P 的一条等高线,在平面上分别过 3、4、5、6 各点作该条等高线的平行线,即可定出平面的等高线 3、4、5、6。在适当位置作平面等高线的垂线,可求出坡度比例尺 P_i。以等高线的平距为一条直角边,高度差等于一个单位长度为另一条直角边作出一直角三角形,图中 α 即为所求的倾角。

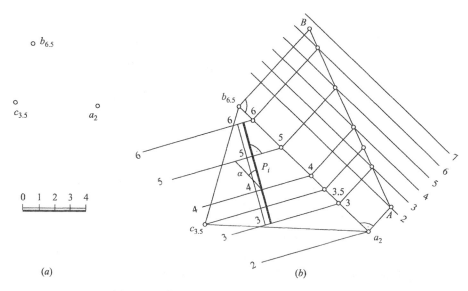

图 15-10 求平面的等高线、坡度比例尺和倾角 α

15.2.2 两平面的相对位置

15.2.2.1 两平面平行

若两平面平行,则它们的坡度比例尺平行,平距相等,而且标高数字的增减方向一致。如图 15-11 所示,平面 P 平行于平面 Q。

15.2.2.2 两平面相交

若两平面相交,可利用标高投影作图求出两平面的交线。

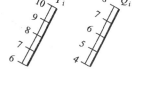

图 15-11 两平面平行

在图 15-12(a)中,过两个已知平面 P 和 Q,作标高为 12 的水平辅助平面,辅助面与 P、Q 两面相交,得两条标高均为 12 的等高线,两等高线的交点 A 是 P、Q 两平面的公共点,即两平面交线上的点。用同样方法可求出交线上的另一个点 B,连接 AB 即得 P、Q 两平面的交线。图 15-12(b)为求 P、Q 两面交线的作图方法,过坡度比例尺 P_i、Q_i 分别引等高线 12 和等高线 7,相同标高等高线的交点分别是 a_{12} 和 b_7 连接 $a_{12}b_7$,即得交线的标高投影。

总结上述作图方法,可得出如下结论:两平面上相同标高等高线交点的连线,就是两平面的交线。

以上作图方法,同样适用于求作平面与曲面或曲面与曲面的交线。

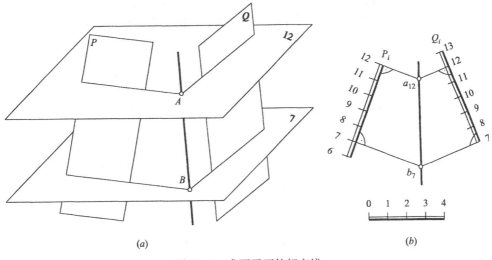

图 15-12 求两平面的相交线
(a)立体图；(b)投影作图

【例 15-3】 已知如图 15-13(a)，设地面是标高为零的水平面，求作斜坡面的边坡与边坡、边坡与地面的交线。

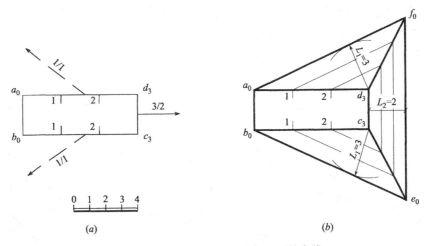

图 15-13 求斜坡面的边坡与地面的交线

【解】 由题目所给的已知条件，可分别作出各边坡的等高线，其中等高线 b_0e_0、a_0f_0、e_0f_0 是各边坡与地面的交线，边坡与边坡的交线可用相邻两坡面上相同标高等高线交点的连线作出，如图 15-13(b)中的 c_3e_0、d_3f_0。

15.3 曲面的标高投影

15.3.1 曲面

曲面的标高投影，可用曲面上等高线的标高投影来表示。如图 15-14 所示，用一组过整数标高的水平面与圆锥面相截，截交线就是圆锥面的等高线，在等高线上标明标高，对圆锥面而

303

言,特别应标明锥顶的标高,标高数字在书写时,应将字头按规定朝向高处。图15-14(a)为正圆锥面的标高投影,图15-14(b)为倒圆锥面的标高投影。圆锥面的标高投影为同心圆且平距相等。

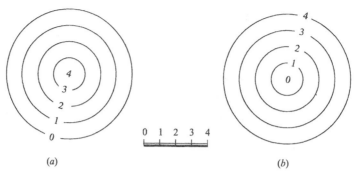

图15-14 圆锥面的标高投影
(a)正圆锥面;(b)倒圆锥面

15.3.2 地形面

在工程建设中,常需要画出地形图来表达地面的高低起伏情况。地形图可用地形面上等高线的标高投影来反映。地形面是不规则曲面,地形面的等高线一般为不规则曲线。通过地形图上等高线的稀密可了解地面地势的陡峭或平坦程度。等高线越密地势越陡,等高线越稀疏地势越平坦。图15-15为一地形面的标高投影。

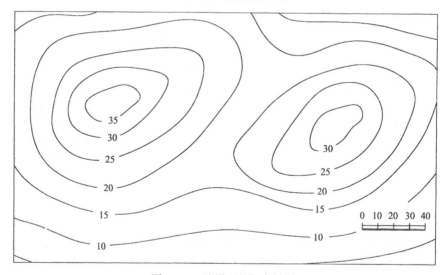

图15-15 地形面的标高投影

15.3.3 同坡曲面

曲面上各处的坡度都相同时,曲面就称为同坡曲面。正圆锥面、道路在弯道处的边坡,均为同坡曲面。

当一个正圆锥的锥顶沿着一条空间曲线作平移运动时,与各正圆锥同时相切的曲面,就是同坡曲面。同坡曲面上的等高线与各正圆锥面上相同标高的等高线相切。正圆锥面的坡度就是同坡曲面的坡度,如图15-16所示。

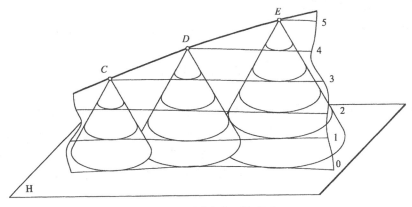

图 15-16 同坡曲面的形成

【例 15-4】 如图 15-17(a),有一弯曲倾斜路面从地面上升与一干道路面相接,地面标高为零,干道路面标高为 3。求作弯道边坡(同坡曲面)的等高线,并求干道边坡与弯道边坡的交线。

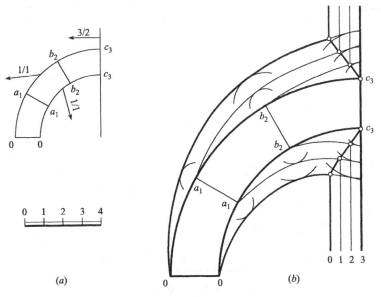

图 15-17 求作平面与同坡曲面的交线

【解】 如图 15-17(b)所示,弯道的边坡为同坡曲面。干道的边坡为平面,分别作出同坡曲面的等高线和平面边坡的等高线,再求出同坡曲面与平面相同标高等高线的交点,连点成线,即得边坡与边坡的交线。作图步骤如下:

(1) 确定曲导线,图中 $oa_1b_2c_3$ 为曲导线;
(2) 定正圆锥的锥顶,图中的 a_1、b_2、c_3 为锥顶;
(3) 计算同坡曲面的平距: $l_1 = 1/i = 1$;
(4) 以各锥顶为圆心,平距 $l_1 = 1$,作正圆锥的等高线(为若干组同心圆);
(5) 作出圆锥等高线的曲切线,即为同坡曲面的等高线;
(6) 算出平面等高线的平距: $l_2 = 1/i = 2/3$;

(7)作出平面边坡的等高线;

(8)求出同坡曲面与平面边坡上相同标高等高线的交点,连点成线,即得所求的交线。

15.4 平面、曲面与地形面的交线

本节主要讨论,如何求平面、曲面与地形面的交线。求平面与地形面的交线,应先作出平面的等高线,然后求出平面上与地形面上相同标高等高线的交点,把这些交点依次连成光滑曲线,即得平面与地形面的交线。求曲面与地形面的交线,同样应先作出曲面的等高线,然后求出曲面上与地形面上相同标高等高线的交点,依次把所得交点连成光滑曲线,即得曲面与地形面的交线。

【**例 15-5**】 已知直线 AB 与地形面的标高投影,求直线 AB 与地形面的交点(图 15-18)。

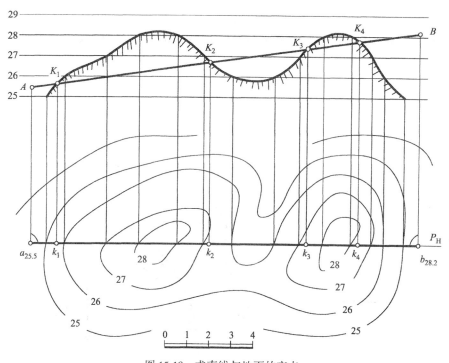

图 15-18 求直线与地面的交点

【**解**】 在投影图上方适当位置作等高线 25 平行于 $a_{25.5}b_{28.2}$,以一个单位长度为间距,向上依次作出等高线 26、27、28、29,作出直线实长 AB。在地形图上过直线 $a_{25.5}b_{28.2}$ 作辅助平面 P 垂直于 H 面,定出 P_H 与地形面等高线的各交点。垂直于 $a_{25.5}b_{28.2}$ 向上引线在各整数标高线上确定各交点的高度位置,连接各交点,得到地形面的断面轮廓线,直线实长 AB 与地形面断面轮廓线的交点 K_1、K_2、K_3、K_4 即为所求的交点,过 K_1、K_2、K_3、K_4 向下画线与 $a_{25.5}b_{28.2}$ 垂直并相交于 k_1、k_2、k_3、k_4 即为所求交点的标高投影。

【**例 15-6**】 有一段平直的公路,路面标高为 30,公路两侧为挖方边坡,边坡的坡度是 4/3,求作边坡与地面的交线(图 15-19)。

【**解**】 因为公路的路缘为直线,所以边坡为平面。由边坡的坡度可算出边坡等高线的

平距为 3/4 = 0.75,据此可作出公路两侧边坡的等高线,求出边坡面上与地形面上相同标高等高线的交点,依次连接各交点成光滑曲线,即得该段公路边坡与地面的交线。

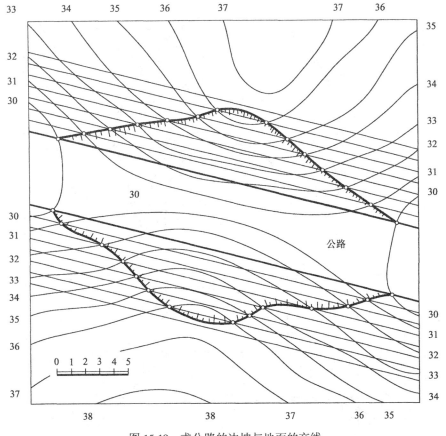

图 15-19　求公路的边坡与地面的交线

【例 15-7】　要在山坡上修筑一水平广场,场地标高为 35,广场平面形状如图,已知挖方边坡坡度为 1/1,填方边坡坡度为 2/3。求作各边坡与地面的相交线及各边坡之间的交线(图 15-20)。

【解】　作图步骤如下:

(1)确定填挖分界线:广场地面标高为 35,地形面上等高线 35 为填挖分界线,图 15-20 中 a、b 为分界点;

(2)确定挖方边坡与填方边坡:

位于填挖分界线 ab 之前的边坡为填方边坡,位于填挖分界线 ab 之后的边坡为挖方边坡;

(3)计算填方边坡、挖方边坡等高线的平距:

填方边坡等高线平距 $l_1 = 1/i = 1.5$

挖方边坡等高线平距 $l_2 = 1/i = 1$;

(4)分别作出各边坡的等高线,平面边坡等高线是广场边缘的平行线,圆弧边坡是圆锥面,等高线是一组同心圆;

(5)求边坡与边坡的交线:在填方范围内,求出相邻两边坡之间的交线;

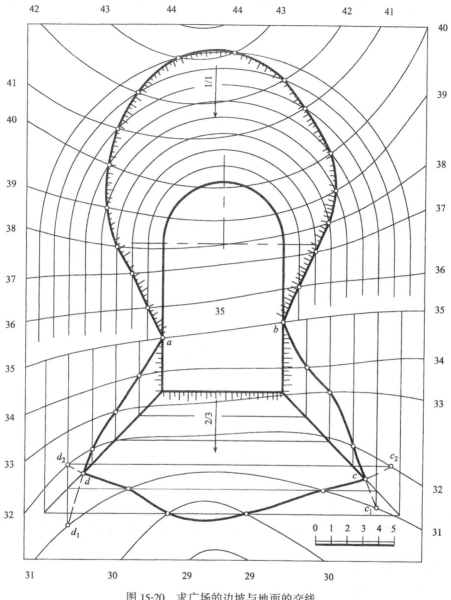

图 15-20 求广场的边坡与地面的交线

(6) 求各边坡与地面的交线：

先求出边坡面上与地面上相同标高等高线的交点，再依次连接各交点成光滑曲线，即得各边坡与地面的交线。

注意，图 15-20 中 c、d 是相邻两边坡的交线与地面的交点，作图时用图中的虚线相交求得。

第16章 道路、桥隧与涵洞工程图

16.1 概 述

随着现代化城市的高速发展,道路、交通成为各城市发展的重点。道路、桥梁、隧道、涵洞有密切的关系。对于不同的区域地形,它们有不同的组合特色,如平原以道路为主,道路穿越山川就需要隧道,道路跨越河流、峡谷和低洼地就需要桥梁。

道路是一种能承受移动荷载(行人、车辆等)反复作用的带状工程结构物。基本组成部分包括路基、路面以及不同功能的桥梁、涵洞、防护工程、排水设施等构造物。因此,道路工程图包含了道路整体状况的路线工程图以及各部分构造物的工程图。

本章将运用前面的画法几何与制图基础的理论和方法,对道路、桥梁、隧道和涵洞的工程图的内容、图示特点以及作图规范进行叙述,达到绘制、阅读相关专业图样的目的,具有较强的专业特色。

道路工程常用的图例见表 16-1。

道路工程常用的图例(GB 50162—92 部分)　　　表 16-1

项目	名 称	图　　　例	项目	名 称	图　　　例
平面	涵洞		平面	隧道	
	通道			养护机构	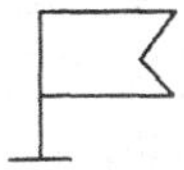
	分离式立交 a. 主线上跨 b. 主线下穿	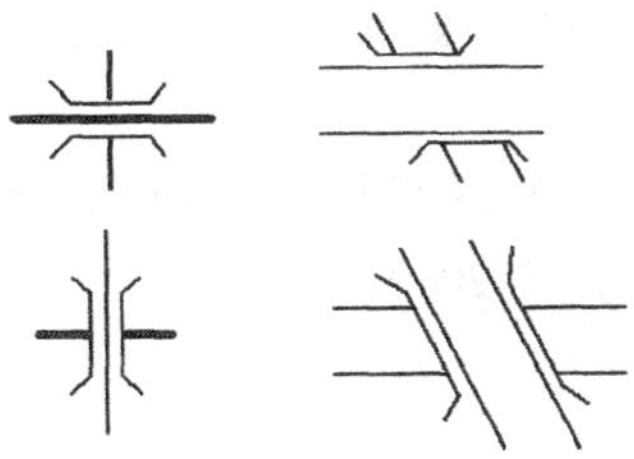		管理机构	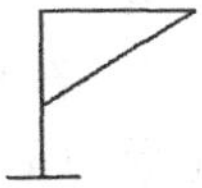
				防护网	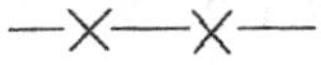
	桥梁	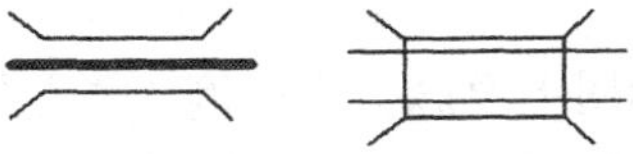		防护栏	
	互通式立交	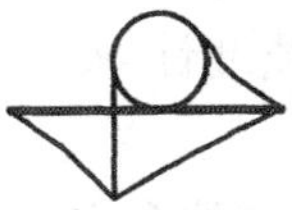		隔离墩	

续表

项目	名称	图例	项目	名称	图例
纵断面	箱涵		纵断面	分离式立交 a. 主线上跨 b. 主线下穿	
	管涵				
	盖板涵				
	拱涵			互通式立交 a. 主线上跨 b. 主线下穿	
	箱形通道				
	桥梁				

16.2 道路工程图

道路按功能和所处的位置可以分为公路和城市道路。位于城市郊区及以外的道路称为公路,城市范围之内的道路称为城市道路。道路路线的设计是通过道路平面图、道路纵断面图和道路横断面图来表达的。道路平面图用地形图来表示,立面图用纵向展开断面图来表示,而侧面图用横断面图来表示,这3种图一般都分别画在各自的图纸上。这种表达方式与其他工程图的表示有很大的不同。

16.2.1 道路路线平面图

道路平面图是表达路线的方向和线型状况(直线或弯道)以及沿线两侧一定范围内的地形、地物(河流、房屋、桥涵等)情况的图。实际上是在地形图的基础上表达路线的平面情况,因此通常用等高线或标高来表示地形,用符号表示地物。

图 16-1 为某公路 $K0+000$ 至 $K1+664$ 段的路线平面图。

16.2.1.1 平面图的比例

根据地形的不同,采用不同的比例。一般山岭区采用 1:2000,丘陵和平原区采用 1:5000,城市道路平面图通常采用 1:500。本例采用 1:2000。

16.2.1.2 平面图的内容

(1)地形部分

1)指北针或坐标网

为了表达地区的方位和路线的走向,在地形图上要画上坐标网或指北针。由于路线有狭长的特点,一般不可能在一张图上画出整条路线,需要把路线分段画在各张图上,指北针和坐标网可以作为拼接和校对图纸的参考。本例采用指北针。

2)地形和地物

一般用等高线或测绘点标高来表示地形的起伏,等高线愈密,地势愈陡峭;等高线愈疏,地势愈平缓。用平面图例来表示用地类型和地物。

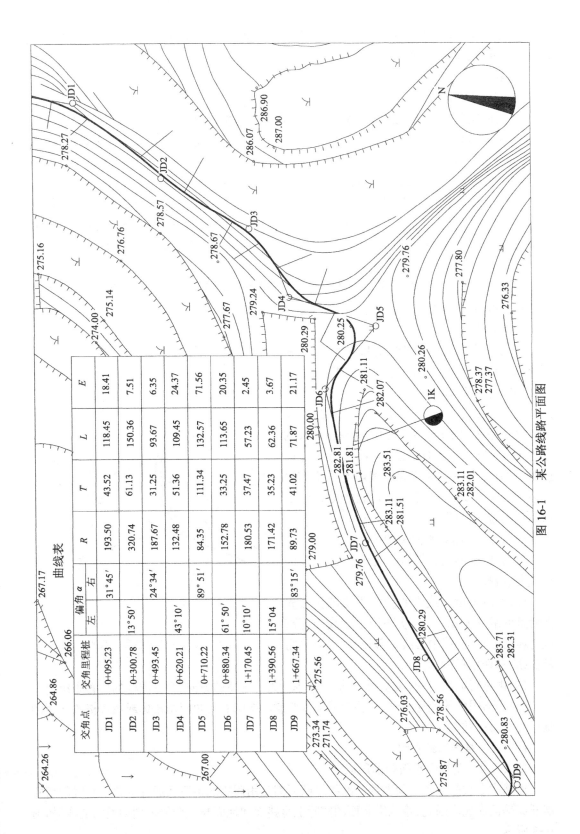

图 16-1 某公路线路平面图

从图 16-1 可以看出,两等高线高差为 2m,地势复杂,公路东面为菜地,地势较为平坦;南面为旱地,地势陡峭;西面地势陡峭,有堡坎。

(2)路线部分

1)路线的线型

由于地形图的比例都较小,路线的宽度不能按实际宽度来表示,在路线平面图中,路线是用一条粗实线来表示的,其中心为道路的中心。如有比较线路,则用粗虚线来表示。

2)路线的长度

路线的长度是用里程桩号来表示的,里程桩号的标注应在道路中线上从路线的起点至终点,按从小到大、从左到右的顺序排列。公里桩标注在路线前进方向的左侧,用"⬤"表示,在符号上面注写 $2K$,即距起点 2km;百米桩标注在路线前进方向的右侧,用垂直于路线的短线表示。也可以在路线的同一侧,均采用垂直于路线的短线表示公里桩和百米桩。

3)水准点

水准点用于测定附近路线上线路桩的高差,线路上每隔一定的距离设置。如 $\otimes\frac{BM3}{280.82}$ 表示 3 号水准点,其标高为 280.82。

4)平曲线表

路线的平面线型有直线型和曲线型,在图纸的适当位置,应列表标注平曲线要素:交点编号 JD、交点位置、偏角 α、圆曲线半径 R、缓和曲线长度 l、切线长度 T、曲线总长度 L、外距 E 等。路线平面图中通常要对曲线标注出曲线的起点 ZY(直圆)、中点 QZ(曲中)、曲线的终点 YZ(圆直)的位置,对带有缓和曲线的路线则需要标注出 ZH(直缓)、HY(缓圆)、YH(圆缓)、HZ(缓直)的位置,见图 16-2。

16.2.1.3 路线平面图的画法

(1)先画地形图。等高线应徒手画出,线型应光滑、流畅。

(2)然后画出路线中心线。用绘图仪按先曲后直的顺序画出,为了使路线中心线与等高线有显著区别,路线中心线一般以设计曲线(粗等高线)的两倍粗度画出。

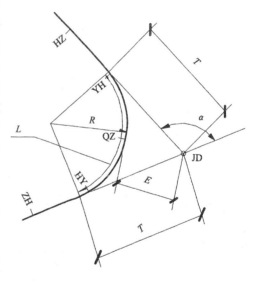

图 16-2 平曲线要素示意图

(3)再进行标注,一般从左到右,桩号左小右大。字体的方向,根据图标的位置来决定。

(4)平面图中的植物图例,应朝上或向北绘制。图纸右上角应用角标或用表格来注明图纸序号及总张数。

16.2.2 路线纵断面图

16.2.2.1 路线纵断面图的形成

道路中心线是一条空间曲线。路线纵断面图是用假想的铅垂面通过道路中心线剖切并展开成平面而成。因此,路线纵断面图实际上是路面和地面与一个铅垂剖切面的交线,如图 16-3 所示。

图 16-3 路线纵断面图的形成

16.2.2.2 纵断面图的内容

纵断面图包括图样和资料表两部分内容,图样在图纸的上方,资料表放在图纸的下方,如图 16-4。

(1)图样部分

1)图样的比例

图样的长度方向表示路线的长度,高度方向表示高程。由于路线的高程差与路线的长度相比要小得多,因此,为了清晰表示垂直方向的高程差,规定线路的纵断面图中,高度方向比例比长度方向比例大 10 倍。一般山岭区长度方向采用 1:2000,高度方向采用 1:200;丘陵和平原区长度方向采用 1:5000,高度方向采用 1:500。

2)图样的内容

①图样中不规则的细折线表示设计路线中心线处的原地面线,反映了沿线原地面的地形,它是由一系列中心桩的地面高程连接而成。图样中的粗实线为公路的纵向设计线,简称设计线,它表示了路基边缘的设计高程。比较地面线和设计线的相对位置,可以确定填挖地段和填挖高度。

②在设计线纵坡变更处,应按《公路工程技术标准》的规定设置竖曲线,以利于汽车的行驶。竖曲线有凹凸之分,分别用"⌐⌙"和"⌐⌙"来表示,并在上面标注竖曲线的半径 R、切线长 T 和外矢距 E(纵坡交点到曲线的距离)等。

③图样中还应在所在里程处标注出桥梁、涵洞、立体交叉和通道等人工构造物的名称、规格和中心里程。

(2)资料表部分

资料表与图样应上下对应布置。包含"里程桩号"、"地质说明"、"坡度/坡长"、"挖高"、"填高"、"设计标高"、"地面标高"、"平曲线"等。其中平曲线一栏,用"⌐⌙"来表示左偏角圆曲线,用"⌐⌙"表示右偏角圆曲线,在其中标注出交角点编号、转折角 α、平曲线半径 R。

(3)路线纵断面图的画法

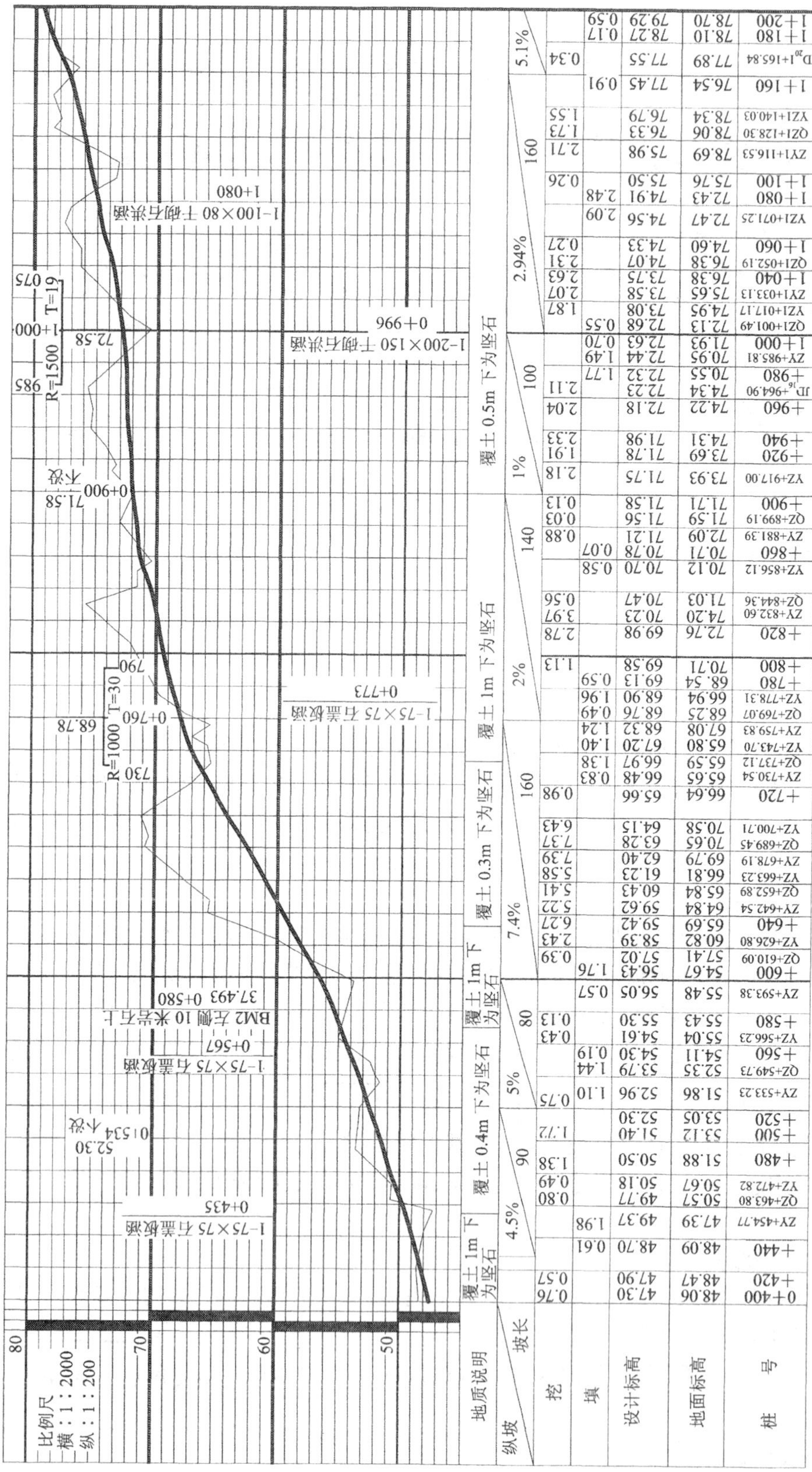

图 16-4 纵断面图

1)路线纵断面图是画在透明的方格纸上,为了避免将方格线擦掉,通常使用方格纸的反面。

2)画图顺序与路线平面图一样,从左至右按里程顺序画。先画出资料表及左侧竖标尺,按作图比例确定纵向、横向高程和里程位置。在资料表中填入地质说明栏、桩号、地面标高以及平曲线资料数据。

3)根据各桩号的地面标高画出地面线;根据纵坡/坡长及设计标高画出设计线。

4)根据设计标高、地面标高计算各桩号的填挖数据,标出水准点、竖曲线、桥涵构筑物等。

5)纵断面图的标题栏绘在最后一张图或每张图的右下角,注明路线名称、图样纵横比例等。每张图的右上角应有角标,注明图纸序号及总张数。

16.2.3 路线横断面图

路线横断面图是在路线中心桩处用一假想的剖切面垂直剖切路线的中心线而得到的一个断面图。它是计算土石方和路基施工的重要依据。

路线横断面图的形式有3种:填方路基、挖方路基、半填半挖路基。地面线一律画细实线、设计线一律画粗实线。如图16-5所示,其中H_T表示填方高度,H_W表示填方高度,A_T表示填方面积,A_W表示挖方面积。

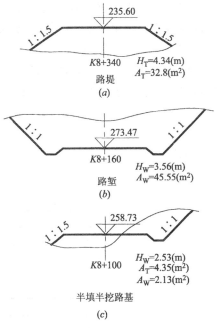

图 16-5 路基横断面的三种形式

画路线横断面图时仍采用透明方格纸,沿着桩号顺序从下到上、从左到右画出。在每张图的右上角写明图纸序号及总张数,在最后一张图的右下角绘制图标,如图16-6所示。

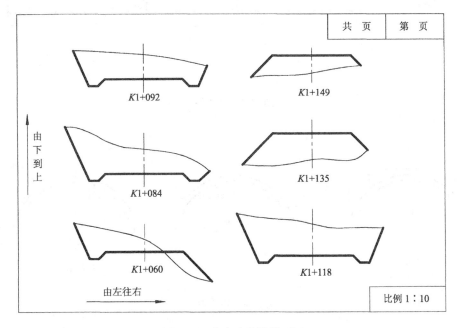

图 16-6 道路路基横断面图

16.3 桥梁工程图

桥梁是当道路通过江河、山谷和低洼地带时,保证人、车辆行驶和宣泄水流,并保证船只通行的建筑物。桥梁由上部结构(主梁或主拱圈和桥面系)、下部结构(桥台、桥墩和基础)、附属结构(护栏、灯柱等)3部分组成。

桥梁按修建材料分为石桥、木桥、钢桥和钢筋混凝土桥等,钢筋混凝土桥是使用最为广泛的桥梁,因此,这里我们只介绍钢筋混凝土桥的图示方法。

桥梁按受力特点不同,分为梁式桥、拱式桥、悬索桥、斜拉桥、刚构桥等5种结构形式,如图16-7~图16-11。

无论桥梁形式或材料有何不同,从画图的角度都是采用了一样的原理和方法。

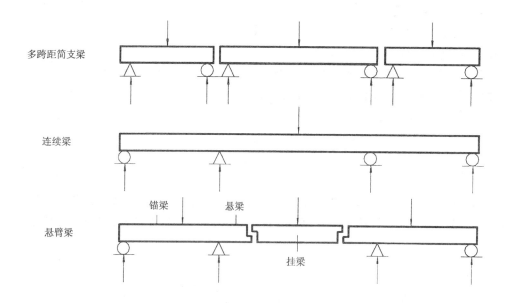

图 16-7 梁式桥

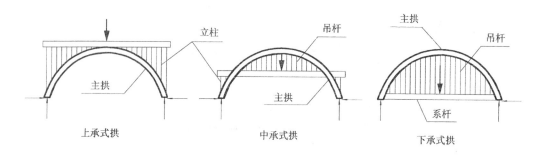

图 16-8 拱式桥

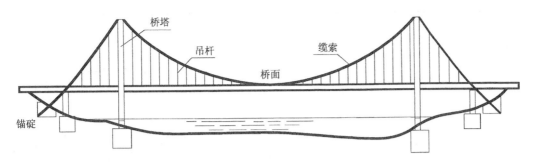

图 16-9 悬索桥

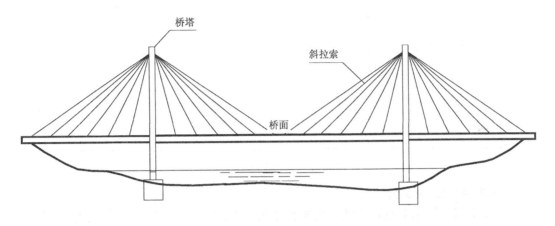

图 16-10 斜拉桥

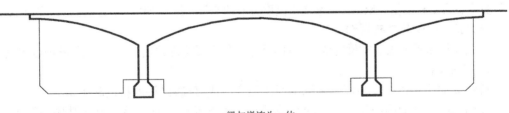

梁与墩连为一体

梁与台连为一体

图 16-11 刚构桥

16.3.1 桥位平面图

桥位平面图是为了表示桥梁和路线连接的平面位置,通常是在地形测量图上绘出桥位处的道路、河流、水准点、钻孔及附近的地形和地物,该图作为设计桥梁、施工定位的依据。图的比例通常采用1:500、1:1000、1:2000等。如图16-12,桥位平面图中的植被、水准符号均按正北方向为准,图中的文字方向可按路线要求及总图标方向来决定。

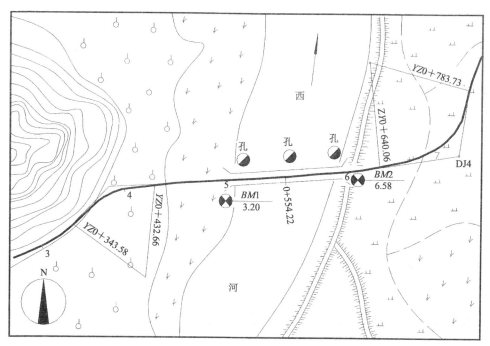

图 16-12 某桥桥位平面图

16.3.2 桥位地质断面图

根据水文调查资料以及钻探所得的地质水文资料,绘制桥位所在河床位置的地质断面图,通常包括河床断面线、最高水位线、常水位线以及最低水位线等,该图作为设计桥梁、桥台、桥墩以及计算土石方工程数量的依据。通常地形高度方向的比例采用 1:200,水平方向比例采用 1:500。

16.3.3 桥梁总体布置图

桥梁总体布置图表达桥梁的全貌、总体尺寸及各主要构件的相互位置关系,其内容包括:

(1)立面图

桥梁立面图是由半立面图和半纵剖面图组合而成,反映出桥的特征和桥型。

如图 16-13,立面图中反映了桥的孔数、跨径、桥下面的净空。该桥上部结构为简支梁,孔的跨距为 40m,几个桥墩可以分别画外形和剖面(本例画成外形)。由于比例较小,剖面的材料图例以及人行道、栏杆均没有画出。

(2)平面图

平面图常采用半平面图和半剖面图来表达,也可以采用分段揭层画法来表示。在图 16-13 中,半平面图显示出桥台两边的锥形护坡和桥面上车行道、隔离带、人行道和栏杆的布置。半墩台桩柱平面图(即半剖面图)显示桥墩处的立柱断面和 4 号桥台的水平断面。

(3)剖面图

通常剖面图是由两个位置(本例采用一个位置)的剖面图组成,为了清晰地表达桥梁的横断面情况,可以用比立面图和平面图大的比例来画出,如图 16-13 中的 A-A。

16.3.4 桥梁构件图

在桥梁总体布置图中,桥梁的各部分构件无法完整清晰地表达,单凭总体布置图不能进行桥梁的施工和制作。因此,必须根据总体布置图,采用较大的比例,把桥梁各部分构件形状、大小以及钢筋布置完整地表示出来,才能按图施工。这种图叫构件结构图,分为画钢筋和不画钢筋两种

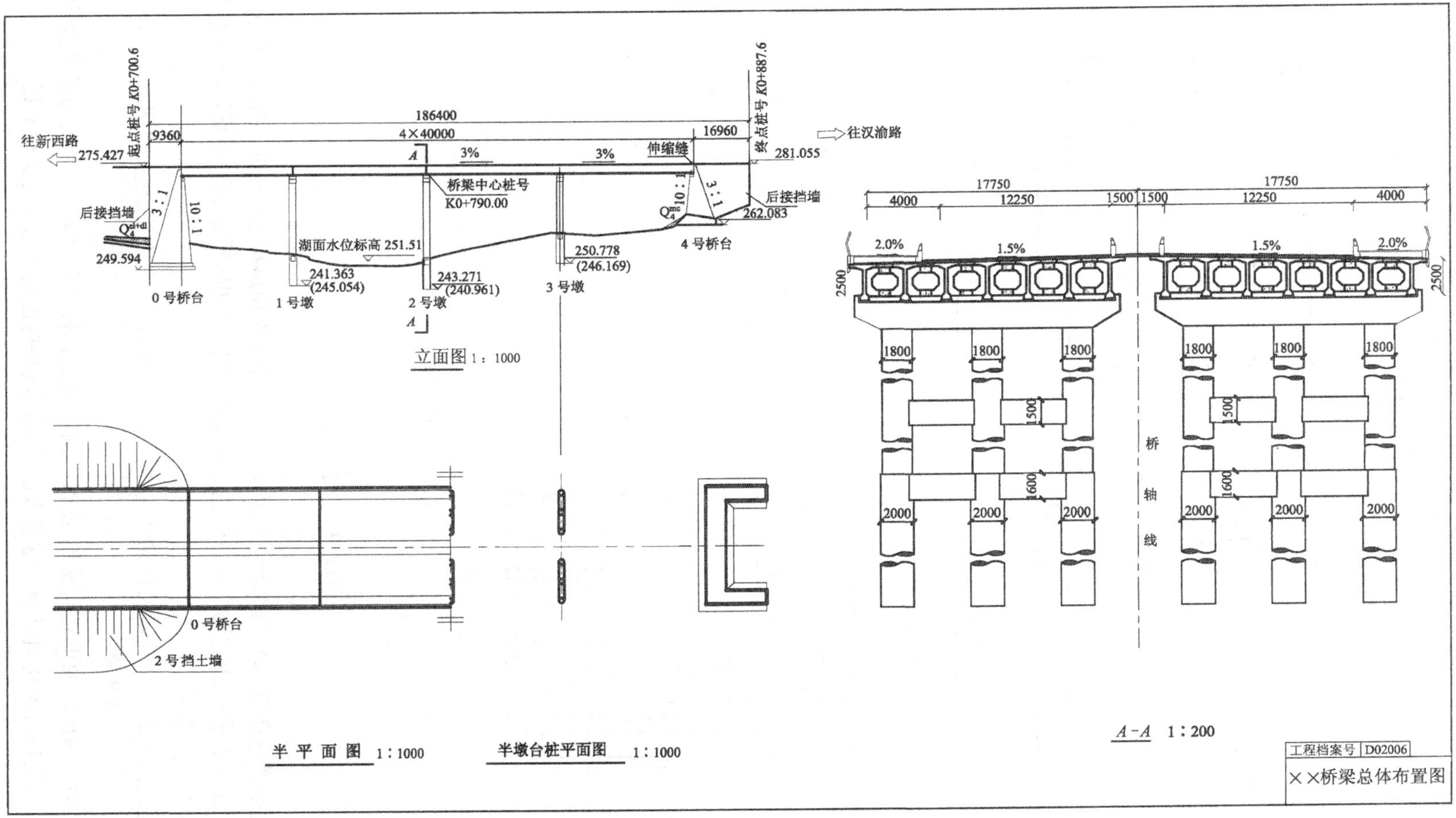

图 16-13 ××桥梁总体布置图

构造图,仅画构件形状不画钢筋布置的图叫构件构造图,画钢筋的构件图称为钢筋构件图。构件图的比例通常采用1:50~1:10,在某些局部构件中不能清楚表达时,可采用更大比例,1:2~1:10。

图 16-14 为 U 形桥台的构造图。

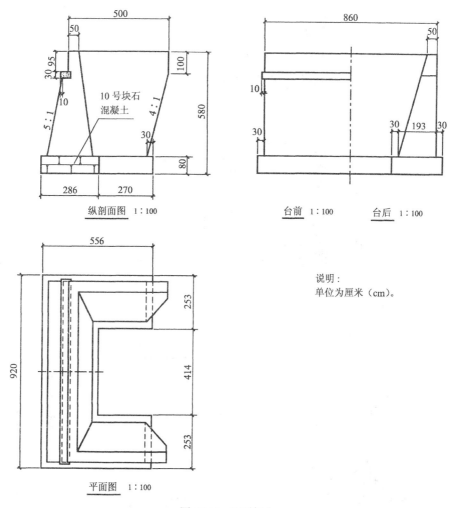

图 16-14 U 形桥台

16.4 隧道工程图

隧道是道路穿越山岭的建筑物,通常都比较长,中间断面形状变化很少,因此,隧道工程图除了用平面图表示它的位置外,构造图主要用隧道洞门图、横断面图及避车洞图等来表达。

16.4.1 隧道洞门图

隧道洞门一般分为端墙式和翼墙式,洞门的表示仍用 3 个图来表达,如图 16-15 所示。

16.4.1.1 正立面图

正立面图为洞门的正立面投影,反映了洞门墙的式样,洞门墙上面高出的部分为顶帽,两边反映出洞口衬砌断面类型。虚线表示了洞门墙和隧道底面的不可见轮廓线。

16.4.1.2 平面图

平面图仅画出洞门外露部分的投影,表示了洞门墙顶帽的宽度,洞顶排水沟的构造及洞门口门外面两边沟的位置。

16.4.1.3 剖面图

剖面图只表达靠近洞口的一小段的纵断面情况。

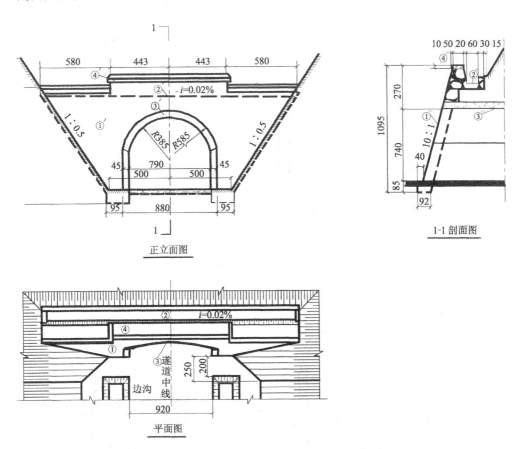

图 16-15 隧道洞门图

为了读图方便,在 3 个图上对不同的构件用数字进行标注,如洞门墙①、①′、①″;洞顶排水沟为②、②′、②″;拱圈为③、③′、③″等。

16.4.2 避车洞图

避车洞是行人或隧道维修人员及维修小车避让在隧道中行驶车辆之用的,分为大避车洞和小避车洞。它沿路线方向交错设置在隧道两边的墙上,通常小避车洞每隔 30m 设置一个,大避车洞每隔 150m 设置一个。

避车洞的位置可以在避车洞位置布置图中表示,通常这种位置图的比例在纵方向采用 1:2000,横方向采用 1:200。

大避车洞和小避车洞分别用剖视详图来表示。洞底都应设置斜坡以供排水之用,如图 16-16、图 16-17。

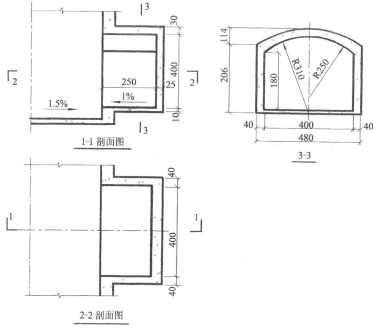

图 16-16　大避车洞详图

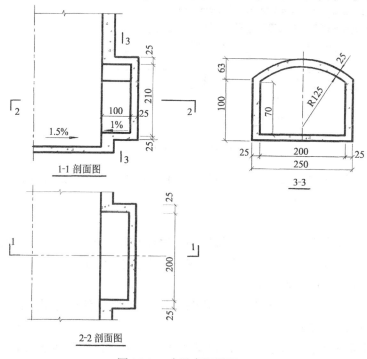

图 16-17　小避车洞详图

16.5 涵洞工程图

涵洞是渲泄小量流水的工程构筑物,它与桥梁的区别在于跨径的大小。多孔跨径全长不到 8m 或单孔径跨径不到 5m 以及圆管涵、箱涵无论管径、跨径大小,均称为涵洞。

16.5.1 涵洞的分类

涵洞按建筑材料可分为砖涵、石涵、混凝土涵、钢筋混凝土涵等;按断面形状可分为圆管涵、拱涵、箱涵等;按孔数可分为单孔、双孔、多孔等;按有无覆土可分为明涵、暗涵。

涵洞主要由基础、洞身、洞口组成。洞身为长条状,通常都埋在路基下,洞身外有防水层,上面覆盖一定厚度的黏土或砂土。洞口是保证涵洞基础和两侧路基免受冲刷,使水流顺畅的构筑物,一般有端墙式和翼墙式两种洞口形式。图 16-18 为端墙式钢筋混凝土圆管涵的分解示意图。

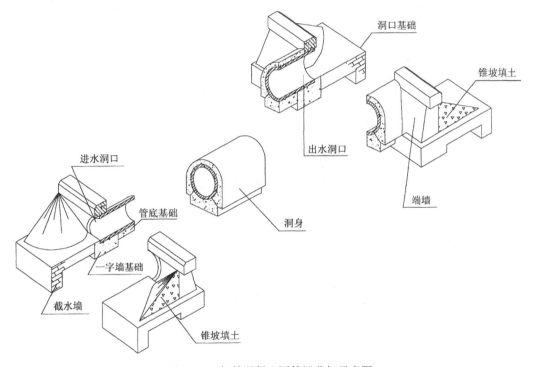

图 16-18 钢筋混凝土圆管涵分解示意图

16.5.2 涵洞工程图的内容

如图 16-19 所示为端墙式钢筋混凝土圆管涵构造图,其内容包括:

(1)半纵剖面图

由于涵洞进出口基本对称,所以通常只画半纵剖视图,在对称线上用对称符号表示。剖视图中表示出涵洞各部分的相对位置和构造形状、大小以及建筑材料。

(2)半平面图

由于对称性,平面图通常也只画一半,图中可以表示出管壁的厚度、管径尺寸、洞口基础、端墙、缘石及护坡的平面形状和尺寸。还应画出路基边缘线,画出坡线表示路基边坡。

(3)侧面图

习惯把侧面图称为洞口正面图,侧面图主要表示管涵孔径和壁厚、洞口缘石和端墙的侧面形状及尺寸、锥形护坡等。为了清楚表达,有些虚线不用画出,如路基边坡与缘石背面的交线、防水层的轮廓线等。

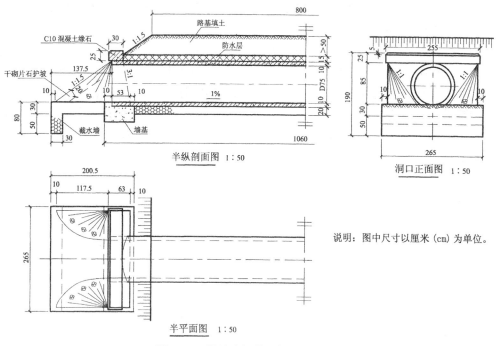

图 16-19 端墙式钢筋混凝土圆管涵

第 17 章 AutoCAD 基础

17.1 概　　述

CAD 是 Computer Aided Design(计算机辅助设计)的缩写。所谓计算机辅助设计,简单地说,就是在设计工作中利用计算机绘图代替传统的手工绘图。使用计算机绘图可极大地改善作图环境,提高设计者的作图速度和精度,保证图纸质量,避免重复性劳动,而且便于修改、保存和检索,从而使整个设计水平达到一个新的台阶。因此,现在计算机绘图在机械、建筑、电子、航天、造船、石油化工、冶金、地质勘探、气象、农业等诸多工程设计领域和科学研究领域都得到了广泛的应用。计算机绘图已成为工程技术人员必须掌握的技术,也是高校工程技术和工程管理类专业学生的必修课程。

计算机绘图主要通过绘图软件来进行。绘图软件为用户提供图形处理与编辑的功能。绘图软件有很多种,目前最为流行的绘图软件之一是 AutoCAD。

AutoCAD 是由美国 Autodesk 公司推出的从事计算机辅助设计绘图的通用软件包。自 1982 年起,从早期 DOS 平台上的 AutoCAD V1.0 到今天能够畅通运行在 Windows 平台的 AutoCAD 2002/2004,其间作了十几次重大修改,功能不断提高、操作环境日臻完善,由简单的二维绘图发展到现在集三维设计、彩色渲染、数据库管理为一体的大型设计平台。AutoCAD 还提供了强大的二次开发功能,用户可用许多方法对 AutoCAD 进行二次开发,编制各种专业设计绘图软件,如天正建筑软件。

AutoCAD 2002 现在正在大量使用,天正建筑软件 5.0 及刚推出的天正建筑 6.0 都是在 AutoCAD 2002 上操作。因此,本章介绍 AutoCAD 2002 中文版的基本功能和使用方法。由于学时和篇幅的限制,着重介绍二维图形的操作。通过本课程的学习,初步掌握 AutoCAD 的使用方法,用计算机绘制出本专业符合国家制图标准的设计图样。

17.2 AutoCAD 2002 的工作界面及基本操作

17.2.1 AutoCAD 2004 的启动

在 Windows98/2000 的"开始"菜单中选择"程序"→ AutoCAD 2002→ AutoCAD 2002 程序项,或直接双击桌面上的 AutoCAD 2002 图标,即可启动 AutoCAD 2002。

17.2.2 工作界面简介及基本操作

每次启动 AutoCAD 2002 时,均弹出"AutoCAD 2002 今日"对话框[1],如图 17-1 所示。关闭或最小化该对话框则进入 AutoCAD 2002 的工作界面,如图 17-2 所示。

---

[1] 对于习惯传统启动对话框的用户可在下拉菜单"工具→选项→系统→启动"下拉列表中,选择其中的"显示传统启动对话框"选项并单击"确定",则以后启动 CAD 时,弹出"启动"对话框。

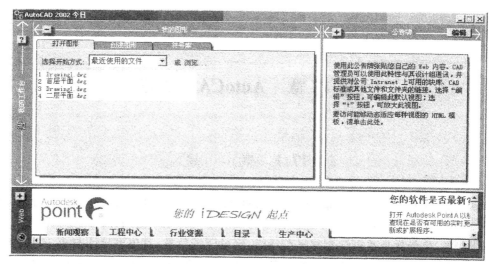

图 17-1 "AutoCAD 2002 今日"对话框

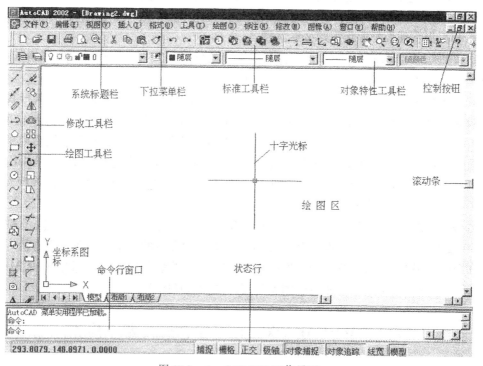

图 17-2 AutoCAD 2002 工作界面

AutoCAD 2002 的工作界面由系统标题栏、下拉菜单栏、工具栏、命令行窗口、状态行和绘图区等组成。

17.2.2.1 系统标题栏

系统标题栏位于屏幕的顶部,显示当前正在运行的程序名 AutoCAD 2002。如果绘图窗口最大化,则在程序名 AutoCAD 2002 之后,还显示当前图形文件名,系统默认为 Drawing,用户可用自定义的文件名,图形文件名的扩展名(后缀名)为 .dwg。

17.2.2.2 下拉菜单栏

AutoCAD 2002 菜单栏从左到右依次有：文件、编辑、视图、插入、格式、工具、绘图、标注、修改、窗口、帮助等下拉菜单，这些菜单包括了绘图、编辑和控制 AutoCAD 2002 运行的大部分命令。单击某一菜单项，即可执行相应的操作。图 17-3 是 AutoCAD 2002 的"视图"下拉菜单。在下拉菜单中，有些菜单项的右边有"▶"符号，表示其后还有子菜单；有些菜单项后面跟有"..."符号，表示选取本项以后将会弹出一个对话框；后面什么也没有的菜单项，将直接执行相应 AutoCAD 命令。

17.2.2.3 工具栏

AutoCAD 2002 通过工具栏提供了许多快捷按钮，每个按钮都有一个相应的图标，它们是一种可代替命令和下拉菜单的简便工具。用户只需单击工具栏上的图标按钮，便可实现大部分常用的 AutoCAD 操作。在图 17-2 所示的 AutoCAD 2002 的工作界面中，显示了 4 个工具栏，分别是位于菜单栏下面的标准工具栏和对象特性工具栏，位于屏幕左边的绘图工具栏和修改工具栏。其他工具栏不出现在 AutoCAD 的工作界面中，在需要时可使其显示出来。

(1) 工具栏的显示和关闭

1) 单击"视图"菜单，然后再单击该菜单中的"工具栏"项，则弹出"自定义-工具栏"对话框，如图 17-4 所示。

图 17-3 下拉菜单示例　　　　　图 17-4 "自定义-工具栏"对话框

2) 在"自定义-工具栏"对话框中的"工具栏"列表中找到要显示的工具栏，单击左边的复选框，则复选框中出现"√"号，同时相应的工具栏就显示在屏幕上。

3) 单击"工具栏-工具栏"对话框的"关闭"按钮，关闭对话框。

如果不知道工具栏上某个图标的功能，可用光标指向该图标，在光标旁边会出现一个小标签，说明该图标的功能。注意：工具栏对话框右下方的选项"显示工具栏提示"只有当其为打开状态"√"时，才能显示功能说明。

如果要关闭某一工具栏，可在工具栏对话框中的"工具栏"列表中找到该工具栏项，单击所对应的复选框，这时复选框中的"√"号便会消失，同时相应的工具栏也在屏幕上消失。如果某工具栏处于浮动状态，也可单击该工具栏右上方的关闭按钮"×"来关闭该工具栏。

(2)工具栏的移动

显示在屏幕上的工具栏可用鼠标将其任意拖动到屏幕中方便使用的位置,具体操作如下:

1)将光标移动到需要移动的工具栏的边界或标题条处,此时光标变成空心斜箭头。
2)按住鼠标左键,此时该工具栏周围出现一个灰色矩形框。
3)继续按住鼠标左键并拖动鼠标,则灰色矩形框随光标移动。
4)将灰色矩形框拖到想放置的位置,松开鼠标左键,此时该工具栏就移到此位置。

17.2.2.4 命令行窗口

命令行窗口是用户输入命令、数据和 AutoCAD 显示提示与信息的地方。系统的默认显示是 3 行,用户可用鼠标拖动上边框来改变它的显示行数。

说明:用户还可根据自己的需要,通过菜单"工具→选项→显示"中的有关选项来调整命令窗口的行数、十字光标的大小、控制滚动条的开关、屏幕菜单的显示等。

17.2.2.5 状态行

状态行位于屏幕底部,其左段用于显示当前光标的坐标值,其余部分依次排列 8 个按钮,分别为捕捉、栅格、正交、极轴、对象捕捉、对象追踪、线宽、模型。将光标指向前 7 个按钮中的某一个,并单击鼠标左键可使其打开或关闭。当按钮凹进时为打开状态,凸出时为关闭状态。而模型按钮则用于模型空间和图纸空间的切换。

状态行还可显示光标所指菜单项目或某一图标的简短功能说明。

17.2.3 命令、选项与数据的输入方式

17.2.3.1 利用键盘输入

在命令行的"命令:"后面,用户可通过键盘输入 AutoCAD 的各种命令。每输入一个命令后,再按回车键,AutoCAD 接受该项命令(在命令行"命令:"提示符下直接回车可重复前一个命令),并进一步要求输入选项或数据,用户可根据提示键入所需内容,进行人机对话。

用户应特别注意命令行窗口中所显示的内容,养成随时观察命令提示的良好习惯,切忌盲目操作。命令行窗口不仅向用户显示信息,而且还记录用户的操作。可以用右边的滚动条或 F2 键来浏览以前的信息和已执行过的命令。

17.2.3.2 利用鼠标输入

在 AutoCAD 中利用鼠标器可输入有关命令和信息。鼠标器一般有如下操作:

(1)单击左键:用以选取下拉菜单的菜单命令或工具栏中的图标,或在屏幕绘图区内选择诸如删除、移动等编辑操作的对象。方法是将光标移至对象上,再单击鼠标左键。此类操作也称为"单击"、"点取"或"拾取"。

(2)拖动:按住鼠标左键不放同时移动鼠标叫做拖动。例如"实时平移"和"实时缩放"等就需要此操作。

(3)单击右键:在 AutoCAD 2002 中,将光标处于不同的位置或当 AutoCAD 处于不同的状态时,单击鼠标右键,会出现不同的选项。例如,当光标在任意工具栏中,单击右键,将弹出工具栏选项;在执行"实时缩放"过程中,单击右键,弹出一个快捷菜单,若选取该快捷菜单中的"退出"项,就退出"实时缩放"状态。

17.2.3.3 命令的调用方式

下面以画直线命令为例,介绍输入命令的 3 种常用方式:

(1)命令行:在"命令:"状态下,键入命令 Line(L)并按回车键或空格键确认。

(2)工具栏:在绘图工具栏中单击图标 。

(3)菜单栏:在"绘图"下拉菜单中选取"直线"。

以上 3 种输入画直线的命令方式,任选其中一种即可。为了简便起见,本书后面将上述 3 种输入命令的方式简单叙述为:键入 Line(L)↙或单击 或选取"绘图→直线"。其中括号中的 L 为 Line 命令的简化形式,"↙"表示按回车键。

不论用哪种方式输入命令,大多数命令的都需要正确的响应(如选择对象、输入选项或数据等)才能完成。命令的响应方式大致可分为两类:一类是根据命令行窗口的提示进行响应操作,另一类是根据所出现的对话框中的内容进行响应操作。

17.2.4　纠正错误

操作过程中,难免会出错,AutoCAD 为用户提供了有关纠正错误的方法。

(1) 终止当前命令

如果想取消刚输入的命令或在一个命令执行的半途中退出执行,可按【Esc】键退出。回退到等待命令状态,即在命令行出现"命令:"提示符。

(2) U 命令

U 命令用于对刚执行完的命令结果的撤消。例如你刚画了一个圆,现在又不想要了,可键入 U↙或单击 或选取"编辑→放弃"之后,此圆就从屏幕上消失。重复使用这个命令,可以一直退回到绘图的初始状态。

(3) Redo 命令

Redo 命令用于对最后执行的 U 命令结果的撤消,它只能紧跟在 U 命令后面使用。例如,刚用 U 命令消去了一个圆,现又想要恢复它,可键入 Redo↙或单击 或选择"编辑→重做"之后,该圆又恢复在屏幕上。

(4) 删除命令

用删除命令 Erase(e)可将已画出的图形(包括字符)部分或全部删除。键入 Erase↙或单击 或选择"修改→删除"后,在命令行出现"选择对象",提示你选择要删除的对象,同时十字光标变为选择框"□"。移动选择框"□"到要删除的对象上,单击鼠标器左键,所选对象变成虚点线表示选中,按回车键后即被删除。

在选择对象时,也可用窗口方式,具体操作为:单击待选对象左上角(或左下角),然后向对象右下角(或右上角)拖动鼠标,这时屏幕上出现一个随鼠标拖动而改变大小的矩形框,当矩形框完全套住待选对象时,单击鼠标左键。

17.2.5　绘图边界的设置

AtuoCAD 的绘图区域为一矩形区域,其边界由左下角和右上角的坐标值确定,坐标值可正可负,大小不限。根据绘图的需要,用户可以使用 Limits 命令进行设置,绘图边界的设置应与图纸的大小和出图的比例相适应。例如采用 A3(297×420)图纸,比例 1:1,若绘图边界左下角设置为(0,0),则右上角应设置为(420,297);如采用 A3(297×420)图纸,比例 1:100,则左下角设置为(0,0),右上角应设置为(42000,29700)。

命令格式如下:

键入 limits 或选择菜单"格式→图形界限"后系统提示:

指定左下角点或[开(ON)/关(OFF)]〈0.0000,0.0000〉:___↙ 输入左下角坐标值,直接回车即默认系统的当前值❶

指定右上角点〈当前值〉:_42000,29700_↙ 输入右上角坐标值

系统以这两点坐标为矩形对角点,定义出绘图区域。

- 开(ON):打开界限检查,当作图点超出这一界限时,屏幕将作出报警提示"＊＊超出图形界限",以确保图形绘制在作图区内。

- 关(OFF):关闭界限检查,作图范围将不受图形界限的影响。

绘图边界设置完毕后,可用 Zoom(缩放,见 17.4.6)命令中的 A(ALL)选项,将绘图边界在屏幕显示区完全显示出来,并绘出图纸边框线,这样边框线内的显示区即表示图纸上的绘图区。

17.2.6 图形文件的打开、保存与退出 AutoCAD

17.2.6.1 打开文件

键入 Open↙或单击 或选取菜单"文件→打开",弹出"选择文件"对话框如图 17-5 所示。在这里我们可以像在其他 Windows 应用程序中打开文件那样,通过选择文件所在盘符、文件夹及文件名打开所需要的图形文件(图形文件标有蓝色图标)。

在"选择文件"对话框中,点取图形文件名,可在预览窗口中预览该图形;再单击"打开"按钮,即可打开该文件,图形显示在屏幕绘图区。直接双击某图形文件,也可打开该文件。

17.2.6.2 保存文件

AutoCAD 2002 提供了多种方法和格式来保存图形文件,其中有快速保存(Qsave)、另名存储(Save as)以及保存为模板文件等。它不仅存储图形文件本身,还存储图的绘图环境。图形文件的扩展名会自动定义为".dwg"。

- Qsave:键入 Qsave↙或单击标准工具栏的图标 或选取菜单"文件→保存"。AutoCAD 不作任何提示直接存储当前图形文件。但如果当前图形文件尚未命名,则弹出"图形另存为"对话框(图 17-6)。

- Saveas:键入 Saveas↙或选取菜单"文件→另存为",均弹出"图形另存为"对话框,如图 17-6 所示。在文件名框中键入新文件名,再单击"保存"按钮。

当文件夹中已有同名文件存在时,系统将提示是否替换原来的文件:

(1)选择替换,则原文件的文件名不变,但扩展名由".dwg"更换为".bak"(备份文件)。".bak"文件不能被 AutoCAD 系统直接调用,需要调用时必须将扩展名重新更换为".dwg",这一方法常用于挽救被破坏或丢失的文件。

(2)如果选择不替换,则需要另输入新的文件名保存。

17.2.6.3 退出 AutoCAD 系统

键入 quit 或单击系统控制按钮 或选择菜单"文件→退出"均可退出 AutoCAD 系统。

如果在最后一次存盘后又进行过其他操作,则退出时系统提示是否存盘。

---

❶ 本书中,在系统提示即":"后面的内容表示对用户操作的说明,或对系统提示的说明,其中下划线上方的内容表示用户具体输入的内容。

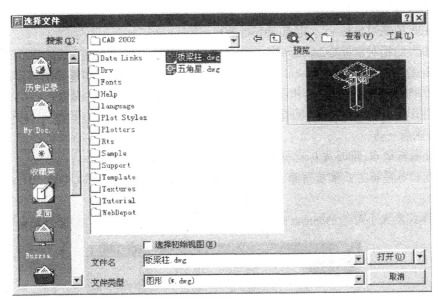

图 17-5 "选择文件"对话框

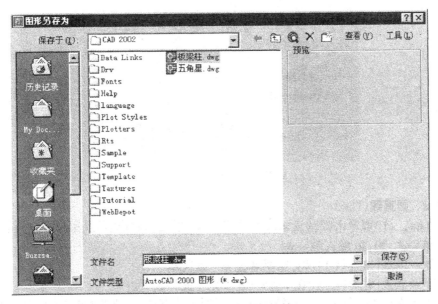

图 17-6 "图形另存为"对话框

17.3 基本绘图命令

17.3.1 画点(Point)

用 Point 命令可按指定位置在图中画点。

键入 Point(po)↙或单击 · 或选取菜单"绘图→点→单点(或多点)"后,系统提示:

指定点:输入一个点

331

点的输入可用以下方式：

(1) 由点的绝对坐标 x,y 定点,如(45,50)。

(2) 由点的相对坐标 $@\Delta x,\Delta y$ 定点(相对于前一点的 x,y 坐标差),如(@20,10)。

(3) 由点的相对极坐标 $@r<\alpha$ 定点(其中 r 为输入点到前一点的连线的长度,α 为该连线与零度方向的夹角,以"度"为单位,<为小于符号表示角)如(@40<45)。

(4) 直接距离输入法定点,即在后一点的指定方向上输入后一点与前一点之间的距离值,从而得到后一点。

(5) 用鼠标取点,即将光标移到需要输入点的位置单击鼠标左键。

(6) 用目标捕捉方式捕捉屏幕上已有图形的特殊点(如端点、中点、交点、切点、圆心等,见17.4.4)。

点的样式及大小可用 Ddptype 命令弹出"点样式"对话框(图 17-7)来选择和设置。

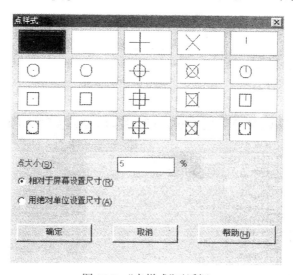

图 17-7 "点样式"对话框

17.3.2 画直线(Line)

键入 Line↙(L)或单击 ✐ 或选取菜单"绘图→直线"后,系统提示及用户操作如下：

指定第一点:<u>20,30</u> 输入第一点

指定下一点或[放弃(U)]:<u>40,30</u> 或 <u>@20,0</u>　输入第二点

指定下一点或[放弃(U)]:<u>50,1</u> 或 @10,−20　输入第三点

指定下一点或 [闭合(C)/放弃(U)]:　↙　(回车结束命令,结果如图 17-8a 所示)

　　　　　　　　　　　　　　　　<u>C</u>↙　(形成封闭图形,结果如图 17-8b 所示)

　　　　　　　　　　　　　　　　<u>U</u>↙　(取消刚画的线段 BC,结果如图 17-8c 所示)

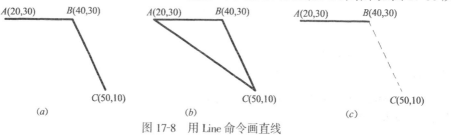

图 17-8 用 Line 命令画直线

17.3.3 画矩形(Rectang)

用 Rectang 命令可绘制由两个对角点确定的矩形,还可以绘制带有圆角或倒角的矩形,如图 17-9 所示。

键入 Rectang(rec)↙或单击 □ 或选择菜单"绘图→矩形"后,系统提示与用户操作如下:

指定第一个角点或 [倒角(C)/标高(E)/圆角(F)/厚度(T)/宽度(W)]:f↙ 本例选择圆角方式

指定矩形的圆角半径⟨0.0000⟩:5↙ 输入圆角半径的数值

指定第一个角点或 [倒角(C)/标高(E)/圆角(F)/厚度(T)/宽度(W)]:输入矩形的第一角点 P1

指定另一个角点或 [尺寸(D)]:输入矩形的另一角点 P2

倒角(C)选项用于绘倒角、标高(E)和厚度(T)选项用于绘制三维图。

17.3.4 画正多边形(Polygon)

键入 Polygon(pol)或单击 ⬡ 或选择菜单"绘图→多边形"后,系统提示及用户操作如下:

输入边的数目⟨4⟩:6↙ 输入正多边形的边数

指定多边形的中心点或[边(E)]:5,5↙ 输入正多边形中心

输入选项 [内接于圆(I)/外切于圆(C)]⟨I⟩:I↙ 输入 I 或 C,确定正多边形根据内切于圆或外切于圆生成,本例用内接于圆,见图 17-10

指定圆的半径:输入圆的半径

说明:边(E)选项,可用指定的一个边的两端点 P1、P2 绘制正多边形,见图 17-10。

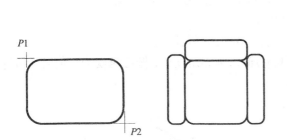
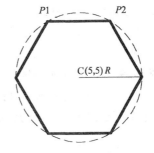

图 17-9 带圆角矩形及其应用　　　图 17-10 用内接于圆方式绘制正多边形

17.3.5 画圆(Circle)

键入 Circle(c)或单击 ⊙ 或选择菜单"绘图→圆"后系统提示:

指定圆的圆心或 [三点(3P)/两点(2P)/相切、相切、半径(T)]:

各选项说明如下:

- 指定圆的圆心　要求输入圆心坐标,接着提示输入圆的半径或直径来画圆。
- 三点(3P)　给定圆周上三点画圆。
- 两点(2P)　给定直径两端点画圆。
- 相切、相切、半径(T)　画与两个已知图形对象(圆或直线)相切的公切圆,半径为给定值。选择此项(输入 T)时,系统提示:

指定对象与圆的第一个切点:拾取相切的第一个对象 P1
指定对象与圆的第二个切点:拾取相切的第二个对象 P2
指定圆的半径〈10〉:输入公切圆半径
注意:如果相切元素为圆或圆弧时,则应靠近切点位置拾取,如图17-11所示。
除以上4种方式画圆外,还可通过菜单"绘图→圆→相切、相切、相切"画出与3个几何元素相切的圆,如图17-12所示。

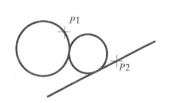 

图17-11 用相切、相切、半径选项画公切圆　　图17-12 用相切、相切、相切选项画公切圆

17.3.6 画圆弧(arc)

AutoCAD提供了11种确定圆弧的方式,其中给定的条件由圆心(Center point)、半径(Radius)、圆心角(Angle)、起点(Start point)、终点(End)、弦长(Length of chord)、起始方向(Direction)中的3个组合而成,此外还有弧上3点(3Point)确定圆弧和与先前画的线段连接且相切的圆弧等。现以起点、圆心、圆心角(S.C.A)方式和起点、终点、半径(S.E.R)方式为例介绍其系统提示和用户操作:

(1)起点、圆心、圆心角方式画圆弧(图17-13)

键入 arc(a)或单击 ⌒ 后系统提示:

指定圆弧的起点或 [圆心(CE)]: 50,10↙ 输入圆弧的起点

指定圆弧的第二个点或 [圆心(C)/端点(E)]: C↙ 选择圆心选项

指定圆弧的圆心: 40,10↙ 输入圆弧的圆心

指定圆弧的端点或 [角度(A)/弦长(L)]: A↙ 选择角度选项

指定包含角: 90↙(或 −90↙ 或 −270↙)输入圆心角度值,圆心角度为正值时逆时针画弧,负值则顺时针画弧

其结果如图17-13(a)、(b)、(c)所示。

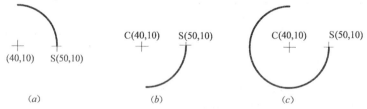

图17-13 起点、圆心、圆心角方式画圆弧
(a)Angle=90°;(b)Angle=−90°;(c)Angle=−270°

(2)起点、终点、半径方式画圆弧(图17-14)

键入 arc(a)或单击 ⌒ 后系统提示:

指定圆弧的起点或[圆心(CE)]: 90,10↙ 输入起点

指定圆弧的第二个点或 [圆心(C)/端点(E)]: E↙ 选终点选项

指定圆弧的端点：80,20✓ 输入终点
指定圆弧的圆心或[角度(A)/方向(D)/半径(R)]：R✓ 选半径选项
指定圆弧的半径：10✓ 或 -10✓ 输入半径值
其结果如图17-14(a)、(b)所示。注意，用这种方式只能逆时针方向画弧。

17.3.7 画椭圆和椭圆弧(Ellipse)
键入Ellipse(el)或单击⊙后系统提示：
指定椭圆轴的端点或[圆弧(A)/中心点(C)]：
各选项操作如下：
- 指定椭圆轴的端点：给定椭圆轴线两端点 $P_1 P_2$ 与另一半轴长度绘制椭圆，如图17-15(a)所示。
- 中心点(C)：输入"C"，给定椭圆心与一轴端点 P_1 或 P_2 以及另一半轴长度绘制椭圆，如图17-15(b)所示。
- 圆弧(A)：输入"A"，按绘制椭圆的方法绘制椭圆弧。还需要给定起点、终点或圆心角，如图17-15(c)所示。

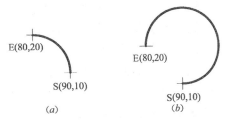

图17-14 起点、终点、半径方式画圆弧
(a) $R = 10$；(b) $R = -10$

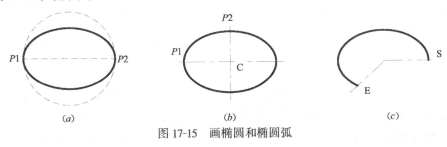

图17-15 画椭圆和椭圆弧

17.3.8 画多段线(Pline)
多段线是由直线段和圆弧首尾相连组成的整体，一次Pline命令生成的多段线段和圆弧均属同一实体（系统将其作为单一图元对象处理），可以生成不等宽的线段和圆弧曲线，还可用Pedit命令进行编辑（见17.5.6）。

Pline命令有直线方式和圆弧方式两种，两种方式可互相切换，默认方式是直线方式。
键入Pline(PL)✓或单击⊃选择"绘图→多段线"后，系统提示：
指定起点：给定多段线的起点
当前线宽为⟨0.000⟩ 提示当前宽度，用户可在下面提示的宽度(W)选项中修改
指定下一点或[圆弧(A)/闭合(C)/半宽(H)/长度(L)/放弃(U)/宽度(W)]：
其中有关选项操作及作用如下：
- 如选默认选项指定下一点，则操作与Line画直线相同。
- 如选宽度(W)，即输入"W"，则系统提示：
指定起点宽度⟨0.0000⟩：给定起点线宽
指定端点宽度⟨0.0000⟩：给定端点线宽
若给定线宽首尾相同，则画出的一段线段或圆弧等宽，否则不等，见图17-16。

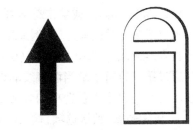

图17-16 多段线的应用

- 如选圆弧(A)，即输入"A"，则切换到圆弧绘制，系统提示：
指定圆弧的端点或[角度(A)/圆心(CE)/闭合(CL)/方向(D)/半宽(H)/直线(L)/半径(R)/第二个点(S)/放弃(U)/宽度(W)]：
选择其中选项并回答系统提示便可绘制圆弧或转而绘制直线。
- 如选默认选项指定圆弧的端点，输入一点，即为圆弧的终点。在默认方式下，前一线段或圆弧的终点切线方向即为后一圆弧的起始切线方向。其他方式均改变切线方向。
- 如选闭合(CL)，则使多段线的首末两端以圆弧闭合。若用 Pline 命令画整圆，应先画一段圆弧，然后输入"CL"使之闭合成整圆。

17.3.9 画样条曲线(Spline)

用 Spline 命令可以绘制自由曲线，如木纹线(图17-17)。

键入 spline(spl)↙单击～或选择菜单"绘图"→"样条曲线"后，系统提示及用户操作如下：
指定第一个点或[对象(O)]：
- 给定样条曲线的起点，系统继续提示：
指定下一点：输入第二点
指定下一点或[闭合(C)/拟合公差(F)]〈起点切向〉：输入第三点

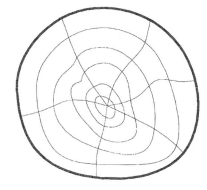

图 17-17 用 Spline 命令画木材断面

……

指定下一点或[闭合(C)/拟合公差(F)]〈起点切向〉：↙回车结束输入样条曲线点
指定起点切线：通过拖动鼠标改变起点切线方向，以改变样条曲线的形状
指定端点切线：通过拖动鼠标改变终点切线方向，以改变样条曲线的形状
在绘制过程中的其他选项有：
闭合(C)：输入"C"，将当前点与起点自动封闭。
拟合公差(F)：输入"F"，设置拟合公差值，值越大，曲线通过拟合点的距离也越大。
默认设置可改变起点或结束点的切线方向，以此来改变样条曲线的形状。
- 输入"O"，可将被拟合的多段线(详见17.5.6"多段线编辑")转换为样条曲线。
所谓样条曲线实际上就是通过连续的弧线顶点所绘制出的一段段弧，由这些顶点的方向和位置改变着弧线的形状。

17.3.10 画多线(Mline)

用 Mline 命令一次可画出多条平行线，最多可达16条，一次 Mline 命令生成的多条平行线是一个整体对象，但每一条线可具有不同的颜色、线型和偏移距离。

键入 Mline(ml)↙或单击⌘选择菜单"绘图→多线"后，系统提示：
当前设置：对正 = 上，比例 = 20.00，样式 = STANDARD
指定起点或[对正(J)/比例(S)/样式(ST)]：
通过第一行可了解当前多线的设置状态，用户可用第二行提示中对应的3个选项进行修改。第二行提示中各选项的含义及操作如下：
- 指定起点：默认选项，输入起点后系统接着提示：
指定下一点：输入下一点

指定下一点或［放弃(U)］：输入下一点,或键入 U 取消上一点,或回车结束命令
指定下一点或［闭合(C)/放弃(U)］：输入下一点或键入 U,或键入 C 封闭多线,或回车结束命令

- 对正(J)：控制多线的对齐方式,键入 J 后,系统提示：

输入对正类型［上(T)/无(Z)/下(B)］〈上〉：
3 种对齐方式的意义如图 17-18 所示,图中"1"为多线起点,"2"为多线终点。

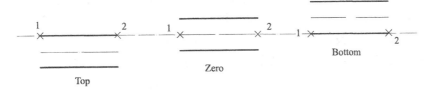

图 17-18　多线的三种对齐方式

- 比例(S)：控制多线中两条平行线的间距,例如 AutoCAD 默认的两条平行线的间距为 1,此处比例设置为 240,则两条平行线的实际间距为 1×240=240。
- 样式(ST)：用于确定多线样式。

创建新的多线样式可用 Mlstyle 命令,编辑已有的多线样式可用 Mledit 命令通过对话框进行。

17.3.11　画圆环(donut)

键入 donut(do)或单击 ◎ 或选择菜单"绘图"→"圆环"后系统提示：

指定圆环的内径〈10.000〉：

指定圆环的外径〈20.000〉：

指定圆环的中心点〈退出〉：

指定圆环的中心点〈退出〉：↙

给定内外径后,连续给中心,可连续画出多个圆环。

说明：(1)当内径为 0 时,可得到一实心的圆。(2)可使用 Fill 命令中 ON 或 OFF 选项来决定所绘制的圆环是否进行填充处理,以得到不同的效果,如图 17-19 所示。

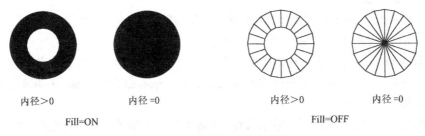

图 17-19　圆环填充与不填充效果对比

17.4　辅助绘图命令

17.4.1　捕捉(Snap)

Snap 命令用来设置光标移动间距,生成隐含分布在屏幕上的捕捉栅格(不可见)。打开

时,使光标以栅格点间距移动,即迫使光标移动时只能落在最近的栅格点上。一般用此功能保证用户在屏幕上拾取的点坐标为整数或规则的小数。

键入 Snap↙后,系统提示:

指定捕捉间距或 [开(ON)/关(OFF)/纵横向间距(A)/旋转(R)/样式(S)/类型(T)]〈10.0000〉:

各选项含义如下:

- 指定捕捉间距:此项为默认选项,用于设置捕捉栅格间距,直接输入数据。
- 开(ON)/关(OFF):打开/关闭捕捉栅格。
- 纵横向间距(A):设置水平和垂直方向不同的栅格间距。
- 旋转(R):将捕捉栅格绕指定点旋转一给定角度。
- 样式(S):选择捕捉栅格方式,标准方式(Standard)或等轴测方式(Isometric)。
- 类型(T):设置捕捉类型,有极轴和栅格两种。

用功能键 F9 或单击状态栏中的"捕捉"按钮也可控制 Snap 的开或关。

17.4.2 栅格(Grid)

Grid 命令用来设置可见的栅格点阵列。栅格点不是图形的组成部分,仅供作图定位参考。打开时,栅格可显示图形界限的范围。它与捕捉栅格 Snap 功能配合使用,可帮助用户精确定位绘制点。

键入 Grid↙后,系统提示:

指定栅格间距 (X) 或 [开(ON)/关(OFF)/捕捉(S)/纵横向间距(A)]〈10.0000〉:

各选项含义如下:

- 指定栅格间距 (X):此项为默认选项,应直接输入栅格点间距值。数值后紧跟 X 表示栅格点间距与捕捉栅格间距保持一定比例关系。间距值不宜太小,否则会因栅格过密而无法显示。
- 捕捉(S):选择此项,栅格点间距自动等于捕捉栅格间距。

其余各选项与 Snap 命令相应选项类似。

用功能键 F7 或单击状态栏中的"栅格"按钮也可控制 Grid 的开或关。

17.4.3 正交模式(Ortho)

打开正交模式,可准确方便地画出 X 轴或 Y 轴(或十字光标)的平行线。

键入 Ortho↙,然后选 ON 为打开,OFF 为关闭。

用功能键 F8 或单击状态栏中的 Ortho 按钮也可控制正交模式的打开或关闭。

当捕捉栅格发生旋转,正交模式也相应旋转;选择 Snap 命令的 Isometric 项时,正交模式与当前光标轴方向平行。

正交模式打开时画直线,用鼠标输入点,只能画出与 X 轴或 Y 轴(或光标)平行的线段,但捕捉已有的点或用键盘输入点的坐标来画直线则不受影响。

17.4.4 对象捕捉(Osnap)

当用户在屏幕上绘制图形对象或编辑图形对象时,要使用图形中的某一特定点,如圆心、切点、直线的中点等;如果用十字光标想准确拾取就很困难,若用键盘输入,又不知道它的具体数据。而利用 AutoCAD 提供的对象捕捉工具,则可迅速准确地捕捉到指定点,从而帮助用户迅速、准确、方便地绘出图形。

图 17-20 所示为对象捕捉工具栏,对象捕捉工具栏的显示、关闭、移动等操作见 17.2.2 中的工具栏介绍。

图 17-20 "对象捕捉"工具栏

17.4.4.1 对象捕捉的图标及功能

对象捕捉工具栏中的图标名称及功能如下:

(1) (Temporary Track Point,TT)临时跟踪点:相对于指定点,沿水平或垂直方向确定另外一个点。

(2) (From)捕捉自:指定一个临时参考点,从参考点偏移一定距离得到捕捉点。

(3) (Endpoint)端点:捕捉线段的端点。

(4) (Midpoint)中点:捕捉线段的中点。

(5) (Intersection)交点:捕捉交点。

(6) (Apparent Intersection)外观交点:功能与 Intersection 基本相同。但它还能捕捉 3D 空间中两个对象的重影点。

(7) (Extension)延长线:捕捉延长线。

(8) (Center)圆心:捕捉圆、圆弧或椭圆的中心,光标靶框应放在圆、圆弧或椭圆周上。

(9) (Quadrant)象限点:捕捉圆、圆弧或椭圆上 0°、90°、180°或 270°处的象限点。

(10) (Tangent)切点:捕捉与圆、圆弧或椭圆相切的切点。

(11) (Perpendicular)垂足点:捕捉从已知点到直线或其他对象的垂足点。

(12) (parallel)平行线:捕捉平行线。

(13) (Insert)插入点:捕捉块、图形或文字的插入点。

(14) (Node)节点:捕捉一个点对象。

(15) (Nearest)最近点:捕捉线段、圆或圆弧上距光标最近的点。

(16) (None)无捕捉:关闭对象捕捉方式。

(17) (Object Snap Settings)对象捕捉设置:设置对象自动捕捉模式。

说明:

1)(1)~(15)项每个图标代表一种捕捉方式,使用时,其中第(1)项只需键入 TT、(2)~(15)项键入前 3 个字母或直接单击图标即可。

2)TT、From 方式不能直接捕捉点,要与其他捕捉方式配合使用。

3)只有当 AutoCAD 提示输入点时,对象捕捉才生效。

17.4.4.2 对象捕捉的操作

实施对象捕捉时,可设置两种捕捉模式:即临时捕捉模式和自动捕捉模式。

(1)临时捕捉模式(即单点优先模式)

临时捕捉模式是在命令执行过程中,当系统要求输入点时不直接输入点而是临时指定对象捕捉方式,临时捕捉方式仅对本次捕捉点有效。

使用临时对象捕捉模式的操作步骤为:

1)在系统要求输入一点的提示后,键入对象捕捉方式的前 3 个字母(如 MID),或单击对象捕捉工具栏中相应的图标(如),或按住【Shift】键再单击鼠标右键,在弹出的快捷菜单中选择相应项(如中点)。

2)用上述三种方法之一输入对象捕捉方式之后,则在命令行中出现"于"或"到",此时在图上拾取含有被捕捉点的对象或点,即可捕捉到所需要的点。

【**例 17-1**】 如图 17-21 所示,已知五边形和圆,绘出图中的折线 1 – 2 – 3 – 4 – 5 – 6。其中 1 点为交点,2 点为圆上最右点(象限点),3 点为中点,4 点为圆心,5 点为垂足点,6 点为切点。

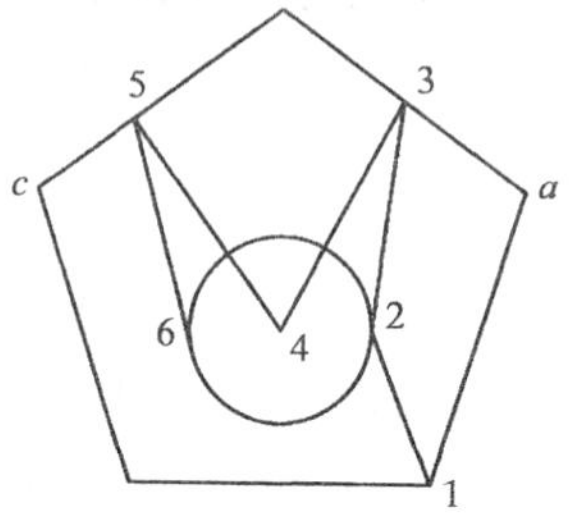

操作如下:

输入直线命令: line↙

图 17-21 用对象捕捉绘折线

指定第一点:int↙(或单击)输入捕捉到交点的捕捉方式

于　拾取交点 1

指定下一点或 [放弃(U)]:qua↙(或单击)输入捕捉到象限点的捕捉方式

于　拾取右圆周

指定下一点或 [放弃(U)]:mid↙(或单击)输入捕捉到中点的捕捉方式

于　拾取直线 ab

指定下一点或 [闭合(C)/放弃(U)]:cen↙(或单击)输入捕捉到圆心的捕捉方式

于　拾取圆周

指定下一点或 [闭合(C)/放弃(U)]:per↙(或单击)输入捕捉到垂足的捕捉方式

到　拾取直线 bc

指定下一点或 [闭合(C)/放弃(U)]:tan↙(或单击)输入捕捉到切点的捕捉方式

到　在切点 6 附近拾取圆周

指定下一点或 [闭合(C)/放弃(U)]:↙结束

(2)自动捕捉模式(默认捕捉模式)

对于一些经常使用的捕捉方式可设为自动捕捉模式,以减少操作时间。

键入 Osnap 或单击或 选择菜单"工具→草图设置"或右击状态栏中的"对象捕捉"按钮选择"设置"后,打开"草图设置"对话框如图 17-22 所示。在该对话框的"对象捕捉"选项卡中,勾选一种或几种经常使用的捕捉方式,选定后的方式将在作图中自动起作用,即提示输入点时,只要将光标移动到适当位置,系统就会自动实施捕捉,直至关闭对象捕捉为止。

17.4.5 自动追踪(AutoTrack)

自动追踪是 AutoCAD 又一个非常有用的辅助绘图工具,当"自动追踪"打开时,临时对齐路径有助于以精确的位置和角度创建对象。"自动追踪"包括"极轴追踪"和"对象捕捉追踪"。可以通过状态栏上的"极轴"或"对象追踪"按钮打开或关闭"自动追踪"。

所谓"极轴追踪"就是在绘图过程中,当两点间连线与 X 轴的夹角与所设置的极轴角一致时,系统显示出放射状的虚线和极坐标,如图 17-23(a)所示,这就使我们可以方便地捕捉到一些特定的角度。极轴角(含增量角和附加角)可根据需要,通过图 17-22 中的"极轴追踪"选项卡自行设置。

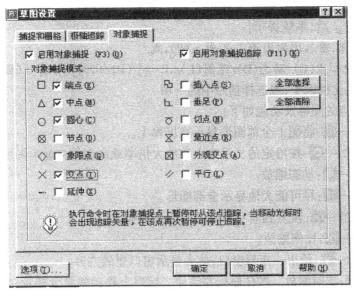

图 17-22 "草图设置"对话框中的"对象捕捉"选项卡

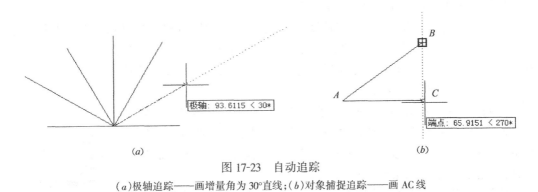

图 17-23 自动追踪
(a)极轴追踪——画增量角为30°直线;(b)对象捕捉追踪——画 AC 线

在图 17-23(a)中,要从已有的水平线中点画一簇夹角为30°的直线,具体操作为:在图 17-22 的"极轴追踪"选项卡中设置极轴角增量为30°,并打开"极轴追踪",输入直线命令,捕捉已有的水平线中点,移动光标,当光标位置与中点的连线大约成30°时,系统显示30°虚线和极坐标,此时,给定线段长度,即可画出30°斜线。重复画直线命令,绘制其余直线,只是移动光标时,光标位置与中点的连线应分别为60°、90°……

"对象捕捉追踪"是一种利用图形对象上的捕捉点来快速定位另外一点的作图方法,如图 17-23(b)所示。"对象追踪"与"对象捕捉"按钮必须同时打开才能从对象的捕捉点进行追踪。

在图 17-23(b)中,要从已有的直线 AB 的 A 点画一水平线 AC,C 点在 B 点的正下方,具体操作为:打开"对象捕捉"、"对象追踪"和正交模式,输入直线命令,捕捉 A 点,当提示"指定下一点"时,移动光标到 B 点停留片刻(不要点取),将显示"端点"捕捉标记,沿垂直方向移动光标,将显示垂直虚线与水平橡皮筋线相交,此时单击左键即可准确地画出 AC 线。

17.4.6 屏幕图形的缩放与平移

17.4.6.1 屏幕图形的缩放(Zoom)

用 Zoom 命令将屏幕图形放大或缩小，而图形的实际尺寸不变。

键入 Zoom(z)↙后，系统提示：

指定窗口角点，输入比例因子（nX 或 nXP），或

[全部(A)/中心点(C)/动态(D)/范围(E)/上一个(P)/比例(S)/窗口(W)]〈实时〉：指定窗口角点，或输入比例因子，或选择括号中的一项

各选项所对应的图标及功能如下：

(1) 全部(A)——🔍：将图上全部图形显示在屏幕上。

(2) 中心点(C)——🔍：按给定的显示中心和放大倍率或高度值来显示图形。

(3) 动态(D)——🔍：动态缩放。

(4) 范围(E)——🔍：尽可能大地显示全部图形。

(5) 上一个(P)——🔍：恢复到前一屏幕的图形显示状态。

(6) 比例(S)——🔍：比例缩放。

(7) 窗口(W)——🔍：给出一矩形窗口，放大显示窗口里的内容。

(8) 实时——🔍：实时缩放。按住鼠标左键使光标向上移动将放大图形，向下移动则缩小图形。

按【Esc】或【Enter】键可结束 Zoom 命令。

Zoom 命令中各选项所对应的图标均放在工具栏中，其中(5)、(7)、(8)项图标在标准工具栏内（见图 17-2），使用十分方便。其余各项图标不显示，需用时可选择"视图→工具栏"，在弹出的"自定义"对话框的"工具栏"中选择"缩放"项，此时缩放工具栏就显示在屏幕上。

17.4.6.2 图形的平移(Pan)

用 Pan 命令可以方便、迅速地移动全图以便看清图形的其他部分。

键入 Pan↙或单击🖐或选择菜单"视图"→"平移"后，光标在屏幕上显示为一只手的形状，此时按住鼠标左键不放并拖动，即可移动整个图形，就像用手拖动一张图纸一样。

按【Esc】或【Enter】键可结束 Pan 命令。单击鼠标右键，弹出一个快捷菜单（图 17-24），可方便地进行视图缩放与平移的转换。通过移动屏幕下边或右边的滚动块也可实现图形的平移。

图 17-24 快捷菜单

17.4.7 正等轴测方式

在正等轴测方式下，可以很方便地绘制正等轴测图。在一个轴测投影图中，正方体仅有 3 个面是可见的，如图 17-25 所示。AutoCAD 将这 3 个轴测面定义为：

左轴测面(Left)：光标十字线为 150°和 90°方向（如图 17-26 所示）。

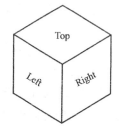 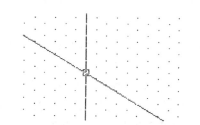

图 17-25 正方体的三个轴测面　　图 17-26 正等轴测方式的十字光标（左轴测面）

上轴测面(Top)：光标十字线为30°和150°方向。
右轴测面(Right)：光标十字线为30°和90°方向。

每次只能选取其中1个面来作为当前绘图面,可用 Isoplane 命令或功能键 F5 在三个面之间切换。在执行该功能时应先通过 Snap 命令将捕捉栅格方式(Style)设置成正等轴测方式(Isometric)。

正等轴测方式也可通过"草图设置"对话框进行设置,操作为：

键入 Dsettings 或 Ddrmodes 命令或选取"工具→草图设置",弹出"草图设置"对话框,如图17-27所示。在对话框的"捕捉和栅格"选项卡中选择"等轴测捕捉"选项,单击确定按钮,此时屏幕上的十字光标就变成等轴测形式(图17-26)。

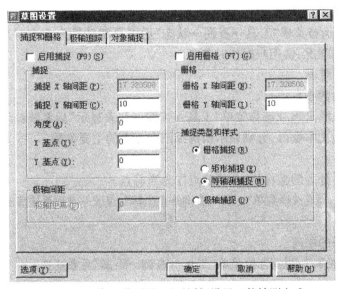

图17-27　利用"草图设置"对话框设置正等轴测方式

绘制正等轴测图的主要步骤为：

(1)用上述方法设置当前正等轴测方式。

(2)选择当前的轴测面(可由 F5 键切换到 AutoCAD 所定义的左轴测面、右轴测面和上轴测面上)。

(3)在当前轴测面上绘图。绘制正等轴测图椭圆时,应用画椭圆(Ellipse)命令中的"等轴测圆(I)"选项来画出。

(4)对所绘图形进行编辑,如用修剪(Trim)、删除(Erase)等命令逐一删除多余和不可见的线段等。

17.4.8　AutoCAD 2002 常用功能键

为了提高绘图速度,系统利用功能键为我们设置了一些常用工具的快速转换方式,其中常用的有：

〈F1〉—快速启动帮助文件

〈F2〉—打开/关闭文本窗口

〈F3〉—启动/关闭对象捕捉功能

〈F5〉—在正等轴测方式下进行上/左/右3个方向的转换

〈F6〉—在状态栏中切换显示绝对坐标/极坐标/不显示坐标

〈F7〉—打开/关闭网格

〈F8〉—打开/关闭正交方式

〈F9〉—打开/关闭捕捉方式

〈F10〉—打开/关闭极轴功能

〈F11〉—打开/关闭对象追踪功能

〈Esc〉—终止命令的执行

17.4.9 系统参数与图形参数查询

(1) 系统参数列表

显示系统当前使用状态。

键入 Status 或选择菜单"工具→查询→状态"后屏幕将转换为文本窗口并显示文本,以此了解系统的使用状况,供用户操作时参考。

(2) 图形参数列表

显示图形元素的参数信息。

键入 list(li)或单击 ▣ 或选择菜单"工具→查询→列表显示"后系统提示选择对象,选择对象后屏幕转换为文本窗口,分别显示所选择图形元素的主要参数。

(3) 坐标查询

显示鼠标单击处点的坐标值,并将此点作为当前点。

键入 id 或单击 ▣ 或选择菜单"工具→查询→点坐标",点取一点后系统显示该点的坐标值。

(4) 距离查询

查询两点之间的距离。

键入 dist(di)或单击 ▣ 或选择菜单"工具→查询→距离"后系统提示:

指定第一点:

指定第二点:

点取两点后将在命令区显示两点间连线的长度值、与 X 轴的夹角、与 XY 平面的夹角以及 X、Y、$Z3$ 方向的增量等有关信息。

17.5 二维图形编辑

图形编辑是指对已有的图形进行修改、移动、复制和特性编辑等操作。AutoCAD 具有强大的图形编辑功能,交替地使用绘图命令和编辑命令,可减少重复的绘图操作、保证作图精度、提高绘图效率。

17.5.1 对象选择方式

任何图形编辑命令都需要其操作对象。当前输入某一编辑命令后,系统提示"选择对象:",此时,光标变为小方框,称为拾取框,用户就可以用不同的方法选取准备编辑的对象,被选中的对象显示为虚线。AutoCAD 提供了多种选择对象的方式,下面介绍其中几种:

(1)直接点取对象:用光标拾取框直接点取所要编辑的对象(图 17-28a)。

(2)键入 W(Window):用矩形窗口选择要编辑的对象,需要输入窗口的两个角点(A、B),窗口所完全包含的实体被选中(图 17-28b)。可直接用鼠标从左往右开启窗口选取对象。

(3)键入 C(Crossing):与"W"方式类似,也是用矩形窗口选择要编辑的对象,需要输入窗口的两个角点(A、B),区别在于:"C"方式窗口所完全包含的实体及与窗口边界相交的实体均被选中(图 17-28c)。可直接用鼠标从右往左开启窗口选取对象。

(4)键入 All,选取图中所有对象。

(5)键入 P(Previous):重复选择前一次所选择的图形对象。

(6)键入 F(Fence):画任意虚线,所有与其相交的图形对象均被选中。

(7)键入 U(Undo):取消刚才的对象选取。

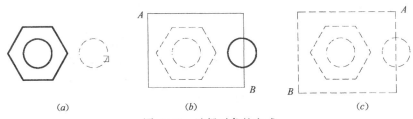

图 17-28 选择对象的方式

(a)直接点取对象;(b)用"W"窗口选取对象;(c)用"C"窗口选取对象

17.5.2 图形对象的复制

17.5.2.1 复制(Copy)对象

用 Copy 命令可将选定的图形作一次或多次复制并保留原图形(图 17-29)。

键入 Copy(co)↙或单击 或选择"修改→复制"后,系统提示及用户操作如下:

选择对象:选择要复制的图形对象

选择对象:↙回车结束选择

指定基点或位移,或者[重复(M)]:选择欲复制图形的基点 $P1$

指定位移的第二点或〈用第一点作位移〉:输入与基点所对应的目标点 $P2$

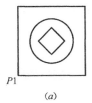 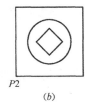 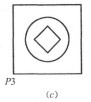

图 17-29 Copy 复制对象

(a)原图;(b)复制;(c)重复复制

如果在选择基点之前先选择[重复(M)]项,可实现多次复制。

17.5.2.2 镜像(Mirror)复制对象

按指定的镜像线(对称线)镜像复制选定的图形。镜像线方向可任意,但不一定画出,只要给出镜像线上的两点即可,原图可保留也可去除(图 17-30)。

键入 Mirror(mi)或单击 或选择"修改→镜像"后,系统提示及用户操作如下:

选择对象:选择要镜像复制的图形对象

选择对象:↙回车结束选择

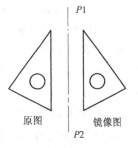

图 17-30 镜像复制

指定镜像线的第一点:输入镜像线上的一点 $P1$
指定镜像线的第二点:输入镜像线上的另一点 $P2$
是否删除源对象？[是(Y)/否(N)]〈N〉：键入 Y 删除,键入 N 保留

17.5.2.3　偏移(Offset)复制对象

将图形对象在其一侧作偏移复制,生成原对象的等距曲线和平行线段(图 17-31)。

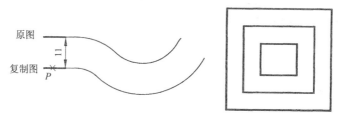

图 17-31　偏移复制

键入 Offset(o)↙或单击 ⌓ 或选择"修改→偏移"后,系统提示及操作如下：
指定偏移距离或 [通过(T)]〈1.000〉：<u>11</u>↙ 输入偏移距离值
选择要偏移的对象或〈退出〉：选择被偏移复制的对象(原图)
指定点以确定偏移所在一侧：用指定点的方式确定复制图在原图的哪一边
选择要偏移的对象或〈退出〉：↙回车结束偏移复制
或：
指定偏移距离或 [通过(T)]〈1.000〉：<u>T</u>↙ 选择 Through 选项
选择要偏移的对象或〈退出〉：选择被偏移复制的对象(原图)
指定通过点：给出复制对象欲通过的点,如图 17-31 中 P
选择要偏移的对象或〈退出〉：↙回车结束偏移复制

注意:用 Offset 命令一次只能选取一个图形对象进行偏移复制。偏移复制出来的曲线端点在原曲线端点的法线方向上。

17.5.2.4　阵列(Array)复制对象

阵列复制是对选定的图形按一定规律作均匀排列的复制。根据复制后重复目标的排列方式可分为矩形阵列复制和环形阵列复制。

键入 Array(ar)↙或单击 ⌓ 或选择菜单"修改→阵列"后系统将显示阵列对话框,其中包括"矩形阵列"与"环形阵列"两种形式。

(1)选择矩形阵列,显示对话框如图 17-32 所示。

1)行、列数确定包含原图在内的在 Y 轴方向、X 轴方向的阵列数量。

2)行、列偏移量确定在 Y 轴方向、X 轴方向阵列时的偏移距离,取正值表示与坐标轴方向相同,而负值则表示与坐标轴方向相反。这里所取数值表示图形与图形对应点之间的距离。在确定偏移距离时除了输入数值以外,还可通过点击右边的图标以矩形或直线进行确认。

3)阵列角度确定图形的阵列方向与 X 轴的偏移角度,图 17-33(a)、(b)为相同阵列距离下两种不同阵列角度的效果对比。

(2)选择环形阵列,显示对话框如图 17-34(a)所示。

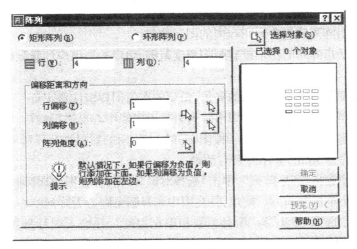

图 17-32 "矩形阵列"对话框

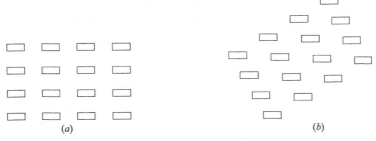

(a)   (b)

图 17-33 两种角度矩形阵列复制效果对比
(a)阵列角度=0；(b)阵列角度=30

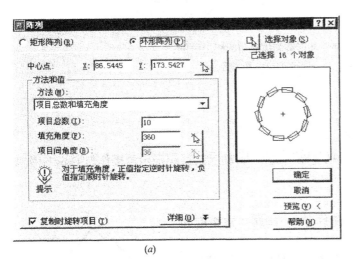
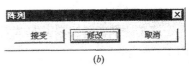

(a)   (b)

图 17-34 "环形阵列"对话框
(a)设置参数；(b)预览

1) 中心点：图形将围绕该点进行环形阵列。
2) "方法"下拉列表中包含了 3 种不同的参数表示形式，方法的改变将决定下面选项的打开或关闭。

3) 项目总数指阵列后包含原图在内的图形数量。

4) 填充角度是指阵列的图形被容纳的角度范围,角度的取值应注意默认顺时针为负、逆时针为正。

5) 项目间角度指两阵列对象间的夹角,角度的取值同样应注意正负。

6) "复制时旋转项目"选项决定图形阵列时是否围绕中心点进行旋转。

【例 17-2】 将图 17-35(*a*)的椅子按图 17-35(*b*)所示的效果进行环形阵列。

1) 输入阵列命令 Array,显示阵列对话框。

2) 在对话框中选择"环形阵列",单击"选择对象"按钮,并在图中选择椅子为阵列对象。

3) 在对话框中单击"中心点"按钮,并在图中选择圆桌圆心为阵列中心。

4) 在对话框中选择"方法"为"项目总数和填充角度",并输入项目总数为 10,填充角度为 360°,如图 17-34 所示。

5) 单击"确定"按钮,得到阵列效果如图 17-35(*b*)所示。

说明:在"确定"之前,也可单击"预览"按钮,进行图形预览。如果对阵列效果满意,则在系统弹出的阵列预览对话框(图 17-34*b*)中单击"接受",不满意则单击"修改"。

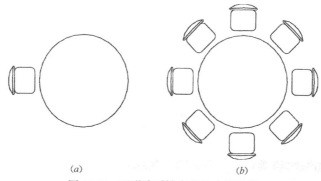

图 17-35 环形阵列填充角的应用示例
(*a*)阵列前;(*b*)阵列后

17.5.3 图形对象的变换

(1) 移动(Move)对象

将选定的对象移到指定的位置。

键入 Move(M)↙或单击✥或选取菜单"修改→移动"后,系统提示及操作与 Copy 一次复制相似。

(2) 旋转(Rotate)对象

将选定的旋转按指定的基点(旋转中心)旋转一定角度如图 17-36 所示。

键入 Rotate(ro)↙或单击↻或选择菜单"修改→旋转"后,系统提示及操作如下:

选择对象:选取旋转旋转

选择对象:↙回车结束选择

指定基点:基点即旋转中心 A,它是图形在旋转过程中惟

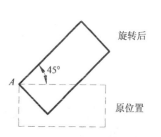

图 17-36 旋转对象

—不动的点

指定旋转角度或[参照(R)]：45↙ 输入旋转角度值(正值逆时针旋转,负值顺时针旋转),也可直接拖动旋转

若键入"R"则表示指定参照角来旋转图形。

(3) 拉伸(Stretch)对象

将选定的对象进行局部拉伸、压缩或移动。但文字、圆、椭圆等不能拉伸、压缩。

使用 Stretch 命令时,应使用交叉窗口方式(Crossing)选择操作对象。此时完全位于窗内的对象将发生移动,其效果与 Move 命令相同;而与窗口边界相交的对象将产生拉伸或压缩变形,如图 17-37 所示。具体操作为：

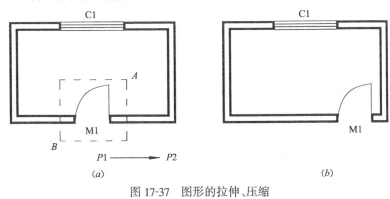

图 17-37　图形的拉伸、压缩
(a)原图;(b)拉伸、压缩后的结果

键入 Stretch(s)↙或单击▢或选择菜单"修改"→"拉伸"后,系统提示及操作如下：

以交叉窗口或交叉多边形选择要拉伸的对象⋯　提示对象的选择方式

选择对象：点取窗口右侧的一点 A

指定对角点：点取窗口的对角点 B(该点应在窗口的左侧,以形成 C 窗口),窗口中必须包含对象中所要移动的端点

选择对象：↙回车结束选择

指定基点或位移：给定位移的基点,如图中 P1 点

指定位移的第二点：给定位移第二点,如图中 P2 点

其结果,被选对象沿 P1P2 方向拉伸(左段墙体)、位移(门)、压缩(右段墙体),且拉伸、压缩的长度和位移距离均为 P1P2。

(4) 缩放(Scale)对象

将选定的对象相对于指定点(基点)按一定比例放大或缩小。

键入 Scale(sc)或单击▢或选择菜单"修改"→"比例"后,系统提示及操作如下：

选择对象：选择要缩放的对象

选择对象：↙回车结束选择

指定基点：

指定比例因子或[参照(R)]：

此时输入比例因子,大于 1 为放大,小于 1 大于 0 为缩小。

若键入"R",系统继续提示：

指定参考长度〈1〉:一般表示图形的现有长度

指定新长度:

新长度与参考长度的比值就是缩放比例。

17.5.4 图形对象的修改

17.5.4.1 删除(Erase)对象

删除不需要的图形对象。

键入 Erase(e)或单击 ▨ 或选择菜单"修改→删除"系统提示:

选择对象:选择所要删除的图形对象

选择对象:↙

回车结束命令后所选择的图形对象将自动消失。

最后一次被删除的图形对象可用 Oops 命令恢复。

17.5.4.2 修剪(Trim)对象

将一些对象从限定的边界上剪切掉,即剪去线段多余部分,如图 17-38 所示。

键入 Trim(tr)或单击 ▨ 或选择菜单"修改"→"修剪"后,系统提示及操作如下:

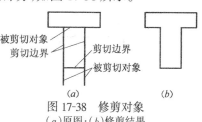

图 17-38 修剪对象
(a)原图;(b)修剪结果

当前设置:投影=UCS 边=无显示当前的剪切状态

选择剪切边… 提示先选择剪切边

选择对象:选择作为剪切边的对象,可选取一个或多个。

选择对象:↙回车结束剪切边的选择

选择要修剪的对象,按住 Shift 键选择要延伸的对象,或 [投影(P)/边(E)/放弃(U)]:选择被修剪对象,则被拾取的部分被剪掉,回车则结束 Trim 命令

其余选项的功用如下:

• 投影(P)选项:用来确定剪切操作所用的投影模式,用于三维绘图

• 边(E)选项:用来确定剪切方式。包含延伸与不延伸两种方式,在延伸方式下,剪切边与被剪切对象不相交但剪切边延伸后相交,可以修剪;在不延伸方式下,剪切边与被剪切对象必须直接相交,才可修剪。

• 放弃(U)选项:取消上一次剪切操作。

说明:

(1)在系统提示选择剪切边时,可以直接回车,然后拾取要修剪的对象,系统会自动将距离拾取点最近的对象作为剪切边。

(2)当一个图形对象被另一图形对象分割时才有修剪意义,一段独立的线段不能被修剪。

(3)图形对象在作为剪切边的同时亦可作为被修剪对象。

(4)在选择修剪对象时,同时按住〈Shift〉键可将选择的对象作为延伸对象操作(参见"17.5.4.3 延伸")。

17.5.4.3 延伸(Extend)

将直线和圆弧延伸到指定的边界。

键入 Extend(ex)↙或单击 ▨ 或选取菜单"修改→延伸",然后选取边界,再选取要延伸的线段。系统提示和操作方法与 Trim 命令类似,故不再赘述。

17.5.4.4 拉长(Lengthen)

将直线和圆弧拉长或缩短,以改变直线的长度或圆弧的弧长和圆心角。

键入 Lengthen(len)或单击 或选择菜单"修改"→"拉长"后系统提示:

选择对象或[增量(DE)/百分数(P)/全部(T)/动态(DY)]:选择一个对象或其中一个选项

直接拾取对象后,AutoCAD 显示其长度或圆心角,并接着显示刚才的提示,用户可选择其中一个选项继续操作,各选项的意义如下:

- 增量(DE),表示修改后的线段长度值与修改前的长度值之差作为拉长参数,正值将伸长,负值将裁短。
- 百分数(P),表示修改后的线段长度值与修改前的长度值的百分比比值,大于 100 将伸长,小于 100 将裁短。
- 全部(T),表示修改后的线段长度值。
- 动态(DY),选此项可通过动态拖动来修改线段长度。

对于圆弧线段而言,上述各项中的长度值也可用角度值(圆心角)来表示。

17.5.4.5 切断(Break)对象

将选定的线段断掉一部分。

键入 break(br)↙或单击 或选择菜单"修改→打断"后系统提示:

选择对象:选择需要打断的对象

指定第二个打断点或[第一点(F)]:

- 直接拾取点,则以选择图线时的拾取点为第一点,以该点为第二点断开图线。
- 若键入 F,系统要求重新给定欲断开的第一点,然后给定第二点,断开线段。

说明:

(1)断开圆时,系统默认按逆时针方向删除第一到第二断点间的线段,如图 17-39 所示。

(2)在提示输入第二点时,若输入"@"符号,则第二点与第一点重合,这样就可以将对象一分为二并且不删除某个部分。若第二点在线段的一端以外,则删除该线段的这一端。

图 17-39 断开圆

17.5.4.6 圆角(Fillet)

将相交的直线、圆弧和圆等对象之间的相交角变成圆角连接。

键入 Fillet(f)↙或单击 选择菜单"修改→圆角"系统提示:

当前模式:模式=修剪,半径=10 显示当前修剪方式和圆角半径

选择第一个对象或[多段线(P)/半径(R)/修剪(T)]:选择对象或输入选项

- 直接选择对象,则将所选边作为倒角的第一条边,系统继续提示:

选择第二个对象:选择圆角的第二条边

第一边与第二边按默认圆角半径值倒圆角。

- 多段线(P)选项:键入 P 后选择多段线,多段线对象上的所有转角都变成圆角。
- 半径(R)选项:键入 R 后再输入圆角半径值。
- 修剪(T)选项:键入 T 后再输入修剪模式选项,输入 T 为修剪(图 17-40b),输入 N 为不修剪(图 17-40c)。

说明：

(1)圆角半径要合适，才能在两线段间作出圆角(即圆弧)。

(2)在修剪方式下，不足的线段自动延长与圆角相切，多余的线段自动修剪(图17-40c)；在修剪方式下，圆角半径=0时，两线段自动延伸相交并修剪，如图17-40(d)所示。

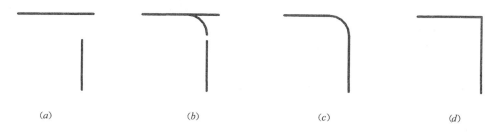

图17-40　倒圆角效果比较

(a)倒圆角前；(b)圆角后不修剪；(c)圆角后修剪；(d)修剪、圆角半径=0

17.5.4.7 倒角(Chamfer)

对两条相交或延伸后相交的直线进行倒角(图17-41)。

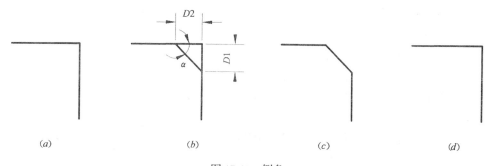

图17-41　倒角

(a)倒角前；(b)倒角-不修剪；(c)倒角-修剪；(d)倒角距离=0

键入 Chamfer(cha)↙或单击 或选择菜单"修改→倒角"后系统提示：

("修剪"模式) 当前倒角距离1=10，距离2=10　显示当修前剪方式和倒角距离

选择第一条直线或［多段线(P)/距离(D)/角度(A)/修剪(T)/方法(M)］:

- 直接选择对象，则将所选边作为第一倒角边，系统继续提示：

选择第二条直线：选择倒角的第二条边

选择第二条边后，将第一边与第二边按默认值倒角。

- 多段线(P)/修剪(T)选项的功用及操作与 Fillet 命令的对应选项相似。
- 距离(D)选项用来确定相邻两边的倒角距离 $D1$、$D2$。
- 角度(A)选项是以一个边上的倒角距离和边与倒角线间的夹角 α 确定倒角。
- 方法(M)选项是选择按两边或一边一角的方式倒角。

说明：在修剪方式下，倒角距离值=0时，两线段自动延伸相交并修剪，如图17-41(d)所示。

17.5.5　分解与定数等分

17.5.5.1　分解(Explode)对象

将一些组合对象如多段线、图块、尺寸、填充的图案等分解为单独的实体，以便于单独编辑。

键入 Explode(x)↙或单击 或选择菜单"修改→分解"后系统提示：

选择对象：选择要分解的对象，回车，系统自动将所选对象分解

17.5.5.2 图线定数等分

在选择的图线上插入等分点或图块。

键入 Divide(div)↙或单击 或选择菜单"绘图→点→定数等分"后系统提示：

选择要定数等分的对象：选择要定数等分的图线

输入线段数目或 [块(B)]：直接输入图线的等分数目即完成

若键入"B"则可在等分点位置插入图块。

17.5.6 多段线编辑

用 Pedit 命令对多段线进行形状和特性编辑，其中包括修改线段的宽度、进行曲线拟合、多段线合并、顶点编辑等。

键入 Pedit(pe)或单击 或选择菜单"修改→对象→多段线"后系统提示：

选择多段线或 [多条(M)]：

选择多段线或键入"M"可对一条或多条多段线进行编辑，系统继续提示：

输入选项[闭合(C)/合并(J)/宽度(W)/编辑顶点(E)/拟合(F)/样条曲线(S)/非曲线化(D)/线型生成(L)/放弃(U)]：

其中各选项含义如下：

- 闭合(C)：将不封闭的多段线连成封闭的多段线。如果所选的多段线已是封闭多段线，则此项会变成"打开(O)"，该选项用于取消封闭多段线的封闭段(即最后一个线段)，使封闭的多段线成为不封闭。
- 合并(J)：可将首尾相连的直线、弧线或其它多段线合并为同一条多段线。
- 宽度(W)：修改多段线的宽度，使多段线各段宽度相同。
- 编辑顶点(E)：编辑多段线各顶点，以改变多段线形状。
- 拟合(F)：将多段线拟合成通过各顶点的光滑曲线，如图 17-42(b)所示。
- 样条曲线(S)：将多段线拟合成通过起止点但不通过各顶点的光滑曲线，如图 17-42(c)所示。
- 非曲线化(D)：将多段线中的曲线段化为直线段。
- 线型生成(L)：控制多段线的线型为非连续线时在顶点处的生成方式。键入 L 后，系统提示中有"ON"和"OFF"两个选项，选 OFF 则非连续线在顶点处连续生成，选 ON 则在顶点处存在断点，如图 17-43 所示。

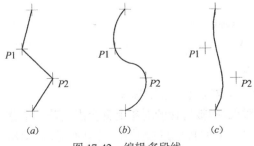

图 17-42 编辑多段线

(a)原多段线；(b)拟合曲线；(c)样条曲线

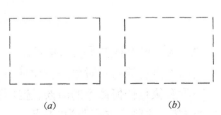

图 17-43 多段线非连续线型控制对比

(a)"线型生成"OFF；(b)"线型生成"ON

- 放弃(U):取消前次操作,可一直返回到 Pedit 任务的开始状态。

17.5.7 多线编辑

用 Mledit 命令编辑多线。

键入 Mledit 或单击 ✍ 或选择菜单"修改"→"对象"→"多线"后,屏幕显示"多线编辑工具"对话框如图 17-44 所示。

对话框非常直观地显示出系统所提供的各种编辑功能,点取图标后系统将自动返回作图状态,再选择图形即可进行编辑。

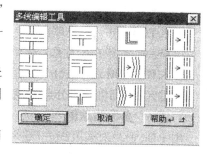

图 17-44 "多线编辑工具"对话框

【例 17-3】 使用多线绘制和多线编辑命令,绘制图形如图 17-45(c)所示。

1)使用多线绘制命令绘制墙线轮廓如图 17-45(a)所示。

2)输入 Mledit 命令,打开图 17-44 所示"多线编辑工具"对话框。

3)修剪直角 A:点取"多线编辑工具"图标 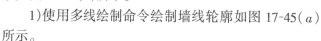 并单击"确定"按钮,然后分别点取该角处的水平线和垂直线。

4)修剪 T 字形节点 B、C、D、E:点取"多线编辑工具"图标 并单击"确定"按钮,然后按顺序分别点取 B 节点处的垂直线和水平线、C 节点处的水平线和垂直线、D 节点处的垂直线和水平线、E 节点处的水平线和垂直线。

5)修剪节点 F:点取"多线编辑工具"图标 并单击"确定"按钮,然后分别点取该角处的水平线和垂直线。结果如图 17-45(b)所示。

6)断开多线:点取"多线编辑工具"图标 并单击"确定"按钮,然后选择要断开的多线,选择多线时所点取的点作为第一点,再点取第二点后即从两点间断开,结果如图 17-45(c)所示。断开多线的功能可用于建筑平面图上开门窗洞。

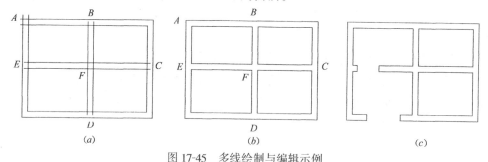

图 17-45 多线绘制与编辑示例
(a)绘制多线;(b)修剪节点;(c)断开多线

17.5.8 利用夹点功能编辑对象

利用夹点功能可对对象进行拉伸、移动、旋转、缩放以及镜像等编辑。

在没有执行任何命令的时候,选择要编辑的对象,则被选择的对象上就会出现若干个蓝色的小方框,这些小方框即为"夹点"。夹点代表对象上的特征点,选择的对象不同,显示出来的夹点数量和位置就不同。单击其中一个夹点,则该夹点变成红色实心方框,这种状态的夹点称为选中夹点,也是编辑的基点,其余的夹点为非选中夹点,如图 17-46 所示。

图 17-46　图形对象的夹点

当选中一个夹点(基点)后,系统提示:

＊＊拉伸＊＊

指定拉伸点或［基点(B)/复制(C)/放弃(U)/退出(X)］:

此时,指定一个点,即将基点拉伸到该点。

若键入 B,可重新指定一个基点。新指定的基点可以不是夹点。

键入 C,可进行多次拉伸,每次拉伸后将生成一个新的对象。

空回车则可循环切换到移动、旋转、缩放、镜像、拉伸操作。

编辑完毕,按【Esc】键,夹点消失,退出编辑。

17.6　图层、线型、颜色与特性

17.6.1　图层的概念

图层是 AutoCAD 中用户组织图形最为有效的工具之一。AutoCAD 的"图层"可想像成一叠透明图纸,在不同的透明纸上画出同一幅图形的不同部分,然后将各透明纸层层叠加,就形成了一幅完整的图形。各层坐标系、绘图边界和比例完全一致,层数最多可达 32000 层。各层可随时打开或关闭,便于显示和修改。

17.6.2　建立新图层

建立新图层(含设置图层的颜色和线型等)的方法步骤如下:

17.6.2.1　打开图层特性管理器

键入 Layer(la)↙或单击▣或选择菜单"格式→图层"后,系统打开"图层特性管理器"对话框如图 17-47 所示。对话框中部有一个大的列表框,用户可在里面创建图层,设置图层的颜色和线型、线宽等。

17.6.2.2　设置用户新图层名

在对话框中,单击"新建"按钮,列表框中自动拉黑显示出图层名为"图层 1"的新层属性,且图层名"图层 1"被套入一矩形框,用户可在此框内改写出新的图层名。图层名可用中文、英文、字母、数字和连接符(-)命名,且应便于记忆和检索。如中心线层可用"中心线"或"CEN"命名。

17.6.2.3　设置图层的状态

新图层状态的默认设置为:打开、解冻、解锁。

- 打开♀/关闭♀:图层只有打开(小灯泡亮)时该层上的图形才能显示,关闭(小灯泡显灰)则不显示。
- 冻结❄/解冻☼:以雪花表示冻结,以太阳表示解冻;冻结后该层上的图形不显示,不打印,AutoCAD 不对冻结层上的实体进行更新,这样有助于提高速度。

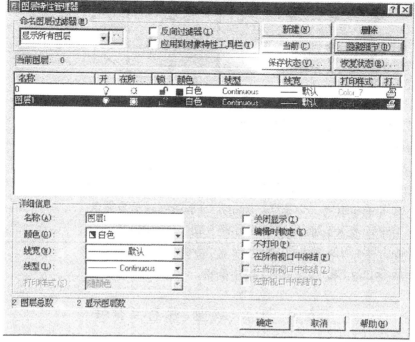

图 17-47 "图层特性管理器"对话框

- 锁定🔒/解锁🔓:对指定的层加锁或解锁。被锁图层的图形可显示,可添新的实体,但不可编辑。

17.6.2.4 设置图层的颜色

即对图层指定颜色,不同的图层最好指定不同的颜色,以便区别。新图层的默认颜色为白色,用户可自行设置。其方法是:单击该图层名(如 CEN)所对应的颜色小框,则弹出"选择颜色"对话框(图 17-48),在该框中选取一种颜色(如黄色)后,按"确定"按钮。此时新图层名所对应的颜色小框就变成选定的颜色(黄色)。该层上的对象都将采用这种颜色。

"选择颜色"对话框中每种颜色都有一个编号,其中标准颜色的编号是:1-红色、2-黄色、3-绿色、4-青色、5-蓝色、6-紫色、7-白色/黑色。一般情况尽量选用标准颜色。

17.6.2.5 设置图层的线型:

即为图层指定线型(Linetype)。新图层的默认线型是连续线(Continuous),用户可自行设置,其操作步骤如下:

(1)单击本图层名所对应的线型名称(如 Continuous),弹出"选择线型"对话框,如图 17-49 所示。

(2)在"线型选择"对话框中选取想要的线型,并单击"确定"按钮,则此对话框关闭并返回到刚才的"图层特性管理器"对话框。此时新层的线型就变成所选定的线型。该层的

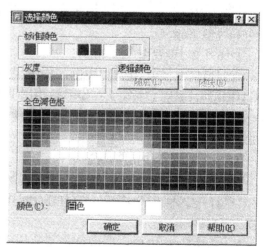

图 17-48 "选择颜色"对话框

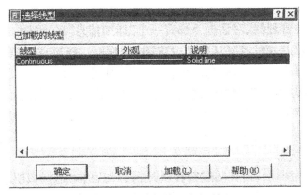

图 17-49 "选择线型"对话框

对象都采用这种线型。

(3)如果在"线型选择"对话框中找不到想要的线型,可单击该对话框底部的"加载"按钮,弹出"加载或重载线型"对话框,如图17-50所示。

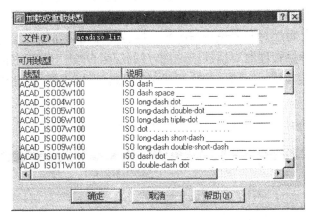

图 17-50 "加载或重载线型"对话框

(4)在"加载或重载线型"对话框中,向下滚动"可用线型"列表,找到想要的线型后,再单击"确定"按钮,返回"选择线型"对话框。此时可看到想要的线型就装载到该对话框中。然后再选取该线型,单击"确定"按钮即可。

17.6.2.6　设置图层的线宽

用户可为图层指定线宽(Lineweight),其方法是:单击该图层名在列表框中的线宽图标,则弹出"线宽"对话框,如图 17-51 所示,在该对话框中选取线宽值,然后单击"确定"按钮,返回到"图层特性管理器"对话框。

如果必要的话,还可设置图层打印样式和是否打印。

设置完毕,单击"确定"按钮,退出"图层特性管理器"对话框。

图 17-51 "线宽"对话框

说明：

(1)在"图层特性管理器"对话框下部有一个"详细信息"区，见图17-47。在该区域内，用户也可直接通过下拉列表框及复选框来设置图层的颜色、线宽、线型和图层状态。如果"详细信息"区不显示，可单击右上角的"显示细节"按钮，则可显示。

(2)如果给单个对象或一组对象设置指定颜色、线型和线宽，它们则不受所在层的颜色、线型和线宽的限制。但是对象的颜色、线型和线宽最好随层，一般不要再另外设置，以免造成混乱。

(3)如果对系统显示的线宽比例不满意，可右键单击状态栏上的"线宽"按钮，选择"设置"，来调整线宽显示比例。

(4)对于无用的空图层，可在"图层特性管理器"对话框中选择该层后，单击"删除"按钮即可删除。但系统默认的0层、当前层、包含对象的层不能删除。

17.6.3 设置当前层

用上述方法步骤，用户可建立许多图层，但任何时候必有且只有一个层是被激活的，这个层称为当前层(Current layer)。当前层可比作一叠透明图纸中的最上面的一张。用户只能在当前层上绘制图形。当前层是可以改变的，可以把任何一个已经存在且未被冻结的层设置为新的当前层，与此同时，原来的"当前层"变为普通层。

系统的当前层是零层，如果不设置新的当前层，则所画的图形都在零层上。设置当前层的方法是：在"图层特性管理器"对话框选中指定的层名，单击"当前"按钮，再单击"确定"按钮，选定的层即成为当前层。当前层的状态就在"对象特性"工具栏的控制窗口中显示出来，如图17-52所示。

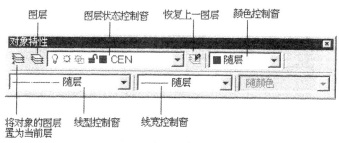

图17-52 "对象特性"工具栏

设置当前层更简便的方法是：单击图层状态控制窗的▼按钮(见图17-52)，然后在下拉列表选项中选择要设置为当前层的层名，即可将该图层设为当前层。

另外，还可以选取一个对象，再单击"对象特性"工具栏中的图标，即可使该对象所在的图层成为当前层。

17.6.4 调整线型比例

像虚线、点划线这样的非连续线型是由短线段、间隔和点所组成，组成这些线型的短线段长度和间隔应根据图形的大小而适当扩大或缩小，才能获得较好的效果。用线型比例命令Ltscale适当调整比例因子，可达到上述要求(有时需要多次调整)。Ltscale为全局线型比例，它对全图中的所有非连续线型有效。

键入 Ltscale(Lts)↙后系统提示：

输入新线型比例因子⟨1.0000⟩：↙3

输入新的全局线型比例因子后，全图所有的非连续线型将自动调整短线段长度和间隔大小,而总长度不改变。

要改变个别对象的线型比例因子,可在选择该对象后,单击"标准"工具栏中的"特性"图标，打开"特性"对话框,对"线型比例"进行修改。此处的线型比例与全局线型比例因子的乘积即为该对象的实际线型比例。

17.6.5 修改对象特性

用 Properties 命令修改对象的颜色、图层、线型、线型比例等特性和几何形状。

选择对象后,再键入 Properties(mo)↙或单击 或选择菜单"修改→特性",则弹出"特性"对话框(如图 17-53 所示)。特性对话框是一种表格式对话框,表格中的内容即为所选对象的特性与参数,对于不同的对象,表格中会有不同的内容。如果选择单个对象,特性对话框将列出该对象的特性与参数;如果选择了多个对象,特性对话框将列出所选的多个对象的共有特性;未选择对象时,特性对话框将列出整个图形的特性。

在特性对话框中可以按以下方式之一修改所选对象的特性:

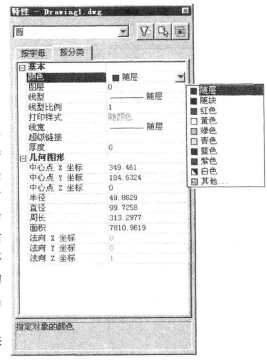

- 在对应的选项栏中输入一个新值。
- 从下拉列表或附加对话框中选择一个特性值。
- 用"拾取"按钮改变点的坐标值。

图 17-53 是修改圆的特性对话框。在该对话框中用上述方式之一可修改圆的所有特性与参数,如颜色、图层、线型、圆心、半径或直径等。

图 17-53 "特性"对话框

17.6.6 图形特性匹配

将某一对象(称源对象)所具有的特性全部或部分复制到所选择的其他目标对象上。

键入 Matchprop(ma)或单击 或选择菜单"修改→特性匹配"后系统提示:

选择源对象:选择可复制特性的源对象

选择了源对象后,光标将自动变为刷子形状,系统继续提示:

当前活动设置:颜色 图层 线型 线型比例 线宽 厚度 打印样式 文字 标注 图案填充

选择目标对象或 [设置(S)]:选取目标对象,则将源对象的特性匹配到所选取的对象上

选择目标对象或 [设置(S)]:↙回车结束匹配

若键入"S",则显示"特性设置"对话框,如图 17-54 所示,可在其中控制要将哪些特性复制到目标对象。默认情况下,系统将复制所有的特性。

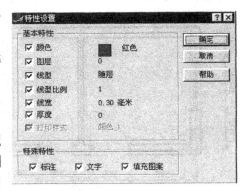

图 17-54 "特性设置"对话框

17.6.7 图层应用练习举例

下面以绘制图 17-59 所示的厨房及卫生间平面图为例，介绍图层的应用。

(1) 设置图层(表 17-1)

厨房及卫生间设置图层 表 17-1

层 名	颜 色	线 型	线 宽	用 途
轴线	红色	ACAD_ISO4W100	0.18mm	绘制轴线
墙体	白色/黑色	Continuous	0.7mm	绘制墙线
门窗	绿色	Continuous	0.18mm	绘制门、窗
设施与家具	紫色	Continuous	0.18mm	绘制室内家具、厨具、洁具等
地面	灰色(9号色)	Continuous	0.18mm	绘制地面分隔、图案等

(2) 绘制轴线

按图 17-55 所示尺寸在"轴线"层上绘制轴线(无须标注尺寸)。

(3) 绘制并编辑墙体

使用多线绘制命令在"墙体"层上绘制墙体(外墙宽 240, 隔墙宽 120)并使用多线修改命令进行墙线修改如图 17-56 所示。

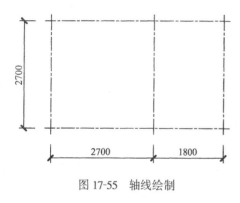

图 17-55 轴线绘制

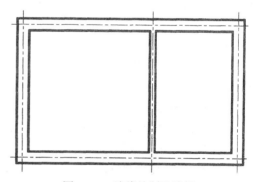

图 17-56 墙线绘制及编辑

(4) 开门窗洞口并绘制门窗

按图 17-57 所示尺寸使用辅助线在"墙体"层上开启门窗洞口，然后在"门窗"层上绘制门窗。

(5) 绘制设施

关闭"轴线"层，按图 17-58 所示在"设施与家具"层上绘制灶台、浴缸等厨房及卫生间设施。

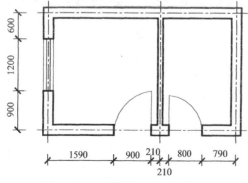

图 17-57 开门窗洞口并绘制门窗

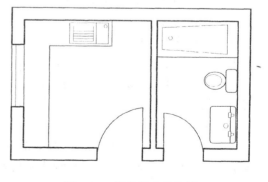

图 17-58 设施及家具绘制

(6)绘制地砖

在"地面"层上按 300mm×300mm 大小绘制并修剪地砖,最终效果如图 17-59 所示。

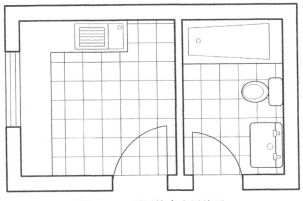

图 17-59 图层综合应用练习

17.7 文字标注与编辑

工程图样中的文字表达了图形不能表达的信息,如技术要求、设计说明、标题栏等,是工程图的必要组成部分。标注文字时,应首先设置文字样式,使之符合制图国家标准。

17.7.1 设置文字样式

文字样式包括字体、字高、字宽、倾斜角等项目。

键入 Style(st)或选择菜单"格式→文字样式",弹出"文字样式"对话框,如图 17-60 所示。对话框各项功能及操作如下:

图 17-60 "文字样式"对话框

(1)"样式名"下拉列表框可选择已有的文字样式为当前样式,默认样式为名 Standard。

• "新建"按钮用于设置新的文字样式,单击该按钮,弹出"新建文字样式"对话框如图 17-61 所示。用户在该对话框中输入新的文字样式名后单击"确定"

图 17-61 "新建文字样式"对话框

按钮,返回“文字样式”对话框。

- “重命名”按钮用于更改文字样式名。
- “删除”按钮用于清除无用的文字样式。

(2)“字体”栏用于设置有关字体的常用参数。

- 在“字体名”下拉列表框中可以选择字体文件,它包括 Windows 的 True Type 字体(图标显示为T)和 AutoCAD 特有的 shx 类型文件字体(图标显示为A),图 17-62 是其中几种字体的示例。根据技术制图标准的规定,汉字用长仿宋体,可选择“T 仿宋 GB _ 2312”(字宽比例 0.7);字母和数字可写成斜体和直体,可选择“gbeitc.shx”、“isocp.shx”等字体。

isocp.shx: 计算机绘图 AutoCAD 1234567890Ø

gbenor.shx: 计算机绘图 AutoCAD 1234567890Ø

gbcitc.shx: 计算机绘图 *AutoCAD 1234567890Ø*

italic.shx: 计算机绘图 *AutoCAD 1234567890Ø*

txt.shx: 计算机绘图 AutoCAD 1234567890Ø

T 宋体: 计算机绘图 AutoCAD 1234567890 ϕ

T 楷体GB _ 2312: 计算机绘图 AutoCAD 1234567890 ϕ

T 仿宋GB _ 2312: 计算机绘图 AutoCAD 1234567890 ϕ

图 17-62 几种字体示例

在“字体名”下拉列表中,只有选中后缀为 .shx 的形文件字体时,“使用大字体”复选框才能被激活,选择该项后,原“字体样式”下拉列表框变为“大字体”下拉列表框,在该框中只有选择了 gbcbig.shx 或其他已安装的汉字形文件,在图中才能输入汉字。

在“字体名”下拉列表中,所有以@开头的汉字字体在屏幕上均按正常字体翻转 90°显示。

- 在“字体样式”下拉列表框中选择字体样式(正常体、斜体、粗体)。
- “高度”框用于设置字体高度,如果这里的默认值设为 0,则用户在输入文字时,再根据提示给定字高,使用比较灵活方便;如果这里设置了大于 0 的高度值,则 AutoCAD 始终将此值用于这种样式,在标注文字时字高不能改变,适合于字高不变的大规模标注。

(3)“效果”栏用于设置字体的各种特殊效果,其中包括文字倒置、反向、垂直、倾斜角度和字宽比例等。

(4)在“预览”框中我们可以很方便地查看所设置的文字效果。

说明:

(1)各项目设置完毕后,单击“应用”按钮完成设置。如不再设置其他样式,可在“样式名”下拉列表直接选择已有的一种样式作为当前样式。

(2)在定义新的文字样式时应特别注意“样式名”与“字体名”之间的关系,样式名只是为了操作方便而给选用的字体所定义的代号,而在“字体名”下拉列表中所选择的则是一种具体的字体。

17.7.2 文字标注

17.7.2.1 单行文字标注

可在图形中连续地标注一行或多行文字,每一行文字都将是一个独立的对象。

键入 Text 或选择菜单"绘图→文字→单行文字"后,系统提示及操作如下:

当前文字样式:Standard 文字高度:2.5000(AutoCAD 告诉当前样式字高信息)

指定文字的起点或[对正(J)/样式(S)]:输入文字行的起点(默认为左下角点)

指定高度⟨2.5000⟩:输入字高

指定文字的旋转角度⟨0⟩:输入文字行的旋转角度

输入文字:输入文字或移动光标换位置或回车换行,再回车则结束命令

在第二行提示中有两个操作选项,即:

- "样式"(S):键入 S 可选择新的文字样式用于当前标注。如果对已有的文件样式不是很清楚,可通过"?"进行查询。
- "对正"(J):键入 J 可选择文字的对齐方式(AutoCAD 默认设置为左对齐方式)。选择此项后,AutoCAD 提示:

输入选项

[对齐(A)/调整(F)/中心(C)/中间(M)/右(R)/左上(TL)/中上(TC)/右上(TR)/左中(ML)/正中(MC)/右中(MR)/左下(BL)/中下(BC)/右下(BR)]:

这些子选项的含义及操作如下:

- "对齐"(A):键入 A,指定文字行基线(参见图 17-64)的起点和终点,系统按字体样式所设定的字宽比例自动调整字高、字宽和角度,使文字均匀分布在两点之间,如图 17-63(a)所示。
- "调整"(F):键入 F,指定文字行基线的起点和终点,系统自动调整字宽和角度,使文字均匀分布在两点之间,而字高按设定的高度保持不变,如图 17-63(b)所示。

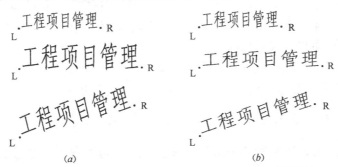

图 17-63 文字对齐方式中的"对齐"和"调整"选项的效果
(a)"对齐"选项的效果;(b)"调整"选项的效果

- 其余选项的对齐方式如图 17-64 所示。其操作方法是先选择一种对齐方式,再指定定位点,然后再输入字高、旋转角度和要标注的文字。

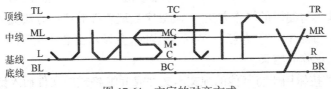

图 17-64 文字的对齐方式

17.7.2.2 多行文字标注

可一次标注一行或多行文字,同时还具有文字的编辑功能。一次输入的一行或多行文字是一个独立对象。

键入 Mtext(t,mt)或单击 **A** 或选择菜单"绘图→文字→多行文字"后系统提示及操作如下:

当前文字样式:"Standard"。文字高度:2.5000(AutoCAD 提示当前样式和字高信息)

指定第一角点:在图中欲标注文字处给定第一个角点

指定对角点或[高度(H)/对正(J)/行距(L)/旋转(R)/样式(S)/宽度(W)]:可用拖动方式指定对角点

两对角点间 X 坐标方向的距离即为文本行宽度。确定对角点后系统弹出"多行文字编辑器"对话框如图 17-65 所示。用户可在此输入和编辑文字、符号,最后按"确定"按钮,在编辑器中输入的文字将以块的形式标注在图中指定位置。

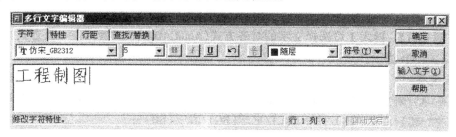

图 17-65 "多行文字编辑器"的"字符"选项卡

命令行中其余选项[高度(H)/对正(J)/行距(L)/旋转(R)/样式(S)/宽度(W)]的含义分别是:字符高度/文字行对齐方式/文字行间距/文字行旋转角度/文字样式/文字行宽度。这些内容均可在"多行文字编辑器"对话框中设置。

"多行文字编辑器"对话框有 4 个选项卡,即"字符"、"特性"、"行距"和"查找/替换"。

(1)"字符"选项卡用来确定字体、字高、字体格式(粗体、斜体、下划线)、字符堆叠、颜色和插入特殊字符等,如图 17-65 所示,其中:

• ▦ 按钮:用于标注堆叠字符,如指数、分数、尺寸公差与配合符号等,例如:

要标注 m², 可先输入 m2^,然后选中 2^,再单击 ▦,就生成 m²。

要标注 $\frac{3}{5}$ 可先输入 3/5,然后选中 3/5,再单击 ▦,就生成 $\frac{3}{5}$。

要标注 30 $\frac{H7}{f6}$,可先输入 30H7/f6,然后选中 H7/f6,再单击 ▦,就生成 30 $\frac{H7}{f6}$。

要标注 $50^{+0.15}_{-0.10}$,先输入 50+0.15^-0.10,后选中 +0.15^-0.10,再单击 ▦,生成 $50^{+0.15}_{-0.10}$。

• "符号"按钮用于插入特殊字符,单击它会弹出下拉列表,表中包括"度数"、"正/负"、"直径"、"不间断空格"和"其他"项。其中度数用%%d、正/负用%%p、直径用%%c 表示,在编辑器中直接输入这些字符,就会生成相应的"°"、"±"、"φ"符号,例如:

30%%d → 30°   69%%p0.05 → 69±0.05   %%c50 → φ50

一般文字的输入与编辑的操作方法与 Word 字处理软件的使用方法类似。

应注意当字体和特殊字符(包括汉字)不兼容时,会显示出若干"?"来替代输入的字符,更改字体可以显示正确的结果。

• "输入文字"按钮用于将其他的纯文本文件或 RTF 格式的文件插入到"多行文字编辑

器"对话框中。单击该按钮,将显示"选择文件"对话框(见图17-66),可在此对话框中选择要插入的文件,单击"打开"按钮即可。此方法尤其适用于工程图纸上说明文字较多的时候。注意,插入的文件不能超过16kB。

(2)"特性"选项卡(如图17-66所示)用于设置和改变编辑器中的所有文字特性而不是选中的那一部分文字特性。这些特性包括文字样式、对齐方式、文字行宽度和文字行旋转角度等,在相应的下拉列表中,用户直接选择即可。

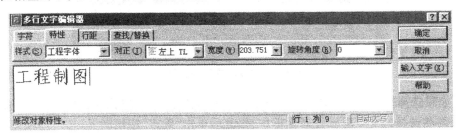

图17-66 "多行文字编辑器"的"特性"选项卡

(3)"行距"选项卡(如图17-67所示)用于控制文字的行间距。行间距是指两行文字的基线之间的距离,其中单倍行距为文字高度的1.66倍,用户可直接选择列表中的行距或是输入一个新的行距。

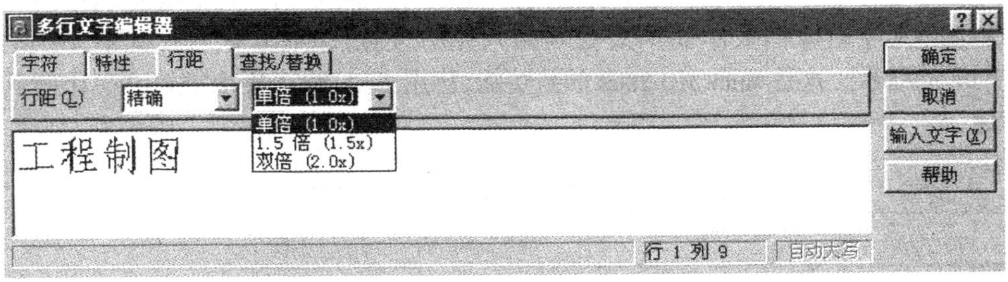

图17-67 "多行文字编辑器"的"行距"选项卡

(4)"查找/替换"选项卡(如图17-68所示)一般用于在较长的文本中查找或替换文字。其操作方法与Word字处理软件中的查找/替换类似。

图17-68 "多行文字编辑器"的"查找/替换"选项卡

17.7.3 文字编辑

和任何其他图形对象一样,文字也可以移动、旋转、缩放、删除、复制和镜像等,可参照17.5节进行。镜像文字时,应用Mirrtext命令设置系统变量值,变量值为0,文字不反向;变量值为1,文字反向显示。本节主要介绍文字内容和特性的修改编辑。

17.7.3.1 修改文字内容

键入 Ddedit(ed)或选择菜单"修改→对象→文字→编辑"后,系统提示及操作如下:
选择注释对象或[放弃(U)]:选择要修改的文字

• 如果选择的文字是用 Text 命令标注的,则弹出如图 17-69 所示的"编辑文字"对话框,并将选择的文字显示在对话框中,修改后单击"确定"按钮即可。

图 17-69 "编辑文字"对话框

• 如果选择的文字是用 Mtext 命令标注的,则弹出如图 17-65 所示的"多行文字编辑器"对话框,并将选择的文字显示在对话框中,修改后单击"确定"按钮即可。

退出上述对话框后,AutoCAD 继续提示:
选择注释对象或[放弃(U)]:
可继续选择文字进行修改,或键入 U 放弃最后一次修改,回车则结束命令。

17.7.3.2 修改文字对象的大小

即使选定的文字对象具有不同的标注样式和不同的插入点,使用 Scaletext 命令可以改变所有选定文字对象的大小而不改变其插入点的位置,缩放效果对比见图 17-70(a)、图 17-70(b)所示。这是 AutoCAD 2002 的新功能,比用 Scale 命令逐个缩放文字比例节省大量时间。

图 17-70 用 Scaletext 命令缩放文字
(a)缩放前;(b)缩放后

键入 Scaletext↙或选择菜单"修改→对象→文字→比例"后,系统提示及用户操作如下:
选择对象:选择要修改的文字对象
选择对象:↙回车结束选择
输入缩放的基点选项
[现有(E)/左(L)/中心(C)/中间(M)/右(R)/左上(TL)/中上(TC)/右上(TR)/左中(ML)/正中(MC)/右中(MR)/左下(BL)/中下(BC)/右下(BR)]〈现有〉: e↙ 默认现有基点
指定新高度或[匹配对象(M)/缩放比例(S)]〈2.5〉: s↙选择缩放比例选项
指定缩放比例或[参照(R)]〈1〉: 1.4↙

17.7.3.3 修改文字对象特性

文字特性的修改与其他图形对象的特性修改相似,可以先选择要修改的文字,再键入 Properties 或单击 ,则弹出相应的文字"特性"对话框。在"特性"对话框中可以更改文字内容、插入点、样式、对齐方式、字高和其他特性(颜色、图层等),可参照"17.6.5 修改对象特性"进行。

17.8 尺寸标注与编辑

工程图中的尺寸用来表明工程物体各部分的实际大小和相对位置关系,是加工或施工的重要依据。因此,工程图中的尺寸标注必须符合相应的制图国家标准。AutoCAD 提供了强大的尺寸标注功能和尺寸编辑功能,但其标注样式还不完全符合我国制图标准,必须根据我国制图标准对其作适当的设置和修改后才能使用。设置了尺寸标注样式后,就能很容易地进行尺寸标注。例如,要标注一矩形的长度,只需拾取该矩形的长边,再指定尺寸线的位置即可完成标注。由于标注时 AutoCAD 会自动测量对象的尺寸大小,并注出相应的尺寸数字,因此要求用户在标注前,必须准确地绘制图形。

17.8.1 设置尺寸标注样式

17.8.1.1 尺寸标注的构成要素

尺寸标注通常由尺寸数字、尺寸线、尺寸界线和尺寸起止符号四要素构成。尺寸标注样式控制尺寸标注要素的形式、大小及其相对位置等,如图 17-71 所示。

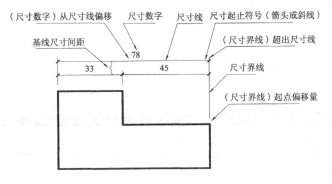

图 17-71 尺寸标注的构成要素

17.8.1.2 设置新标注样式的步骤

在标注尺寸前,应使用尺寸标注样式命令设置符合国家标准的尺寸标注样式。设置新标注样式的操作步骤如下:

(1)键入 Dimstyle 或单击"标注"工具栏中的图标 或选择"标注→样式"后,弹出"标注样式管理器"对话框,如图 17-72 所示。

(2)单击"标注样式管理器"对话框中的"新建"按钮,弹出"创建新标注样式"对话框,如图 17-73 所示。

(3)在"新样式名"框中输入新标注样式的名称。在"基础样式"列表中选择一种已有的相近样式作为新样式的基础(默认状态时,基础样式中只有"ISO-25"一种标注样式,新样式

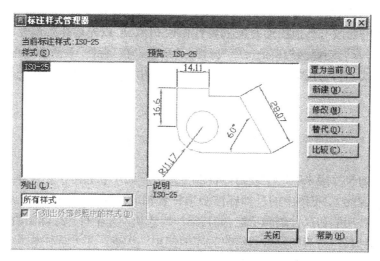

图 17-72 "标注样式管理器"对话框

可以继承它的所有属性,用户只需根据需要修改与它不同的属性,而不必所有的样式属性都要自己设置)。

(4)在"用于"下拉列表中指定所设式样的使用范围。默认设置为"所有标注",如果指定其他标注类型,如"角度标注",则"角度标注"是所选基础样式的子样式。新样式名自动变为"角度",并在"标注样式管理器"中显示在它的基础样式名的下边。

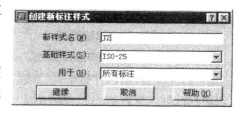

图 17-73 "创建新标注样式"对话框

(5)单击"继续"按钮,弹出"新建标注样式"对话框如图 17-74 所示。在"新建标注样式"对话框中,根据需要选择有关选项进行新样式的标注设置(具体设置稍后介绍)。

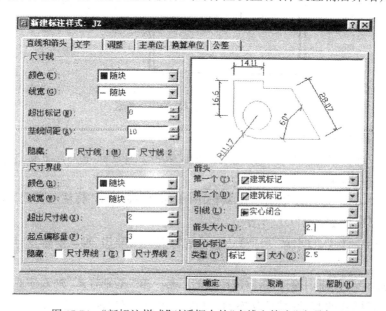

图 17-74 "新标注样式"对话框中的"直线和箭头"选项卡

(6)在"新建标注样式"对话框中设置各项参数后,单击"确定"按钮返回"标注样式管理器"对话框(见图17-72),新建的标注样式名将直接显示在"样式"列表框中,选择新建的标注样式名,再单击"置为当前"按钮,则新建的标注样式就成为当前样式。

说明:标注尺寸前,可根据工程图样的类型设置一种主标注样式,再以主标注样式为基础,为不同类型的尺寸标注设置子样式,设置子样式时只需修改与主标注样式不同的部分。

17.8.1.3 "新建标注样式"对话框中各选项的含义及设置

"新建标注样式"对话框中有6个选项卡,分别控制尺寸标注的相应部分。每个选项卡都有一个预览框,可以观察当前设置下的尺寸标注的外观。下面介绍各选项卡中有关选项的含义及设置:

(1)"直线和箭头"选项卡

该选项卡如图17-74所示,用来设置尺寸线、尺寸界线、箭头以及中心标记的样式。

1)"尺寸线"区:

- "颜色"下拉列表框:用于设置尺寸线的颜色,一般设为"随块"。
- "线宽"下拉列表框:用于设置尺寸线的线宽,一般设为"随块"。
- "超出标记"框:用于设置尺寸线超出尺寸界线的长度,一般设为0。
- "基线间距"框:用于设置基线标注中平行尺寸线之间的距离(见图17-71),建议设为7~8mm。
- "隐藏"复选框:用于设置是否隐藏半截尺寸线(含尺寸起止符号),如图17-75所示。主要用于半剖视图的尺寸标注。

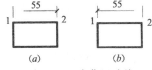

图17-75 隐藏尺寸线
(a)隐藏尺寸线1;(b)隐藏尺寸线2

2)"尺寸界线"区:

- "颜色"下拉列表框:用于设置尺寸界线的颜色,一般设为"随块"。
- "线宽"下拉列表框:用于设置尺寸界线的线宽,一般设为"随块"。
- "超出尺寸线"框:用于设置尺寸界线超出尺寸线的长度(见图17-71),设为2~3mm。
- "起点偏移量"框:用于设置尺寸界线起点与尺寸定义点的偏移距离(见图17-71),尺寸定义点是在进行尺寸标注时用对象捕捉方式指定的点。机械图可设置为0,建筑图设为2mm以上。
- "隐藏"复选框:用于设置是否隐藏第一条或第二条尺寸界线,如图17-76所示。该复选框与"尺寸线"区的"隐藏"复选框结合使用,可用于半剖视图的尺寸标注。

3)"箭头"(即尺寸起止符号)区:

- "第一个"和"第二个"下拉列表框:分别设置尺寸线两端箭头或尺寸起止符号的样式。建筑图中的线性尺寸标注设为"建筑标记",直径、半径和角度标注设为"实心闭合";机械图中的尺寸线两端设置为"实心闭合",必要时也可设置为"小点"或"倾斜"。

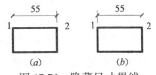

图17-76 隐藏尺寸界线
(a)隐藏尺寸界线1;(b)隐藏尺寸界线2

- "引线"下拉列表框:用于设置引线端点的箭头或符号的样式。
- "箭头大小"框:用于设置箭头或尺寸起止符号的长度或大小,箭头长度设为3~4mm,45°斜线长度设置为2~3mm。

4)"圆心标记"区:

- "类型"下拉列表框:用于选择圆心标记的类型,一般选择"无"。

● "大小"框：用于指定圆心标记的大小。

(2)"文字"选项卡

该选项卡如图 17-77 所示，用于设置尺寸数字的格式、位置及对齐方式等。

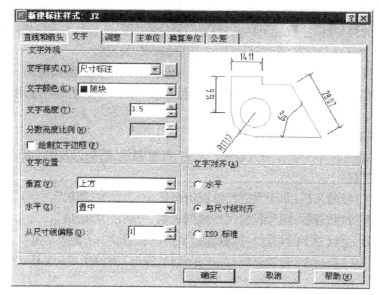

图 17-77　"新标注样式"对话框中的"文字"选项卡

1)"文字外观"区：

● "文字样式"下拉列表框：设置尺寸的文字样式，直接从下拉列表中选择一个适合于尺寸标注的文字样式即可，若要创建新的或修改尺寸的文字样式，可单击其右边带 3 个小黑点的按钮，打开"文字样式"对话框(见图 17-60)。

● "文字颜色"下拉列表框：设置尺寸数字的颜色，一般设为"随块"。

● "文字高度"下拉列表框：设置尺寸数字的字高，一般设为 3.5mm。

● "分数高度比例"框：设置尺寸数字中分数数字的高度比例，较少用到。

● "绘制文字边框"复选框：确定是否给尺寸数字加边框。如果选择它，则在尺寸数字周围加一个边框，如 |90| (较少用)。

2)"文字位置"区：

● "垂直"下拉列表框：控制尺寸数字沿尺寸线的垂直方向的位置。该下拉列表框中有"置中"、"上方"、"外部"、"JIS"4 个选项，其效果如图 17-78 所示。一般选择"上方"选项，使尺寸数字在尺寸线的上方，竖向尺寸数字在尺寸线左方。

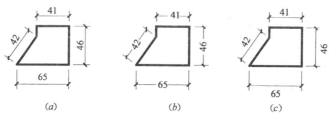

图 17-78　文字位置"垂直"选项效果
(a)上方；(b)置中；(c)外部

● "水平"下拉列表框:控制尺寸数字沿尺寸线方向的位置。宜选择"置中"选项,使尺寸界线内的尺寸数字居中放置。

● "从尺寸线偏移"框:用于设置尺寸数字底边与尺寸线的间隙(参见图 17-71),可设为 0.5~1mm。

3)"文字对齐"区:

● "水平"选项:若选择此项,则所有的尺寸数字始终保持水平标注,常用于引出标注和角度尺寸标注。

● "与尺寸线对齐"选项:选择此项,则尺寸数字与尺寸线始终保持平行,常用于直线尺寸标注。

● "ISO 标准":选择此项,尺寸数字在尺寸界线内时,尺寸文字行与尺寸线平行;在尺寸界线外时,字头始终朝上。可用于圆和圆弧尺寸标注。

(3)"调整"选项卡

该选项卡如图 17-79 所示,用于设置当尺寸界线之间的空间受到限制时,AutoCAD 如何调整尺寸数字、箭头、引出线及尺寸线的位置。

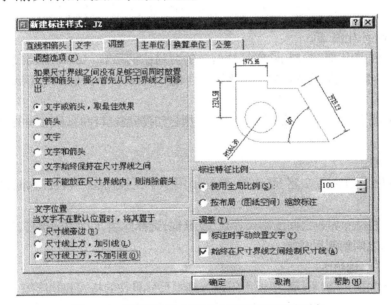

图 17-79 "新标注样式"对话框中的"调整"选项卡

1)"调整选项"区:

● "文字或箭头,取最佳效果"选项:选择此项,如果空间够用,则将文字和箭头都放在尺寸界线内;如果空间不够,则 AutoCAD 尽量将其中一个放在尺寸界线内;如果两者之一都放不下,则将两者都放在尺寸界线外。

● "箭头"选项:如果空间不够,首先将箭头放在尺寸界线外。

● "文字"选项:如果空间不够,首先将文字放在尺寸界线外。

● "文字与箭头":如果空间不够,则将文字和箭头都放在尺寸界线外。

● "文字始终保持在尺寸界线之间"选项:任何情况下都将尺寸数字放在尺寸界线之间。

- "若不能放在尺寸界线内,则消除箭头"复选框:如果空间不够,就省略箭头。

2)"文字位置"区:
- "尺寸线旁边"选项:当尺寸数字不在默认位置时,在第二条尺寸界线旁放置尺寸数字,如图 17-80(a)所示。
- "尺寸线上方,加引线"选项:当尺寸数字不在默认位置时,自动加一引线将尺寸数字与尺寸线连接起来,如图 17-80(b)所示。
- "尺寸线上方,不加引线"选项:当尺寸数字不在默认位置时,不加引线,如图 17-80(c)所示。

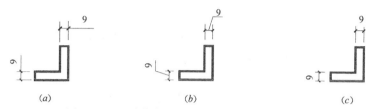

图 17-80 尺寸数字不在默认位置时各选项的效果
(a)尺寸线旁边;(b)尺寸线上方,加引线;(c)尺寸线上方,不加引线

3)"标注特征比例"区:
- "使用全局比例"选项:设置尺寸标注的全局比例系数。AutoCAD 将尺寸字体、尺寸起止符号、偏移量等数值型变量乘上该比例系数进行缩放。该比例系数不影响尺寸数字的测量值。
- "按布局(图纸空间)缩放标注"选项:根据当前模型视口和布局之间的比例确定一个比例系数。

4)"调整"区:
- "标注时手动放置文字"复选框:该选项用于手工控制文字位置的标注,如在圆内标注直径尺寸。
- "始终在尺寸界线之间绘制尺寸线"复选框:选择此项,即使箭头和文字在外面,也始终在尺寸界线之间绘制尺寸线。

(4)"主单位"选项卡

该选项卡如图 17-81 所示,主要用于设置基本尺寸单位的格式和精度等。

1)"线性标注"区:
- "单位格式"下拉列表框:设置线性基本尺寸的单位格式,有"科学"、"小数"、"工程"、"建筑"、"分数"等单位,一般选择"小数"即十进制。
- "精度"下拉列表框:设置基本尺寸数值的小数位数,若选择 0,则不带小数。
- "分数格式"下拉列表框:设置分数单位的格式,包括对角、水平和非堆叠。
- "小数分隔符"下拉列表框:设置小数分隔符,如句点(.)、逗点(,)或空格( )。应选择句点(.)。
- "舍入"框:将线性尺寸的测量值舍入到指定的值。一般用默认设置"0"不舍入。
- "前缀"框:指定尺寸数字的前缀(如"M")。在此设置的前缀将自动替换任何默认前缀(如 AutoCAD 自动为半径和直径尺寸添加的前缀"R"和"φ")。
- "后缀"框:指定尺寸数字的后缀(如"cm")。

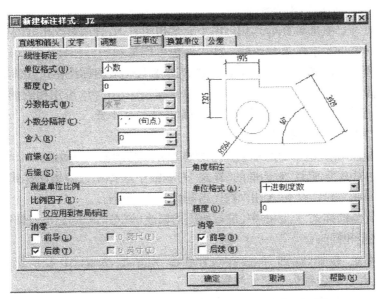

图17-81 "新建标注样式"对话框中的"主单位"选项卡

- "比例因子"框:设置线性尺寸测量值的缩放系数,该系数与线性尺寸测量值(即图形上的线段长度)的乘积即为尺寸标注值。例如,如果将比例因子设置为100,AutoCAD就将2mm的线段标注为200。采用不同的比例绘图时,可输入相应的"比例因子"来标注物体的真实大小。
- "仅应用到布局标注"复选框:仅将线性比例因子应用到布局的标注中。
- "前导"复选框:选择它则使小数点前的0不显示,如0.50显示为.50。
- "后续"复选框:选择它则使小数末尾的0不显示,如0.50显示为0.5。

2)"角度"区:
- "单位"下拉列表框:设置角度尺寸的单位格式,包括"十进制度数"、"度/分/秒"、"百分度"和"弧度"。一般选择"十进制度数"。
- "精度"下拉列表框:设置角度尺寸的小数位数,选择0,则不带小数。

(5)"换算单位"选项卡

"换算单位"选项卡主要用于设置换算单位的格式和精度等。换算单位转换通常是公制-英制之间的转换。在尺寸标注文字中,换算单位显示在主单位旁边的方括号[]中。"换算单位"在特殊情况下才用。此选项卡中的选项与"主单位"选项卡的选项基本相同,不再叙述。

(6)"公差"选项卡

"公差"选项卡主要用于机械图中设置尺寸公差的格式及大小。

17.8.1.4 尺寸标注样式的修改

如果要修改某标注样式,可单击"标注"工具栏中的图标,在弹出的"标注样式管理器"对话框的"样式"列表框中选择要修改的样式名,再单击"修改"按钮,在弹出的"修改标注样式"对话框中进行修改即可。"修改标注样式"对话框的选项及操作与"新建标注样式"对话框完全相同,故不详述。修改后,所有使用该样式进行标注的尺寸都将会自动更新。

17.8.1.5 尺寸标注样式的替代

当个别尺寸与已有的标注样式相近但不完全相同时,若直接修改相近的标注样式,会使所有以该样式标注的尺寸都发生改变。如果不想再创建新的标注样式,这时可为个别尺寸设置标注样式替代,即设置一个临时的标注样式来替代相近的标注样式,这样就不会改变相近标注样式的设置。例如对一些画不下箭头的连续线性小尺寸,可用相近的线性尺寸标注样式为基础,设置样式替代,用小点替代箭头,而其他尺寸不变。

设置标注样式替代的步骤是：

(1)单击"标注"工具栏中的图标 ,弹出"标注样式管理器"对话框；

(2)在"标注样式管理器"对话框的"样式"列表框中选择相近的标注样式,并单击"置为当前"按钮,再单击"替代"按钮,弹出"替代当前样式"对话框；

(3)在"替代当前样式"对话框中,进行所需的修改(该对话框的选项及操作与"新建标注样式"对话框完全相同)；

(4)单击"确定"按钮,返回"标注样式管理器"对话框,AutoCAD 在所选样式名下显示"〈样式替代〉",并自动设置为当前标注样式；

(5)单击"关闭"按钮,完成设置。即可在"〈样式替代〉"方式下进行标注。

创建标注样式替代后,还可以继续修改它,可将它与其他标注样式进行比较,或者删除或重命名替代。

17.8.2 尺寸标注的操作

17.8.2.1 尺寸标注的操作步骤

(1)首先将用于存放尺寸标注的图层(如果没有,应事先设置)置为当前层。

(2)将要用的尺寸标注样式置为当前样式,其方法是:在"标注样式管理器"中选择一种样式,然后单击"置为当前"按钮；或从"标注"工具栏(见图 17-82)的下拉列表框选择一个标注样式,选中的标注样式自动成为当前样式。

(3)设置常用的对象捕捉方式,以便快速而准确地拾取对象。

(4)输入相应的尺寸标注命令,进行相应的尺寸标注。

(5)对某些尺寸进行必要的编辑。

在 AutoCAD 2002 中,通过命令行、"标注"工具栏、菜单栏输入命令均可实现尺寸的标注。而使用"标注"工具栏输入标注尺寸的命令,则更加简便、直观。"标注"工具栏的打开,可在菜单栏中选取"视图→工具栏",在弹出的"工具栏"对话框中,选择"标注"项,此时"标注"工具栏就显示在屏幕上,如图 17-82 所示。

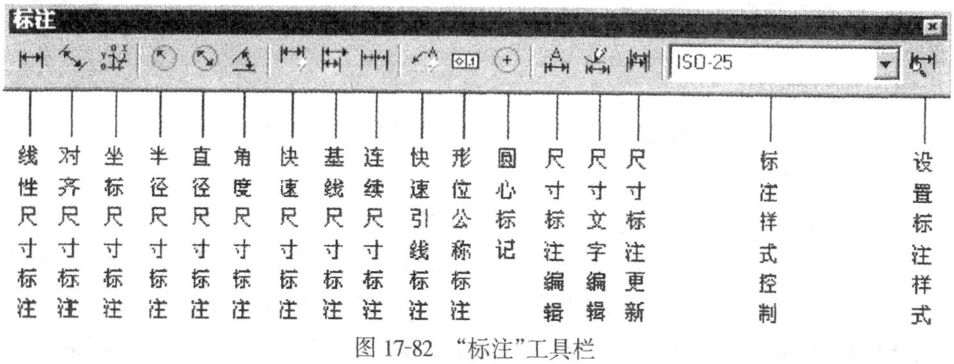

图 17-82 "标注"工具栏

"标注"工具栏中有16个图标按钮和一个下拉列表框,它们的功能含义见图17-82中的文字说明。

图17-83是建筑图的尺寸标注形式的示例。该图中包含了线性尺寸标注、半径尺寸标注、直径尺寸标注、角度尺寸标注、基线尺寸标注、连续尺寸标注等几种常见的尺寸标注类型。

现以图17-83为例,介绍尺寸标注的操作方法。

17.8.2.2 线性尺寸标注(Dimlinear)

Dimlinear命令用于标注水平尺寸、垂直尺寸和指定角度的倾斜尺寸。操作如下:

键入 Dimlinear(dli)或单击■或选择菜单"标注→线性"后,系统提示及用户操作为:

指定第一条尺寸界线原点或〈选择对象〉:捕捉第一条尺寸界线起点(如图17-83中的A点)

指定第二条尺寸界线原点:捕捉第二条尺寸界线起点(如图17-83中的B点)

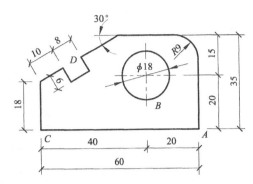

图17-83 尺寸标注示例

指定尺寸线位置或 [多行文字(M)/文字(T)/角度(A)/水平(H)/垂直(V)/旋转(R)]:

此时移动光标,确定尺寸线位置,系统自动注出尺寸(如图17-83中的20),尺寸值为系统测量值。在确定尺寸线位置之前,也可选择括号中的选项,各项功能如下:

• 多行文字(M):选择该选项时,弹出"多行文字编辑器"(见图17-65),编辑器中的〈 〉表示系统的测量值,用户可将〈 〉去掉另外输入特殊的尺寸数字(如 $\phi 35H8/f8$)代替系统的测量值。

• 单行文字(T):选择此项,则出现提示:输入标注文字〈测量值〉:用户可在命令行中输入要标注的尺寸数字代替系统的测量值。

• 角度(A):该选项用于确定尺寸数字与尺寸线的夹角,一般不用。

• (水平(H)/垂直(V):标注水平或垂直尺寸。AutoCAD能根据尺寸线位置自动判断水平尺寸和垂直尺寸,故该选项一般不用。

• 旋转(R):标注指定角度的尺寸。选择该选项,则出现提示:

指定尺寸线的角度〈0〉:输入尺寸线及尺寸界线的旋转角度

说明:

(1)在指定第一条尺寸界线原点或〈选择对象〉的提示下,如果直接回车,则出现提示:

选择标注对象:选择要标注的对象

指定尺寸线位置或 [多行文字(M)/文字(T)/角度(A)/水平(H)/垂直(V)/旋转(R)]:

各选项的功能及用户操作同前。

(2)为了使标注准确,选择尺寸界线的起点时,应使用目标捕捉功能。

17.8.2.3 对齐尺寸标注(Dimaligned)

Dimaligned命令用于标注尺寸线与被注对象平行的线性尺寸,一般是标注倾斜线段的尺寸,如图17-83中的尺寸10。操作如下:

键入 Dimaligned(dal)或单击■或选择菜单"标注→对齐"后,系统提示及用户操作为:

指定第一条尺寸界线原点或〈选择对象〉：✓（回车默认〈选择对象〉）
选择标注对象：选择要标注的倾斜线段
指定尺寸线位置或[多行文字(M)/文字(T)/角度(A)]：此时移动光标，确定尺寸线位置，系统自动注出尺寸(10)
说明：括号中各选项功能与线性尺寸标注中对应选项相同。

17.8.2.4 基线尺寸标注(Dimbaseline)

Dimbaseline命令用于标注有一条尺寸界线重合的几个相互平行的尺寸。重合的尺寸界线即为尺寸基线。

现以图17-84中的尺寸标注为例，先用Dimlinear命令注出一个基准尺寸，然后再接着用Dimbaseline命令进行基线尺寸标注。Dimbaseline命令的操作如下：

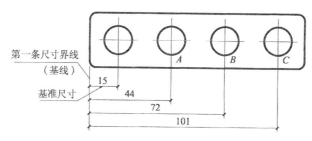

图17-84 基线尺寸标注示例

键入Dimbaseline(dba)或单击▦或选择菜单"标注→基线"后，系统提示及用户操作为：

指定第二条尺寸界线原点或[放弃(U)/选择(S)]〈选择〉：捕捉点 A，系统自动注出尺寸(44)

指定第二条尺寸界线原点或[放弃(U)/选择(S)]〈选择〉：捕捉点 B，系统自动注出尺寸(72)

指定第二条尺寸界线原点或[放弃(U)/选择(S)]〈选择〉：捕捉点 C，系统自动注出尺寸(101)

指定第二条尺寸界线原点或放弃(U)/选择(S)]〈选择〉：✓回车结束该基线标注
选择基准标注：可再选择另一尺寸基线进行基线尺寸标注，若回车则结束命令
说明：
(1)在提示中若选"放弃(U)"选项，则取消前一基线尺寸；若选"选择(S)"选项，则可另外指定尺寸基线。
(2)平行尺寸间距在尺寸标注样式中设置。
(3)Dimbaseline命令也适用于标注角度和坐标。
(4)要进行基线尺寸标注，必须先注出或选择一个线性(角度或坐标)尺寸作为基准。

17.8.2.5 连续尺寸标注(Dimcontinue)

Dimcontinue命令用于标注尺寸线共线且首尾相连的若干个连续尺寸。前一尺寸的第二条尺寸界线是后一尺寸的第一条尺寸界线。

现以图17-85中的尺寸标注为例，先用Dimlinear命令注出一个基准尺寸，然后再接着用Dimcontinue命令进行连续尺寸标注。Dimcontinue命令的操作如下：

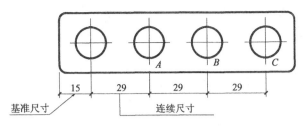

图 17-85 连续尺寸标注示例

键入 Dimcontinue(dco)或单击 或选择菜单"标注→连续"后,系统提示及用户操作为:

指定第二条尺寸界线原点或[放弃(U)/选择(S)]〈选择〉:捕捉点 A,系统自动注出尺寸(29)

指定第二条尺寸界线原点或[放弃(U)/选择(S)]〈选择〉:捕捉点 B,系统自动注出尺寸(29)

指定第二条尺寸界线原点或[放弃(U)/选择(S)]〈选择〉:捕捉点 C,系统自动注出尺寸(29)

指定第二条尺寸界线原点或[放弃(U)/选择(S)]〈选择〉:↙回车结束该连续标注

选择连续标注:可再选择另一基准尺寸进行连续尺寸标注,若回车则结束命令

说明:

(1)在提示中若选"放弃(U)"选项,则取消前一连续尺寸;若选"选择(S)"选项,则可另外指定连续尺寸的第一条尺寸界线。

(2) Dimcontinue 命令也适用于标注角度和坐标。

(3)要进行连续尺寸标注,必须先注出或选择一个线性(角度或坐标)尺寸作为基准。

17.8.2.6 直径尺寸标注(Dimdiameter)

Dimdiameter 命令用于标注圆或圆弧的直径尺寸。例如标注图 17-83 中的直径尺寸 $\phi 18$,操作如下:

键入 Dimdiameter(ddi)或单击 或选择菜单"标注→直径"后,系统提示及用户操作为:

选择圆弧或圆:用鼠标拾取要标注的圆

标注文字 = 18(AutoCAD 测量的直径值)

指定尺寸线位置或[多行文字(M)/文字(T)/角度(A)]:用鼠标确定尺寸线位置,系统自动注出尺寸($\phi 18$),尺寸值为系统测量值

如果不使用系统测量值,可用 T 或 M 选项输入字符和数值。

图 17-86 是常见的几种直径尺寸标注形式。应注意直径尺寸标注样式的设置。

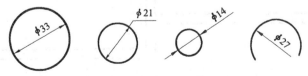

图 17-86 常见直径尺寸标注示例

17.8.2.7 半径尺寸标注(Dimradius)

Dimradius 命令用于标注圆弧的半径尺寸,如图 17-87 所示。半径尺寸标注的操作方法

与直径尺寸标注相同,键入 Dimradius(dra)或单击 或选择菜单"标注→半径"后,根据系统提示进行操作,不再赘述。

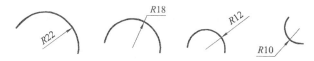

图 17-87　常见半径尺寸标注示例

17.8.2.8　角度尺寸标注(Dimangular)

Dimangular 命令用于标注两直线间的夹角或圆弧中心角以及圆上某段圆弧的中心角。例如标注图 17-83 中角度尺寸 30°,操作如下:

键入 Dimangular(dan)或单击 或选择菜单"标注→角度"后,系统提示及用户操作为:

选择圆弧、圆、直线或〈指定顶点〉:拾取图中倾斜线(见图 17-83)

选择第二条直线:拾取图中顶部水平线(见图 17-83)

指定标注弧线位置或[多行文字(M)/文字(T)/角度(A)]:移动鼠标确定尺寸线位置,系统自动注出角度尺寸(30°),尺寸值为系统测量值

如果不使用系统测量值,可用 T 或 M 选项输入字符和数值。

说明:

在第一个提示中,如果拾取圆弧,则可标注圆弧的中心角,如图 17-88(a)所示;如果拾取圆,则拾取点作为圆弧的一个端点,再拾取圆上第二点,可标注出圆上两点间的圆弧的中心角如图 17-88(b)所示;如果直接回车,则可指定 3 点标注角度,第一点为顶点,另两点为两个边上的点,如图 17-88(c)所示。

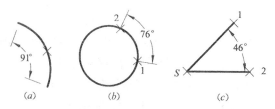

图 17-88　角度标注示例

17.8.2.9　快速标注(Qdim)

用 AutoCAD2000 新增加的 Qdim 命令可一次性快速地注出一系列基线尺寸、连续尺寸以及一次性标注多个圆和圆弧直径或半径尺寸、坐标尺寸等。例如,标注图 17-89 所示的尺寸,操作如下:

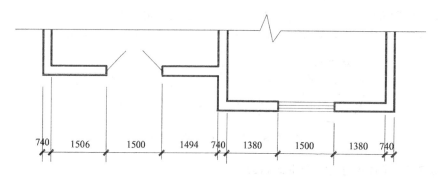

图 17-89　快速标注示例

键入 Qdim 或单击▣或选择菜单"标注→快速标注"后,系统提示及用户操作为:

选择要标注的几何图形:选择要标注的多个图形元素(可用 W 窗口一次性选择)

选择要标注的几何图形:继续选择或回车结束选择

指定尺寸线位置或[连续(C)/并列(S)/基线(B)/坐标(O)/半径(R)/直径(D)/基准点(P)/编辑(E)]〈连续〉:移动鼠标确定尺寸线位置,系统自动按默认选项"连续"注出一系列连续尺寸(如图 17-89 所示)

在确定尺寸线位置之前,可根据要标注的对象选择括号中相应的选项,其中"连续(C)"、"并列(S)"、"基线(B)"、"坐标(O)"、"半径(R)"、"直径(D)"选项可分别生成一系列连续尺寸、并列尺寸、基线尺寸、坐标尺寸、半径尺寸和直径尺寸。

说明:

快速标注的结果有些尺寸数字的位置不够理想,如图 17-89 中的 3 个 240 压线,应进行调整,调整的方法见"17.8.3.2 调整尺寸数字的位置"。

17.8.3 尺寸标注的编辑

尺寸标注后如果不理想或不合适,可用多种方法对其进行编辑(修改)。

17.8.3.1 编辑标注(Dimedit)

Dimedit 命令用于更新尺寸数字、调整尺寸数字到默认位置、旋转尺寸数字和使尺寸界线倾斜。

键入 Dimedit(ded)或单击▣后,系统提示:

输入标注编辑类型[默认(H)/新建(N)/旋转(R)/倾斜(O)]〈默认〉:选择选项

各选项的含义及操作如下:

• "默认"选项

该选项将所选的尺寸数字返回到默认位置,默认位置是在尺寸标注样式中设置的尺寸数字位置。在系统提示后直接回车,AutoCAD 接着提示:

选择对象:选择需要返回到默认位置的尺寸数字并回车

• "新建"选项

该选项可将所选的尺寸数字进行更新。选择此项后,弹出"多行文字编辑器"对话框。在该对话框中进行必要的更新后,单击"确定"按钮关闭"多行文字编辑器"对话框,同时 AutoCAD 提示:

选择对象:选择需要更新的尺寸数字并回车

• "旋转"选项

该选项可将所选的尺寸数字进行旋转。选择此项后 AutoCAD 提示:

指定标注文字的角度:输入尺寸数字的旋转角度

选择对象:选择需要旋转的尺寸数字并回车

• "倾斜"选项

该选项用于调整线性尺寸标注中尺寸界线的倾斜角,如图 17-90 所示。选择此项后 AutoCAD 提示:

选择对象:选择需要倾斜的尺寸并回车

输入倾斜角度(按 Enter 表示无);输入倾斜角度

17.8.3.2 调整尺寸数字的位置(Dimtedit)

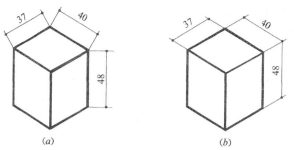

图 17-90 用 Dimedit 命令中的"倾斜"选项调整轴测图的尺寸
(a)调整前;(b)调整后

Dimtedit 命令用于调整尺寸数字的位置和角度。例如,图 17-91(a)中的尺寸可用该命令调整为如图 17-91(b)所示。

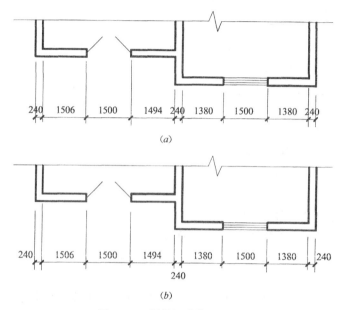

图 17-91 调整尺寸位置示例
(a)调整前;(b)调整后

键入 Dimtedit 或单击 后,系统提示及用户操作为:
选择标注:选择要调整位置的尺寸数字
指定标注文字的新位置或
[左(L)/右(R)/中心(C)/默认(H)/角度(A)]:移动光标改变尺寸数字的位置,或选项
编辑各选项含义如下:
- "左"选项:将尺寸数字定位在靠近尺寸线的左端。
- "中心"选项:将尺寸数字定位在尺寸线的正中。
- "右"选项:将尺寸数字定位在靠近尺寸线的右端。
- "默认"选项:将尺寸数字返回到由标注样式定义的位置(即默认位置)。
- "角度"选项:提示输入一个角度来旋转尺寸数字。

说明:一种更简单的调整尺寸数值位置的方法是直接点击标注的尺寸数值,然后通过夹持点改变其位置。图 17-91(b)中间位置的 240 就是用这种方法调整的。

17.8.3.3　更新尺寸的标注样式(-Dimstyle)

-Dimstyle 命令可将已有的尺寸的标注样式更新为当前的标注样式。

键入 -Dimstyle 或单击█或选择菜单"标注→更新"后，系统提示及用户操作为：

当前标注样式：(AutoCAD 在此显示当前的标注样式名)

输入尺寸样式选项

[保存(S)/恢复(R)/状态(ST)/变量(V)/应用(A)/?]〈恢复〉：a↙(选择"应用"选项)

选择对象：选择要更新样式的尺寸(可用窗口选择若干个尺寸)

选择对象：继续选择或回车结束命令

17.8.3.4　修改尺寸特性(Properties)

键入 Properties(mo)或单击█，打开"特性"对话框，可以非常方便地修改所选尺寸各组成要素的多个特性，包括基本特性(颜色、图层、线型)、直线和箭头、文字、单位、公差以及各组成要素的位置关系等，还可以重新选择比例和标注样式，操作同前。

17.9　图块与图案填充

17.9.1　定义块

图块简称块，是各种图形元素构成的一个整体图形单元。用户可以将经常使用的图形对象定义成块，需要时可随时将已定义的图块以不同的比例和转角插入到所需要的图中任意位置。这样可以避免许多重复性的工作，提高绘图速度和质量，而且便于修改和节省存储空间。

将选定的图形定义为图块的操作如下：

键入 Block(b)或单击█或选择菜单"绘图→块→创建"后，系统打开"块定义"对话框，如图 17-92 所示。

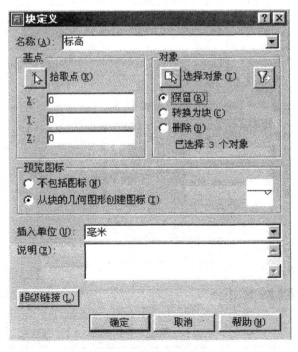

图 17-92　"块定义"对话框

(1)在"名称"框中输入图块名称。

(2)单击"拾取点"按钮,对话框将暂时关闭,用鼠标指定块的插入基点。指定基点后按 Enter 键,重新显示对话框。也可在对话框中直接输入插入基点的坐标值。

(3)单击"选择对象"按钮,对话框将暂时关闭,用鼠标选择要定义成块的对象。选择完成后按 Enter 键,重新显示对话框。

(4)单击"确定"按钮,完成块定义。块定义保存在当前图形中。

"块定义"对话框中其他选项的含义如下:

- "快速选择"按钮 ☑ :用于弹出"快速选择"对话框定义选择集。
- "保留":在当前图形中保留选定对象及其原始状态。
- "转换为块":将选定的对象转换为块。
- "删除":在定义块后删除选定的对象。
- "不包括图标":不显示块的预览图标。
- "从块的几何图形创建图标":在该选项右侧显示块的预览图标。
- "插入单位"下拉列表框:用于选择块插入时的单位。
- "说明"编辑框:用于输入与块有关的说明文字,这样有助于迅速检索块。

17.9.2 块存盘

用 Block 命令所建立的图块称之为内部块,它只能保存在当前的图形文件中,为当前文件所用。这样就使图块的使用受到很大束缚,为使建立的图块能够为其他图形文件所共享,必须将图块以文件的形式存储,为此 AutoCAD 系统为我们提供了块存盘命令 Wblock。事实上,块存盘就是将选择的图形对象存储为一个图形文件(·dwg),反之。任何·dwg 图形文件都可以作为块插入到其他图形文件中。

键入 Wblock(w)命令,弹出"写块"对话框如图 17-93 所示,操作如下:

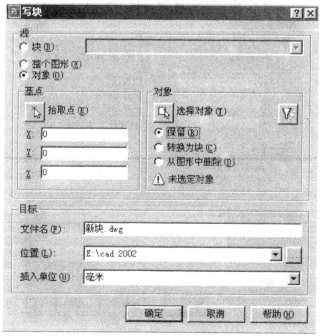

图 17-93 "写块"对话框

(1)在对话框"源"区,指定要保存为图形文件的块或对象。

- "块":将已有的图块转换为图形文件形式存盘。指定"块"时,系统要求在其后的下拉列表框中选择具体的图块名称,此时"基点"和"对象"区不能用。
- "整个图形":将当前的整个图形作为一个块存盘。选择此项时"基点"和"对象"区不能用。
- "对象":将选定的图形对象作为块存盘。其操作方法与定义图块的方法相似。即选择此项后,接着在"基点"区单击"拾取点"按钮,指定块的插入基点;在"对象"区单击"选择对象"按钮,为块存盘选择图形对象。

(2)在"目标"框指定块存盘的图形文件名称、保存位置和插入单位。

- 在"文件名"框中输入块存盘的图形文件名称。
- 在"位置"框中输入块存盘文件的保存位置,也可以单击按钮,在弹出的"浏览文件夹"对话框中指定块存盘文件的保存位置。
- 在"插入单位"下拉列表框中选择块插入时的单位。

(3)单击"确定"按钮,此时,块定义保存为图形文件。

说明:"写块"对话框的其他选项设置与"块定义"对话框相同。

17.9.3 插入块

将已经定义的图块或图形文件以不同的比例或转角插入到当前图形文件中。

键入 Insert(i)或单击 或选择菜单"插入→块",弹出"插入"对话框如图 17-94 所示,操作如下:

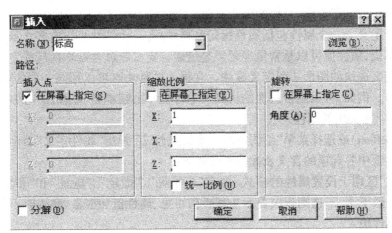

图 17-94 "插入"对话框

(1)在"名称"下拉列表中选择所要插入的图块名,或是通过单击"浏览 ..."按钮在弹出的"选择图形文件"对话框中指定图形文件名。

(2)如果"插入点"、"缩放比例"、"旋转"都选择"在屏幕上指定",单击"确定"按钮,此时 AutoCAD 自动关闭"插入"对话框,同时命令窗口中出现提示:

指定插入点或

[比例(S)/X/Y/Z/旋转(R)/预览比例(PS)/PX/PY/PZ/预览旋转(PR)]:指定插入点

输入 X 比例因子,指定对角点,或 [角点(C)/XYZ]〈1〉:键入 X 方向比例因子或拖动指定(默认值为 1)

输入 Y 比例因子或〈使用 X 比例因子〉：输入 Y 方向的比例因子或回车默认 Y = X

指定旋转角度〈0〉：键入图块相对于插入点的旋转角度或拖动指定(默认值为 0)

(3)如果"插入点"、"缩放比例"和"旋转"没有选择"在屏幕上指定"，则可在对话框中以参数形式指定。

(4)如果选择"分解"，则将所插入的图块分解为若干个单独的图形元素，这样有利于图形的编辑，但同时也丧失了图块的所有特性。

说明：

(1)比例因子大于 0，小于 1 将缩小图块；大于 1 将放大图块。比例因子也可为负值，其结果是插入块的镜像图，如图 17-95 所示。

(2)如果要对插入后的图块进行局部编辑应先用 Explode 命令分解图块。

(3)如果要修改图中多个同名图块的相同内容，可先修改同名图块中的一个，然后以相同的图块名进行重新定义，完成后图形中所有同名的图块都将自动更新为新的内容。

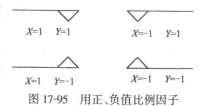

图 17-95　用正、负值比例因子插入图块的效果

(4)插入图块时，该图块 0 层上的对象将被赋予当前层的颜色和线型等特性；而处于非 0 层上的对象仍保持其原先所在层的特性。

17.9.4　块的属性

在 AutoCAD 中，用户可以为块加入与图形相关的文字信息，即为块定义属性。这些属性是对图形的标识或文字说明，是块的组成部分。但块的属性又不同于块中的一般文字对象，必须事先进行定义。一个属性包括属性标记和属性值，一个图块可以有多个属性，每个属性只能有一个标记，属性值可以是常量也可以是变量。定义带属性的块前应先定义属性，然后将属性和要定义成块的图形一起定义成块。在插入这种块时可以用同一个块名插入不同的文字(属性值)。例如，可以用带属性的块插入零件图中的粗糙度、立面图中的标高等。

17.9.4.1　定义块的属性

键入 Attdef(att)或选择菜单"绘图→块→定义属性"后弹出"属性定义"对话框如图 17-96 所示。该对话框中各选项的含义及操作方法如下：

(1)"模式"区用于设置属性的模式，共有"不可见"、"固定"、"验证"和"预置"4 个选项。这 4 个选项一般不选，不选则依次表示为属性值可见、属性值为变量、插入时不验证属性值、插入时输入属性值。

(2)"属性"区用于定义属性的标记、提示及默认值，其中：

- 在"标记"框中输入属性标记，如"BG"。
- 在"提示"框中输入属性提示，如"输入标高"。
- 在"值"框中输入属性默认值，如"±0.000"。

(3)"插入点"区用于确定属性标志及属性值的起始点位置。单击"拾取点"按钮，可以直接在图形中指定属性标志及属性值的起始点位置。

(4)"文字选项"区用于设置与属性文字有关的选项，其中：

- 在"对正"下拉列表框中选择文字对齐方式(详见 17.7 节)。
- 在"文字样式"下拉列表框中选择属性文字的样式(详见 17.7 节)。

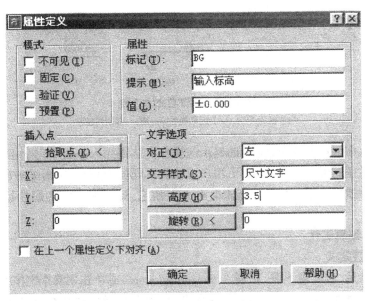

图 17-96 "属性定义"对话框

- 在"高度"框中输入属性文字的高度。
- 在"旋转"框中输入属性文字的旋转角度。

(5) "在上一个属性定义下对齐"复选框用于确定是否在前面所定义的属性下面直接放置新的属性标记。

上述各选项设置完毕后,单击"确定"按钮,即完成一个属性定义的操作,该属性标记就出现在图形中。若要定义多个属性可重复上述有关操作。

17.9.4.2 定义带属性的块

定义带属性的块的步骤是:先给要定义成块的图形(符号)定义属性,然后再用前面介绍的方法将该图形(符号)和属性一起定义成同一个块。

【例 17-4】 如图 17-97 所示,定义一个带属性的标高符号图块,以便在图中插入不同的标高值。操作如下:

1)先画出一个标高符号,如图 17-97(a)所示。

2)输入 Attdef 命令,弹出"属性定义"对话框,如图 17-96 所示。

3)参照图 17-96 设置各个选项。

4)单击"拾取点"按钮,拾取图 17-97(a)中的 P 点。

5)返回对话框后,单击"确定"按钮,完成属性定义,如图 17-97(b)所示。

6)输入 Block 命令,弹出"块定义"对话框(见图 17-92)。

7)在对话框中输入块名"标高"。

8)单击"拾取点"按钮,在图 17-97(b)中捕捉 M 点作为块的插入基点。回车重新显示对话框。

9)单击"选择对象"按钮,用鼠标同时选择属性和标高符号。

10)回车重新显示对话框。单击"确定"按钮,即完成带属性的块定义。

17.9.4.3 插入带属性的块

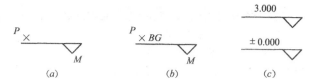

图 17-97 带属性的块示例
(a)标高符号;(b)定义属性;(c)插入带属性的块

当用户插入带属性的块时,前面的提示与操作方法跟插入一般块完全相同,只是在后面增加了输入属性值的提示,在此提示下用户可输入不同的属性值,如图 17-97(c)所示。

带属性的块被插入后,如果用 Explode 命令分解它,则属性值变为属性标记,如图 17-97(b)所示。

17.9.4.4 编辑属性

(1)修改属性定义

定义完属性后,若发现不妥,可键入 Properties(props)或单击对象特性按钮,弹出"特性"对话框,选择属性后即可对属性标志、属性提示、默认值及属性文本的位置、字型、字高等进行修改。修改完毕,关闭对话框,按〈Esc〉键两次即可。

(2)编辑块的属性

属性块插入后,若发现属性值及其位置、字型、字高等不妥,可用通过图块属性修改命令进行单独或全局修改。

1)通过命令行修改

键入 - Attedit(atte)或选择菜单"修改→对象→属性→全局"后,系统提示:

是否一次编辑一个属性?[是(Y)/否(N)]〈Y〉:↙默认每次编辑一个属性

输入块名定义〈*〉:↙可输入块名来限定要修改的属性,"*"号表示不限制

输入属性标记定义〈*〉:↙可输入属性标记来限定要修改的属性,"*"号表示不受限制

输入属性值定义〈*〉:↙可输入属性值来限定要修改的属性,"*"号表示不限制

选择属性:选择要修改的属性(可一次拾取多个属性,然后依次修改)

选择属性:↙回车结束选择

输入选项[值(V)/位置(P)/高度(H)/角度(A)/样式(S)/图层(L)/颜色(C)/下一个(N)]〈下一个〉:a↙选择选项进行编辑,若选择角度选项,则提示:

指定新的旋转角度〈0〉:输入属性文字的旋转角度

输入选项[值(V)/位置(P)/高度(H)/角度(A)/样式(S)/图层(L)/颜色(C)/下一个(N)]〈下一个〉:继续选择选项进行编辑,或回车编辑下一个属性或结束编辑。

2)通过"块属性管理器"对话框修改

键入 Battman 或选择菜单"修改→对象→属性→块属性管理器"后,弹出"块属性管理器"对话框如图 17-98 所示。"块属性管理器"是 AutoCAD 2002 的新功能,它使修改块定义中的属性并更新指定的块变得更容易。单击该管理器中"编辑"按钮,弹出"编辑属性"对话框如图 17-99 所示,在该对话框中可修改块的属性、文字选项和特性等。所做的修改将会使指定的块立即得到更新。

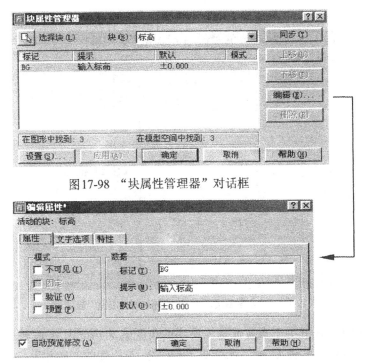

图17-98 "块属性管理器"对话框

图 17-99 "编辑属性"对话框

17.9.5 图案填充

使用图案填充命令可在指定的封闭区域内填充指定的图案(如剖面线)。进行图案填充时,首先要确定填充的封闭边界,组成边界的对象可以是直线、圆弧、圆、椭圆、二维多义线、样条曲线、块等,并且组成边界的每个对象在当前屏幕上至少应部分可见。

17.9.5.1 图案填充的操作

键入 Bhatch(bh)或单击 ▨ 或选择菜单"绘图→图案填充"后,弹出"边界图案填充"对话框如图 17-100 所示。该对话框有"快速"和"高级"两个选项卡和一些选项按钮。

各选项的含义及操作如下:

(1)"快速"选项卡(如图 17-100 所示)

• "类型"下拉列表用于选择填充图案的类型,其中包含"预定义"、"用户定义"和"自定义"三个选项。

"预定义"选项:让用户选择使用 AutoCAD 系统所提供的预定义填充图案,这些图案包含在 ACAD.PAT 或 ACADISO.PAT 文件中。

"用户定义"选项:容许用户使用当前线型定义一个简单的填充图案。

"自定义"选项:用于从其他定制的 .PAT 文件中指定一个图案。

• "图案"下拉列表框用于选取预定义图案,如画剖面线,就选取 ANSI31。也可单击右边的 ▨ 按钮,弹出"填充图案控制板"对话框(如图 17-101 所示),从中选取适当的图案。

• "样例"框显示所选图案的预览图像。单击此框也可弹出图 17-101 所示"填充图案控制板"对话框。

• "自定义图案"下拉列表框列出所有可用的自定义图案。此框只有当填充类型为"自定义"时才可用。

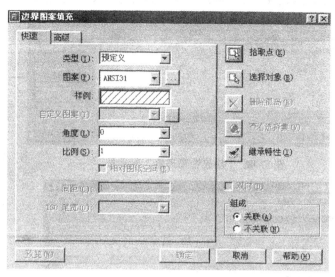

图 17-100 "边界图案填充"对话框中的"快速"选项卡

- "角度"下拉列表框用于选取或输入适当的角度值,将填充图案旋转一定角度。例如 ANSI31 本身是 45°斜线,再输入"90",就变成 135°斜线,与原来的方向相反。
- "比例"下拉列表框用于选取或输入适当的比例系数。数值越小,填充线就越密;数值越大,填充线就越稀。
- "间距"框:用于指定用户定义图案中平行线的间距。此框只有当填充类型为"用户定义"时才可用。
- "ISO 笔宽"下拉列表框用于设置 ISO 的预定义图案笔宽。

(2)"高级"选项卡(如图 17-102 所示)

1)"孤岛检测样式"用于设置图案填充方式。包含在最外边界内的封闭区域称为孤岛。根据对孤岛的不同处理方式,填充方式分为以下 3 种,如图 17-103 所示:

- "普通"方式:从外至里按奇数线框填充。
- "外部"方式:只填充最外层线框。
- "忽略"方式:忽略所有孤岛,全部填充。

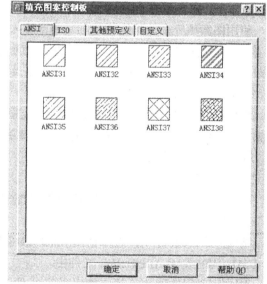

图 17-101 "填充图案控制板"对话框

在"普通"和"外部"方式下,如果填充区域内有文字并被选取,则文字不被填充,以便清晰显示。

2)"对象类型"下拉列表用于指定新建边界的类型为面域或多义线,该下拉列表只有在选择了"保留边界"后才有效。

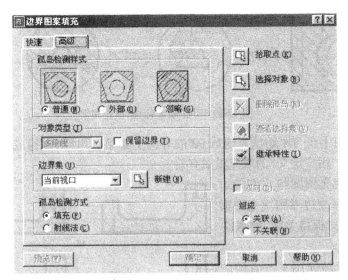

图 17-102　"边界图案填充"对话框中的"高级"选项卡

- "保留边界"用于控制填充时是否保留系统定义的边界。若选择此项，AutoCAD 系统内部将用户选择的图案填充边界重新定义为面域或多义线边界后，再填充图案，并保留系统定义的边界。通常选择不保留，即仍然为图案填充前的图形边界。

3)"边界集"下拉列表框用于指定边界对象的范围。单击其后的"新建"按钮可从图形中选择对象构造新的边界集。

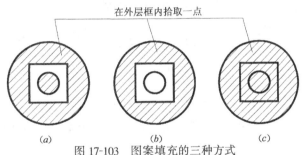

图 17-103　图案填充的三种方式
(a)普通方式；(b)外部方式；(c)忽略方式

4)"孤岛检测方式"用于确定在使用"拾取点"方式指定边界时是否将最外边界内的孤岛也作为边界对象。其中"填充"选项将孤岛作为边界对象，然后再根据"孤岛检测样式"中所选择的填充方式进行图案填充；"射线法"选项将孤岛不作为边界对象而全部填充，若选择此项，则在"孤岛检测样式"中选择的"普通"或"外部"方式不起作用。

(3)其他按钮及选项

- "拾取点"按钮用于通过拾取边界内部一点的方式来确定填充边界。单击该按钮，此时，"边界图案填充"对话框自动隐退，用鼠标在屏幕图形中需要填充图案的封闭区域内各点取一点，则选中的区域(边界)以虚线显示，回车返回对话框。
- "选择对象"按钮用于通过选择边界对象的方式来确定填充边界。单击该按钮，此时，"边界图案填充"对话框自动隐退，用鼠标在屏幕图形中选取边界对象，则选中的边界以虚线显示，回车返回对话框。
- "删除孤岛"按钮用于删除由"拾取点"按钮所定义的边界集对象，但最外层边界不能删除。
- "查看选择集"按钮用于显示当前所定义的边界集。
- "继承特性"按钮可以在图中选择已填充的图案来填充指定的区域，如图 17-104 所示。

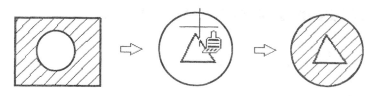

图 17-104 用"继承特性"填充图案

- "双向"用于在与原始填充线成 90°的方向上画第二组线,以构成交叉网格图案。此项只对"类型"为"用户定义"的填充图案有效。
- "关联"填充图案与它们的边界相关联,如果修改边界则填充图案将自动更新并继续保持关联,如图 17-105(a)所示。
- "不关联"填充图案与它们的边界各自独立互不关联,修改边界时填充图案不发生变化,如图 17-105(b)所示。

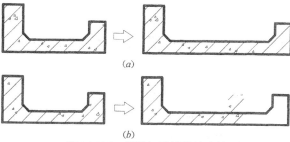

图 17-105 关联与不关联的比较
(a)关联填充时,拉伸对象的结果;(b)不关联填充时,拉伸对象的结果

- "预览"按钮用于预览图案的填充效果。预览完毕后,回车或右击鼠标返回对话框,若不满意,可进行修改。满意后单击"确定"按钮,完成图案填充。

17.9.5.2 图案填充的实例

【例 17-5】 如图 17-106 所示,绘制基础断面图中的材料图例。

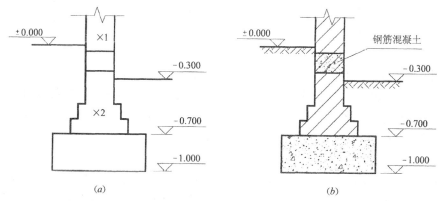

图 17-106 图案填充实例-画断面线材料图例
(a)填充前;(b)填充后

【解】 断面图中的材料图例可用图案填充来绘制,操作步骤如下:

(1) 键入 Bhatch(h) 或单击 ▨ 或选择菜单"绘图→图案填充",弹出"边界图案填充"对话框(见图 17-100)。

(2) 在"快速"选项卡的"类型"下拉列表框中选取"预定义"。单击"样例"框,弹出"填充图案控制板"对话框(见图 17-101),在"ANSI"中选取 ANSI31 图案,单击"确定"按钮返回"边界图案填充"对话框。

(3)在"快速"选项卡的"比例"下拉列表框中输入比例值(本例为30)。

(4)单击"拾取点"按钮,对话框自动隐退,用光标在图中需要填充的1、2区域(见图17-106a)内各点取一点,则选中的区域边界以虚线显示,回车返回对话框。

(5)单击"预览"按钮,预览填充效果,回车返回"边界图案填充"对话框。如果不合适,可修改填充比例值,合适后单击"确定"按钮,完成该处的填充。

用同样的方法,完成其余各处的填充。无封闭填充边界的图案可先画出封闭边界,填充图案后再删除多余边界。钢筋混凝土图例可用"ANSI31"和"AR-CONC"两种图案填充而成。

说明:

(1)图案填充的比例值不当时会造成填充线太密或太稀,甚至会导致无填充结果,此时可调整比例值,直到合适为止。为避免填充过密而耽搁太多的时间(甚至造成死机),在无法确定填充比例时,建议先选择较大的比例,然后逐渐减小。

(2)在选择填充边界时,如果选错了,可键入 U 取消,也可单击右键,然后从快捷菜单中选择"全部清除"或"放弃上次选择/拾取"。

(3)在选择填充边界时,要预览填充图案,可单击右键,然后从快捷菜单中选择"预览"。

17.9.5.3 图案填充编辑

修改已经填充的图案或更换新图案。

键入 Hatchedit 或选择菜单"修改→对象→图案填充"后系统提示:

选择关联填充对象:

选择图中要修改的填充图案后弹出"图案填充编辑"对话框,该对话框与"边界图案填充"对话框相同,只是有些选项不能用。在该对话框中,可对已填充的图案进行修改,如更换新图案,改变填充比例和旋转角度,删除关联性,继承其他已填充的图案的特性等。在修改过程中也可以进行预览,满意后单击"确定"按钮完成修改。

17.10 综合应用实例

前面介绍了许多 AutoCAD 绘图、标注和编辑命令,现在我们可以综合画一张建筑施工图。总的来说,绘制一幅新图的步骤为:

(1)启动 AutoCAD 2002 进入绘图编辑状态。
(2)设置绘图环境。
(3)绘制图形和符号。
(4)标注尺寸和文字。
(5)存盘退出和打印出图。

下面以某住宅的建筑平面图、立面图和剖面图(图 17-107)为例,介绍其绘制方法步骤:

17.10.1 启动 AutoCAD 2002 进入绘图编辑状态

启动 AutoCAD 2002,调出必要的工具栏,如目标捕捉工具栏、尺寸标注工具栏等,并调整好 AutoCAD 的工作界面,使绘图区足够宽敞,具体操作见 17.2。

17.10.2 设置绘图环境

在绘制一幅新图之前,应考虑图形的比例,确定图纸的尺寸,设置绘图环境,具体设置如下:

(1)设置图形界限

本例图形的绘图比例为1∶100,在屏幕上采用1∶1绘制,出图时,用A2图纸(420×594),设打印比例1∶100。用Limits命令设置图形界限,可设置左下角为(0,0),右上角为(59400×42000);用Zoom命令中的All选项将定义的界限全屏显示。

(2)设置长度单位和角度单位

用Units(un)命令,建议长度单位用"小数",精度为0;角度单位用"十进制度数",精度为0,即不带小数。

(3)建立图层,设置线型、颜色和线宽

为了使图形更加清晰醒目,便于修改。建议图层的设置安排如表17-2所示。

图层设置安排　　　　　　　　　　表17-2

层　名	颜　色	线　型	线　宽	功　能
墙体	白/黑色(White)	连续线(Continuous)	0.7	画墙体,粗实线
门	蓝色(Blue)	连续线(Continuous)	0.35	画门,中粗线
窗	绿色(Green)	连续线(Continuous)	默认	画窗,细实线
设备	黄色(Yellow)	连续线(Continuous)	默认	画设备,细实线
其他粗线	白/黑色(White)	连续线(Continuous)	0.7	画其他粗实线
其他细线	绿色(Green)	连续线(Continuous)	默认	画其他细实线
轴线	红色(Red)	中心线(Center)	默认	画轴线,细点划线
虚线	黄色(Yellow)	虚线(Hidden)	默认	画细虚线
文字	紫色(Magenta)	连续线(Continuous)	默认	标注文字
尺寸	紫色(Magenta)	连续线(Continuous)	默认	标注尺寸

注:默认线宽设为0.18mm。

(4)设置线型比例

用Ltscale命令设置全局线型比例,可根据图幅的大小来调整线型比例因子,系统的默认值为1,本例设置为100。如果对个别图线感到不合适,可用Properties命令单个修改。

(5)设置文字样式

详见17.7。

(6)设置尺寸标注样式

详见17.8,全局比例为1∶100。

(7)绘制图框和标题栏(扩大100倍画出)

设"其他粗线"层为当前层,调用Rectang▱或Line命令绘制图框线和标题栏框线;换"其他细线"层为当前层,用Line和Offset⟆等命令绘制标题栏分格线和图纸边界线。

用Saveas命令指定路径保存该图形文件,文件名为"某住宅建筑施工图"。

17.10.3 绘制图形

在屏幕上绘图,一般按实际尺寸1∶1绘制。绘图前应先分析图形,本例中的平面图和立面图左右对称,可只画出其中的一半,再用镜像命令复制出另一半。立面图和剖面图所表达的各楼层内容相同(一层的架空地面也与楼层相同),可画出一层后再复制出二、三楼层。绘图过程中应注意平面图、立面图和剖面图时间的对应关系,并注意切换图层。

(1)设0层为当前层,用Line命令和Offset⟆命令画出轴线定位线和作图基准线(如室外地坪线及楼地面、屋面、窗洞等的位置线)。

(2)换"墙体"层为当前层,用多线 Mline 命令画出平面图、立面图、剖面图的墙体轮廓线。多线的比例(间距)设置为 240(墙厚),用"Z"对正方式,并用 Mledit 命令修剪墙体轮廓。剖面图中的楼面板和屋面板(板厚100)的平行线也可用多线命令画出。

(3)用 Line 命令画出墙体的其余轮廓线,再用 Mledit 命令或 Trim 命令修剪出门洞、窗洞(用 Trim 命令时,对于多线绘制的墙体应先分解后再进行修剪)。

(4)换"轴线"层为当前层,用 Line 命令画出定位轴线。

(5)在"门"层上用 Line 或 Rectang 命令画出门。

(6)在"窗"层上用 Line 或 Rectang 命令画出窗、窗台。

(7)在"设备"层上画出卫生设备、阳台、屋面架空隔热板及其砖墩、雨篷、室外散水等。

(8)在"虚线"层上画出吊柜(细虚线)。

(9)在立面图和剖面图中,用 Copy 命令将一层的有关内容复制到二、三层。

(10)用镜像 Mirror 命令复制出平面图和立面图的另一半。

(11)在"设备"层上用 Line、Copy 命令和 Offset 等命令画出楼梯、门窗表格等。剖面图中的楼梯可完整画出一段(包括踏步、栏杆扶手、楼梯梁等),再复制出其余各段,并修剪。

(12)在"其他粗线"层上用 Pline 命令画出室外地坪线、图名下划线、剖切符号等。

(13)关闭 0 层或用 Erase 命令删除所有基准线和辅助线。

(14)在"其他细线"层上,用图案填充 Bhatch 命令(选择 SOLID 图案)填充楼板、屋面板、阳台、门窗洞上方过梁的断面及楼梯断面;用 Bhatch 命令(选择 AR－CONC 图案)填充屋面材料找坡断面。

(15)在"其他细线"层上用 Line 命令画出标高符号位置线、标高符号,用 Circle 命令画出定位轴线编号细实线圆(该圆在图纸上直径为 8mm)和指北针符号(该圆在图纸上直径为 24mm,箭头可用 Pline 命令画出)。

在绘图过程中,应采用相应的精确绘图工具(如对象捕捉),准确定位,并采用相应的图形编辑命令,如修剪、复制、镜像、阵列、移动等,对图形对象进行修改和调整。如果用错了图层、线型、颜色等,可用特性匹配刷修正。对于出现较多的门窗、卫生设备、标高、定位轴线编号等可用图块的形式插入。

17.10.4 标注尺寸和文字

(1)设"尺寸"层为当前层,在该层上用所设置的标注样式和尺寸标注命令注出图中所有尺寸。

(2)在"尺寸"层上标注标高。标高可定义为带属性的"块",插入块时应注意块的大小和方向以及相应的属性值(本例为标高值)。除了以属性的方式表示标高数值外,本例标高也可先绘制出两个符号,待复制到标注位置后,再用 Text 命令注写标高数值。

(3)换"文字"层为当前层,在该层上用所设置的文字样式和 Text 命令注出图中所有文字,填写门窗表和标题栏。输入文字时,应注意字高要求。如标题栏中的字高有 5mm 和 7mm 两种。由于本例出图打印比例为 1:100,所以字高也应相应地扩大 100 倍。

17.10.5 存盘退出和打印出图

绘图结束,用 Qsave 命令保存图形,退出 AutoCAD。为了防止意外,如停电、误操作及机器故障等遭受损失,在绘图过程中,也应经常保存图形。

图形绘制完毕(结果如图 17-107 所示),检查无误后,使用 Purge 命令清理图形中的无用定义,用 Saveas(另存为)命令存盘,交付打印。

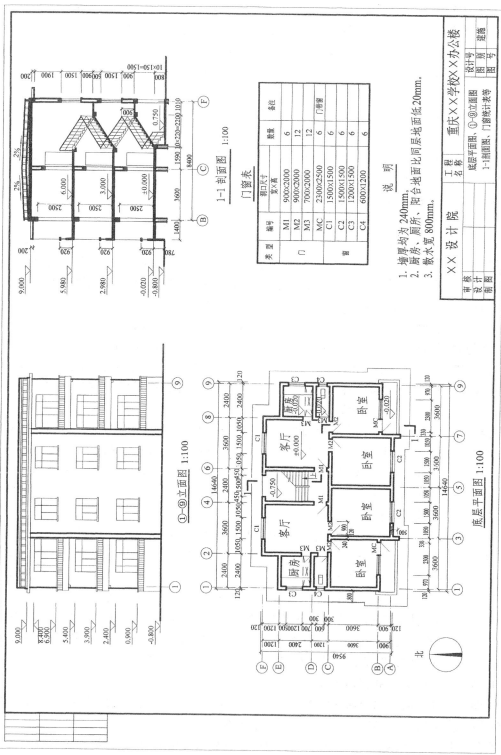

图 17-107 某住宅建筑平、立、剖面图

第18章 天正建筑软件绘图简介

天正建筑软件 Tarch 是天正软件公司最早在 AutoCAD 平台上开发的建筑 CAD 软件之一。其中天正建筑 TArch5.0 是天正软件公司根据多年来用户的反馈和建议,以全新技术开发的全新版本。TArch5.0 版本以 AutoCAD 2000－2002 作为操作平台,并且提供了适用于中文环境的先进屏幕菜单技术,使用方便,绘图工效高,功能超卓,深受广大用户的欢迎。

使用天正命令绘图,可自动建立图层和使用图层、颜色与线型;用 TArch5.0 完成的平面图,包含有三维模型信息,随时可以显示三维;可由平面图生成立面图、剖面图和三维图形。

本章通过典型实例,介绍怎样使用天正建筑 5.0 来绘制建筑施工图的方法步骤。由于篇幅和学时的限制,本章不一一介绍天正建筑 5.0 每一个命令的响应方法以及每个对话框的内容,而是通过实例介绍怎样使用这些命令功能来完成给定的设计目标,从而帮助读者了解天正建筑软件的常用功能,并掌握其使用方法。

18.1 TArch5.0 基础

18.1.1 TArch5.0 的安装和启动

TArch5.0 软件完全兼容于 AutoCAD 2000－2002(本书 CAD 系统为 AutoCAD 2002),在安装 TArch5.0 之前,应首先确认计算机上已安装 AutoCAD 2002,并能正常运行。安装 TArch5.0 时,运行天正建筑软件光盘的 Setup.exe 文件,即可按提示进行安装,"目标文件夹"是天正建筑软件的安装位置,用户可以选择任意位置安装,单击"下一个"开始拷贝安装文件,根据用户机器的配置情况,大约需要 2~10min 可以安装完毕。

安装完毕后,在 Windows 桌面上同时有天正建筑 5.0 快捷图标,双击该图标,即可启动天正建筑 TArch 5.0。

18.1.2 TArch5.0 的工作界面

TArch 5.0 的界面保留 AutoCAD 2002 的所有下拉菜单和图标工具栏,从而保持 AutoCAD 的原有风格。在此基础上,天正建立自己的菜单系统,包括屏幕菜单和快捷菜单,如图 18-1 所示。

18.1.3 TArch5.0 的屏幕菜单

天正的所有功能调用都可以在天正的屏幕菜单上找到,以树状结构调用多级子菜单。所有的分支菜单都可以左键点取进入变为当前菜单,也可以右键点取弹出菜单,从而维持当前菜单不变。大部分菜单项都有图标,以方便用户更快地确定菜单项的位置。当光标移到菜单项上时,AutoCAD 的状态行就会出现该菜单项功能的简短提示。

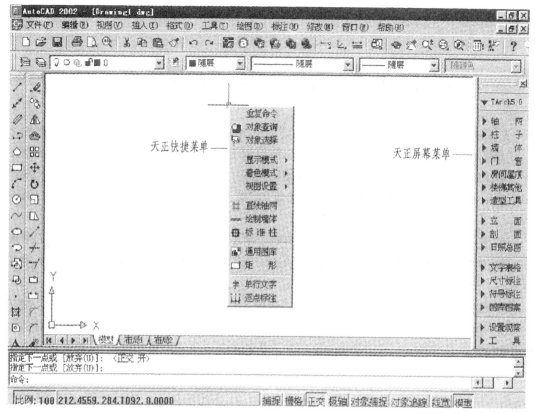

图 18-1　TArch5.0 的工作界面

对于屏幕分辨率小于 1024×768 的用户,有些菜单项可能排列不下,这时可以右击当前菜单标题,以弹出菜单的方式列出所有菜单项。如果菜单被关闭,可使用功能键 Ctrl + F12 打开。

18.1.4　TArch5.0 的快捷菜单

快捷菜单又称右键菜单,在 AutoCAD 绘图区,单击鼠标右键(简称右击)弹出。快捷菜单根据当前预选对象确定菜单内容,当没有任何预选对象时,弹出最常用的功能,否则根据所选的对象列出相关的命令。当光标在菜单项上移动时,AutoCAD 状态行给出当前菜单项的简短使用说明。天正的有些命令利用预选对象,有些命令不利用预选对象。对于单选对象的命令,如果与点取位置无关,则利用预选对象(如对象编辑),否则还要提示选择对象(如轴网标注)。

18.1.5　TArch5.0 的设定

键入 Options 或选择 CAD 下拉菜单"工具→选项",弹出"选项"对话框,单击"天正设定"选项卡,根据工程设计要求,进行参数设定,或采用默认值,如图 18-2 所示。

下面以某职工住宅施工图(图 18-3 ~ 图 18-6)为例,介绍使用 TArch 5.0 绘制建筑平面图、立面图、剖面图以及三维图的方法步骤。

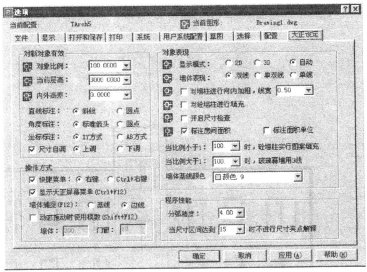

图 18-2 "选项"对话框中的"天正设定"选项卡

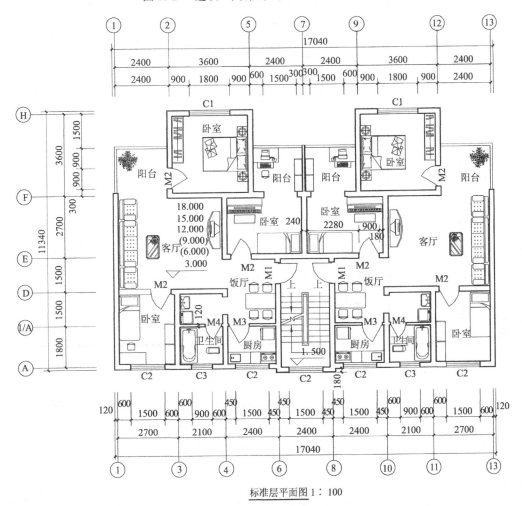

标准层平面图 1:100

图 18-3 住宅标准层平面图

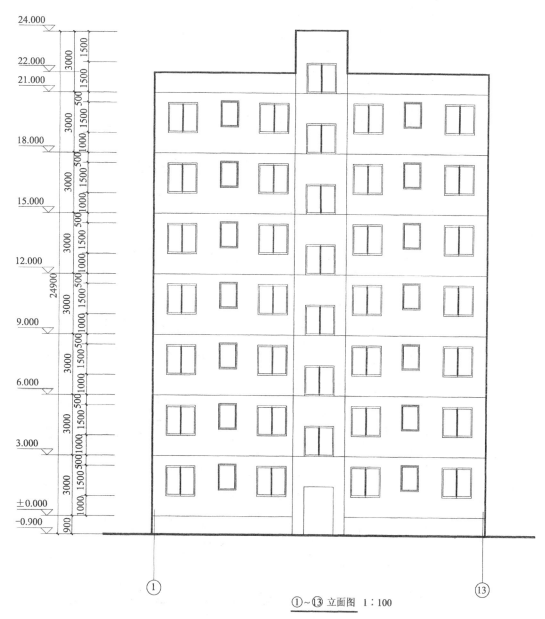

①~⑬ 立面图 1:100

图 18-4 住宅①~⑬立面图

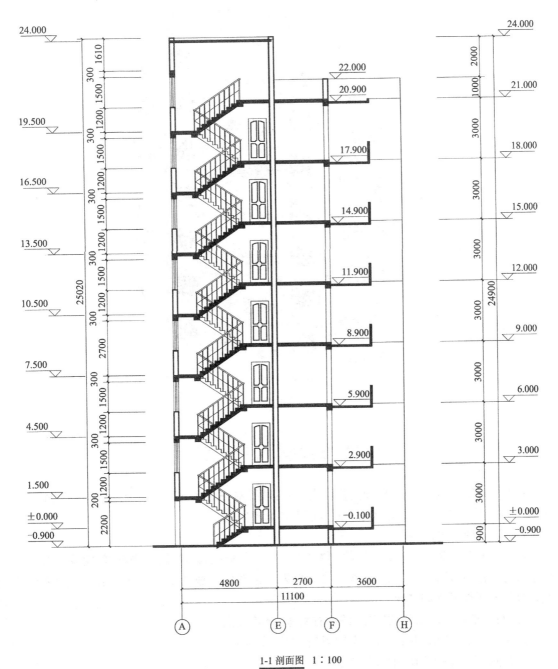

1-1 剖面图 1:100

图 18-5 住宅 1-1 剖面图

图 18-6　住宅三维图

18.2　绘制建筑平面图

用 TArch5.0 绘制建筑平面图的步骤大致是:轴线网→墙体(柱)→门窗→室内外设施→文字、尺寸与符号标注→图案填充→插入图框及调整图面。

18.2.1　建立轴线网

轴线是指定位轴线,是设计中建筑物各组成部位的依据,绘制墙体、楼梯、门窗等均以定位轴线为基准,以确定其平面位置与尺寸。轴网是由轴线组成的平面网格。轴网将建筑平面划分为若干个开间和进深。

开间:一般指一间房间的宽度,即左右墙体的轴线间距。

进深:指院子或房间的深度,即前后墙体的轴线间距。

下开间:平面图下边的轴线间距。

上开间:平面图上边的轴线间距。

左进深:平面图左边的轴线间距。

右进深:平面图右边的轴线间距。

18.2.1.1　建立直线轴网

点取屏幕菜单"轴网→直线轴网",在弹出的"绘制直线轴网"对话框(图18-7)中依次输入本例图18-3的轴线尺寸数值：

下开间：(从左到右)2700、2100、2400、2400、2100、2700

上开间：(从左到右)2400、3600、2400、2400、3600、2400

左进深：(从下到上)1800、1500、1500、2700、3600

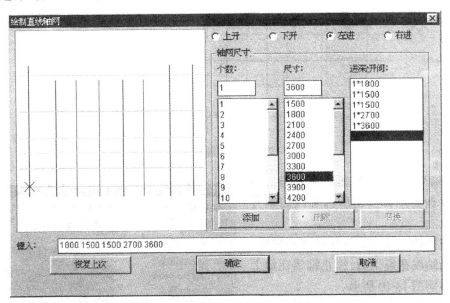

图18-7 "绘制直线轴网"对话框

首先,从左至右依次输入下开间尺寸,其方法是：在"尺寸"下拉列表框中双击某尺寸值即可输入该尺寸,例如要输入2700,就用鼠标双击"2700"即可。如果不是常用的尺寸值就用键盘在"尺寸"输入框中输入,并按"添加"按钮即可。如果要同时输入几个相同的尺寸,可在"个数"下拉列表框中单击重复个数,在"尺寸"下拉列表框中双击该尺寸值即可。还可在"键入"框中键入所需尺寸数值并回车,此数值立即加入到"开间/进深"框中。在"开间/进深"框中选中某个数值,按"删除"或"替换"按钮,即可删除或替换该尺寸数值。

然后,点取"上开"按钮,输入上开间尺寸,方法与下开间相同。如果上、下开间尺寸相同,则只需输入下开间尺寸。

开间尺寸输入完成后,接着输入进深尺寸。点取"左进"按钮,从下到上输入左进深尺寸。由于该建筑左、右进深是一样的,所以只需输入左进深尺寸即可。

在输入尺寸的过程中,对话框的预览区显示直线轴网(图18-7),并随输入数据的改变而改变。所有尺寸输完并核对无误后,单击"确定"按钮,然后在屏幕左下角点取轴网的插入位置,并用Zoom命令全屏显示,则直线轴网全部显示在屏幕上(图18-8)。

18.2.1.2 对轴网进行轴号与尺寸标注

先标注开间尺寸和轴号。

点取屏幕菜单"TArch5.0→轴网→两点轴标",命令要求点取轴网需标注的起始轴线,再点取终止轴线,进入"轴网标注"对话框(图18-9),选择标注选项。如果上、下开间尺寸和轴号都需标注,就选择"标注双侧轴号"和"标注双侧尺寸";如果第一根轴线编号不为"1",则可

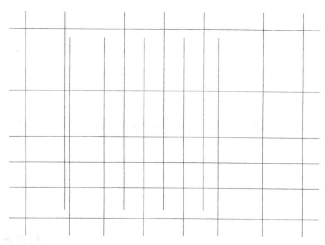

图 18-8 直线轴网

在"起始轴号"处键入所需的新轴号。确认后程序按要求标注出所选轴线的轴号及尺寸。

用同样的方法标注进深尺寸和轴号。注意起始轴线在最下边,终止轴线在最上边。结果如图 18-10 所示。

18.2.1.3 对轴网及轴号进行编辑和修改

在"TArch5.0→轴网"菜单或选择轴网对象后右键弹出的快捷菜单中,点取"添加轴线"命令可以在指定位置增加新轴线和轴号;点取"轴改线型"命令可以改变轴线的线型,将轴网的线型在连续线与点划线之间切换。

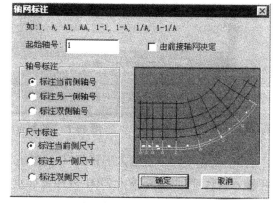

图 18-9 "轴网标注"对话框

利用"单轴变号"和"重排轴号"命令可以改变轴线编号;"添补轴号"命令可以增加有关联的轴号;"删除轴号"命令可以删除多余轴号,其余轴号自动排序。

18.2.2 绘制墙体

18.2.2.1 墙体绘制

墙体可直接绘制,或由单线转换。不论使用哪一种方法,墙体的底标高为当前标高(Elevation),墙高为楼层层高。墙体的底标高和墙高可在创建后,用"墙体→改高度"命令进行修改。

点取屏幕菜单"TArch5.0→墙体→绘制墙体",显示"绘制墙体"对话框(图 18-11),可在其中设定墙体参数,墙体"左宽"与"右宽"是相对于墙体基线画线方向而言,墙体基线通常与定位轴线重合,墙体"总宽"="左宽"+"右宽",墙体"高度"为楼层层高。设定墙体参数后可不必关闭对话框,即可点取其下方工具栏上的图标,直接绘制直墙、弧墙和用矩形方法绘制墙体。墙线相交处自动处理,墙宽、墙高可随时改变,墙线端点有误可以回退。

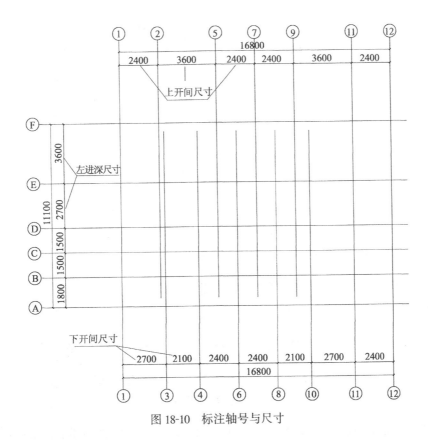

图 18-10 标注轴号与尺寸

绘制直墙时命令行提示：

起点或{参考点[R]}〈退出〉：输入墙线起点

直墙下一点或{弧墙[A]/矩形画墙[R]/闭合[C]/回退[U]}〈另一段〉：

画直墙的操作类似于 Line 命令,可连续输入直墙下一点,或以回车结束绘制。拖动橡皮筋时,屏幕会出现距离方向提示。

键入"A"或"R"切换到画弧墙或矩形画墙方式。

键入"U"回退到上一段墙体。

键入"C"闭合,指当前点与起点闭合形成封闭墙体,同时连续墙体绘制过程结束。

图 18-11 "绘制墙体"对话框

本例住宅标准层平面图是左右对称的一梯两户的户型,所以可只画一户的墙体,如图 18-12 所示。待把这户的门窗、阳台画好以及把室内家具和洁具布置好后,再用 AutoCAD 的镜像命令完成另一户的建筑平面图。

18.2.2.2 墙体编辑

在天正系统中可以使用 AutoCAD 的夹点、通用编辑命令、系统提供的专用编辑命令对墙体进行编辑。

(1)使用 AutoCAD 命令编辑墙体

Erase 命令：可删除单段或多段墙体。墙体删除后,与该墙体相连的其他墙体会自动更新。墙体上的门窗自动删除。

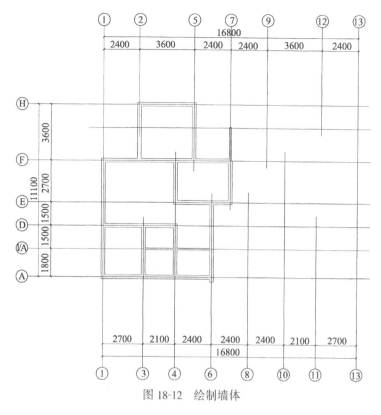

图 18-12　绘制墙体

Copy、Move、Mirror 命令:可复制、移动、镜像单段或多段墙体,被操作墙体上的门窗自动参与操作,不管用户是否选中。

Trim、Break、Extend 命令:可裁剪、打断墙体和延伸墙体到指定边界。

Offset 命令:可按偏移距离和方向生成新蹬墙体。

(2)墙体对象编辑

选择要编辑的墙体,按鼠标右键,点取右键菜单中"对象编辑"命令,弹出"墙体编辑"对话框(图 18-13),修改相应参数可改变墙体两侧宽度(在平面图中选中的墙体左侧边线用绿色显示,右侧边线用粉色显示)、高度、标高;点取"材料"可修改墙体材料。修改完毕点取"确定"结束编辑,墙体根据修改后的参数更新。

18.2.3　插入门窗

门窗在平面图中按规定的图例符号表示。

18.2.3.1　插入普通门

在墙上插入普通门,包括平开门、推拉门等类型。

点取屏幕菜单"TArch5.0→门窗→普通门",显示"门窗参数"对　图 18-13　"墙体编辑"对话框
话框(图 18-14),对话框中部为参数输入区,其左侧为平面样式设定框,右侧为三维样式设定框,对话框下部为插入方式图标和转换功能图标。参数输入区中的参数在调用本命令过程中可随时改变。

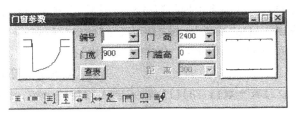

图 18-14 用"门窗参数"对话框插入门

单击左侧的平面样式设定框,弹出"天正图库管理系统"平面样式对话框,如图 18-15 所示。选取任一门样式,并单击"OK",该样式成为当前门样式,如不修改,插入门时,在平面图中均采用该样式。

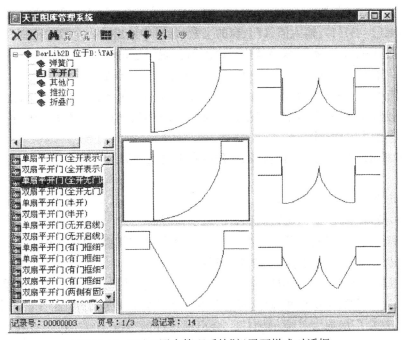

图 18-15 "天正图库管理系统"门平面样式对话框

"门窗参数"对话框左下方提供了 9 种插入门窗方式的图标,各图标功能从左到右依次说明如下:

(1)自由插入:在墙段的任意位置插入,并显示门窗两侧到轴线的动态尺寸,命令行提示:
点取门窗插入位置(Shift – 左右开):点取要插入门窗的墙线,按 Shift 键可控制门窗左右开启方向

(2)沿直墙顺序插入:以墙段的起点为基点,按给定距离插入选定门窗,命令行提示:
点取直墙〈退出〉:点取要插入门窗的墙线
输入从基点到门窗侧边的距离〈退出〉0:键入该距离,即插入门或窗
输入从基点到门窗侧边的距离或｛左右翻转[S]/内外翻转[D]｝〈退出〉:继续键入距离插入门窗或键入 S 或 D 翻转门窗

(3)轴线等分插入:在点取点处相邻的两轴线和墙段的交点间等分插入,如果墙段内没

405

有轴线,则按墙段等分插入。屏幕将出现门窗的动态图形,以便用户点取的同时能够确定门窗的开启方向(使用规则同自由插入)。使用本方式时命令行提示:

点取门窗大致的位置和开向(Shift-左右开)〈退出〉:在插入门、窗的墙段上任点取一点,该点相邻的轴线虚显

指定参考轴线[S]/门窗个数(1-3)〈1〉:输入插入门窗的个数,括号中给出输入个数的范围

如果虚显的轴线不是用户期望的,用户可以输入 S,然后系统提示用户指定等分所需要的两根轴线,然后再提示输入门窗个数。

(4)墙段等分插入:在插入点处按墙段长度等分插入,使用规则同自由插入。单击本方式图标后,命令行提示:

点取门窗大致的位置和开向(Shift-左右开)〈退出〉:在插入门、窗的墙段上单击一点

门窗个数(1-3)〈1〉:输入插入门、窗的个数,括号中给出输入个数的范围

(5)垛宽定距插入:自动选取墙体边线离点取位置最近的特征点,并将该点作为参考位置快速插入门窗,垛宽距离在对话框中设定。单击本方式图标后,命令行提示:

点取门窗大致的位置和开向(Shift-左右开)〈退出〉:在插入门、窗的墙段上点取一点

(6)轴线定距插入:自动选取位置最近的轴线与墙体的交点,并将该点作为参考位置快速插入门窗。使用方法同上。

(7)按角度插入弧墙上的门窗:按给定角度在弧线墙上插入门窗。使用本方式时命令行提示:

点取弧墙〈退出〉:点取弧线墙

门窗中心的角度〈退出〉:键入需插入门窗的角度值

(8)充满墙段插入门窗:在门窗宽度方向上完全充满一段墙,使用这种方式时,门、窗宽度参数由系统自动确定,使用本方式时命令行提示:

点取门窗大致的位置和开向(Shift-左右开)〈退出〉:在插入门、窗的墙段上单击一点

(9)插入上层门窗:上层窗指在已有的门、窗上方指定高度处,再加一个宽度相同、高度不同的门窗,这在厂房或大礼堂的墙体上会出现这样的情况。单击按下此按钮后,会显示"门窗参数"对话框。在对话框中输入上层窗的窗高、窗台到下层窗顶的间距、编号。使用本方式时,注意尺寸参数,上层窗的顶标高不能超过墙顶高。然后把光标切换到作图区,此时命令行提示:

选择下层门窗:用点选方式选择下层门窗

操作完毕即在所选门、窗上插入上层窗。上层门窗只在三维中显示,平面图中只显示其编号。

用以上方示可插入各种位置的门窗。本例的门用垛宽定距插入,如图 18-17 所示。

对于空门洞,如本例中阳台的空门洞,可点取屏幕菜单"TArch5.0→门窗→矩形洞"插入,方法同门。

18.2.3.2 插入普通窗

在墙上插入普通窗,包括平开窗、推拉窗等类型。

点取屏幕菜单"TArch5.0→门窗→普通窗",显示"门窗参数"对话框(图 18-16)。插入普通窗的参数输入与操作方法及命令行提示与普通门相同。

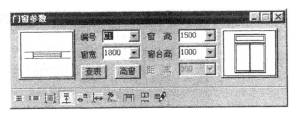

图 18-16 用"门窗参数"对话框插入窗

因为大多数窗是居中布置的,所以插窗通常采用在两轴线间等分插入和在点取的墙段间等分插入,如图 18-17 所示。

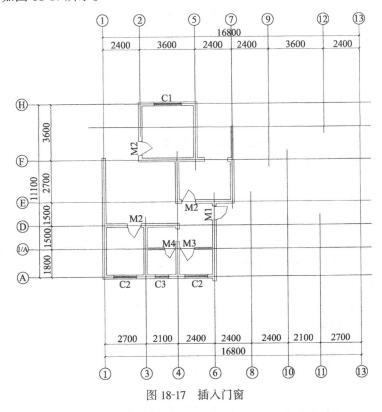

图 18-17 插入门窗

天正 5.0 除了插入普通门窗外,还可插入门联窗、子母门、弧窗、凸窗、任意洞等,根据对话框和命令行提示操作,方法与普通门窗大同小异。

18.2.3.3 门窗的编辑

插入的门窗方向可以调整,点"门窗→左右翻转"可调整门窗左右开启方向,点"门窗→内外翻转"可调整门窗内外开启方向。用 Move 命令可移动门窗,移动时墙洞随门窗一起移动。用 Erase 命令可删除门窗,门窗删除时墙线自动把门窗洞修补好。

在门窗选中时右击鼠标,即可弹出与门窗操作相关的右键快捷菜单(图 18-18),可对门窗进行更多的操作。单击其中的"对象编辑"项,弹出"门窗参数"编辑对话框,见图 18-19。"门窗参数"编辑对话框与插入对话框(图 18-16)类似,只是没有了插入或替换的一排图标,并增加了单侧改宽的选项。

图 18-18 门窗
快捷菜单

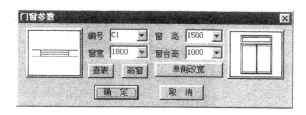

图 18-19 "门窗参数"编辑对话框

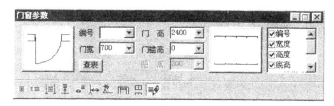

图 18-20 替换门窗参数

在"门窗参数"编辑对话框中可修改门窗参数、编号和样式等,单击"确定"后,命令行提示用户:

还有其他 X 个相同编号的门窗也同时参与修改?(Y/N)[Y]:

如果要所有相同门窗都一起修改,那就回答 Y,否则回答 N。

18.2.3.4 门窗替换

单击"门窗参数"对话框下方的替换图标,可批量修改门窗参数及门、窗之间转换,用对话框内的参数作为目标参数,替换图中已经插入的门窗。使用本方式前应先将"替换"按钮按下,参数对话框右侧出现参数过滤开关,如图 18-20 所示。在替换中如不改变某一参数,可点取清除该参数开关,对话框中该参数按原图保持不变。例如,将门改为窗,宽度不变,应将宽度开关置空。使用本方式时命令行提示:

选择被替换的门窗:点取或窗选要替换的门、窗,回车结束,所选门、窗被替换

18.2.4 室内外设施

18.2.4.1 绘制阳台

直接绘制阳台或把预先绘制好的 Pline 线转成阳台。

(1)直接绘制

点取屏幕菜单"TArch5.0→楼梯其他→阳台",命令行提示:

阳台轮廓线的起点或|点取图中曲线[P]/点取参考点[R]|〈退出〉:直接点取阳台起点

直段下一点|弧段[A]/回退[U]|〈结束〉:点取下一点

命令行连续提示点取直段下一点,直至回车结束点取,命令行继续提示:

请选择邻接的墙(或门窗)和柱:选取与阳台连接的墙或窗

选择完毕后回车,屏幕弹出"阳台"对话框,如图 18-21 所示,在该对话框中输入修改阳台有关数据。修改后,点取"确定",即生成阳台。

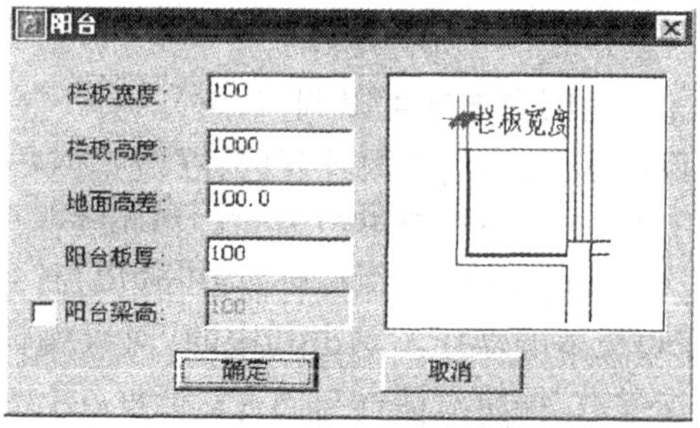

图 18-21 "阳台"对话框

(2)利用 Pline 线

首先绘制要生成阳台的 Pline 线,Pline 线可以是任意曲线,包括直线段、弧线段。

点取屏幕菜单"TArch5.0→楼梯其他→阳台",命令行提示:

阳台轮廓线的起点或{点取图中曲线[P]/点取参考点[R]}〈退出〉:键入 P

选择一曲线(Line/Arc/Pline):选取已有一段曲线

如果 Pline 不封闭,则类似于直接绘制的情况,需要搜索沿着维护结构的边界。

请选择邻接的墙(或门窗)和柱:选取与阳台连接的墙或窗

如果 Pline 封闭,则要求点取沿着维护结构的各边。

请点取连接墙的边:点取与墙边重合的边

回车后,屏幕仍会弹出如图 18-21 所示的"阳台"对话框,在该对话框中输入修改阳台有关数据。修改后,点取"确定",即生成阳台。

本例住宅的阳台见图 18-22。其中⑤—⑦轴线阳台直接绘制,①—②轴线阳台用 Pline 线生成。

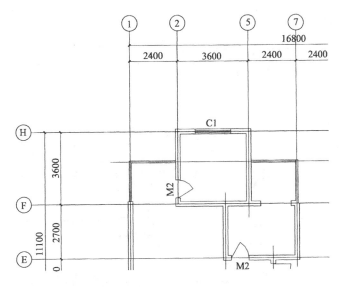

图 18-22 绘制阳台

18.2.4.2 绘制雨篷

如果阳台的挡板高度足够小或为 0,则阳台就变成了雨篷,因此可用绘制阳台的命令和方法来绘制雨篷,只是要注意挡板高度的设置。

18.2.4.3 布置卫生洁具和家具

在天正 5.0 中,可将卫生洁具和家具以图块的形式插入到平面图中。

点取屏幕菜单"TArch5.0→图库图案→通用图库",弹出"天正图库管理系统"对话框,如图 18-23 所示。用户可在对话框左上角窗口的树形目录中选择图块类别,在左下方则显示当前类别下的图块名称及规格,在右边预览区则显示当前类别下的图块图形。双击所需要的图块,命令行提示:

点取插入点{转 90[A]/左右[S]/上下[D]/对齐[F]/外框[E]/转角[R]/基点[T]/更换[C]}〈退出〉:用鼠标确定图块的插入位置,或选择其中的选项改变图块方向、位置、大小、转角、插入基点等

卫生洁具和家具插入完毕后如图 18-24 所示。

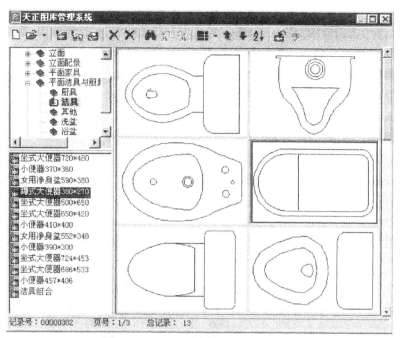

图 18-23 "天正图库管理系统"对话框

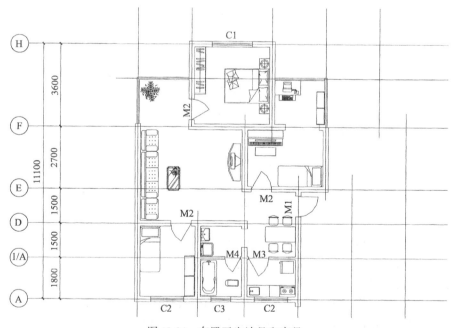

图 18-24 布置卫生洁具和家具

洁具也可点取屏幕菜单"TArch5.0→房间屋顶→布置洁具"来完成布置。可一次连续插入多个相同的洁具,还可布置隔断和隔板,适用于公共卫生间的布置。

18.2.4.4 镜像复制

基本完成一户的平面布置后,用 Mirror 命令镜像复制出对称的另一户,并删除⑦号轴线重合的墙体,补画出楼梯间的一段外墙和窗,结果如图 18-25 所示。

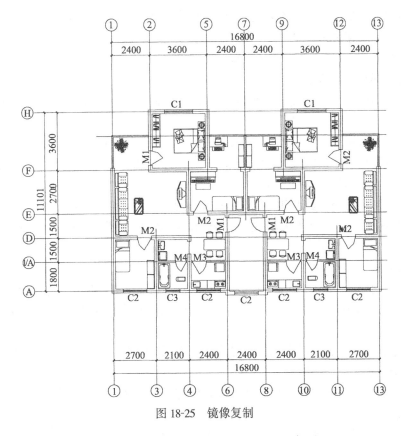

图 18-25 镜像复制

18.2.4.5 绘制楼梯

楼梯是楼层间的交通通道,楼梯的变化形式很多,天正直接提供最常见的双跑楼梯的绘制,其他形式的楼梯,由楼梯的组成构件(梯段、休息平台、扶手等)组合而成。不管是直接绘制的双跑楼梯,还是楼梯的组成构件,都是天正自定义的构件对象,分别具备二维视图和三维视图。

(1)设置楼梯的参数:本例为双跑楼梯

点取屏幕菜单"TArch5.0→楼梯及其他→双跑楼梯"后,屏幕弹出如图 18-26 所示的"矩形双跑梯段"对话框,在对话框中输入楼梯的参数,可根据右侧的动态显示窗口,确定楼梯参数是否符合要求。现就对话框中的部分选项说明如下:

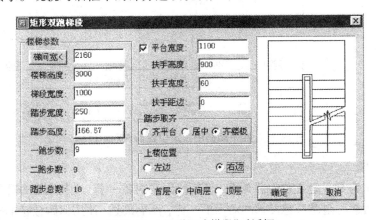

图 18-26 "矩形双跑梯段"对话框

梯间宽:楼梯间的净宽度。该项为按钮选项,点取该按钮后在图中点取两点确定该值。
楼梯高度:双跑楼梯的总高。
梯段宽:梯段宽度,应小于1/2梯间宽。
踏步宽度:即踏面宽度。
踏步高度:即踢面高度。输入一个概略的踏步高设计初值,由楼梯高度与一跑步数推算出最接近初值的设计值。
一跑步数:上行第一个梯段的步数。以高度值和一跑步数最终决定总步数及二跑步数。
平台宽度:休息平台的宽度,应大于梯段宽度,如为非矩形休息平台时,可以清除平台选项,以便自己用平板功能设计休息平台。
踏步取齐:当一跑与二跑步数不等时,两梯段的长度不一样,因此有两梯段的对齐问题。
扶手边距:扶手水平投影到梯段边的距离,在1∶100平面图上一般取0,在1∶50详图上应取实际值。

(2)插入楼梯

在"矩形双跑梯段"对话框中,各参数和选项设置好后,单击"确定"按钮,命令行提示:

点取位置或{转90度[A]/左右翻[S]/上下翻[D]/对齐[F]/改转角[R]/改基点[T]}〈退出〉:

点取楼梯插入位置点或键入相应字母进行操作,其中键入A,将楼梯旋转90°插入,连续键入A,可旋转180°、270°、360°等。

操作完毕即在平面图中指定位置插入双跑楼梯,如图18-27所示。

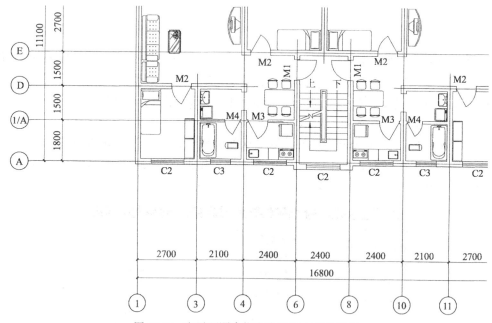

图18-27 在平面图中指定位置插入双跑楼梯

(3)楼梯编辑

双跑楼梯作为天正定义的构件对象,与其他天正对象一样,支持对象编辑和夹点编辑。对象编辑的对话框与创建双跑楼梯的对话框一样,不再重述。使用双跑楼梯的夹点功能,可以改梯段宽度、改楼梯间宽度、改休息平台尺寸和移动楼梯。

(4)绘制楼梯上、下箭头

点取屏幕菜单"TArch5.0→楼梯及其他→箭头引注",确定箭头的起点、下一点,按回车键显示如图 18-28 的对话框,键入"上"或"下"文字,单击"确定"即可完成箭头标注,如图 18-27 所示。

18.2.5 标注文字

18.2.5.1 设置文字样式

点取屏幕菜单"TArch5.0→文字表格→文字样式",弹出"文字样式"对话框(图 18-29),在其中新建或选择一个样式名:如果标注汉字,选择"Windows 字体";字宽比设为 0.7;字高为 0,

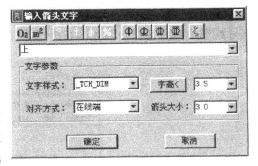

图 18-28 输入箭头文字

表示不设置文字样式的默认字高,字高由文字表格命令设置;"中文字体"选用"仿宋 – GB2312"。单击"确定"完成文字样式设置。

18.2.5.2 注写单行文字

点取屏幕菜单"TArch5.0→文字表格→单行文字",弹出"单行文字"对话框(图 18-30),在其中选择文字样式、对齐方式、输入字高,在文字输入框中输入文字,单击"确定"按钮,在图中用鼠标点取文字的插入位置。结果如图 18-31 所示。

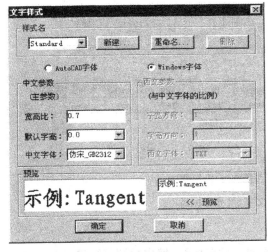

图 18-29 "文字样式"对话框

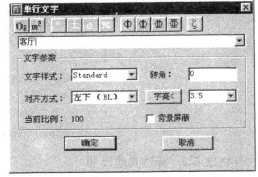

图 18-30 "单行文字"对话框

18.2.6 标注尺寸与标高

前面,在建立轴线网时,我们已经标注了两道尺寸,即:轴线尺寸和总尺寸。现在用天正命令标注门窗尺寸和其他一些必要的尺寸。

18.2.6.1 标注外墙门窗尺寸

自动标注平面图中外墙的门窗尺寸,生成第三道尺寸线,考虑了通过该段墙的正交轴线。

点取屏幕菜单"TArch5.0→尺寸标注→门窗标注"后,命令行提示:

413

请用线(点取两点)选一二道尺寸线及墙体：

起点： 终点:垂直于墙线方向点取过第一道尺寸线与墙体的两点,如果没有穿过其他尺寸线,则会提示点取尺寸线的位置

请选择其他墙体:这时还可以选取与所选取的墙体平行的其他相邻墙体,即可沿同一条尺寸线继续对所选择的墙体门窗进行标注,如图18-31所示。

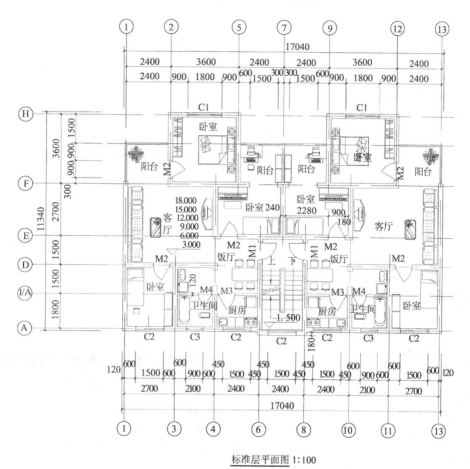

图18-31 标注文字、尺寸和标高

18.2.6.2 标注其他尺寸

除了轴网标注和门窗标注外,天正软件还提供了墙厚标注、墙中标注、两点标注、逐点标注、半径标注、角度标注等标注功能。其中：

点取屏幕菜单"TArch5.0→尺寸标注→墙厚标注"后,在需要标注墙厚的一道或多道墙的两侧点取两点后,就在这两点连线所经过的全部墙上标出墙厚尺寸。

"逐点标注"功能可为所点取的若干个点沿指定方向标注尺寸。该命令最常用。

点取屏幕菜单"TArch5.0→尺寸标注→逐点标注"后,命令行提示：

请输入起点或{参考点[R]}〈退出〉:点取第一个标注点作为起始点

请输入第二个标注点〈退出〉:点取第二个标注点

请点取尺寸线位置或｛更正尺寸线方向[D]｝:这时动态拖动尺寸线给点,使尺寸线就位或者键入 D 通过选取一条线来确定尺寸线方向

请输入其他标注点〈退出〉:逐点给出标注点

请输入其他标注点〈退出〉:重复提示,回车结束

本例内部尺寸 240、2780、900、180 等可用"逐点标注"注出,见图 18-31。

18.2.6.3　尺寸编辑

由于天正标注采用了专用标注对象,可使用尺寸标注编辑命令或者直接对其夹点进行拖动修改。

(1)尺寸标注编辑命令包括:剪裁延伸、尺寸转化、取消尺寸、连接尺寸、增补尺寸、文字复位、文字复值、更改文字。其中:

"剪裁延伸"在尺寸线的某一端,按指定点剪裁或延伸该尺寸线。

点取屏幕菜单"TArch5.0→尺寸标注→剪裁延伸"后命令行提示:

请给出裁剪延伸的基准点或｛参考点[R]｝〈退出〉:点取剪裁线要延伸到的位置

要剪裁或延伸的尺寸线〈退出〉:

点取要作剪裁或延伸的尺寸线后,所点取的尺寸线的点取一端即作了相应的剪裁或延伸,同时尺寸数字也随之改变。

例如用此命令,将本例中的总尺寸线从轴线位置延伸到与墙边平齐,尺寸数字也由 16800、11100 分别变为 17040、11340。

(2)直接对尺寸夹点进行拖动可以很方便地移动尺寸文字、移动尺寸线、更改标注点和尺寸开间。

18.2.6.4　标注标高

点取屏幕菜单"TArch5.0→符号标注→单注标高"后,命令行提示:

请点取标高点｛参考点[R]｝〈退出〉:在要标注处点取一点

标高文字(多行用'/'隔开,如:"15.000/23.150")〈4.53〉:键入新值或回车接受默认值

若输入斜杠相隔的多个标高数值,表示标注的是多个楼层的"楼面标高"。

请点取标高方向或｛设置基线[B]/设置引线[L]｝〈当前〉:拖动光标改变标高符号的方向

标注并编辑后的尺寸和标高如图 18-31 所示。

18.2.7　装入图框及调整图面

点取屏幕菜单"TArch5.0→布图→插入图框",可以插入图框、标题栏或者直接绘制。

利用计算机绘图,在出图之前,都要对图面进行调整、布置,以使图面美观、协调。需要显示墙体粗线和柱子断面填充时,点取屏幕菜单"TArch5.0→设置观察→粗线开关/填充开关"即可。

标准层平面图绘制完毕后,保存为"标准层平面图"。

18.2.8　其他平面图的绘制

其他平面图的绘制方法与标准层平面图相同,如果其他层平面图的内容与标准层平面图差别不大,可在标准层平面图的基础上进行修改,并另保存为其他层平面图。

18.2.8.1 底层平面图的绘制

打开标准层平面图,将其另保存为底层平面图。

(1)改图名:单击图名"标准层平面图",用右键菜单中的"对象编辑",在弹出的"单行文字"对话框中将图名修改为"底层平面图"。

(2)改楼梯:单击楼梯,用右键菜单中的"对象编辑",在弹出的"矩形双跑梯段"对话框(见图 18-26)中将"中间"楼梯修改为"首层"楼梯,其他参数不变。注意:在底层平面图中,首层楼梯只给出一跑的下剖断。底层±0.000 以下的一段梯段,可用"楼梯其他→直线楼梯"命令插入,其参数设定(见图 18-32)与操作方法与双跑楼梯相似。

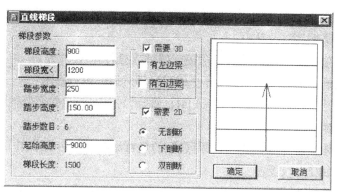

图 18-32 "直线楼梯"对话框

(3)替换门窗:点取屏幕菜单"TArch5.0→门窗→矩形洞",在弹出的"矩形洞"对话框(图 18-33)中输入空门洞参数,单击"替换"按钮,将楼梯间的 C2 窗替换为空门洞。

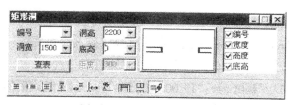

图 18-33 "矩形洞"对话框

(4)修改室内地面和楼梯间地面标高。

(5)改墙高:本例住宅层高为 3000mm,室内外高差为 900mm,因此底层墙高应为 3900mm。为了后面准确生成立面图、剖面图和三维图起见,应将底层墙高改为 3900mm。操作如下:

点取屏幕菜单"TArch5.0→墙体→三维操作→改高度"后,命令行提示:

请选择墙体、柱子或墙体造型:

新的高度⟨3000.0000⟩:<u>3900</u> 输入墙体新高度

新的标高⟨0.0000⟩:<u>-900</u> 输入墙体底部新标高

是否维持窗墙底部间距不变?(Y/N)[N]:<u>N</u> 键入 N 不改变门窗底标高

修改完毕后的底层平面图如图 18-34 所示。

18.2.8.2 屋顶平面图的绘制

打开标准层平面图,将其另保存为屋顶平面图。

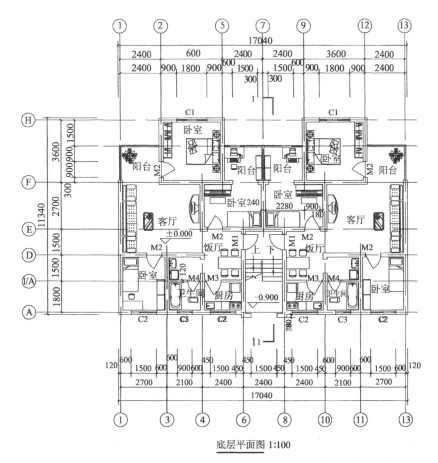

图 18-34 住宅底层平面图

(1)改图名:单击图名"标准层平面图",用右键菜单中的"对象编辑",在弹出的"单行文字"对话框中将图名修改为"屋顶平面图"。

(2)改楼梯:单击楼梯,用右键菜单中的"对象编辑",在弹出的"矩形双跑梯段"对话框(见图 18-26)中将"中间"楼梯修改为"顶层"楼梯,其他参数不变。

(3)保留外墙、楼梯间、阳台、轴线与轴线尺寸,删除其余的内容及尺寸。

(4)注出屋面和楼梯间平台标高。

(5)将外墙改为女儿墙,墙高 1000mm,楼梯间墙高仍为 3000mm。将阳台改为雨篷,栏板高(檐高)为 120mm。

修改完毕后的屋顶平面图如图 18-35 所示。

18.2.8.3 楼梯间屋顶平面图的绘制

在屋顶平面图的基础上修改出楼梯间屋顶平面图,如图 18-36 所示,方法同前。墙高(檐高)120mm。

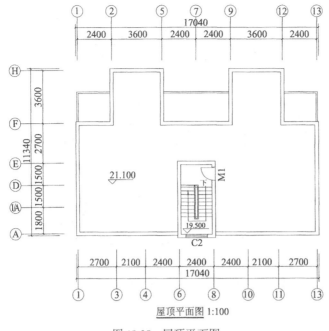

图 18-35 屋顶平面图

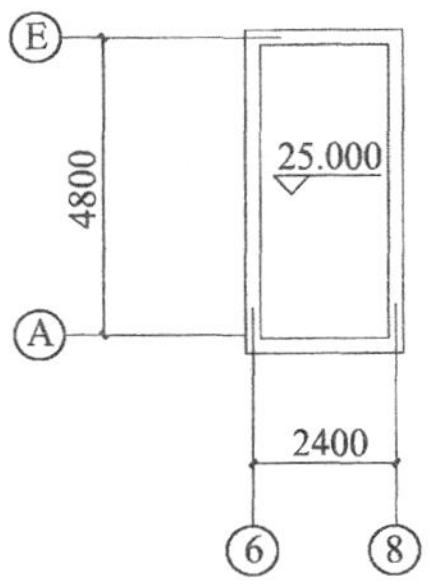

图 18-36 楼梯间屋顶平面图

18.3 绘制建筑立面图

建筑立面图可用天正的立面生成功能生成立面草图再进行修改补充。

18.3.1 立面生成的条件

(1)首先要绘制好各层平面图,绘制平面图时应正确设置各层的墙高(标准层墙高等于层高)、墙底标高、门窗高、门槛高(一般为0)、窗台高,并且各层平面图应保存在同一文件夹中。

(2)确定是否已经对各层的墙体区分过内外墙,并指定各楼层的对齐点,每个标准层都有共同的对齐点,默认的对齐点在原点(0,0,0)的位置,用户可以修改。事实上,对齐点就是 DWG 作为图块插入的基点,用 AutoCAD 的 Insbase 命令可以改变基点。

区分内外墙的方法是:点取屏幕菜单"TArch5.0→墙体→墙体工具→识别内外"后,选择一栋建筑物的所有墙体(或门窗),被识别出的外墙自动用红色的虚线示意。识别内外墙后应存盘。

(3)作多层立面生成之前,要用"观察与设置"菜单下的"楼层表"命令建立楼层表,定义本工程中各平面楼层之间的关系。作单层立面生成,则不必建立楼层表。

建立楼层表的方法是:点取屏幕菜单"TArch5.0→观察与设置→楼层表"后,弹出"楼层表"对话框(图18-37),在"楼层"列中输入自然层层号,中间各层相同时,层号用"~"连接,

图 18-37 建立"楼层表"

如 2 至 7 层填为"2～7";在"DWG 文件名"列中填写该层图形文件名,该图形文件应在当前工程项目的文件夹中存在,否则无效;在"层高"列中输入层高。"选文件"按钮用于选择磁盘上的文件,来代替键盘输入 DWG 文件名。输入完毕,检查无误后,单击"确定"按钮完成。

系统在生成建筑物的立面图、剖面图和三维模型及统计全楼门窗总表等均以此表为依据进行操作。

18.3.2 立面图的生成

首先打开底层或标准层平面图。

点取屏幕菜单"TArch 5.0→立面→建筑立面"后命令行提示:

请输入立面方向或｛正立面[F]/背立面[B]/左立面[L]/右立面[R]｝〈退出〉:键入字母或按视线方向给出两点指出生成建筑立面的方向

请选择要出现在立面图上的轴线:一般选择两边的轴线

回车后屏幕出现"立面生成设置"对话框,

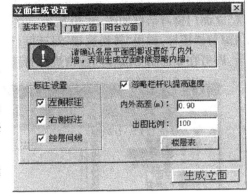

图 18-38 "立面生成设置"对话框

如图 18-38 所示。设置内外高差及出图比例等参数后,可选择一种门窗立面和阳台立面的生成方式,在此,还可单击"楼层表"按钮修改或建立"楼层表"。对话框设置完毕,单击"生成立面"按钮,显示保存文件对话框,用户输入立面图的图形文件名,保存文件后,程序自动打开这个图形文件,作为当前图,随即显示新生成的立面图,如图 18-39 所示。

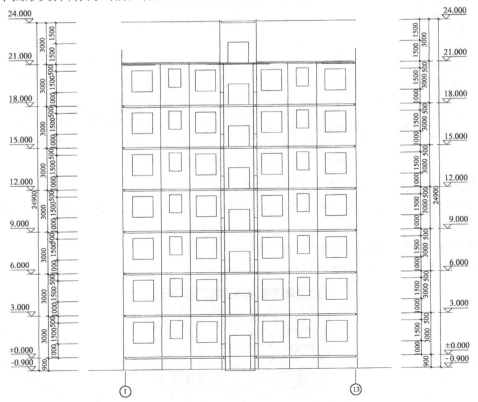

图 18-39 自动生成的立面图

18.3.3 立面图的修改

自动生成的立面图还存在一些问题,需要进一步修改完善。

可用 AutoCAD 命令编辑图形,如删除、修剪和添加线条。用天正命令替换立面门窗、阳台,加窗套,绘制屋顶、雨水管、加粗立面轮廓等。

替换立面门窗:点取屏幕菜单"TArch 5.0→立面→立面门窗",屏幕弹出"天正图库管理系统"立面门窗对话框如图 18-40 所示。在其中选择门窗类型和样式,单击上方工具栏右面的门窗替换图标,弹出"替换选项"对话框(图 18-41),选择"相同尺寸替换"和"逐个替换"方式后,即可在立面图中选择门或窗进行替换。

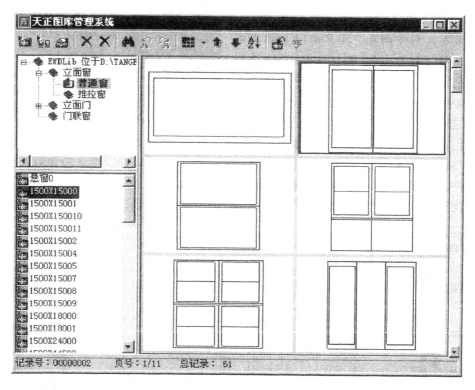

图 18-40 "天正图库管理系统"立面门窗对话框

替换立面阳台:方法与替换立面门窗相同。

立面轮廓:用"立面→立面轮廓"命令可在建筑立面外轮廓上加一圈粗实线,但不包括地坪线在内。

最后,调整尺寸和标高,标注图名和比例。

修改后的立面图如图 18-42 所示。

图 18-41 "替换选项"对话框

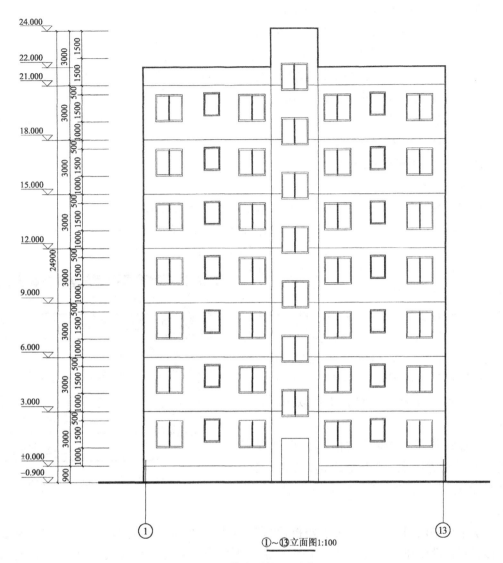

图 18-42 修改后的立面图

18.4 绘制建筑剖面图

建筑剖面图可用天正的剖面生成功能由平面图生成剖面草图再进行修改完善。

18.4.1 剖面图生成的条件及绘制剖切符号

剖面图生成的条件与立面图相同,即首先要绘制好各层平面图,并且各层拥有共同的对齐点,要识别内外墙,建立楼层表。这些条件在生成立面图时已经建立,现在不用再建立。但是,还应在首层(底层)平面图上先绘制剖切符号,方法如下:

打开底层平面图。

点取屏幕菜单"TArch 5.0→符号标注→剖面剖切",命令行提示:

请输入剖切编号〈1〉:在此例中键入 1

点取第一个剖切点〈退出〉:在外墙边位置取点第一点

点取第二个剖切点〈退出〉:拖动橡皮线到另一外墙边取第二点

点取下一个剖切点〈结束〉:回车结束取点

点取剖视方向〈当前〉:拖动,向剖视方向点取一点

取点结束,在图中指定位置注上剖面剖切符号,如图18-34所示。

若需转折剖,则在提示第二点时拖动橡皮线到转折点处取第二点,提示下一点时拖动橡皮线到第三点,剖切线自动转折。

18.4.2 剖面图的生成

打开底层平面图。

点取屏幕菜单"TArch 5.0→剖面→建筑剖面"后命令行提示:

请点取一剖切线以生成剖视图:在底层平面图中点取需生成剖面图的剖切线

请选择要出现在剖面图上的轴线:在底层平面图中点取需要的轴线

点取轴线并回车后,屏幕出现"剖面生成设置"对话框(图18-43)。该对话框包括基本设置、门窗、阳台设置、楼层表参数。可以设置标注的形式,如在图形的哪一侧标注剖面尺寸和标高;同时可以设置门窗和阳台的式样,其方法与立面设置相同;设定首层平面的室内外高差、各层的层间线;在楼层表设置中可以修改各层的层高等。

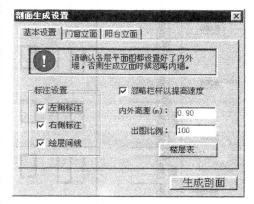

图18-43 "剖面生成设置"对话框

设置完毕单击"生成剖面"后,出现保存图形文件的对话框,输入生成剖面图的文件名并"保存"后,自动生成剖面图,如图18-44所示。

由于在平面图中一般不表示楼板,而在剖面图中楼板是必需的,TArch可以自动在各个楼层间自动添加层间线。由于在剖面图中剖切到的墙、柱、梁、楼板不再是专业对象,所以在剖面图中可使用通用AutoCAD编辑命令进行修改,或者使用专门的命令加粗或填充。

18.4.3 剖面图的修改

自动生成的剖面图是个草图,还存在一些问题,需要进一步修改完善。

(1)用AutoCAD命令编辑图形,如删除、修剪和添加线条。

(2)用天正命令替换立面门窗、阳台,加窗套,绘制屋顶、加粗剖面墙线等。

(3)用天正命令绘制楼梯栏杆扶手。

梯段在剖面图中自动生成,如图18-44。楼梯栏杆扶手需要绘制。

1)参数栏杆:点取屏幕菜单"TArch 5.0→剖面→参数栏杆"后,屏幕弹出"剖面楼梯栏杆参数"对话框,如图18-45所示。对话框中部分选项说明如下:

"楼梯栏杆形式":在栏杆列表框中列出已有的栏杆形式。

"入库":用来扩充栏杆库。

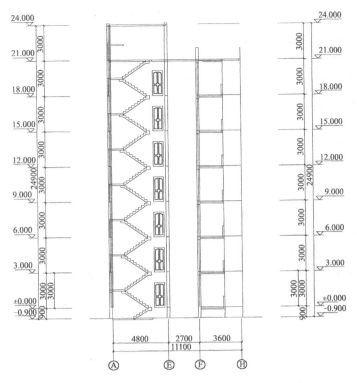

图 18-44 自动生成的剖面图

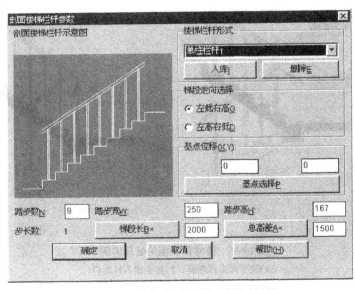

图 18-45 "剖面楼梯栏杆参数"对话框

"删除":用来删除栏杆库中由用户添加的某一栏杆形式。

"步长数":指栏杆基本单元所跨越楼梯的踏步数。

选择栏杆形式、梯段走向、基点位置及设置楼梯参数后,单击确"确定"并在剖面图中指定与基点对应的插入点,即插入一段楼梯栏杆和扶手。

423

2)楼梯栏杆:根据常用的直栏杆设计。"楼梯栏杆"命令能识别在双跑楼梯中剖切到的梯段与可见的梯段,自动处理遮挡关系。

点取屏幕菜单"TArch 5.0→剖面→楼梯栏杆"后,命令行提示:

请输入楼梯扶手的高度〈1000〉:本例为900

是否要打断遮挡线(Yes/No)?〈Yes〉:Y 回车

输入楼梯扶手的起始点〈退出〉:

结束点〈退出〉:

在梯段上指定起始点和结束点后,插入一段栏杆和扶手,命令行继续提示:

再输入楼梯扶手的起始点〈退出〉:

结束点〈退出〉:

直到插入完毕或回车退出。

3)扶手接头:对楼梯扶手的接头位置作细部处理。

点取屏幕菜单"TArch 5.0→剖面→扶手接头"后,命令行提示:

请点取楼梯扶手的第一组接头线(近段)〈退出〉:

再点取第二组接头线(远段)〈退出〉:

分别点取楼梯扶手的两组接头线后,命令行继续提示:

扶手接头的伸出长度〈150〉:键入新值(本例为60)或回车接受默认值,即把楼梯扶手的接头自动处理好,如图18-46 所示。

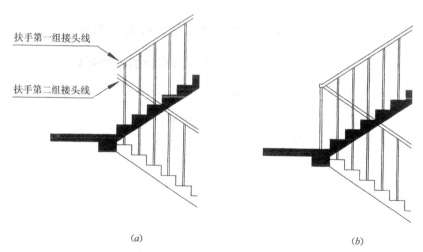

图 18-46 楼梯扶手接头处理实例
(a)扶手接头处理前;(b)扶手接头处理后

(4)调整尺寸和标高,标注图名和比例。

修改后的立面图见图 18-47。

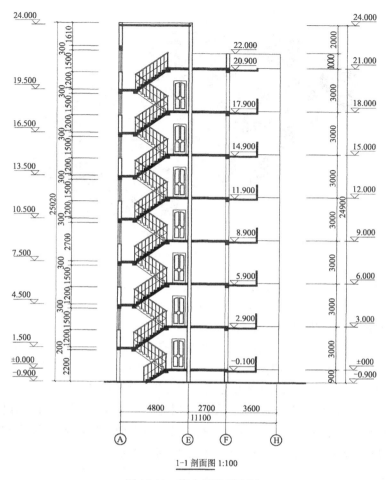

图 18-47 修改后的剖面图

18.5 建筑三维图形

使用天正命令绘制的平面图,墙柱、门窗、楼梯、阳台等包含三维模型信息,随时可以显示三维图形;可由平面图显示该层的三维图形,由各层平面图生成多层建筑物模型三维图。

18.5.1 由平面图直接显示三维图形

打开如图 18-31 所示的标准层平面图,关闭轴线层和家具层,在图中单击鼠标右键,在弹出的快捷菜单中选择"显示模式"为"自动确定","着色模式"为"平面着色"或"带边框体着色","视图设置"为"东南轴测图",则显示三维图形效果如图 18-48 所示。

在三维模式下,单击鼠标右键,在弹出的快捷菜单中选择"视图设置"为"平面图",则切换到平面图。

18.5.2 由各层平面图生成多层建筑物模型三维图

生成多层建筑物模型三维图的条件与立面图相同。此外,还应先封屋面板。

18.5.2.1 封屋面板

(1)打开如图 18-35 所示的屋顶平面图。

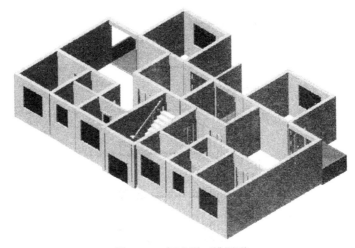

图 18-48 标准层三维图形

点取屏幕菜单"TArch 5.0→房间屋顶→套内面积"后,命令行提示:

请选择构成一套房子的所有墙体(或门窗):选择所考虑单元的墙体与门窗

套内建筑面积(不含阳台)＝152.35

是否生成封闭的多段线？(Y/N)[Y]:以 Y 回应要求生成表示计算范围的多段线

该命令功能是计算所选择墙体所围成的面积,并在墙中生成封闭的多段线。

(2)点取屏幕菜单"TArch 5.0→造型工具→平板"后,命令行提示:

选择一多段线〈退出〉:选取刚才用"套内面积"命令在墙中生成的封闭多段线

请点取不可见的边〈结束〉或 ｜参考点[R]｝〈退出〉:点取一边或多个不可见边

选择作为板内洞口的封闭的多段线或圆:选取需要留洞口(如楼梯间)的封闭多段线(在执行本命令之前,应先绘制要作为板内洞口的 Pline 线),没有则空回车

板厚(负值表示向下生成)〈200〉:键入新值或回车接受默认值

输入板厚后,程序即生成指定参数的屋面平板。同样,可绘制楼梯间屋顶平板。如果需要,楼板、楼梯休息平台板等也可同样绘制。

18.5.2.2 楼层组合

点取屏幕菜单"TArch 5.0→设置观察→三维组合"后,弹出"楼层组合"对话框(图 18-49)。表格操作与楼层表相同:在表格下方选择"分解成实体模型"选项,以便使用相关的命令进行编辑;如果不需显示内墙,选择"排除内墙"选项,可加快三维图生成速度。按"确定"后,出现保存图形文件的对话框,输入生成三维图的文件名并"保存"后,自动生成多楼层建筑模型三维图,如图18-50 所示。

图 18-49 "楼层组合"对话框

单击鼠标右键,在弹出的快捷菜单中选择"着色模式"为"带边框体着色","视图设置"为"东南轴测图"或"东北轴测图",则显示三维图形效果如图 18-51 或图 18-52 所示。

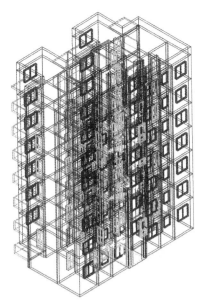

图 18-50　生成的三维线框图

图 18-51　东南轴测图

18.5.2.3　动态观察

对三维图形进行动态观察。点取屏幕菜单"TArch5.0→设置观察→动态观察",可以正确地选中三维物体的中心。设置准确的动态透视参数,然后以有效的参数调用三维动态观察器获得理想效果,如图 18-53 所示。

图 18-52　东北轴测图

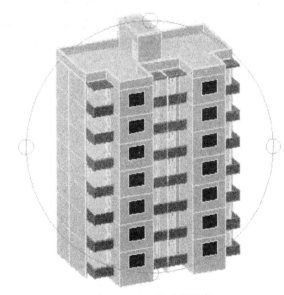

图 18-53　三维动态观察

参 考 文 献

1. 朱育万. 画法几何及土木工程制图. 北京:高等教育出版社,2001
2. 何斌,陈锦昌等. 建筑制图. 北京:高等教育出版社,2002
3. 毛家华,莫章金等. 建筑工程制图与识图. 北京:高等教育出版社,2001
4. 莫章金,周跃生. AutoCAD 2002 工程绘图与训练. 北京:高等教育出版社,2003
5. 莫章金,黄声武等. 工程制图与 AutoCAD 基础. 重庆:重庆大学出版社,2000
6. 叶晓芹. 给水排水工程图. 北京:高等教育出版社,1994
7. 赵宏家等. 电气工程识图与施工工艺. 重庆:重庆大学出版社,2003
8. 郑国权. 道路工程制图. 北京:人民交通出版社,2002
9. 何铭新. 画法几何及土木工程制图. 武汉:武汉工业大学出版社,2000
10. 司徒妙年,李怀健. 土建工程制图. 上海:同济大学出版社,2001
11. 高祥生. 装饰设计制图与识图. 北京:中国建筑工业出版社,2002
12. 霍维国,霍光. 室内设计工程图画法. 北京:中国建筑工业出版社,2001
13. 蒋宾前,钱承鉴. 建筑阴影与透视. 重庆:重庆大学出版社,1996
14. 中华人民共和国建设部. 房屋建筑制图统一标准. 北京:中国计划出版社,2002
15. 中华人民共和国建设部. 总图制图标准. 北京:中国计划出版社,2002
16. 中华人民共和国建设部. 建筑制图标准. 北京:中国计划出版社,2002
17. 中华人民共和国建设部. 建筑结构制图标准. 北京:中国计划出版社,2002
18. 中华人民共和国建设部. 给水排水制图标准. 北京:中国计划出版社,2002